中国科学院科学出版基金资助出版

U0211779

《现代数学基础丛书》编委会

现代数学基础丛书　151

统计质量控制图理论与方法

王兆军　邹长亮　李忠华　著

科学出版社

北　京

内 容 简 介

自 Shewhart 博士在 20 世纪 20 年代提出第一个控制图后, 现在关于控制图的研究结果已十分丰富, 且取得了良好的社会和经济效益. 特别是, 近年来出现的多个新的研究方向也取得了一些很好的研究成果, 但系统介绍这些成果的著作并不多, 而本书将作这方面的努力与尝试, 其中有部分成果来自作者所在的课题组, 特别是关于监测 profile 的研究内容. 本书主要讲述近年来关于统计过程控制图的一些基本理论与方法, 如阶段 I 控制图、Shewhart 控制图、CUSUM 控制图、EWMA 控制图、关于监控 profile 的控制图等; 另外, 本书也包含有关相关数据、多元数据及非参数控制图的一些内容; 再者, 本书也介绍了有关动态控制图的一些研究成果; 最后, 作者把有关控制图的 ARL 及 ATS 的计算方法进行了较详细的总结.

本书可作为统计专业高年级本科生的课外参考书, 也可作为统计专业或相关专业的研究生教材, 还可供其他专业科研人员、工程技术人员和实际应用工作者参考.

图书在版编目 (CIP) 数据

统计质量控制图理论与方法/王兆军, 邹长亮, 李忠华著. —北京: 科学出版社, 2013.8

(现代数学基础丛书; 151)

ISBN 978-7-03-038250-4

I. ①统 ⋯ Ⅱ. ①王 ⋯ ②邹 ⋯ ③李 ⋯ Ⅲ. ①数理统计-应用-工业产品-质量控制 Ⅳ. ①F406.3

中国版本图书馆 CIP 数据核字 (2013) 第 178701 号

责任编辑: 李 欣 / 责任校对: 刘亚琦
责任印制: 吴兆东 / 封面设计: 陈 敬

科 学 出 版 社 出版

北京东黄城根北街 16 号
邮政编码: 100717
http://www.sciencep.com

北京凌奇印刷有限责任公司印刷
科学出版社发行　各地新华书店经销

*

2013 年 8 月第 一 版　开本: B5(720 × 1000)
2022 年 1 月第六次印刷　印张: 19 1/2
字数: 393 000

定价: 118.00 元
(如有印装质量问题, 我社负责调换)

《现代数学基础丛书》序

对于数学研究与培养青年数学人才而言，书籍与期刊起着特殊重要的作用．许多成就卓越的数学家在青年时代都曾钻研或参考过一些优秀书籍，从中汲取营养，获得教益．

20 世纪 70 年代后期，我国的数学研究与数学书刊的出版由于"文化大革命"的浩劫已经破坏与中断了 10 余年，而在这期间国际上数学研究却在迅猛地发展着．1978 年以后，我国青年学子重新获得了学习、钻研与深造的机会．当时他们的参考书籍大多还是 50 年代甚至更早期的著述．据此，科学出版社陆续推出了多套数学丛书，其中《纯粹数学与应用数学专著》丛书与《现代数学基础丛书》更为突出，前者出版约 40 卷，后者则逾 80 卷．它们质量甚高，影响颇大，对我国数学研究、交流与人才培养发挥了显著效用．

《现代数学基础丛书》的宗旨是面向大学数学专业的高年级学生、研究生以及青年学者，针对一些重要的数学领域与研究方向，作较系统的介绍．既注意该领域的基础知识，又反映其新发展，力求深入浅出，简明扼要，注重创新．

近年来，数学在各门科学、高新技术、经济、管理等方面取得了更加广泛与深入的应用，还形成了一些交叉学科．我们希望这套丛书的内容由基础数学拓展到应用数学、计算数学以及数学交叉学科的各个领域．

这套丛书得到了许多数学家长期的大力支持，编辑人员也为其付出了艰辛的劳动．它获得了广大读者的喜爱．我们诚挚地希望大家更加关心与支持它的发展，使它越办越好，为我国数学研究与教育水平的进一步提高做出贡献．

杨　乐

2003 年 8 月

前　　言

统计过程控制 (statistical process control, SPC) 是产品质量控制与设计中的重要研究内容, 它包含一些用来降低产品质量波动以使产品质量保持稳定的诸多有效工具. 它的 7 个主要工具有 (有人称之为 magnificent seven): 1. 直方图 (histogram)、茎叶图 (stem-and-leaf plot); 2. 检查表 (check sheet); 3. Pareto 图; 4. 因果图 (cause-and-effect diagram); 5. 缺陷集中图 (defect concentration diagram); 6. 散点图 (scatter diagram); 7. 控制图 (control chart). 而有关连续变量控制图的一些最新的设计理论及方法就是本书的内容.

世界上第一个控制图 ——Shewhart $\bar{X}$ 控制图首先由 Shewhart 博士于 1925 年基于统计的 3σ 原理提出 (Shewhart, 1925), 由于它仅对检测较大的飘移 (shift) 效果明显, 故陆续又提出了适用于检测中小飘移的 CUSUM (cumulative sum) 控制图 (Page, 1954) 和 EWMA (exponentially weighted moving average) 控制图 (Robert, 1958). 到目前为止, 关于控制图的研究成果和应用成果已相当丰富, 并取得了很好的社会效益与经济效益 (Montgomery, 2004; Hawkins, Owell, 1998; Wetherill, Brown, 1991; 张维铭, 1992, 等).

另外, 随着计算机技术的快速发展和生产线的广泛应用, 质量控制图技术也得到了快速发展和广泛应用, 提出了许多基于快速计算的质量控制图. 也就是说, 由于高速计算机和大规模数据储存的快速发展, 一些十几年前不能实现的模型筛选、自由化建模、模式识别以及变化 (异常点) 探查等统计方法如今可以有效快速地实施; 随着工业领域自动化内高灵敏度传感器等设备的普及应用, 大量在线 (on-line) 数据得以快速收集. 这对统计方法的灵活性和有效性就提出了更高的挑战. 由此也发展了一些针对复杂数据的控制图, 如相关数据的控制图、多维数据的控制图及关于 profile 的控制图等.

再者, 由于利用控制图检测产品质量是否可控就相当于统计中的一个检验, 故衡量控制图好坏的准则亦相当于假设检验中的第一二类错误概率, 这里称为可控与失控的平均运行长度 (average run length, ARL) 或平均报警时间 (average time to signal, ATS).

本书将针对上述三部分内容, 把近年来的一些研究成果加以介绍与总结. 由于本书假设读者已具有大学概率论的基础, 故第 1 章仅介绍数理统计中的一些基本知识, 如一些常用的基本概念、参数及非参数估计与检验、线性回归、非线性回归及时间序列中的基本方法. 虽然这些知识不是阅读本书所必需的, 但它有益于对本书内容的理解；第 2 章介绍了 Shewhart 控制图的基本概念与方法；第 3、4 章分别介绍了 CUSUM 和 EWMA 控制图的设计理论与方法；某些第一阶段控制图在第 5 章给出；第 6 章讲述了某些动态控制图方法；第 7 章涉及了近几年发展起来的关于 profile 的监控方法；第 8 章简单综述了多元数据与相关数据的控制图；第 9 章为关于非参数控制图的简单介绍；第 10 章给出了计算 ARL 或 ATS 的几种常用方法；最后一章给出了一些常用数表. 本书中所涉及的方法，一般可以用 Fortan，R 或 Splus 来实现.

虽然本书力图把近年来关于统计过程控制图的研究成果较全面地介绍给大家，但由于作者水平所限及研究兴趣点的不同，其内容肯定不全，如本书没有涉及控制图的经济设计 (economic design)、某些离散变量的控制图 (包括 p, np, c, u 图等)、针对低次品率或零失效率的控制图、近年来的一个热点研究问题 —— 关于 multistage 控制图等与 EPC 相关的内容.

在本书的写作过程中，作者得到南开大学数学科学学院统计系多位研究生的帮助，如巩震参与了 ARL 及 ATS 计算的编写，吴成云参与了有关 CUSUM 等价定义内容的编写等，作者对他们的帮助与支持表示衷心的感谢. 另外，作者也非常感谢国家自然科学基金、中国科学院科学出版基金的大力支持.

由于作者知识所限，书中内容定有许多不足之处，还请各位同行专家及实际应用者多提宝贵意见.

作　者

2013 年 3 月于南开园

目　　录

《现代数学基础丛书》序

前言

第 1 章　预备知识 ··· 1

　　1.1　一些基本概念 ·· 1

　　1.2　几个常用分布 ·· 5

　　1.3　参数估计 ··· 12

　　1.4　显著性检验 ·· 17

　　1.5　一致最优势检验 ··· 24

　　1.6　序贯概率比检验 ··· 26

　　1.7　线性回归 ··· 27

　　1.8　非参数估计与检验 ··· 35

　　1.9　非参数回归及某些光滑方法简介 ································· 41

　　1.10　时间序列分析简介 ·· 48

第 2 章　Shewhart 控制图的设计理论与方法 ····················· 54

　　2.1　引言 ··· 54

　　2.2　Shewhart 控制图 ··· 54

　　2.3　带有附加运行准则的 Shewhart 控制图 ························· 57

　　2.4　Q 图 ··· 59

　　2.5　补充阅读 ··· 63

第 3 章　CUSUM 控制图的设计理论与方法 ······················· 64

　　3.1　引言 ··· 64

　　3.2　CUSUM 控制图的定义及其设计 ································· 64

　　3.3　CUSUM 控制图的几种等价定义 ································· 67

　　3.4　带有参数估计的 CUSUM 控制图 ································· 70

　　3.5　基于 CUSUM 的自启动控制图 ··································· 73

　　3.6　自适应 CUSUM 控制图 ··· 76

　　3.7　补充阅读 ··· 82

第 4 章　EWMA 控制图的设计理论与方法 ························· 83

　　4.1　引言 ··· 83

　　4.2　EWMA 控制图的定义及设计 ····································· 83

4.3　带有参数估计的 EWMA 控制图 ·· 86

4.4　基于 EWMA 的自启动控制图 ·· 90

4.5　自适应 EWMA 控制图 ··· 94

4.6　补充阅读 ··· 97

第 5 章　阶段 I 控制图 ··· 98

5.1　引言 ··· 98

5.2　基于变点模型的控制图 ·· 98

5.3　检测异常点的控制图 ·· 116

5.4　补充阅读 ·· 118

第 6 章　动态控制图的设计理论与方法 ·· 119

6.1　引言 ··· 119

6.2　关于 VSR 控制图 ·· 120

6.3　VSSIFT 控制图 ··· 124

6.4　动态控制图应用于相关数据 ·· 126

6.5　补充阅读 ·· 129

第 7 章　关于 profile 控制图的设计理论与方法 ································ 131

7.1　关于线性 profile 的控制图 ·· 131

7.2　关于一般线性 profile 数据的控制图 ·· 138

7.3　关于非参数 profile 的控制图 ··· 140

7.4　关于 profile 的诊断问题 ··· 152

7.5　profile 内的观测具有自相关性时的监控问题 ···························· 154

7.6　附录: 技术细节 ·· 164

第 8 章　多元数据和相关数据的控制图 ·· 184

8.1　经典的多元统计过程控制图 ·· 184

8.2　基于变量选择的多元统计过程控制 ··· 187

8.3　多元诊断问题 ··· 192

8.4　处理相关数据的控制图方法 ·· 194

8.5　附录: 技术细节 ·· 198

第 9 章　非参数控制图 ·· 204

9.1　经典的一元非参数控制图 ·· 204

9.2　最新进展 ·· 207

9.3　多元非参控制图 ·· 213

9.4　附录: 技术细节 ·· 222

第 10 章　ARL 及 ATS 的计算 ··· 229

10.1　简介 ·· 229

10.2　关于 CUSUM 控制图的 ARL 的计算方法 · 230

10.3　关于 EWMA 控制图 ARL 的计算方法 · 241

10.4　其他一些近似计算方法 · 248

10.5　关于联合控制图的 ARL 的计算 · 250

10.6　关于动态控制图 ATS 的计算 · 253

10.7　SSARL 及 SSATS 的计算 · 257

10.8　多元控制图的马氏链计算方法 · 261

10.9　总结 · 263

10.10　附录: 积分方程的近似计算 · 263

第 11 章　某些常用数表 · 266

参考文献 · 276

索引 · 292

《现代数学基础丛书》已出版书目 · 296

第1章 预 备 知 识

由于本书侧重统计质量控制图的设计理论与方法, 故需要读者熟悉概率论与数理统计的相关内容. 为了便于读者阅读, 本章将简要地介绍一些本书后面章节将用到的一些统计基本概念和方法, 如几种常用分布、估计、显著性检验、优势检验、序贯概率比检验、非参数估计与检验、线性回归、非参数回归及时间序列等有关内容, 如果读者已熟悉这部分内容, 则可跳过本章直接阅读后面几章.

1.1 一些基本概念

1.1.1 样本与总体

按照大英百科全书上的说法, 统计是研究数据的科学与艺术. 我们称观测到的数据为样本 (sample). 如有 n 个观测数据, $X_1, \cdots, X_n$, 则称 n 为样本容量 (sample size), X_i 为第 i 个样本, 为了方便, 本书记 $X = (X_1, \cdots, X_n)$.

相对于样本而言, 常把总体 (population) 理解为 "研究问题所涉及对象的全体" 或理解为 "一切可能出现的测量结果的集合". 总体中的每个元素称为 "个体" 或 "单元", 从总体中按一定规则抽出一些个体的行为, 称为抽样, 所抽得的个体就称为样本.

如果仅从应用的角度看, 样本就是一组已知的数字, 但我们必须注意到, 样本是一组受到随机影响的数. 如从概率论的角度看, 样本就是随机变量, 而我们收集到的具体样本则是这个随机变量的实现或观测值, 这即是样本的二重性.

样本的联合分布就是样本分布, 样本容量为 1 时的样本分布就称为总体分布. 如果 $X_1, \cdots, X_n$ 为来自某总体 X 的独立同分布 (i.i.d.) 样本, 则记为

$$X_1, \cdots, X_n \overset{\text{i.i.d.}}{\sim} X,$$

如果 F 为总体 X 的分布, 也经常记为

$$X_1, \cdots, X_n \overset{\text{i.i.d.}}{\sim} F(x).$$

在统计上, 把出现在样本分布中的未知常数称为参数 (parameter), 它可能是一维的, 也可能是多维的. 在某些具体问题中, 样本分布中的参数虽然未知, 但根据实际情况和该参数的意义, 我们可以给出参数所在的大概范围, 这个范围就称为

参数空间 (parameter space). 由于样本分布中包含的未知参数在参数空间中取值,
则可能的样本分布就不止一个, 而应是一个分布族, 于是, 称之为样本分布族. 样
本分布族反映了因我们对所研究问题以及抽样方式的认知, 我们能把问题确定到
何种程度. 所谓统计推断就是指利用样本推断样本分布族中的未知参数. 在某些实
际问题中, 其中一些参数可能不是我们感兴趣的, 故这些参数被称为讨厌参数.

1.1.2　统计量

在进行统计推断时, 由于样本是一堆杂乱无章的数, 我们必须对它进行必要的
加工、整理, 以便从中提取那些有利于研究问题的信息. 在统计上, 把那些凡是能
由样本计算出来的量, 称为统计量 (statistics). 显然, 这只是一个定性的定义, 而
不是一个严密的数学定义. 从这个定义可以看出, 一个统计量仅与样本本身有关,
而与样本分布或参数没有关系. 下面看几个例子.

例 1.1(样本均值 (sample mean) 与样本方差 (sample variance))　设 $X_1, \cdots,$
X_n 为样本, 则

$$\bar{X} = \frac{1}{n}\sum_{i=1}^{n}X_i, \quad S_n^2 = \frac{1}{n-1}\sum_{i=1}^{n}(X_i - \bar{X})^2 \tag{1.1}$$

分别称为样本均值和样本方差, S_n 称为样本标准差.

注意到, 在 (1.1) 式所定义的样本方差中, 其分母为 $n-1$, 此时称之为 S_n^2 的
自由度 (degree of freedom), 其解释如下:

- 从 S_n^2 的定义不难看出, 它是由 n 个数 $X_1 - \bar{X}, \cdots, X_n - \bar{X}$ 的平方求和得到
的, 而这 n 个数有一个约束 $\sum_{i=1}^{n}(X_i - \bar{X}) = 0$, 故其自由度只有 $n-1$.

- 如果把 $\bar{X}$ 代入 $\sum_{i=1}^{n}(X_i - \bar{X})^2$, 则可知它是一个如下形式的二次型: $\sum_{ij=1}^{n}a_{ij}X_iX_j$
$(a_{ij} = a_{ji})$, 且不难验证矩阵 $\boldsymbol{A} = (a_{ij})$ 的秩为 $n-1$.

例 1.2(次序统计量 (order statistics))　设 $X_1, \cdots, X_n$ 为样本, 把 $X_1, \cdots, X_n$
由小到大排列成 $X_{(1)} \leqslant \cdots \leqslant X_{(n)}$, 则称 $(X_{(1)}, \cdots, X_{(n)})$ 为次序统计量, $X_{(i)}$ 称
为第 i 个次序统计量.

由次序统计量可得到如下一些很实用的统计量, 如

- 样本 p 分位数 (quantile): 对于给定的 $p \in (0,1)$, 称

$$m_{n,p} = X_{([np])} + (n+1)\left(p - \frac{[np]}{n+1}\right)(X_{([np]+1)} - X_{([np])})$$

为此样本的 p 分位数, 其中 $[x]$ 表示不超过 x 的最大整数. 特别地, 样本中位

数 (median) 定义为

$$X_{\text{med}} = \begin{cases} X_{((n+1)/2)}, & \text{如果 } n \text{ 是奇数}, \\ (X_{(n/2)} + X_{(n/2+1)})/2, & \text{如果 } n \text{ 是偶数}. \end{cases}$$

- 极值 (extreme value) 统计量: 称 $X_{(1)}$ 与 $X_{(n)}$ 为极小与极大值统计量.
- 极差 (range): $R = X_{(n)} - X_{(1)}$.

例 1.3(经验分布函数 (empirical distribution)) 设 $X_1, \cdots, X_n$ 为取自总体分布函数为 $F(x)$ 的样本, $X_{(1)} \leqslant \cdots \leqslant X_{(n)}$ 为其次序统计量, 则称

$$F_n(x) = \frac{1}{n} \sum_{i=1}^n I(X_i < x) = \begin{cases} 0, & x \leqslant X_{(1)}, \\ \dfrac{k}{n}, & X_{(k)} < x \leqslant X_{(k+1)}, \ k = 1, \cdots, n-1, \\ 1, & x > X_{(n)} \end{cases} \quad (1.2)$$

为样本 $X_1, \cdots, X_n$ 的经验分布函数.

经验分布函数 $F_n(x)$ 是总体分布函数 $F(x)$ 的一个很好的点估计, 详细的讨论请参见 (Serfling, 1980).

由于统计量是作为随机变量的样本的函数, 故它也有概率分布, 于是, 称统计量的概率分布为该统计量的抽样分布 (sampling distribution), 这个概念是由 R. A. Fisher 于 1922 年提出的. 本书所涉及的抽样分布包括正态分布、χ^2 分布、t 分布、F 分布、多元 Wishart 分布及 T^2 分布等, 具体内容请见下节.

1.1.3 充分统计量

统计量的引入是为了简化样本的繁杂, 但在利用统计量进行统计推断时, 一个自然的问题是: 我们所用的统计量是否把样本中关于感兴趣问题的信息全部吸收进来了? 如果某几个统计量包含了样本中关于感兴趣问题的所有信息, 则这几个统计量对将来的统计推断会非常有用, 这就是充分统计量的概念, 它是 R. A. Fisher 于 1922 年正式提出的, 而其思想则源于他与天文学家 Eddington 的有关估计标准差的争论中.

充分统计量的定义为: 对于某分布族 $\mathcal{F} = \{F_\theta(x) : \theta \in \Theta\}$, $\forall F \in \mathcal{F}$, 设 $X_1, \cdots, X_n$ 是来自 F 的样本, $T = T(X_1, \cdots, X_n)$ 是一统计量. 如在给定 $T = t$ 下, 样本 $(X_1, \cdots, X_n)$ 的条件概率分布与总体分布 F 或参数 θ 无关, 则称统计量 T 是此分布族 $\mathcal{F}$ 的充分统计量, 也称统计量 T 是参数 θ 的充分统计量.

下面看一个例子. 设 $X_1, \cdots, X_n$ 是来自 Poisson 分布 $P(\lambda)$ 的 i.i.d. 样本, 记 $T = \sum_{i=1}^n X_i$, 则由 Poisson 分布的可加性知, $T = \sum_{i=1}^n X_i \sim P(n\lambda)$, 故当 $T = t$ 时,

样本的条件概率分布为

$$P\{X_1 = x_1, \cdots, X_n = x_n | T = t\}$$

$$= \frac{P\{X_1 = x_1\} \cdots P\{X_{n-1} = x_{n-1}\} P\left\{X_n = t - \sum_{i=1}^{n-1} x_i\right\}}{P\{T = t\}}$$

$$= \frac{\left(\displaystyle\prod_{j=1}^{n-1} \frac{\lambda^{x_j} e^{-\lambda}}{x_j!}\right) \dfrac{\lambda^{t - \sum_{i=1}^{n-1} x_i} e^{-\lambda}}{\left(t - \displaystyle\sum_{i=1}^{n-1} x_i\right)!}}{\dfrac{(n\lambda)^t}{t!} e^{-n\lambda}}$$

$$= \frac{t!}{\displaystyle\prod_{j=1}^{n-1} x_j! \left(t - \displaystyle\sum_{i=1}^{n-1} x_i\right)!} \frac{1}{n^t},$$

与 λ 无关, 故 T 是充分统计量.

当总体分布连续时, 利用定义验证一个统计量的充分性是比较困难的, 此时, 人们经常应用的是下面的因子分解定理:

定理 1.1(因子分解定理)　设 $X_1, \cdots, X_n$ 为来自参数分布族

$$\mathcal{F} = \{f_\theta(x) : \theta \in \Theta\}$$

的 i.i.d. 样本. 则统计量 T 是 θ 的充分统计量的充要条件是: 其样本分布 $f_\theta(x_1, \cdots, x_n)$ 可以分解为如下形式:

$$f_\theta(x_1, \cdots, x_n) = g_\theta(T) \cdot h(x_1, \cdots, x_n),$$

其中 $h(x)$ 不依赖于参数 θ.

证明　其离散情形的证明见 (茆诗松, 王静龙, 1990), 一般情形证明见 (陈希孺, 倪国策, 1988).

下面以正态总体 $N(\mu, \sigma^2)$ 为例来说明如何利用因子分解定理求取充分统计量. 此时 i.i.d. 样本 $X_1, \cdots, X_n$ 的联合概率密度函数 (probability density function, PDF) 为

$$f(x) = \left(\frac{1}{\sqrt{2\pi}\sigma}\right)^n \exp\left\{-\frac{1}{2\sigma^2} \sum_{i=1}^{n} (x_i - \mu)^2\right\}$$

$$= \left(\frac{1}{\sqrt{2\pi}\sigma}\right)^n \exp\left\{-\frac{n}{2\sigma^2} (\bar{x} - \mu)^2\right\} \cdot \exp\left\{-\frac{1}{2\sigma^2} \sum_{i=1}^{n} (x_i - \bar{x})^2\right\},$$

故由因子分解定理可知,$\left(\bar{X}, \sum_{i=1}^{n}(X_i - \bar{X})^2\right)$ 是 (μ, σ^2) 的充分统计量.

1.2 几个常用分布

本节将介绍几种在统计质量控制中经常用到的连续变量的分布, 这些分布包括正态分布、对数正态分布、指数分布、Weibull 分布、Γ 分布、t 分布、F 分布、多元 Wishart 分布及 T^2 分布等.

1.2.1 正态分布

单元正态随机变量 X 的 PDF 为

$$f(x; \mu, \sigma^2) = \frac{1}{\sqrt{2\pi}\sigma} \exp\left\{-\frac{(x - \mu)^2}{2\sigma^2}\right\}, \quad -\infty < x < \infty,$$

其中 $\mu, \sigma^2 > 0$ 为其均值与方差, 并记为 $X \sim N(\mu, \sigma^2)$, 特别地, 当 $\mu = 0, \sigma = 1$ 时, 称之为标准正态分布, 记为 $X \sim N(0, 1)$, 且以 $\phi(x)$ 表示其 PDF. 从正态分布的 PDF 的图形 (图 1.1) 来看, 它是单峰的、对称的钟形曲线. 从图 1.1 还可以看出, 它落在 $(\mu - \sigma, \mu + \sigma)$、$(\mu - 2\sigma, \mu + 2\sigma)$、$(\mu - 3\sigma, \mu + 3\sigma)$ 中的概率分别为 68.26%, 95.46% 和 99.73%.

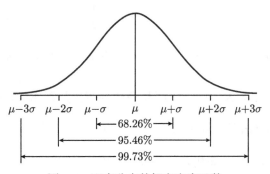

图 1.1 正态分布的概率密度函数

为以后方便应用, 以 $\phi(x)$ 表示标准正态分布的 PDF, 以 $\Phi(x)$ 记标准正态分布的累积和分布函数 (cumulative distribution function, CDF), 即

$$\Phi(x) = \int_{-\infty}^{x} \phi(t)\mathrm{d}t = \int_{-\infty}^{x} \frac{1}{\sqrt{2\pi}} \exp\left\{-\frac{t^2}{2}\right\} \mathrm{d}t.$$

显然, 如果 $X \sim N(\mu, \sigma^2)$, 则 X 的 CDF 为 $\Phi\left(\dfrac{x - \mu}{\sigma}\right)$.

从图 1.1 可知, 正态分布的 PDF 关于 y 轴对称. 我们称连续随机变量 X 的分布关于 μ 对称, 如果

$$P\{X - \mu > x\} = P\{X - \mu < -x\}, \quad \forall x.$$

另出图 1.1 知, 如果 $X \sim N(0,1)$, 则 $P\{|X| < 1\} = 0.6826$, $P\{|X| < 2\} = 0.9546$, $P\{|X| < 3\} = 0.9973$. 注意到标准正态分布的对称性, 有 $\Phi(1) = 0.8413$, $\Phi(2) = 0.9773$, $\Phi(3) = 0.9987$. 为了以后应用方便, 附表 11.1 给出了 $\Phi(x)$ 的部分数值表.

实际上, 附表 11.1 给出的值为标准正态分布的分位数. 称 ξ_p 为连续随机变量 X 的 $p(0 < p < 1)$分位数, 如果 $P\{X < \xi_p\} = p$. 对于事先给定的 $\alpha \in (0,1)$, 以 u_α 记标准正态分布的 α 分位数, 即 $\Phi(u_\alpha) = \alpha$, 由其对称性可知, $u_\alpha = -u_{1-\alpha}$.

由中心极限定理可知, 多个独立同分布的随机和的极限分布就是正态分布, 而正态分布具有许多优良的性质. 一个最重要的性质就是独立正态随机变量的线性组和仍服从正态分布, 即如果 $X_1, \cdots, X_n$ 独立且 $X_i \sim N(\mu_i, \sigma_i^2)(i = 1, \cdots, n)$, 则对于任意给定的 $a_1, \cdots, a_n$, 有

$$\sum_{i=1}^{n} a_i X_i \sim N\left(\sum_{i=1}^{n} a_i \mu_i, \sum_{i=1}^{n} a_i^2 \sigma_i^2\right). \tag{1.3}$$

对于 p 元正态随机向量 $\boldsymbol{X} = (X_1, \cdots, X_p)'$, 其 PDF 为

$$f(\boldsymbol{x}; \boldsymbol{\mu}, \Sigma) = (2\pi)^{-\frac{p}{2}} (\det \Sigma)^{-\frac{1}{2}} \exp\left\{-\frac{1}{2}(\boldsymbol{x} - \boldsymbol{\mu})' \Sigma^{-1}(\boldsymbol{x} - \boldsymbol{\mu})\right\},$$

其中 $\boldsymbol{x} = (x_1, \cdots, x_n)'$, $\boldsymbol{\mu} = (\mu_1, \cdots, \mu_p)'$ 为均值向量, Σ 为正定的方差阵, 并记为 $\boldsymbol{X} \sim N_p(\boldsymbol{\mu}, \Sigma)$.

对于正态随机向量 $\boldsymbol{X}$, 可以证明其条件分布也是正态的, 即有如下结论: 设 $\boldsymbol{X} = (\boldsymbol{X}_1', \boldsymbol{X}_2') \sim N_p(\boldsymbol{\mu}, \Sigma)$, 并记 $E(\boldsymbol{X}_i) = \boldsymbol{\mu}_i (i = 1, 2)$, $\Sigma = \begin{pmatrix} \Sigma_{11} & \Sigma_{12} \\ \Sigma_{21} & \Sigma_{22} \end{pmatrix}$, 则在 $\boldsymbol{X}_1 = \boldsymbol{x}_1$ 下, $\boldsymbol{X}_2$ 的条件分布仍是正态分布, 其条件期望与条件方差分别为

$$E(\boldsymbol{X}_2 | \boldsymbol{X}_1 = \boldsymbol{x}_1) = \boldsymbol{\mu}_2 + \Sigma_{21} \Sigma_{11}^{-1}(\boldsymbol{x}_1 - \boldsymbol{\mu}_1), \quad \text{Var}(\boldsymbol{X}_2 | \boldsymbol{X}_1 = \boldsymbol{x}_1) = \Sigma_{22} - \Sigma_{21} \Sigma_{11}^{-1} \Sigma_{12}. \tag{1.4}$$

特别地, 当 $p = 2$ 时, 如记 $\Sigma = \begin{pmatrix} \sigma_1^2 & \rho\sigma_1\sigma_2 \\ \rho\sigma_1\sigma_2 & \sigma_2^2 \end{pmatrix}$, 则二元正态分布的 PDF 为

$$f(\boldsymbol{x}) = \frac{1}{2\pi\sigma_1\sigma_2\sqrt{1-\rho^2}}$$
$$\exp\left\{-\frac{1}{2(1-\rho^2)}\left[\frac{(x_1 - \mu_1)^2}{\sigma_1^2} - \frac{2\rho(x_1 - \mu_1)(x_2 - \mu_2)}{\sigma_1\sigma_2} + \frac{(x_2 - \mu_2)^2}{\sigma_2^2}\right]\right\},$$

且

$$X_2|X_1 = x_1 \sim N\left(\mu_2 + \rho\frac{\sigma_2}{\sigma_1}(x_1 - \mu_1), \sigma_2^2(1 - \rho^2)\right).$$

对于 p 元正态随机向量, 仍有如 (1.3) 式的线性变换不变性: 设 $X \sim N_p(\boldsymbol{\mu}, \boldsymbol{\Sigma})$, C 为任意的 $m \times p$ 阶常数矩阵, 则 $CX \sim N_m(C\boldsymbol{\mu}, C\boldsymbol{\Sigma}C')$. 实际上, $X \sim N_p(\boldsymbol{\mu}, \boldsymbol{\Sigma})$ 的充要条件是它的任何线性函数 $a'X$ 都是一元正态分布.

在有些生产过程中, 变量之间可能存在着指数关系. 如果随机变量 X, Y 有如下指数关系: $X = \exp\{Y\}$, 且 $Y = \ln(X) \sim N(\mu, \sigma^2)$, 则称 X 所服从的分布为对数正态分布 (lognormal distribution), 此时其 PDF 为

$$f(x; \mu, \sigma^2) = \frac{1}{x\sigma\sqrt{2\pi}}\exp\left\{-\frac{(\ln x - \mu)^2}{2\sigma^2}\right\}, \quad 0 < x < \infty,$$

其均值与方差分别为 $\exp\{\mu + \sigma^2/2\}, (\exp\{\sigma^2\} - 1)\exp\{2\mu + \sigma^2\}$.

我们注意到, 有些产品的寿命可用对数正态分布来模拟, 如某些半导体激光器的寿命分布就是对数正态分布.

1.2.2 Γ 分布

在可靠性理论中, 指数分布 (exponential distribution) 是用来描述产品失效分布的最基本、最常用的一种. 当一个产品的失效率 (failure rate) 函数为常数 $\lambda > 0$ 时, 其寿命分布就是指数分布 (茆诗松, 王玲玲, 1984). 此时, 其 PDF 为

$$f(x) = \lambda e^{-\lambda x}, \quad x \geqslant 0,$$

其中 $\lambda > 0$ 为参数, 其均值与方差分别为 $\lambda^{-1}, \lambda^{-2}$, 且记为 $X \sim E(\lambda)$.

如果一个产品的失效率函数不是常数, 而具有如下形式

$$\lambda(t) = \frac{\beta t^{\beta-1}}{\alpha^\beta}, \quad t > 0,$$

则此时产品的寿命分布就是Weibull 分布, 其 PDF 为

$$f(x; \alpha, \beta) = \frac{\beta}{\alpha}\left(\frac{x}{\alpha}\right)^{\beta-1}\exp\left\{-\left(\frac{x}{\alpha}\right)^\beta\right\}, \quad x \geqslant 0,$$

其中 $\alpha > 0$ 为刻度参数 (scale parameter), $\beta > 0$ 为形状参数 (shape parameter), 其均值与方差分别为

$$\alpha\Gamma(1 + \beta^{-1}), \quad \alpha^2\left[\Gamma(1 + 2\beta^{-1}) - \Gamma^2(1 + \beta^{-1})\right].$$

指数分布是 Γ 分布的一种特殊情况, 而 Γ 分布的 PDF 为

$$f(x; \lambda, n) = \frac{\lambda^n}{\Gamma(n)}x^{n-1}e^{-\lambda x}, \quad x \geqslant 0, \tag{1.5}$$

其中 $n > 0$ 为形状参数, $\lambda > 0$ 为刻度参数, 且以 $X \sim \Gamma(\lambda, n)$ 表示其服从参数为 (λ, n) 的 Γ 分布. 此时, 其均值与方差分别为 $n\lambda^{-1}, n\lambda^{-2}$.

显然, 从指数分布与 Γ 分布的 PDF 可以看出, $\Gamma(\lambda, 1)$ 就是指数分布 $E(\lambda)$.

另外, 利用特征函数可以证明, Γ 分布关于形状参数 n 具有可加性, 对于刻度参数 λ 具有可乘性, 即如下结论:

- 如 $X \sim \Gamma(\lambda, m), Y \sim \Gamma(\lambda, n)$, 且 X, Y 独立, 则 $X + Y \sim \Gamma(\lambda, m + n)$.
- 如 $X \sim \Gamma(\lambda, n)$, 则对于任何正常数 k, 均有 $kX \sim \Gamma(\lambda/k, n)$.

特别地, 如果 n 是正整数且 $\lambda = 1/2$, 则此时的 Γ 分布是统计中经常用到的自由度为 $2n$ 的 χ^2 分布, 且记为 $\chi^2(2n)$. 另外, χ^2 分布也可如下定义: 如果 $X_1, \cdots, X_n$ 为来自 $N(0, 1)$ 的 n 个 i.i.d. 样本, 则

$$X_1^2 + \cdots + X_n^2 \sim \chi^2(n);$$

如果 $X_1, \cdots, X_n$ 相互独立, 且 $X_i \sim N(\mu_i, 1)(i = 1, \cdots, n)$, 则称 $\sum_{i=1}^{n} X_i^2$ 服从自由度为 n 的非中心 χ^2 分布, 且记为 $\chi^2(n, \delta)$, 其中 $\delta = \sum_{i=1}^{n} \mu_i^2$ 为非中心参数.

关于 χ^2 分布的应用, 有如下结论: 如果 $X_1, \cdots, X_n$ 为来自 $N(\mu, \sigma^2)$ 的 i.i.d. 样本, 则由 (1.1) 定义的样本方差与样本均值 $\bar{X}_n$ 独立且

$$(n - 1)S_n^2/\sigma^2 \sim \chi^2(n - 1), \tag{1.6}$$

其证明请参见 (王兆军, 2010).

1.2.3 t 分布

由中心极限定理可知, 多个独立同分布随机变量和的极限分布就是正态分布. 但从实际应用的角度看, 许多生产过程均涉及很少几个观测值的平均, 此时, 无法利用中心极限定理来保证这些平均值服从或近似服从正态分布.

当时在爱尔兰都柏林一家啤酒厂工作的 W. S. Gosset (1876–1937) 于 20 世纪初注意到了这个问题, 并以笔名 "Student" 在 *Biometrika* 杂志上发表了使他名垂统计史册的论文《均值的或然误差》. 在这篇文章中, 他提出了如下结果: 设 $X_1, \cdots, X_n$ 是来自 $N(\mu, \sigma^2)$ 的 i.i.d. 样本, μ, σ^2 均未知, 则 $\dfrac{\sqrt{n}(\bar{X} - \mu)}{S}$ 服从自由度为 $n - 1$ 的 t 分布, 并给出了这种 t 分布的一些分位数值. 可以说, 小样本统计分析由此引起了广大统计科研工作者的重视, 虽然 Gosset 的证明存在着漏洞. 最早注意到这个问题的是 Fisher, 并于 1922 年给出了此问题的完整证明. 另外, 注意到, 当时许多统计学家在 Gosset 于 1937 年去世后, 尚不知他就是 Student.

t 分布的严格定义如下: 设 $\xi \sim N(0, 1), \eta \sim \chi^2(n)$, 且 ξ, η 相互独立, 则称随机变量

$$T = \frac{\xi}{\sqrt{\eta/n}} \tag{1.7}$$

所服从的分布为自由度 n 的 t 分布, 且记为 $T \sim t(n)$. 由概率论知识可求得 $t(n)$ 的 PDF 为

$$f(x) = \frac{\Gamma((n+1)/2)}{\Gamma(n/2)\sqrt{n\pi}}(1 + x^2/n)^{-\frac{n+1}{2}}, \quad -\infty < x < \infty.$$

另外, 我们容易求得 t 分布的均值与方差: 设 $\xi \sim t(n), n > 2$, 则 $E\xi = 0$, $\mathrm{Var}\xi = \frac{n}{n-2}$.

从图 1.2, 可以看到:

- $t(n)$ 的 PDF 关于 y 轴对称, 且 $\lim\limits_{|x| \to \infty} f(x) = 0$.
- 随着 n 的增大, 其峰度越来越高, 尾部越来越小.
- 由于对于固定的 x, 有

$$\lim_{n \to \infty} \left(1 + \frac{x^2}{n}\right)^{-\frac{n+1}{2}} = e^{-x^2/2},$$

故当 n 很大时, t 分布的 PDF 接近于标准正态分布的 PDF (其常数可用 Stirling 公式: $n! = \sqrt{2\pi n}n^n e^{-n}$ 求得).

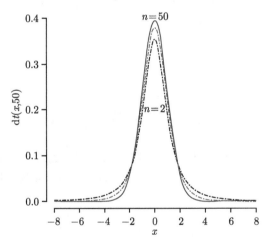

图 1.2 t 分布的概率密度函数

由此可见, t 分布的分位数满足 $t_\alpha(n) = -t_{1-\alpha}(n)$, 且 t 分布与正态分布的差别在于二者的尾部概率不同, 但随着自由度 n 的加大, 二者的差别越来越小. 事实上, 由 Slutsky 定理及 (1.7) 可知, $t(n)$ 的极限分布就是标准正态.

另外, 结合 t 分布的定义及结论 (1.6) 知: 如果 $X_1, \cdots, X_n$ 为来自 $N(\mu, \sigma^2)$ 的 i.i.d. 样本, 则有

$$\frac{\sqrt{n}(\bar{X} - \mu)}{S_n} \sim t(n-1). \tag{1.8}$$

类似非中心 χ^2 分布，在假设检验中有时也会遇到非中心 t 分布. 设 $\xi \sim N(\mu, \sigma^2)$, $\eta/\sigma^2 \sim \chi^2(n)$, 且二者独立, $\mu \neq 0$, 则称

$$T = \frac{\xi}{\sqrt{\eta/n}}$$

服从的分布为自由度 n 的非中心 t 分布, 其非中心参数 $\delta = \mu/\sigma$.

1.2.4 F 分布

F 分布的定义为: 设 ξ, η 独立且服从自由度分别为 m, n 的 χ^2 随机变量, 则称随机变量

$$F = \frac{\xi/m}{\eta/n}$$

服从的分布为自由度 (m, n) 的 F 分布, 且记为 $F \sim F(m, n)$. 由概率论知识不难求得其 PDF 为

$$f(x; m, n) = \begin{cases} 0, & x < 0, \\ \dfrac{\Gamma((m+n)/2)}{\Gamma(m/2)\Gamma(n/2)} \left(\dfrac{m}{n}\right) \left(\dfrac{mx}{n}\right)^{m/2-1} \left(1 + \dfrac{mx}{n}\right)^{-(m+n)/2}, & x > 0, \end{cases}$$

其均值与方差分别为

$$E\xi = \frac{n}{n-2}, \quad n > 2,$$
$$\mathrm{Var}\xi = \frac{n^2(2m + 2n - 4)}{m(n-2)^2(n-4)}, \quad n > 4.$$

在实际应用中, 可以利用 F 分布来比较两组样本的方差, 此时利用的结论为: 设 $X_1, \cdots, X_m \overset{\text{i.i.d.}}{\sim} N(\mu_1, \sigma_1^2)$, $Y_1, \cdots, Y_n \overset{\text{i.i.d.}}{\sim} N(\mu_2, \sigma_2^2)$, 且两组样本独立, 则基于 (1.6) 的结论, 有

$$\frac{\sigma_2^2}{\sigma_1^2} \frac{S_{1m}^2}{S_{2n}^2} \sim F(m-1, n-1), \tag{1.9}$$

其中

$$S_{1m}^2 = \frac{1}{m-1} \sum_{i=1}^{m} (X_i - \bar{X})^2, \quad S_{2n}^2 = \frac{1}{n-1} \sum_{i=1}^{n} (Y_i - \bar{Y})^2.$$

非中心 F 分布的定义为: 设 $\xi \sim \chi^2(m, \delta)$, $\eta \sim \chi^2(n)$, $\delta \neq 0$, 且 ξ, η 独立, 则称 $F = \dfrac{\xi/m}{\eta/n}$ 所服从的分布为自由度 (m, n) 的非中心 F 分布, 非中心参数为 δ.

1.2.5 Wishart 分布与 T^2 分布

在多元统计分析中, 经常会用到随机矩阵. 为了研究一个随机矩阵 $X_{n \times m} = (x_{ij})$ 的概率性质, 定义随机矩阵 X 的分布就是将其列向量一个接一个组成的长向量的分布 (这样的向量称为此矩阵的拉直向量, 记为 $\text{vec}(X)$). 当 X 是 n 阶对称矩阵时, 由于 $x_{ij} = x_{ji}$, 故此时的拉直向量为只取其上三角部分组成的长向量.

为了方便给出随机矩阵的分布, 引入矩阵叉积 (也称Kronecker 积) 的概念: 设 $A = (a_{ij})$ 是 $n \times m$ 阶矩阵, $B = (b_{ij})$ 是 $p \times q$ 阶矩阵, 则 A, B 的叉积 $A \otimes B$ 表示一个如下的 $np \times mq$ 阶矩阵:

$$A \otimes B = (a_{ij}B) = \begin{pmatrix} a_{11}B & a_{12}B & \cdots & a_{1m}B \\ a_{21}B & a_{22}B & \cdots & a_{2m}B \\ \vdots & \vdots & & \vdots \\ a_{n1}B & a_{n2}B & \cdots & a_{nm}B \end{pmatrix}.$$

关于矩阵叉积的运算性质请参见 (张尧庭, 方开泰, 1997).

基于上述定义, 引入随机矩阵 Wishart 分布的定义. 设 $X \sim N_{n \times p}(0, I_n \otimes \Sigma)$, 则称 $W = X'X$ 服从Wishart 分布, 并记为 $W \sim W_p(n, \Sigma)$, 其均值与方差分别为

$$E(W) = n\Sigma, \quad \text{Var}(\text{vec} W) = n(I_{p^2} + K)(\Sigma \otimes \Sigma),$$

其中 $K = \sum\limits_{i,j=1}^{p} (E_{ij} \otimes E'_{ij})$, E_{ij} 为 p 阶方阵, 且只有第 (i,j) 个元素为 1, 其余均为 0. 特别地, $\text{Cov}(X_{ij}, X_{kl}) = n(\sigma_{ik}\sigma_{jl} + \sigma_{il}\sigma_{jk})$.

显然, 当 $p = 1$ 时, Wishart 分布退化为 χ^2 分布, 故 Wishart 分布是 χ^2 分布在多元情形下的推广. 关于 Wishart 分布与 χ^2 分布间的关系, 有如下的结论: 如果 $W \sim W_p(n, \Sigma)$, 则对任意的常数向量 a, 有 $a'Wa \sim a'\Sigma a \cdot \chi^2(n)$.

既然 Wishart 分布是一元χ^2 在多元情形下的推广, 故也有类似 (1.6) 的结果. 实际上, 设 $X_1, \cdots, X_n$ 为来自 $N_p(\mu, \Sigma)$ 的 i.i.d. 样本, 则此时的样本均值与样本方差

$$\bar{X} = \frac{1}{n} \sum_{i=1}^{n} X_i, \quad S_n = \frac{1}{n-1} \sum_{i=1}^{n} (X_i - \bar{X})(X_i - \bar{X})'$$

独立且

$$\bar{X} \sim N_p\left(\mu, \frac{\Sigma}{n}\right), \quad (n-1)S_n \sim W_p(n-1, \Sigma). \tag{1.10}$$

同样, 为得到类似一元时 (1.8) 式的结果, 引入 t 分布在多元情形下的推广 ——T^2 分布. 设 $W \sim W_p(n, I)$, $X \sim N_p(\mu, I)$, 且 W 与 X 独立, $n > p$, 则称

$$\xi = nX'W^{-1}X$$

服从非中心 T^2 分布, 并记作 $\boldsymbol{\xi} \sim T^2(p, n; \boldsymbol{\mu})$. 当 $\boldsymbol{\mu} = \mathbf{0}$ 时, 称 $\boldsymbol{\xi}$ 服从中心 T^2 分布, 并记为 $T^2 \sim T^2(p, n)$.

T^2 分布有如下一个基本性质. 若 $\boldsymbol{W} \sim W_p(n, \boldsymbol{\Sigma})$, $\boldsymbol{X} \sim N_p(\boldsymbol{\mu}, c\boldsymbol{\Sigma})$, 且 $\boldsymbol{W}$ 与 $\boldsymbol{X}$ 独立, $c > 0$ 为常数, 则有

$$nX'(cW)^{-1}X \sim T^2(p, n, \nu), \quad \frac{n-p+1}{np}nX'(cW)^{-1}X \sim F(p, n-p, \delta), \quad (1.11)$$

其中 $\nu = (c\boldsymbol{\Sigma})^{-1/2}\boldsymbol{\mu}$, $\delta = \boldsymbol{\mu}'(c\boldsymbol{\Sigma})^{-1}\boldsymbol{\mu}$.

由上式可知, T^2 分布与 F 分布只差一个常数. 另外, 在多元检验中, 下述 T^2 统计量

$$T^2 = n(\bar{\boldsymbol{X}} - \boldsymbol{\mu})'\boldsymbol{S}^{-1}(\bar{\boldsymbol{X}} - \boldsymbol{\mu}) \tag{1.12}$$

具有广泛的应用. 结合 (1.10) 与 (1.11) 式, 可知上述的 T^2 统计量的分布为

$$T^2 \sim T^2(p, n-1), \quad \frac{n-p}{(n-1)p}T^2 \sim F(p, n-p). \tag{1.13}$$

1.3 参 数 估 计

参数估计是数理统计中的重要内容之一, 它包括点估计与区间估计. 估计的目的在于利用样本对总体分布中感兴趣的未知参数进行统计推断. 显然, 任何一个统计量都可称为估计, 但为了提高估计精度, 必有某些估计准则. 本节将主要介绍点估计中一些常用的估计方法和准则, 如极大似然估计 (maximum likelihood estimation, MLE)、无偏估计 (unbiased estimation, UE)、一致最小方差无偏估计 (uniformly minimum variance unbiased estimation, UMVUE). 关于非参数估计方法将在 1.6 节中介绍.

1.3.1 极大似然估计

极大似然估计最早是由德国数学家 Gauss 在 1821 年针对正态分布提出的, 之后 Fisher 于 1922 年提出了一般分布下的极大似然估计.

我们知道, 样本联合分布反映了样本取值的概率, 但当我们做统计推断时, 是依据已有样本对分布中感兴趣的参数进行估计与检验. 显然, 此时的样本联合分布提供了未知参数的诸多信息, 于是, 可以利用此联合分布对未知参数进行统计推断. 为此, Fisher 又称样本联合分布为似然函数 (likelihood function).

具体地讲, 如果 $X_1, \cdots, X_n$ 为来自总体 PDF 为 $f(x, \theta)$ 的 i.i.d. 样本, 其中 $\theta \in \Theta$ 为未知参数, 则称

$$L(\theta, x) = \prod_{i=1}^{n} f(x_i, \theta)$$

为似然函数, 也称 $l(\theta, x) = \ln L(\theta, x)$ 为对数似然函数.

从上一定义可以看出, 似然函数与样本联合概率分布相同, 但二者的含义却不同: 后者是固定参数值为 θ 下关于样本 x 的函数, 它的取值空间为样本空间 $\mathcal{X}$; 而似然函数则是固定样本值 x 下关于参数 θ 的函数, 其在参数空间 Θ 上取值. 为考察二者的区别, 不妨把参数 θ 和样本分别看做 "原因" 和 "结果". 当给定参数后, 样本联合分布将告诉我们哪个样本将以多大的概率被观测到; 反过来, 当有了样本后, 似然函数将告诉我们如何最有可能地取参数 θ 的估计.

设 $X_1, \cdots, X_n$ 是来自总体 PDF 为 $f(x, \theta) \in \mathcal{F} = \{f(x, \theta) : \theta \in \Theta \subseteq R^k\}$ 的 i.i.d. 样本, 如果统计量 $\hat{\theta}(X)$ 满足

$$L(\hat{\theta}(x), x) = \sup_{\theta \in \Theta} L(\theta, x),$$

或等价地满足

$$l(\hat{\theta}(x), x) = \sup_{\theta \in \Theta} l(\theta, x),$$

则称 $\hat{\theta}$ 为 θ 的 MLE.

如果似然函数 $L(\theta, x)$ 关于 θ 可微, 则 θ 的 MLE 可以通过求解下面的似然方程求得

$$\frac{\partial L(\theta, x)}{\partial \theta_j} = 0, \quad j = 1, \cdots, k,$$

或等价地有

$$\frac{\partial l(\theta, x)}{\partial \theta_j} = 0, \quad j = 1, \cdots, k.$$

对于正态总体, 其参数的 MLE 可如下求取: 设 $X_1, \cdots, X_n$ 为来自正态总体 $N(\mu, \sigma^2)$ 的 i.i.d. 样本, 则似然函数为

$$L(\mu, \sigma^2; x) = \frac{1}{(\sqrt{2\pi}\sigma)^n} \exp\left\{-\frac{1}{2\sigma^2} \sum_{i=1}^{n}(x_i - \mu)^2\right\},$$

其对数似然函数为

$$l(\mu, \sigma^2; x) = -\frac{n}{2}\ln(2\pi) - \frac{n}{2}\ln\sigma^2 - \frac{1}{2\sigma^2}\sum_{i=1}^{n}(x_i - \mu)^2,$$

两边分别对 μ 和 σ^2 求导, 再令其为零, 则得到如下的似然方程:

$$\begin{cases} \dfrac{\partial l}{\partial \mu} = \dfrac{1}{\sigma^2}\sum_{i=1}^{n}(x_i - \mu) = 0, \\[3mm] \dfrac{\partial l}{\partial \sigma^2} = -\dfrac{n}{2\sigma^2} + \dfrac{1}{2\sigma^4}\sum_{i=1}^{n}(x_i - \mu)^2 = 0, \end{cases}$$

由此求得其根为

$$
\begin{cases}
\mu - \bar{x}, \\
\sigma^2 = s_n^{*2} = \dfrac{1}{n}\sum_{i=1}^{n}(x_i - \bar{x})^2,
\end{cases}
$$

容易验证上述二根的确使其似然达到最大, 于是, 所求的 MLE 为

$$
\begin{cases}
\hat{\mu} = \bar{X}, \\
\hat{\sigma}^2 = S_n^{*2}.
\end{cases}
$$

如果似然函数不可导, 则需要用定义来求取参数的 MLE, 比如对于均匀分布总体, 假设 $X_1, \cdots, X_n$ 为来自均匀分布 $U(0, \theta)$ 的 i.i.d. 样本, 则似然函数为

$$
L(\theta; x) = \prod_{i=1}^{n} f(x_i, \theta) = \begin{cases}
\dfrac{1}{\theta^n}, & 0 < \max_{1 \leqslant i \leqslant n} x_i < \theta, \\
0, & \text{其他,}
\end{cases}
$$

不可导, 但注意到当 $\theta = \max_{1 \leqslant i \leqslant n} x_i$ 时, $L(\theta, \boldsymbol{x})$ 达到最大, 于是 $\hat{\theta} = X_{(n)}$ 是 θ 的 MLE.

1.3.2　无偏估计与一致最小方差无偏估计

为了衡量估计方法的好坏, 本节将引入 UE 及 UMVUE 的概念.

对于一个合理的估计, 一个自然的要求就是其八九不离十, 这就是统计中无偏估计的要求. 为了简化叙述, 本节始终假设 $X = (X_1, \cdots, X_n)$ 为来自总体 PDF 为 $f(x, \theta)$ 的样本, 其中 $\theta \in \Theta \subseteq R$ 为一维未知参数, $T_n(X)$ 为一估计量.

如果估计量 $T(X)$ 满足:

$$
E_\theta T_n(X) = g(\theta), \quad \forall \theta \in \Theta,
$$

则称 $T_n(X)$ 为 $g(\theta)$ 的无偏估计 (UE). 否则就称为有偏估计, 且称 $E_\theta T_n(X) - g(\theta)$ 为此估计量的偏差 (bias).

显然, 由 (1.1) 式定义的样本均值与样本方差均是总体均值与方差的无偏估计. 但是, 对于正态总体 $N(\mu, \sigma^2)$ 而言, σ^2 的 MLE 为 $S_n^{*2} = \dfrac{n-1}{n}$ 并不是无偏估计, 而其偏差为 $-\sigma^2/n$. 但是, 此偏差随着样本量的增加而逐步减少, 于是, 有如下的渐近无偏估计的定义.

如果一个估计量 $T(X)$ 满足:

$$
\lim_{n \to \infty} E_\theta T_n(X) = g(\theta), \quad \forall \theta \in \Theta,
$$

则称 $T_n(X)$ 为 $g(\theta)$ 的渐近无偏估计.

从无偏估计的定义可以看出, 其无偏性仅是针对多次重复性而言的, 但就一次抽样的一个估计来说, 其值不一定等于参数真值.

虽然 (1.1) 式定义的样本方差是总体方差的无偏估计, 但并不能说, 样本标准差也是实际应用者最感兴趣的总体标准差的无偏估计, 即使是对于正态总体也是如此. 事实上, 如假设 $X_1, \cdots, X_n$ 为来自正态总体 $N(\mu, \sigma^2)$ 的 i.i.d. 样本, 则由 (1.6) 式知

$$E\left(\sqrt{n-1}S_n/\sigma\right) = \int_0^\infty \frac{\sqrt{x}}{2^{(n-1)/2}\Gamma((n-1)/2)} e^{-x/2} x^{\frac{n-1}{2}-1} \mathrm{d}x = \cdots = \frac{\sqrt{2}\Gamma(n/2)}{\Gamma((n-1)/2)},$$

故

$$ES_n = \sigma\sqrt{\frac{2}{n-1}}\frac{\Gamma(n/2)}{\Gamma((n-1)/2)},$$

由此可知, 样本标准差 S_n 并不是总体标准差 σ 的无偏估计. 但是, 如定义

$$c_4 = \sqrt{\frac{2}{n-1}}\frac{\Gamma(n/2)}{\Gamma((n-1)/2)}, \tag{1.14}$$

则知总体标准差 σ 的一个无偏估计为

$$\hat{\sigma} = \frac{S_n}{c_4}. \tag{1.15}$$

由于在质量控制图中经常用到标准差的上述无偏估计, 而其常数 c_4 仅信赖于样本量, 故表 11.5 给出了当 $1 \leqslant n \leqslant 25$ 时调整因子 c_4 的值. 当 $n > 25$ 时, 可由 Stirling 公式得到如下的近似计算公式

$$c_4 \cong \frac{4(n-1)}{4n-3}. \tag{1.16}$$

另外, 也可以利用极差

$$R_n = \max_{1 \leqslant i \leqslant n} X_i - \min_{1 \leqslant i \leqslant n} X_i = X_{(n)} - X_{(1)}$$

来估计总体标准差 σ.

为求取基于极差的无偏估计, 不妨假设 $Y_i = (X_i - \mu)/\sigma, i = 1, \cdots, n$, 则 $ER_n = \sigma(EY_{(n)} - EY_{(1)})$. 为求上述期望, 有

$$F_n(x) = P\{Y_{(n)} < x\} = \prod_{i=1}^n P\{Y_i < x\} = \Phi^n(x),$$

$$F_1(x) = P\{Y_{(1)} < x\} = 1 - P\{Y_{(1)} \geqslant x\} = 1 - \prod_{i=1}^n P\{Y_i \geqslant x\} = 1 - (1 - \Phi(x))^n,$$

由此可知

$$ER_n = \sigma \left\{ \int_{-\infty}^{\infty} nx \left[\Phi^{n-1}(x) - (1 - \Phi(x))^{n-1} \right] \phi(x) \mathrm{d}x \right\}.$$

定义

$$d_2 = n \int_{-\infty}^{\infty} x \left[\Phi^{n-1}(x) - (1 - \Phi(x))^{n-1} \right] \phi(x) \mathrm{d}x, \tag{1.17}$$

则得到总体标准差 σ 的另一无偏估计

$$\tilde{\sigma} = \frac{R_n}{d_2}, \tag{1.18}$$

其中常数 d_2 仅信赖于样本量 n 且由 (1.15) 确定. 为了便于应用, 表 11.5 也给出了 $1 \leqslant n \leqslant 25$ 时调整因子 d_2 的值.

除了上述两个常用的关于总体标准差的无偏估计外, 还有一些别的方法, 请参见 (Wu, Zhao, Wang, 2002).

有时我们感兴趣的是极差 R_n 的标准差估计, 此时, 我们注意到 $(Y_{(1)}, Y_{(n)})$ 的联合 PDF 为

$$f_{1,n}(x,y) = n(n-1) \left[\Phi(y) - \Phi(x) \right]^{n-2} \phi(x) \phi(y) I(x < y),$$

于是, 有

$$\sigma_R^2 = \mathrm{Var} R_n = \sigma^2 \left\{ n(n-1) \int_{-\infty}^{\infty} \mathrm{d}x \int_{x}^{\infty} (y-x)^2 [\Phi(y) - \Phi(x)]^{n-2} \phi(x) \phi(y) \mathrm{d}y - d_2^2 \right\},$$

如记

$$d_3 = \left[n(n-1) \int_{-\infty}^{\infty} \phi(x) \mathrm{d}x \int_{x}^{\infty} (y-x)^2 [\Phi(y) - \Phi(x)]^{n-2} \phi(y) \mathrm{d}y - d_2^2 \right]^{1/2}, \tag{1.19}$$

且用 (1.18) 式估计 σ, 则得到极差的标准差的无偏估计为

$$\hat{\sigma}_R = d_3 \frac{R_n}{d_2}, \tag{1.20}$$

其中 d_3 仅依赖于样本容量 n, 当 $2 \leqslant n \leqslant 25$ 时, 其值列表于表 11.5. 另外, 在表 11.5 中也给出了如下两个常数:

$$D_3 = 1 - 3 \frac{d_3}{d_2}, \quad D_4 = 1 + 3 \frac{d_3}{d_2}. \tag{1.21}$$

一个参数的无偏估计可能有多个, 如何从中择优是统计中考虑的一个问题. 此时常用的择优准则就是在无偏估计类中找一个方差最小者, 即一致最小方差无偏

估计. 严格地讲, 对于参数分布族 $\mathcal{F} = \{f(x, \theta) : \theta \in \Theta\}$, $g(\theta)$ 是一可估函数, 又设 $T^*(X)$ 是 $g(\theta)$ 的一个 UE. 如对于 $g(\theta)$ 的任一 UE $T(X)$, 均有

$$\mathrm{Var}_{\theta}(T^*(X)) \leqslant \mathrm{Var}_{\theta}(T(X)), \quad \forall \theta \in \Theta,$$

则称 $T^*(X)$ 是 $g(\theta)$ 的 UMVUE.

可以证明, 一致最小方差无偏估计如存在, 则在概率意义下一定唯一. 另外, 许多数理统计教材中都有如何求取某参数 UMVUE 的方法介绍, 如零的无偏估计法、基于充分统计量的零的无偏估计法和基于充分完备统计量的方法等, 请有兴趣的读者参见相应的参考文献, 如 (王兆军, 2010; 茆诗松, 王静龙, 1990) 等.

1.4 显著性检验

假设检验 (hypothesis testing) 是统计推断的一个主要部分. 在日常生活或科学研究中, 人们经常是对一事情提出疑问, 之后根据实验或经验对这个疑问做出解答. 而在解答过程中, 人们往往是根据所提的疑问提出一个假设, 之后通过证据来做出接受或拒绝此假设的决策. 实际上, 这就是统计中的假设检验. 统计中的假设检验最早是由 K. Pearson 于 1900 年提出的, 但 Fisher 及 Neyman 和 E. Pearson 对假设检验理论的发展和完善作出了杰出的贡献. 本节将讲述 Fisher 提出的显著性检验 (significant test), 至于 Neyman 和 Pearson 提出的优势检验将在 1.5 节介绍.

1.4.1 基本概念

下面, 通过一个例子来给出假设检验的几个基本概念. 假设我们感兴趣检验一枚硬币是否均匀, 现随机掷了 5 次, 结果 5 次都是正面, 请问这枚硬币均匀吗? 为了对此作出一个正确的判断, 以 p 表示掷一次硬币正面出现的概率, 并提出如下假设

$$H_0 : p = 0.5,$$

称之为原假设或零假设 (null hypothesis). 相对于此假设而言, 还存在着另一个假设

$$H_1 : p \neq 0.5,$$

称之为对立假设或备选假设 (alternative hypothesis), 并且此备选假设表明出现正面的概率大于或小于 0.5, 所以, 它又称为双边的 (two sided), 而此时的原假设仅为 0.5 这一个值, 故也称之为简单的 (simple), 否则就称为复杂的 (complex).

对于本问题, 由于 5 次投掷是相互独立的, 故它们之间没有联系. 如果原假设 H_0 为真, 则正面在每次投掷中出现的概率均为 0.5, 于是, 五次投掷均出现正面的

概率为 $0.5^5 = 0.03125$. 但是, 现在的情况是: 我们掷了五次且五次都是正面, 而需要判断硬币是否均匀. 于是, 基于五次投掷结果我们必须承认下述两种情况必发生其一:

- 发生了一件概率为 0.03125 的事件;
- 原假设 H_0 不成立.

显然, 发生一件概率为 0.03125 的事件非常稀奇, 于是, 有理由认为第二种情况发生了, 即数据提供了原假设 H_0 不成立的显著性证据. 这就是说, 我们有充分的理由认为此枚硬币不均匀. 当然, 这样的结论也有可能犯错, 而此时犯错的概率为 0.03125. 另外, 这样的决策过程依赖于何为概率大小的阈值. 作出上述结论的过程就是统计中的显著性检验的思想.

一般来讲, 对于来自某总体分布为 $f(x, \theta)(\theta \in \Theta)$ 的样本 $X = (X_1, \cdots, X_n)$, 且对于两个互不相交的参数空间 Θ 的子集 Θ_0, Θ_1, 感兴趣的假设为

$$H_0 : \theta \in \Theta_0 \leftrightarrow H_1 : \theta \in \Theta_1.$$

如果观测到的样本落入 W 时, 将采取拒绝 H_0 的决策 (否则就接受 H_0), 则称 W 为此检验法的拒绝域 (rejection region). 显然, 这样的检验法可能犯两种错误:

- 第一类错误: 当原假设 H_0 正确时, 采取了拒绝 H_0 的决策;
- 第二类错误: 当 H_0 不正确时, 采取了接受 H_0 的决策.

一个好的决策或检验方法应该具有第一二类错误概率都很小, 但实际上很难做到这一点. 于是, Fisher 建议控制第一类错误概率, 即要求检验方法犯第一类错误的概率不超过事先给定的阈值 $\alpha(0 < \alpha < 1)$, 即

$$P_\theta\{X \in W\} \leqslant \alpha, \quad \forall\, \theta \in \Theta_0,$$

这样的检验就称为显著性水平为 α 的显著性检验, 也称 α 为此检验的显著性水平. 一般地, 均取 $\alpha = 0.01, 0.05, 0.1$ 这三个值.

另外, 为了更方便地考虑一个检验的第一二类错误概率的表现, 人们多采用功效 (power) 函数这一概念. 对于拒绝域为 W 的一个检验法, 其功效函数定义为

$$\beta(\theta) = P_\theta\{X \in W\}, \quad \forall\, \theta \in \Theta.$$

显然, 当 $\theta \in \Theta_0$ 时, 功效就是第一类错误概率; 而当 $\theta \in \Theta_1$ 时, 第二类错误概率与其功效之和等于 1.

1.4.2 单样本正态总体参数的显著性检验

在本节始终假设 $X_1, \cdots, X_n$ 为来自正态总体 $N(\mu, \sigma^2)$ 的 i.i.d. 样本, 且考虑关于总体均值 μ 与 σ^2 的假设检验问题.

1. 关于均值的显著性检验

对于事先给定的 μ_0 及显著性水平 α, 考虑假设

$$H_0 : \mu = \mu_0 \leftrightarrow H_1 : \mu \neq \mu_0 \tag{1.22}$$

的显著性检验.

(1) 当总体方差 $\sigma^2 = \sigma_0^2$ 已知时

由于样本均值 $\bar{X}$ 是 μ 的很好的估计值, 于是, 可以用 $|\bar{X} - \mu|$ 的大小来反映原假设 H_0 与备选假设 H_1 间的区别. 显然, 当 $|\bar{X} - \mu_0|$ 远离零时, 有理由拒绝原假设. 于是有理由采取如下拒绝域的检验法:

$$W = \left\{ X : \frac{\sqrt{n}|\bar{X} - \mu_0|}{\sigma_0} \geqslant c \right\}.$$

为控制其第一类错误概率不超过 α, 故要求

$$P_{H_0} \left\{ \frac{\sqrt{n}|\bar{X} - \mu_0|}{\sigma_0} \geqslant c \right\} \leqslant \alpha.$$

注意到当 H_0 成立时,

$$\frac{\sqrt{n}(\bar{X} - \mu_0)}{\sigma_0} \sim N(0, 1),$$

于是 $c = u_{1-\alpha/2}$.

总的来说, 假设 (1.22) 的显著性水平为 α 的检验的拒绝域为

$$W = \left\{ |U| \geqslant u_{1-\alpha/2} \right\}, \tag{1.23}$$

其中 $U = \dfrac{\sqrt{n}(\bar{X} - \mu_0)}{\sigma_0}$ 称为检验统计量. 如果 $\{|U| \geqslant u_{1-\alpha/2}\}$ 发生, 则称检验是显著的. 这样的检验常被称为单样本双边 u 检验 (有的书上也称为 z 检验).

(2) 当总体方差 σ^2 未知时

此时, 可以用样本方差 S_n^2 估计总体方差 σ^2, 但注意到 (1.6) 的结论和 t 分布的定义, 则假设 (1.22) 的显著性水平为 α 的检验的拒绝域为

$$W = \left\{ |T| \geqslant t_{1-\alpha/2}(n-1) \right\}, \tag{1.24}$$

其中检验统计量 $T = \dfrac{\sqrt{n}(\bar{X} - \mu_0)}{S_n}$. 这样的检验常被称为单样本双边 t 检验.

在有些实际问题中, 如对如下的单边假设

$$H_0 : \mu = \mu_0 \leftrightarrow H_1 : \mu > \mu_0 \tag{1.25}$$

有兴趣, 则仍可以利用上面的思想, 求得其显著性水平为 α 的检验如下:

当总体方差 $\sigma = \sigma_0$ 已知时, 检验的拒绝域为

$$W = \left\{ \frac{\sqrt{n}(\bar{X} - \mu_0)}{\sigma_0} \geqslant u_{1-\alpha} \right\}. \tag{1.26}$$

当总体方差 σ 未知时, 检验的拒绝域为

$$W = \left\{ \frac{\sqrt{n}(\bar{X} - \mu_0)}{S_n} \geqslant t_{1-\alpha}(n-1) \right\}, \tag{1.27}$$

上述两个检验分别称为单样本单边的 u 及 t 检验.

同理, 也有关于如下单边假设

$$H_0 : \mu = \mu_0 \leftrightarrow H_1 : \mu < \mu_0 \tag{1.28}$$

的显著性水平为 α 的检验, 方差已知与未知时检验的拒绝域分别为

$$W = \left\{ \frac{\sqrt{n}(\bar{X} - \mu_0)}{\sigma_0} \leqslant u_{\alpha} \right\}, \quad W = \left\{ \frac{\sqrt{n}(\bar{X} - \mu_0)}{S_n} \leqslant t_{\alpha}(n-1) \right\}.$$

我们注意到, 上面讲述的关于两个单边假设 (1.25) 和 (1.28) 的显著性检验也分别是假设

$$H_0 : \mu \leqslant \mu_0 \leftrightarrow H_1 : \mu > \mu_0 \ \text{和} \ H_0 : \mu \geqslant \mu_0 \leftrightarrow H_1 : \mu < \mu_0$$

的显著性水平为 α 的检验.

总的来说, 关于正态总体均值的显著性检验如表 1.1 所示.

表 1.1　单样本正态总体均值的显著性检验

方差	假设	检验统计量	拒绝域	名字
	$H_0 : \mu = \mu_0 \leftrightarrow H_1 : \mu \neq \mu_0$		$\{|U| > u_{1-\alpha/2}\}$	双边 u 检验
	$H_0 : \mu = \mu_0 \leftrightarrow H_1 : \mu < \mu_0$		$\{U < u_{\alpha}\}$	单边 u 检验
$\sigma^2 = \sigma_0^2$	$H_0 : \mu = \mu_0 \leftrightarrow H_1 : \mu > \mu_0$	$U = \dfrac{\sqrt{n}(\bar{X} - \mu_0)}{\sigma_0}$	$\{U > u_{1-\alpha}\}$	单边 u 检验
	$H_0 : \mu \leqslant \mu_0 \leftrightarrow H_1 : \mu > \mu_0$		$\{U > u_{1-\alpha}\}$	单边 u 检验
	$H_0 : \mu \geqslant \mu_0 \leftrightarrow H_1 : \mu < \mu_0$		$\{U < u_{\alpha}\}$	单边 u 检验
	$H_0 : \mu = \mu_0 \leftrightarrow H_1 : \mu \neq \mu_0$		$\{|T| > t_{1-\alpha/2}(n-1)\}$	双边 t 检验
	$H_0 : \mu = \mu_0 \leftrightarrow H_1 : \mu < \mu_0$		$\{T < t_{\alpha}(n-1)\}$	单边 t 检验
σ^2 未知	$H_0 : \mu = \mu_0 \leftrightarrow H_1 : \mu > \mu_0$	$T = \dfrac{\sqrt{n}(\bar{X} - \mu_0)}{S_n}$	$\{T > t_{1-\alpha}(n-1)\}$	单边 t 检验
	$H_0 : \mu \leqslant \mu_0 \leftrightarrow H_1 : \mu > \mu_0$		$\{T > t_{1-\alpha}(n-1)\}$	单边 t 检验
	$H_0 : \mu \geqslant \mu_0 \leftrightarrow H_1 : \mu < \mu_0$		$\{T < t_{\alpha}(n-1)\}$	单边 t 检验

2. 关于方差的显著性检验

首先考虑关于双边假设

$$H_0 : \sigma^2 = \sigma_0^2 \leftrightarrow H_1 : \sigma^2 \neq \sigma_0^2 \tag{1.29}$$

的显著性检验.

(1) 当总体均值 $\mu = \mu_0$ 已知时

我们注意到统计量 $\chi^2 = \sum\limits_{i=1}^{n}(X_i - \mu_0)^2$ 是 σ^2 的一个很好的点估计, 故一个合理检验的拒绝域应为

$$W = \{\chi^2 \geqslant c_1\} \cup \{\chi^2 \leqslant c_2\}.$$

为保证其显著性水平为 α, 故要求

$$P_{H_0}\{\chi^2 \geqslant c_1\} + P_{H_0}\{\chi^2 \leqslant c_2\} \leqslant \alpha.$$

显然, 如要求 c_1, c_2 满足

$$P_{H_0}\{\chi^2 \geqslant c_1\} = \alpha/2, \quad P_{H_0}\{\chi^2 \leqslant c_2\} = \alpha/2,$$

则二者满足前面的显著性水平的要求. 注意到, 当 H_0 成立时, $\sum\limits_{i=1}^{n}(X_i - \mu_0)^2/\sigma_0^2$ 服从 $\chi^2(n)$, 故假设 (1.29) 的显著性水平为 α 的检验的拒绝域为

$$W = \left\{ \frac{\sum\limits_{i=1}^{n}(X_i - \mu_0)^2}{\sigma_0^2} \geqslant \chi_{1-\alpha/2}^2(n) \right\} \cup \left\{ \frac{\sum\limits_{i=1}^{n}(X_i - \mu_0)^2}{\sigma_0^2} \leqslant \chi_{\alpha/2}^2(n) \right\}. \tag{1.30}$$

(2) 当总体均值 μ 未知时

此时, 假设 (1.29) 的显著性水平为 α 的检验的拒绝域为

$$W = \left\{ \frac{\sum\limits_{i=1}^{n}(X_i - \bar{X})^2}{\sigma_0^2} \geqslant \chi_{1-\alpha/2}^2(n-1) \right\} \cup \left\{ \frac{\sum\limits_{i=1}^{n}(X_i - \bar{X})^2}{\sigma_0^2} \leqslant \chi_{\alpha/2}^2(n-1) \right\}. \tag{1.31}$$

类似地, 关于单边假设

$$H_0 : \sigma^2 = \sigma_0^2 \leftrightarrow H_1 : \sigma^2 > \sigma_0^2 \tag{1.32}$$

的显著性水平为 α 的检验的拒绝域为

$$W=\left\{\frac{\sum\limits_{i=1}^{n}(X_i-\mu_0)^2}{\sigma_0^2}\geqslant\chi_{1-\alpha}^2(n)\right\}(\mu\text{已知}),\quad W=\left\{\frac{\sum\limits_{i=1}^{n}(X_i-\bar{X})^2}{\sigma_0^2}\geqslant\chi_{1-\alpha}^2(n-1)\right\}(\mu\text{未知}).$$

(1.33)

关于单边假设

$$H_0:\sigma^2=\sigma_0^2\leftrightarrow H_1:\sigma^2<\sigma_0^2$$

的显著性水平为 α 的检验的拒绝域为

$$W=\left\{\frac{\sum\limits_{i=1}^{n}(X_i-\mu_0)^2}{\sigma_0^2}\leqslant\chi_{\alpha}^2(n)\right\}(\mu\text{已知}),\quad W=\left\{\frac{\sum\limits_{i=1}^{n}(X_i-\bar{X})^2}{\sigma_0^2}\leqslant\chi_{\alpha}^2(n-1)\right\}(\mu\text{未知}).$$

总的来说, 把上述关于方差的检验总结在表 1.2 中.

表 1.2　单样本正态总体方差的显著性检验

均值	假设	检验统计量	拒绝域
	$H_0:\sigma^2=\sigma_0^2\leftrightarrow H_1:\sigma^2\neq\sigma_0^2$		$\{\chi^2<\chi_{\alpha/2}^2(n)\}\cup\{\chi^2>\chi_{1-\alpha/2}^2(n)\}$
	$H_0:\sigma^2=\sigma_0^2\leftrightarrow H_1:\sigma^2<\sigma_0^2$		$\{\chi^2<\chi_{\alpha}^2(n)\}$
$\mu=\mu_0$	$H_0:\sigma^2=\sigma_0^2\leftrightarrow H_1:\sigma^2>\sigma_0^2$	$\chi^2=\dfrac{\sum\limits_{i=1}^{n}(X_i-\mu_0)^2}{\sigma_0^2}$	$\{\chi^2>\chi_{1-\alpha}^2(n)\}$
	$H_0:\sigma^2\leqslant\sigma_0^2\leftrightarrow H_1:\sigma^2>\sigma_0^2$		$\{\chi^2>\chi_{1-\alpha}^2(n)\}$
	$H_0:\sigma^2\geqslant\sigma_0^2\leftrightarrow H_1:\sigma^2<\sigma_0^2$		$\{\chi^2<\chi_{\alpha}^2(n)\}$
	$H_0:\sigma^2=\sigma_0^2\leftrightarrow H_1:\sigma^2\neq\sigma_0^2$		$\{\chi^2<\chi_{\alpha/2}^2(n-1)\}\cup$ $\{\chi^2>\chi_{1-\alpha/2}^2(n-1)\}$
	$H_0:\sigma^2=\sigma_0^2\leftrightarrow H_1:\sigma^2<\sigma_0^2$		$\{\chi^2<\chi_{\alpha}^2(n-1)\}$
μ 未知	$H_0:\sigma^2=\sigma_0^2\leftrightarrow H_1:\sigma^2>\sigma_0^2$	$\chi^2=\dfrac{\sum\limits_{i=1}^{n}(X_i-\bar{X})^2}{\sigma_0^2}$	$\{\chi^2>\chi_{1-\alpha}^2(n-1)\}$
	$H_0:\sigma^2\leqslant\sigma_0^2\leftrightarrow H_1:\sigma^2>\sigma_0^2$		$\{\chi^2>\chi_{1-\alpha}^2(n-1)\}$
	$H_0:\sigma^2\geqslant\sigma_0^2\leftrightarrow H_1:\sigma^2<\sigma_0^2$		$\{\chi^2<\chi_{\alpha}^2(n-1)\}$

1.4.3　两样本正态总体参数的显著性检验

在本节, 始终假设: $X_1,\cdots,X_m\overset{\text{i.i.d.}}{\sim}N(\mu_1,\sigma_1^2)$, $Y_1,\cdots,Y_n\overset{\text{i.i.d.}}{\sim}N(\mu_2,\sigma_2^2)$, 且全样本独立.

此时关于两组样本均值及方差的显著性检验思想仍类似 1.4.2 小节的单样本情况，于是，把几种情况下的显著性水平为 α 的检验总结在表 1.3 和表 1.4 中. 至于在其他情况下关于均值差与方差比的显著性请参见相应的参考文献，如 (王兆军，2010) 等.

表 1.3　两样本正态总体均值的显著性检验

方差	假设	检验统计量	拒绝域
σ_1^2, σ_2^2 已知	$H_0 : \mu_1 = \mu_2 \leftrightarrow H_1 : \mu_1 \neq \mu_2$	$U = \dfrac{\bar{X} - \bar{Y}}{\sqrt{\sigma_1^2/m + \sigma_2^2/n}}$	$\{|U| \geqslant u_{1-\alpha/2}\}$
	$H_0 : \mu_1 = \mu_2 \leftrightarrow H_1 : \mu_1 > \mu_2$		$\{U \geqslant u_{1-\alpha}\}$
	$H_0 : \mu_1 = \mu_2 \leftrightarrow H_1 : \mu_1 < \mu_2$		$\{U \leqslant u_{\alpha}\}$
$\sigma_1^2 = \sigma_2^2$ 未知	$H_0 : \mu_1 = \mu_2 \leftrightarrow H_1 : \mu_1 \neq \mu_2$	$T = \sqrt{\dfrac{mm}{m+n}} \dfrac{\bar{X} - \bar{Y}}{S_{mn}}$	$\{|T| \geqslant t_{1-\alpha/2}(m+n-2)\}$
	$H_0 : \mu_1 = \mu_2 \leftrightarrow H_1 : \mu_1 > \mu_2$		$\{T \geqslant t_{1-\alpha}(m+n-2)\}$
	$H_0 : \mu_1 = \mu_2 \leftrightarrow H_1 : \mu_1 < \mu_2$		$\{T \leqslant t_{\alpha}(m+n-2)\}$

其中 $S_{mn}^2 = \dfrac{1}{m+n-2}\left[\displaystyle\sum_{i=1}^{m}(X_i - \bar{X})^2 + \sum_{i=1}^{n}(Y_i - \bar{Y})^2\right]$，且称上述关于均值的检验为双边或单边的 u 及 t 检验.

表 1.4　两样本正态总体方差的显著性检验

均值	假设	检验统计量	拒绝域
μ_1, μ_2 已知	$H_0 : \sigma_1^2 = \sigma_2^2 \leftrightarrow H_1 : \sigma_1^2 \neq \sigma_2^2$	$F = \dfrac{\displaystyle\sum_{i=1}^{m}(X_i - \mu_1)^2/m}{\displaystyle\sum_{i=1}^{n}(Y_i - \mu_2)^2/n}$	$\{F \leqslant F_{\alpha/2}(m,n)\}\cup$ $\{F \geqslant F_{1-\alpha}(m,n)\}$
	$H_0 : \sigma_1^2 = \sigma_2^2 \leftrightarrow H_1 : \sigma_1^2 > \sigma_2^2$		$\{F \geqslant F_{1-\alpha}(m,n)\}$
	$H_0 : \sigma_1^2 = \sigma_2^2 \leftrightarrow H_1 : \sigma_1^2 < \sigma_2^2$		$\{F \leqslant F_{\alpha}(m,n)\}$
μ_1, μ_2 未知	$H_0 : \sigma_1^2 = \sigma_2^2 \leftrightarrow H_1 : \sigma_1^2 \neq \sigma_2^2$	$F = \dfrac{\displaystyle\sum_{i=1}^{m}(X_i - \bar{X})^2/(m-1)}{\displaystyle\sum_{i=1}^{n}(Y_i - \bar{Y})^2/(n-1)}$	$\{F \leqslant F_{\alpha/2}(m-1,n-1)\}\cup$ $\{F \geqslant F_{1-\alpha}(m-1,n-1)\}$
	$H_0 : \sigma_1^2 = \sigma_2^2 \leftrightarrow H_1 : \sigma_1^2 > \sigma_2^2$		$\{F \geqslant F_{1-\alpha}(m-1,n-1)\}$
	$H_0 : \sigma_1^2 = \sigma_2^2 \leftrightarrow H_1 : \sigma_1^2 < \sigma_2^2$		$\{F \leqslant F_{\alpha}(m-1,n-1)\}$

1.4.4　似然比检验

在前两节中讲述的显著性检验都是针对一些特殊的假设及正态总体而言的，如果我们感兴趣的假设为

$$H_0 : \theta \in \Theta_0 \leftrightarrow H_1 : \theta \in \Theta - \Theta_0,$$

且参数 $\theta \in \Theta$ 为 k 维的，则很难应用上述方法来处理．但是本节介绍的似然比检验则可以处理这样的问题．似然比检验是 Neyman 和 E. Pearson 于 1928 年提出的，其定义如下．

设 $X_1, \cdots, X_n$ 为来自参数分布族 $\mathcal{F} = \{f(x, \theta) : \theta \in \Theta\}$ 的 i.i.d. 样本，对于上述假设，称

$$\lambda(x) = \frac{\sup_{\theta \in \Theta_0} f(x, \theta)}{\sup_{\theta \in \Theta} f(x, \theta)}$$

为此假设的似然比 (likelihood ratio) 统计量．如检验的拒绝域为

$$W = \{\lambda(x) \leqslant c\},$$

则称之为上述假设的似然比检验 (likelihood ratio test, LRT)，其中常数 c 满足：对于事先给定的显著性水平 α，有

$$P_{H_0}\{\lambda(X) \leqslant c\} \leqslant \alpha.$$

在某些条件下 (陈希孺, 1997)，Wilks 于 1938 年证明了如下结论．当 H_0 成立时，有

$$-2 \log \lambda(X) \xrightarrow{\mathcal{L}} \chi^2(k - r), \tag{1.34}$$

其中 r 为 Θ_0 的维数．

于是，在一般情况下，可以利用上述 Wilks 定理给出似然比检验的临界值 c．

1.5　一致最优势检验

最优势检验 (most powerful test，MPT) 是由 Neyman 和 E. Pearson 在 20 世纪 20 年代提出的，其基本思想是在第一类错误概率不超过 α 的检验类中选取一个第二类错误概率最小的检验．

在本节始终假设 $X_1, \cdots, X_n$ 为来自某连续总体 $f(x, \theta)$ 的 i.i.d. 样本，且参数 $\theta \in \Theta$ 为一维的．

1. 基本概念

为了更清楚地叙述优势检验理论，他们把 Fisher 提出的作为二元决策的检验推广为更一般的检验函数 $\phi(x) \in [0, 1]$：如果 $\phi(x) = 1$，则拒绝原假设；如 $\phi(x) = 0$，则接受原假设；如 $\phi(x) = \delta \in (0, 1)$，则掷一个正面出现概率为 δ 的硬币，如出现正面，则拒绝原假设；否则，就接受原假设．如果检验有取 0,1 之外的值，则称之为随机化检验；否则，如果它仅取 0,1 两个值，就称为非随机化检验．由于此时的检验仍是样本的函数，故其功效函数定义为

$$\beta_\phi(\theta) = E_\theta \phi(X), \quad \theta \in \Theta.$$

对于假设

$$H_0 : \theta \in \Theta_0 \leftrightarrow H_1 : \theta \in \Theta_1,$$

如果 $\phi_1(\boldsymbol{x}), \phi_2(\boldsymbol{x})$ 均是此假设的水平为 α 的检验, 即

$$\beta_{\phi_i}(\theta) \leqslant \alpha, \quad \forall\, \theta \in \Theta_0, \quad i = 1, 2, \tag{1.35}$$

且满足

$$\beta_{\phi_1}(\theta) \geqslant \beta_{\phi_2}(\theta), \quad \forall\, \theta \in \Theta_1,$$

则称检验 ϕ_1 比检验 ϕ_2 有效. 如果 ϕ_1 比任一个满足 (1.35) 的 ϕ_2 均有效, 则称 ϕ_1 是此假设的水平为 α 的最优势检验.

然而, 即使对于前面讲述的正态总体的双边假设, 也很容易验证其 MPT 并不存在. 于是, 有人提出了一种比 MPT 检验较弱的准则 —— 最优势无偏检验 (most powerful unbiased test, MPUT).

称满足条件

$$\beta_\phi(\theta) \leqslant \alpha, \quad \forall \theta \in \Theta_0 \text{ 且 } \beta_\phi(\theta) \geqslant \alpha, \quad \forall \theta \in \Theta_1$$

的检验函数 $\phi(x)$ 为此假设的水平为 α 的无偏检验. 如果一个水平为 α 的无偏检验 ϕ 比任何一个水平为 α 的无偏检验更有效, 则称 ϕ 为此假设的水平 α 的 MPUT.

2. N-P 引理

从 1928 年开始的大约 10 年时间里, Neyman 和 E. Pearson 合作发表了一系列有关假设检验的论文, 从而建立了优势检验理论, 一般称为 "Neyman-Pearson" 理论, N-P 引理即为其中重要的一个结论.

此时, 考虑的假设为如下的简单对简单假设:

$$H_0 : \theta = \theta_0 \leftrightarrow H_1 : \theta = \theta_1 (\neq \theta_0).$$

对于上述假设, Neyman 和 Pearson 证明满足条件

$$E_{\theta_0} \phi(X) = \alpha$$

的检验

$$\phi(x) = \begin{cases} 1, & f(x; \theta_1) > k f(x; \theta_0), \\ 0, & f(x; \theta_1) < k f(x; \theta_0) \end{cases}$$

为其水平 α 的 MPT.

如记 $\lambda(x) = \dfrac{f(x, \theta_1)}{f(x, \theta_0)}$, 则知此时的 MPT 是一个似然比检验. 另由此定理的构造性证明可知, 当似然比统计量 $\lambda(X)$ 的分布连续时, 此 MPT 是一个非随机化检验; 否则就可能是一个随机化检验.

3. 关于正态总体参数的优势检验

针对某些指数型分布族及某些单边和双边假设，研究结果已给出了其相应的 MPT 和 MPUT，由于这些内容已超越了本书的范围，故在本节仅不加证明地指出 1.4 节中给出的关于正态总体的某些显著性检验是 MPT 或 MPUT，详细理论证明和结果请参见 (王兆军，2010；韦博成，2006).

在表 1.1 中，当方差已知时，第一个双边检验为 UMPUT，其余四个均是 UMPT；当方差未知时，五个检验均是 UMPUT. 在表 1.2 中，当均值已知时，第一个双边检验不是优势检验 (但与 UMPUT 比较接近)，其余四个均是 UMPT；当均值未知时，第一个双边检验不是优势检验 (但与 UMPUT 接近)，其余四个均是 UMPUT. 在表 1.3 中，所有检验均是 UMPUT. 在表 1.4 中，所有单边假设的检验均是 UMPUT，而双边假设的检验则近似为相应假设的 UMPUT. 关于这部分的详细结果，请参见 (韦博成，2006).

1.6　序贯概率比检验

在 1.4 节讲述的显著性检验中，只考虑控制检验的第一类错误概率，而在 1.5 节讲述的优势检验，则考虑了在水平为 α 的检验类中选择一个第二类错误概率最小的检验. 但上述两种检验均是针对固定容量的样本而进行的，然而，在许多实际问题中，人们可能需要一个既节省样本容量又同时控制第一二类错误概率的检验方法. 此时，最常用的一种检验方法就是 Wald 于 20 世纪 40 年代发展起来的序贯概率比检验 (sequential probability ratio test，SPRT)，它是为适应第二次世界大战期间美国军火生产中质量检验的需要而提出的. 本书仅是简要地介绍其概念，详细的内容请参见 (陈家鼎，1995).

假设此时我们感兴趣的假设为

$$H_1 : X_1, X_2, \cdots \overset{\text{i.i.d.}}{\sim} f_1(x) \leftrightarrow H_2 : X_1, X_2, \cdots \overset{\text{i.i.d.}}{\sim} f_2(x),$$

记此时的似然比统计量为

$$\lambda_n = \frac{\prod\limits_{i=1}^{n} f_2(x_i)}{\prod\limits_{i=1}^{n} f_1(x_i)}.$$

对于事先给定的两个常数 $0 < A < 1 < B < \infty$，我们一个一个地抽取样本，如在抽得 $X_1, \cdots, X_{n-1}$ 后，抽样尚不能停止，则再抽 X_n，并计算 λ_n. 当 $\lambda_n \geqslant B$ 时，停止抽样，并拒绝假设 H_1；当 $\lambda_n \leqslant A$ 时，停止抽样，并接受假设 H_1；当 $A < \lambda_n < B$ 时，抽取第 $n+1$ 个样本，并计算 λ_{n+1}，照此依次进行. 称这样的检验为序贯概率比检验，并记为 $S(A, B)$.

对于一个 SPRT 而言, 停止抽样时间 (简称停时)

$$\tau^* = \min\{n : \lambda_n \leqslant A, \text{或} \lambda_n \geqslant B, n \geqslant 1\}$$

及两个边界 A, B 是实际应用者非常关心的.

现在的研究结果已证明

$$P_{H_i}\{\tau^* < \infty\} = 1, \quad E_{H_i} e^{\lambda \tau^*} < \infty, \quad \forall \lambda > 0, \quad i = 1, 2.$$

另外, 对于一个 SPRT $S(A, B)$, 其临界值与第一二类错误概率 α, β 间的关系为

$$\alpha \leqslant \frac{1 - \beta}{B}, \quad \beta \leqslant A(1 - \alpha).$$

由上式可以看出, 对于事先给定的一二类错误概率 α, β, 可以如下近似地选取其两个边界值

$$A \doteq \frac{\beta}{1 - \alpha}, \quad B \doteq \frac{1 - \beta}{\alpha}.$$

1.7　线　性　回　归

回归 (regression) 分析是统计学的一个庞大研究分支, 它的目的在于研究变量之间的相互关系, 并建立模型以便进行预测与控制, 而线性回归是回归分析的重要组成部分, 顾名思义, 它主要研究变量间的线性关系.

"regression" 一词是由英国统计学家 F. Galton (1822–1911) 和 K. Pearson (1856–1936) 于 1886 年在研究子代身高与父代身高之间遗传问题时提出的. 他们通过观察 1078 对夫妇及其成年子女的平均身高 $(x_i, y_i)(i = 1, 2, \cdots, 1078)$, 发现二者间具有明显的线性关系, 如用直线来拟合的话, 这条直线可以写成

$$y = 33.73 + 0.516x,$$

其中 x, y 分别表示父代的平均身高和子代的平均身高 (单位: 英寸). 此公式表明子代身高有向平均身高回归的现象.

关于回归分析的研究成果已非常丰富, 本节仅就后面将要用到的一元线性与多元线性回归进行简单的介绍, 详细的内容可参见相应的参考书, 如 (王松桂, 史建红, 尹素菊, 吴密霞, 2004).

1.7.1　一元线性回归

假设我们观测到的样本为 $\{(x_i, y_i)\}_{i=1}^n$, 如果散点图显示变量 x 与 y 之间存在着明显的线性关系, 则可以用如下的一元线性回归模型

$$y_i = a + bx_i + \varepsilon_i \tag{1.36}$$

来拟合此组数据, 其中 ε_i 为独立的随机误差, 且满足

$$E(\varepsilon_i) = 0, \quad \mathrm{Var}(\varepsilon_i) = \sigma^2,$$

其中 a, b 及 σ^2 为未知参数.

最小二乘估计 (least square estimation, LSE) 方法是用来估计未知参数 a, b, σ^2 的一种常用方法. 此时, 求取回归直线 $y = a + bx$ 时, 它要求每一个数据点到此直线的距离最短, 并由此求得此回归直线.

此时, 目标函数为

$$Q(a, b) = \sum_{i=1}^{n} (y_i - a - bx_i)^2, \tag{1.37}$$

称

$$\arg \min_{a \in R, b \in R} Q(a, b)$$

为参数 a, b 的 LSE, 记为 $\hat{a}, \hat{b}$, $Q(\hat{a}, \hat{b})$ 被称为残差平方和 (sum of square for error, SSE).

由微分法可求得

$$\hat{a} = \bar{y} - \hat{b}\bar{x}, \quad \hat{b} = \frac{\displaystyle\sum_{i=1}^{n}(x_i - \bar{x})y_i}{\displaystyle\sum_{i=1}^{n}(x_i - \bar{x})^2} = \frac{S_{xy}}{S_{xx}}, \tag{1.38}$$

其中

$$S_{xx} = \sum_{i=1}^{n}(x_i - \bar{x})^2, \quad S_{xy} = \sum_{i=1}^{n}(x_i - \bar{x})(y_i - \bar{y}). \tag{1.39}$$

这样就得到了估计的回归直线

$$\hat{y} = \hat{a} + \hat{b}x,$$

利用此回归直线, 可用未观测点 x 处的 y 进行预测.

为求 σ^2 的估计, 把 (1.36) 式的 y_i 代入 $Q(\hat{a}, \hat{b})$ 后, 易求得其期望

$$EQ(\hat{a}, \hat{b}) = (n - 2)\sigma^2,$$

于是, σ^2 的一个无偏估计为

$$\hat{\sigma}^2 = \frac{1}{n-2}Q(\hat{a}, \hat{b}) = \frac{\mathrm{SSE}}{n-2} = \frac{1}{n-2}\sum_{i=1}^{n}(y_i - \hat{a} - \hat{b}x_i)^2, \tag{1.40}$$

称为 σ^2 的 LSE.

另外, 容易求得 $\hat{a}, \hat{b}$ 间的协方差为

$$\text{Cov}(\hat{a}, \hat{b}) = -\frac{\bar{x}}{S_{xx}}\sigma^2. \tag{1.41}$$

由此可知, 如果 $\bar{x} = 0$, 则 a, b 的 LSE 不相关.

为了判断得到的回归直线与理想直线之间是否拟合得很好, 有必要对此进行统计检验. 为此, 假设 (1.36) 式中的误差为来自 $N(0, \sigma^2)$ 的 i.i.d. 样本. 在此条件下, 可以证明:

$$\hat{a} \sim N\left(a, \left[\frac{1}{n} + \frac{\bar{x}^2}{S_{xx}}\right]\sigma^2\right), \quad \hat{b} \sim N\left(b, \frac{\sigma^2}{S_{xx}}\right), \quad \frac{n-2}{\sigma^2}\hat{\sigma}^2 \sim \chi^2(n-2), \tag{1.42}$$

并且, $\hat{b}$ 与 $\hat{\sigma}^2$ 相互独立. 由此, 可以得到

$$H_0 : b = b_0 \leftrightarrow H_1 : b \neq b_0$$

的水平 α 的显著性检验的拒绝域为

$$W = \left\{\frac{\sqrt{S_{xx}}|\hat{b} - b_0|}{\hat{\sigma}} \geqslant t_{1-\alpha/2}(n-2)\right\}. \tag{1.43}$$

特别地, 如要检验回归系数 b 是否显著, 即在上述检验中 $b_0 = 0$, 则此时的显著性水平 α 检验的拒绝为

$$W = \left\{\frac{\sqrt{S_{xx}}|\hat{b}|}{\hat{\sigma}} \geqslant t_{1-\alpha/2}(n-2)\right\}.$$

如在上述不等式两边取平方且注意到 $t_{1-\alpha/2}^2(n-2) = F_{1-\alpha/2}(1, n-2)$, 故

$$H_0 : b = 0 \leftrightarrow H_1 : b \neq 0$$

的显著性检验的拒绝域为

$$W = \left\{\frac{S_{xy}^2}{S_{xx}\hat{\sigma}^2} \geqslant F_{1-\alpha/2}(1, n-2)\right\}.$$

再注意到 $\dfrac{S_{xy}^2}{S_{xx}} = \sum_{i=1}^{n}(\hat{y}_i - \bar{y})^2$, 如记 $\text{SSR} = \sum_{i=1}^{n}(\hat{y}_i - \bar{y})^2$, 且注意到

$$\text{SST} = \sum_{i=1}^{n}(y_i - \bar{y})^2 = \sum_{i=1}^{n}(\hat{y}_i - \bar{y})^2 + \sum_{i=1}^{n}(y_i - \hat{y}_i)^2 = \text{SSR} + \text{SSE},$$

于是, 上述检验的拒绝域等价于

$$W = \left\{\frac{\text{SSR}}{\text{SSE}/(n-2)} \geqslant F_{1-\alpha/2}(1, n-2)\right\}.$$

这就是一元线性回归模型的方差分析 (analysis of variance).

1.7.2 多元线性回归

在有些实际问题中，随机变量 Y 可能与多个变量 $x_1, \cdots, x_p$ 有关. 如果它们之间存在着线性关系，则可以用如下的多元线性回归

$$y = b_0 + b_1 x_1 + \cdots + b_p x_p + \varepsilon \tag{1.44}$$

来拟合观测数据 $\{x_{i1}, \cdots, x_{ip}, y_i\}_{i=1}^n$，其中 $b_0, b_1, \cdots, b_p$ 为未知参数，ε 为随机误差，且 $E(\varepsilon) = 0$, $\mathrm{Var}(\varepsilon) = \sigma^2$.

类似于一元线性回归，可以通过最小化目标函数

$$Q(b_0, b_1, \cdots, b_p) = \sum_{i=1}^n (y_i - b_0 - b_1 x_{i1} - \cdots - b_p x_{ip})^2$$

来得到未知参数的 LSE.

为便于计算，记

$$\boldsymbol{y} = \begin{pmatrix} y_1 \\ y_2 \\ \vdots \\ y_n \end{pmatrix}, \quad \boldsymbol{X} = \begin{pmatrix} 1 & x_{11} & x_{12} & \cdots & x_{1p} \\ 1 & x_{21} & x_{22} & \cdots & x_{2p} \\ \vdots & \vdots & \vdots & & \vdots \\ 1 & x_{n1} & x_{n2} & \cdots & x_{np} \end{pmatrix}, \quad \boldsymbol{b} = \begin{pmatrix} b_0 \\ b_1 \\ \vdots \\ b_p \end{pmatrix}, \quad \boldsymbol{\varepsilon} = \begin{pmatrix} \varepsilon_1 \\ \varepsilon_2 \\ \vdots \\ \varepsilon_n \end{pmatrix},$$

则目标函数可以写成

$$Q(\boldsymbol{b}) = \|\boldsymbol{y} - \boldsymbol{X}\boldsymbol{b}\|^2, \tag{1.45}$$

其中 $\boldsymbol{X}$ 称为设计矩阵，当 $\boldsymbol{X}'\boldsymbol{X}$ 可逆时，通过求导得到 $\boldsymbol{b}$ 的 LSE 为

$$\hat{\boldsymbol{b}} = (\boldsymbol{X}'\boldsymbol{X})^{-1}\boldsymbol{X}'\boldsymbol{y} = \boldsymbol{H}\boldsymbol{y}, \tag{1.46}$$

其中矩阵 $\boldsymbol{H} = (\boldsymbol{X}'\boldsymbol{X})^{-1}\boldsymbol{X}'$ 称为帽子矩阵.

另外，称 $Q(\hat{\boldsymbol{b}})$ 为残差平方和，并记为 SSE，且容易求得 $E[\mathrm{SSE}] = (n-p-1)\sigma^2$，由此可求得 σ^2 的 LSE 为

$$\hat{\sigma}^2 = \frac{Q(\hat{\boldsymbol{b}})}{n-p-1} = \frac{\mathrm{SSE}}{n-p-1}.$$

在假设随机误差满足 $\varepsilon \sim N_p\left(\boldsymbol{0}, \sigma^2 \boldsymbol{I}_n\right)$ 时，可以证明

$$\hat{\boldsymbol{b}} \sim N_p(\boldsymbol{b}, \sigma^2 (\boldsymbol{X}'\boldsymbol{X})^{-1}), \quad \frac{n-p-1}{\sigma^2}\hat{\sigma}^2 \sim \chi^2(n-p-1), \tag{1.47}$$

且 $\hat{\boldsymbol{b}}$ 与 $\hat{\sigma}^2$ 独立.

对于一元线性回归的合理性，可以由散点图得到简单的判断，但对于多元线性

回归则不然. 显然, 如果模型拟合得好, 则残差 $\hat{\varepsilon}_j = y_j - \hat{y}_j = y_j - \hat{b}_0 - \sum\limits_{k=1}^{p} \hat{b}_k x_{jk}$

应在零附近. 简单计算后知

$$\hat{\boldsymbol{\varepsilon}} = \boldsymbol{y} - \hat{\boldsymbol{y}} = \boldsymbol{y} - \boldsymbol{X}\hat{\boldsymbol{b}} = (\boldsymbol{I} - \boldsymbol{X}(\boldsymbol{X}'\boldsymbol{X})^{-1}\boldsymbol{X}')\boldsymbol{y} = \boldsymbol{P_X}\boldsymbol{y}.$$

由正态假设知 $\hat{\boldsymbol{\varepsilon}} \sim N_n(\boldsymbol{0}, \sigma^2 \boldsymbol{P})$. 如用 p_{ii} 表矩阵 $\boldsymbol{P_X}$ 的第 i 个对角元, 则标准化残差

$$e_i = \frac{\hat{\varepsilon}_i}{\sigma\sqrt{p_{ii}}} \sim N(0,1), \quad i = 1, 2, \cdots, n, \tag{1.48}$$

虽然 e_i 间并不独立, 但当 n 较大时, 可以认为它们是近似独立的, 且由上式可知

$$P\{|e_i| \leqslant 1.96\} = 0.95, \quad i = 1, \cdots, n.$$

由此可知, 如果模型正确, 大约有 95% 的标准化残差落在 $[-1.96, 1.96]$ 中. 我们注意到, σ 是未知的, 故在实际中可以用其 LSE 代替.

为检验变量 x_i 是否显著, 就等价于检验假设

$$H_{0i} : b_i = 0 \leftrightarrow H_{1i} : b_i \neq 0.$$

如记 c_{ii} 为矩阵 $(\boldsymbol{X}'\boldsymbol{X})^{-1}$ 的第 i 个对角元素, 则由 (1.47) 知, 检验统计量

$$t_i = \frac{\hat{b}_i}{\sqrt{c_{ii}}\hat{\sigma}} \sim t(n - p - 1), \tag{1.49}$$

于是, 上述假设的显著性水平 α 的检验的拒绝域为

$$W = \{|t_i| \geqslant t_{1-\alpha/2}(n - p - 1)\}.$$

为检验整个模型的显著性, 即检验假设

$$H_0 : b_1 = b_2 = \cdots = b_p = 0.$$

仍可用类似于一元线性回归, 先进行平方和分解

$$\text{SST} = \sum_{i=1}^{n}(y_i - \bar{y})^2 = \sum_{i=1}^{n}(\hat{y}_i - \bar{y})^2 + \sum_{i=1}^{n}(y_i - \hat{y}_i)^2 = \text{SSR} + \text{SSE},$$

之后, 利用 (1.47) 可以证明: 当 H_0 成立时, SSR$\sim \chi^2(p)$ 与 SSE 独立, 于是可用统计量

$$F = \frac{\text{SSR}/p}{\text{SSE}/(n - p - 1)} \sim F(p, n - p - 1) \tag{1.50}$$

进行检验, 即此时的拒绝域为

$$W = \{F \geqslant F_{1-\alpha}(p, n - p - 1)\},$$

这就是多元情况下的方差分析表中的 F 检验.

1.7.3　变量选择

在应用回归分析处理实际问题时, 特别是处理维数 p 比较高的多元线性模型时, 回归自变量 x 的选择是首先要解决的重要问题. 这是因为在作回归分析时, 人们通常根据问题本身的特点, 把各种与响应变量 Y 有关的自变量都引进模型, 其中包含一些影响很小的自变量. 这样一来, 不仅增大了计算量, 而且估计与预测的精度也会下降.

如果仅从残差平方和最小的角度考虑, 则所有自变量都将进入模型, 这是由于残差平方和 SSE 是 p 的递减函数. 为此, 如何协调 SSE 与变量个数间的平衡, 就是常用变量选择方法的出发点. 现在常用的方法有: 逐步 (stepwise) 回归方法、最优子集法、C_p 准则、AIC 准则、BIC 准则、LASSO 及SCAD 方法等, 但出于计算的考虑, 后五种方法现在比较流行.

为了方便, 假设根据某些准则在进行变量选择时, 仅剔除 (1.44) 中的后若干个变量, 如 $p - q$ 个自变量 $x_{q+1}, \cdots, x_p$, 且不考虑截距项, 即假设 $b_0 = 0$.

1. C_p 准则

此时, 把设计阵 $\boldsymbol{X}$ 及参数 $\boldsymbol{b}$ 分解如下:

$$\boldsymbol{X} = (\boldsymbol{X}_q \vdots \boldsymbol{X}_t), \quad \boldsymbol{b}' = (\boldsymbol{b}_q' \vdots \boldsymbol{b}_t'),$$

并记

$$\hat{\boldsymbol{b}} = (\boldsymbol{X}'\boldsymbol{X})^{-1}\boldsymbol{X}'\boldsymbol{y}, \quad \tilde{\boldsymbol{b}}_q = (\boldsymbol{X}_q'\boldsymbol{X}_q)^{-1}\boldsymbol{X}_q'\boldsymbol{y}, \quad \mathrm{SSE}_q = \|\boldsymbol{y} - \boldsymbol{X}_q\tilde{\boldsymbol{b}}_q\|^2. \qquad (1.51)$$

如考虑用 $\tilde{\boldsymbol{y}} = \boldsymbol{X}_q\tilde{\boldsymbol{b}}_q$ 的预测残差平方和 $d = E[\tilde{\boldsymbol{y}} - E(\boldsymbol{y})]'[\tilde{\boldsymbol{y}} - E(\boldsymbol{y})]/\sigma^2$, 则计算后可知, Mallow (1973) 定义的 C_p 统计量为

$$C_p = \frac{\mathrm{SSE}_q}{\hat{\sigma}^2} - (n - 2q) \qquad (1.52)$$

是上述预测残差平方和的一个估计, 其中 $\hat{\sigma}^2 = \dfrac{\|\boldsymbol{y} - \boldsymbol{X}\hat{\boldsymbol{b}}\|^2}{n - p}$.

由此可知, 利用 C_p 准则在进行变量选择时, C_p 越小越好.

2. AIC 及 BIC 准则

AIC 准则 (Akaike information criterion) 是由日本的统计学家 Akaike 基于极大似然估计提出的. 在假设 $\varepsilon_1, \cdots, \varepsilon_n$ 为来自 $N(0, \sigma^2)$ 的 i.i.d. 样本时, 可以求得 $\boldsymbol{b}_q$ 和 σ^2 的极大似然估计分别为

$$\tilde{\boldsymbol{b}}_q = (\boldsymbol{X}_q'\boldsymbol{X}_q)^{-1}\boldsymbol{X}_q'\boldsymbol{y}, \quad \tilde{\sigma}_q^2 = \frac{\mathrm{SSE}_q}{n},$$

并由此求得此时的对数似然函数的最大值为

$$\ln L(\tilde{\boldsymbol{b}}_q, \tilde{\sigma}_q^2) = \frac{n}{2} \ln \frac{n}{2\pi} - \frac{n}{2} \ln \mathrm{SSE}_q - \frac{n}{2},$$

而 AIC 准则是选择使如下的 AIC 统计量

$$\mathrm{AIC} = \ln L(\tilde{\boldsymbol{b}}_q, \tilde{\sigma}_q^2) - q$$

达到最小的模型, 于是去除上式中与 q 无关的项, 则 AIC 准则就是使

$$\mathrm{AIC} = n \ln(\mathrm{SSE}_q) + 2q \qquad (1.53)$$

达到最大的 q.

但是研究结果表明, 由 AIC 得到的估计有些高估, 于是, 有人提出了如下的修正准则——BIC 准则:

$$\mathrm{BIC} = n \ln(\mathrm{SSE}_q) + q \ln n. \qquad (1.54)$$

3. LASSO 方法

LASSO(least absolute shrinkage and selection operator) 方法是由 Tibshirani 于 1996 年提出的, 现在已得到了广泛的研究与应用. 其基本思想是估计与变量选择同时进行, 这是 AIC 或 BIC 准则无法做到的. 此时 $\boldsymbol{b}$ 的估计为使如下目标函数

$$Q(\boldsymbol{b}) = \sum_{i=1}^{n} \left(y_i - \sum_{j=1}^{p} b_j x_{ij} \right)^2 = \|\boldsymbol{y} - \boldsymbol{X}\boldsymbol{b}\|^2, \quad \sum_{j=1}^{p} |b_j| \leqslant t \qquad (1.55)$$

取得极小值的解, 其中 t 称为选择参数 (tuning parameter).

显然, 如果取 $t_0 = \sum_{j=1}^{p} |\hat{b}_j|$, 则 $t < t_0$ 时将会导致部分估计值为 0, 这也达到了变量选择的目的. 事实上, 如果设计矩阵 $\boldsymbol{X}$ 是正交的, 即 $\boldsymbol{X}'\boldsymbol{X} = \boldsymbol{I}_p$, 则容易证明 (1.55) 的解为

$$\tilde{b}_j = \mathrm{sign}(\hat{b}_j)(\hat{b}_j - \gamma)_+, \qquad (1.56)$$

其中 $\mathrm{sign}(x)$ 为 x 的符号函数, $u_+ = uI(u > 0)$, γ 由 $\sum_{j=1}^{p} \tilde{b}_j = t$ 来决定. 关于参数 t 的选取, 现在常用的方法是 GCV 方法 (请参见 1.9 节的 (1.79) 式).

4. SCAD 方法

SCAD(smoothly clipped absolute deviation) 方法是由 Fan 和 Li (2001) 提出的一种变量选择方法, 其基本思想为就是由于上述的 LASSO 方法不具有某种优良性 ——Oracle 性质, 并且提出了更易于求解的带有惩罚的目标函数.

利用 SCAD 方法得到的参数估计为使如下目标函数

$$Q(\boldsymbol{b}) = \frac{1}{2}\|\boldsymbol{y} - X\boldsymbol{b}\|^2 + \sum_{j=1}^{p} p_\lambda(|b_j|) \tag{1.57}$$

取得最小值的解, 其中 $\lambda > 0$ 为惩罚参数, 且惩罚函数 p 的导函数满足

$$p'_\lambda(\theta) = \lambda \left[I(\theta \leqslant \lambda) + \frac{(a\lambda - \theta)_+}{(a-1)\lambda} I(\theta > \lambda) \right], \quad a > 2, \quad \theta > 0, \tag{1.58}$$

且模拟显示取 $a = 3.7$ 是最优的.

1.7.4 混合效应模型

在本节前面讨论的回归模型均是假设未知参数 b 是固定的, 而不是随机的. 但在某些实际问题中, 假设某些 b_j 是随机的比较合理. 比如研究人的血压在一天之内的变化规律时, 可以随机地选取 b 个人, 并且在 a 个时间点测量他们的血压 y, 则此时一个合理的模型为

$$y_{ij} = \mu + \alpha_i + \beta_j + \varepsilon_{ij}, \quad i = 1, \cdots, a, \ j = 1, \cdots, b.$$

其中 α_i 反映着时间点的效应, 是固定的, 而 β_j 则反映着第 j 个人的效应, 但注意到这 b 个人是随机抽取的, 故它是随机的. 称这样的模型为混合效应 (mixed effect) 模型, 而本节前面的模型均是固定效应 (fixed effect) 模型.

一般地, 混合效应模型可以写成

$$\boldsymbol{y} = \boldsymbol{X}\boldsymbol{b} + U\boldsymbol{\xi} + \boldsymbol{\varepsilon}, \tag{1.59}$$

其中 $\boldsymbol{y}$ 为 n 个响应值, $\boldsymbol{X}$ 为 $n \times p$ 的设计矩阵, $\boldsymbol{b}$ 为未知的固定效应, $\boldsymbol{U}$ 为 $n \times k$ 阶矩阵, $\boldsymbol{\xi}$ 为 k 维随机效应向量. 且假设

$$E(\boldsymbol{\xi}) = \boldsymbol{0}, \quad E(\boldsymbol{\varepsilon}) = \boldsymbol{0}, \quad \text{Cov}(\boldsymbol{\xi}_i, \boldsymbol{\varepsilon}_j) = 0, \quad \text{COV}(\boldsymbol{\xi}) = \boldsymbol{D} \geqslant 0, \quad \text{COV}(\boldsymbol{\varepsilon}) = \boldsymbol{R} > 0.$$

由此可知, 响应 $\boldsymbol{y}$ 的协方差阵为 $\text{COV}(\boldsymbol{y}) = \boldsymbol{U}\boldsymbol{D}\boldsymbol{U}' + \boldsymbol{R} = \boldsymbol{\Sigma} > 0$, 故上述混合效应模型也称为方差分量 (variance components) 模型.

如果协方差阵 $\boldsymbol{D}, \boldsymbol{R}$ 已知, 则由最小二乘法易求得 $\boldsymbol{b}$ 的 LSE 为

$$\hat{\boldsymbol{b}} = (\boldsymbol{X}'\boldsymbol{\Sigma}^{-1}\boldsymbol{X})^{-1}\boldsymbol{X}'\boldsymbol{\Sigma}^{-1}\boldsymbol{y}. \tag{1.60}$$

当协方差阵 $\boldsymbol{D}, \boldsymbol{R}$ 未知时, 可以利用样本估计它们. 关于二者的估计经常采用的是方差分析估计及极大似然估计, 请有兴趣的读者参见 (王松桂等, 2004).

1.8 非参数估计与检验

前几节介绍的统计方法在推断过程中均要对研究的总体做一些假定, 如正态分布假设等某些参数分布假设, 此时, 我们仅是对其中的参数进行统计推断. 然而, 在许多实际问题中, 有时很难对其分布做些假设, 但仍然想对总体的一些未知特征, 如均值、方差或分布等进行统计推断. 这就是非参数统计研究的内容. 非参数统计 (nonparametric statistics) 是统计学的一个重要分支, 它仅对总体分布做一些非常一般的假设 (如连续、对称等), 之后对总体的一些特征进行统计推断. 非参数统计的研究结果已非常丰富, 本节仅就其中一些最基本的估计和检验进行简单的介绍, 更全面的内容及深入的理论结果, 请有兴趣的读者参见相应的参考文献, 如 (陈希孺, 方兆本, 李国英, 陶波, 1989; 吴喜之, 王兆军, 1996) 等文献.

本节介绍的方法有: 秩统计量、Hodges-Lehmann 估计、符号秩检验、Wilcoxon 秩检验等.

1.8.1 单样本问题

设 $X_1, \cdots, X_n$ 为来自总体分布 F 的 i.i.d. 样本, 其中总体分布 F 连续, 本节将就总体均值进行估计与检验.

1. 符号检验

此时, 仅假设 $X_1, \cdots, X_n$ 来自某连续分布 F, 而感兴趣的检验为

$$H_0 : F(0) = \frac{1}{2} \leftrightarrow H_1 : F(0) \neq \frac{1}{2}. \tag{1.61}$$

如果 H_0 成立, 则意味着零为总体中位数, 故由中位数的定义可知, 当 H_0 成立时, 样本 $X_1, \cdots, X_n$ 中大于零与小于零的个数应都在 $\frac{n}{2}$ 左右, 于是, 如记

$$S = \sum_{i=1}^{n} I(X_i > 0) = \sum_{i=1}^{n} \psi_i, \tag{1.62}$$

则一个合理检验的拒绝域可以取为

$$W = \{S \leqslant c_1\} \cup \{S \geqslant c_2\},$$

其中 $c_1 < c_2$ 为两个待定的常数. 由于上述统计量 S 只是对样本中大于零的样本进行计数, 故称之为符号统计量 (sign statistics), 且具有如上拒绝域的检验称为符号检验. 注意到

$$\text{当 } H_0 \text{ 成立时}, \quad S \sim B\left(n, \frac{1}{2}\right),$$

故对给定的显著性水平 α, 要求 c_1, c_2 满足

$$\sum_{k=0}^{c_1} \binom{n}{k} \frac{1}{2^n} \leqslant \frac{\alpha}{2}, \quad \sum_{k=c_2}^{n} \binom{n}{k} \frac{1}{2^n} \leqslant \frac{\alpha}{2}$$

即可.

2. Hodges-Lehmann 估计

为了给出总体均值更好的非参数估计与检验方法, 需要对总体分布多一些了解. 因此, 从现在开始, 在本小节始终假设 $X_1, \cdots, X_n$ 来自的总体分布 F 连续且关于 θ 对称. 此时, 可以证明: θ 不仅是此分布的对称中心, 而且也是其期望和中位数.

现在我们感兴趣的是关于对称中心 θ 的估计与检验.

为给出 θ 的一个估计, 假设 $V(X)$ 是用来检验假设 $H_0 : \theta = 0$ 的统计量, 并且假设 $V(X - \theta)$ 关于 θ 非增, 且在 H_0 成立时 $V(X)$ 关于某常数 μ_0 对称. 定义

$$\theta^* = \sup\{\theta : V(X - \theta) > \mu_0\}, \quad \theta_* = \inf\{\theta : V(X - \theta) < \mu_0\},$$

则称

$$\hat{\theta} = \frac{\theta^* + \theta_*}{2}$$

为 θ 的 Hodges-Lehmann 估计.

下面看几个例子, 见表 1.5.

表 1.5 几个常用的 Hodges-Lehmann 估计

统计量 $V(X)$	Hodges-Lehmann 估计
符号统计量 S	Median$\{X_i, \ i = 1, 2, \cdots, n\}$
$\displaystyle\sum_{i<j} I\left(\frac{X_i + X_j}{2} > 0\right)$	Median$\left\{\dfrac{X_i + X_j}{2}, \ i \leqslant j = 1, 2, \cdots, n\right\}$
t 统计量	样本均值 $\bar{X}$

对于上述表中的第二个例子, 当 $n = 3$ 时的 Hodges-Lehmann 估计为 $\frac{1}{4}[X_{(1)} + 2X_{(2)} + X_{(3)}]$. 由此可见, Hodges-Lehmann 估计有其优良性质, 详细内容请参见 (孙山泽, 2000).

3. 秩及符号秩统计量

秩 (rank) 与符号秩统计量在非参数统计中发挥重要的作用, 下面看一下其定义及分布.

对于样本 $X_1, \cdots, X_n$, 称

$$R_j = \sum_{i=1}^{n} I(X_i \leqslant X_j)$$

为样本 X_j 的秩, $R = (R_1, \cdots, R_n)$ 为秩统计量. 如果

$$j = \sum_{i=1}^{n} I(X_i \leqslant X_{D_j}),$$

则称 $(D_1, \cdots, D_n)$ 为反秩 (untirank) 统计量.

实际上, 秩与反秩统计量满足 $X_j = X_{(R_j)}, X_{D_j} = X_{(j)}$, 秩 R_j 表示样本 X_j 为第 R_j 个最小的, 而反秩 D_j 表示第 j 个最小的样本为 X_{D_j}.

从上述定义可以看出, 秩统计量的分布与总体分布 F 无关. 事实上, 可以证明: 秩统计量 $R = (R_1, R_2, \cdots, R_n)$ 在集合

$$A = \{(i_1, \cdots, i_n) : (i_1, \cdots, i_n) 是 (1, 2, \cdots, n) 的一个排列\}$$

上均匀分布, 即对 $(1, 2, \cdots, n)$ 的任一个排列 $(i_1, i_2, \cdots, i_n)$ 有

$$P\{R_j = i_j, \ j = 1, 2, \cdots, n\} = \frac{1}{n!}. \tag{1.63}$$

对于样本 $X_1, \cdots, X_n$, 称

$$R_j^+ = \sum_{i=1}^{n} I(|X_i| \leqslant |X_j|)$$

为样本 X_j 的绝对秩, 称 $\psi_i R_i^+$ 为 X_i 的符号秩, 其中 $\psi_i = I(X_i > 0)$ 称为符号统计量.

当总体分布关于原点对称, 即 $\theta = 0$ 时, 关于符号秩统计量的分布有如下结论:

- 符号统计量 $(\psi_1, \cdots, \psi_n)$ 与绝对秩统计量 $(R_1^+, \cdots, R_n^+)$ 独立;
- 符号秩 $\psi_i \sim b\left(1, \dfrac{1}{2}\right), \ i = 1, 2, \cdots, n$;
- 绝对秩统计量 $(R_1^+, \cdots, R_n^+)$ 在集合 A 上均匀分布.

由上述可知, 符号统计量及绝对秩统计量的分布均与原总体分布 F 无关, 这是非参数统计的一大特点, 由此也决定了非参数统计的稳健性.

4. Wilcoxon 符号秩和检验

现考虑假设

$$H_0 : \theta = 0 \leftrightarrow H_1 : \theta > 0$$

的检验问题. 如感兴趣的假设为

$$H_0 : \theta = \theta_0 \leftrightarrow H_1 : \theta > \theta_0,$$

其中 θ_0 为给定的常数, 故可以通过变换 $Z_i = X_i - \theta_0 (i = 1, 2, \cdots, n)$ 把上述假设的检验问题变成 $\theta = 0$ 的检验问题.

显然, 当 H_0 成立时, 总体的中位数为零, 但当备选假设 H_1 成立时, 样本 $X_1, \cdots, X_n$ 中应倾向于取正值的样本多且取值大, 于是可采用统计量

$$W^+ = \sum_{i=1}^{n} \psi_i R_i^+ \tag{1.64}$$

作为检验统计量, 且检验的拒绝域为

$$W = \{W^+ > c\},$$

这就是非参数统计中的 Wicoxon 符号秩和检验. 基于前述内容, 很容易求得其在原假设成立下的分布, 由此对于给定的显著性水平 α, 可以确定其临界值 c.

对于给定的 n 及 α, 多本有关非参数统计的教材 (吴喜之, 王兆军, 1996) 给出了 Wilcoxon 符号秩检验统计量的分位表.

另外, 当 H_0 成立时, 有

$$E(W^+) = \frac{n(n+1)}{4}, \quad \mathrm{Var}(W^+) = \frac{n(n+1)(2n+1)}{24}.$$

再者, 经简单计算后知道: 如果 $\theta = 0$, 则 Wilcoxon 符号秩和统计量

$$W^+ = \sum_{i<j} I\left\{\frac{X_i + X_j}{2} > 0\right\},$$

这即是表 1.5 中的第二个检验统计量, 由此可知 Hodges-Lehmann 估计与 Wilcoxon 符号秩和统计量间的关系, 这也是计算 Wilcoxon 符号秩的一种方法.

1.8.2 两样本问题 —— Wilcoxon 秩和检验

在本小节, 假设 $X_1, \cdots, X_m \overset{\text{i.i.d.}}{\sim} F(x)$, $Y_1, \cdots, Y_n \overset{\text{i.i.d.}}{\sim} F(x - \theta)$, 其中 $F(X)$ 连续但未知, $\theta > 0$ 为未知的位置参数. 此时, $P\{X > Y\} \leqslant \frac{1}{2}$, 且我们感兴趣的假设为

$$H_0 : \theta = 0 \leftrightarrow H_1 : \theta > 0.$$

如记 R_i 为 Y_i 在全样本中的秩, 即

$$R_i = \sum_{j=1}^{m} I(X_j \leqslant Y_i) + \sum_{j=1}^{n} I(Y_j \leqslant Y_i),$$

则关于上述假设的一个合理检验的拒绝域为

$$W = \left\{\sum_{i=1}^{n} R_i > c\right\}.$$

统计量

$$W_Y = \sum_{i=1}^{n} R_i \tag{1.65}$$

被称为 Wilcoxon 秩和统计量或 Mann-Whitney 统计量, 故上述检验称为 Wilcoxon 秩和检验, 也称为 Mann-Whitney 检验.

为给出 Wilcoxon 秩和检验的临界值, 首先考虑现在秩统计量的分布. 实际上, 当 H_0 成立时, 有

$$P\{R_i = k\} = \frac{1}{N}, \quad P\{R_i = k, R_j = l\} = \frac{1}{N(N-1)} I(k \neq l), \qquad (1.66)$$

其中 $N = m + n$, $i \neq j$, $k, l = 1, \cdots, N$. 由此可知

$$E(R_i) = \frac{N+1}{2}, \quad \mathrm{Var}(R_i) = \frac{N^2 - 1}{12}, \quad \mathrm{Cov}(R_i, R_j) = -\frac{N+1}{12} (i \neq j).$$

由上述秩统计量的零分布, 可求得当 H_0 成立时 Wilcoxon 秩和统计量的期望与方差分别为

$$E(W_Y) = \frac{n(N+1)}{2}, \quad \mathrm{Var}(W_Y) = \frac{mn(N+1)}{12}.$$

另外, 注意到 Wilcoxon 秩和统计量 W_Y 的零分布关于其期望 $\frac{n(N+1)}{2}$ 对称, 并且许多参考文献均给出了 Wilcoxon 秩和统计量 W_Y 的分位数, 如 (吴喜之, 王兆军, 1996) 等.

再者, 类似单样本对称中心的Hodges-Lehmann 估计, 关于两样本位置参数也存在着 Hodges-Lehmann 估计, 有兴趣的读者请参见 (孙山泽, 2000).

1.8.3 非参数概率密度估计

在概率统计中, 均用 CDF 或 PDF 来刻画一个随机变量的概率性质. 前面几节讲述的方法均是用来刻画总体分布的某些数字特征的, 如果能直接由样本得到总体 PDF 的估计, 许多问题都可以迎刃而解了. 本节将简单介绍一下有关如何估计总体 PDF 的问题, 包括直方图 (histgram)、核估计 (kernel estimation) 和 k 近邻 (*k*-nearest neighbor) 估计等. 为此, 设 $X_1, \cdots, X_n$ 为来自某总体 PDF 为 $f(x)$ 的样本, 且 $f(x)$ 未知.

1. 直方图估计

对于给定的常数 X_0 及 $h > 0$, 把样本取值空间分成 K 个宽度为 h 的小区间, 其中第 i 个区间为

$$\Delta_i = [X_0 + (i-1)h, X_0 + ih],$$

则总体 PDF $f(x)$ 的直方图估计为

$$\hat{f}(x) = \frac{1}{nh} \sum_{i=1}^{n} \sum_{j=1}^{K} I(X_i \in \Delta_j) I(x \in \Delta_j). \qquad (1.67)$$

显然, 直方图估计只考虑到样本落入待估点所在区间内的个数, 故窗宽 h 越大, 估计越光滑. 由此可见, 窗宽对于估计的光滑度有很大的影响.

2. 核估计

把等权估计的直方图估计 (1.67) 推广到非等权形式就得到了如下的核估计:

$$\hat{f}(x) = \frac{1}{nh} \sum_{i=1}^{n} K\left(\frac{x - X_i}{h}\right), \tag{1.68}$$

其中核函数 $K(\cdot)$ 控制着用来估计 $f(x)$ 时所用样本点的个数及其权重. 一般情况下, 核函数均定义在区间 $[-1, 1]$ 上, 且满足

$$\int_{-1}^{1} uK(u)\mathrm{d}u = 0, \quad \int_{-1}^{1} K(u)\mathrm{d}u = 1.$$

常用的核函数在表 1.6 中给出.

表 1.6 几种常用的核函数

名称	核函数 $K(u)$
均匀核	$\frac{1}{2}I(\|u\| \leqslant 1)$
三角核	$(1 - \|u\|)I(\|u\| \leqslant 1)$
Epanechnikov 核	$\frac{3}{4}(1 - u^2)I(\|u\| \leqslant 1)$
四次核	$\frac{15}{16}(1 - u^2)I(\|u\| \leqslant 1)$
Triweight 核	$\frac{35}{32}(1 - u^2)^3 I(\|u\| \leqslant 1)$
高斯核	$\frac{1}{\sqrt{2\pi}}e^{-u^2/2}$
余弦核	$\frac{\pi}{4}\cos\left(\frac{\pi}{2}u\right)I(\|u\| \leqslant 1)$

从 (1.68) 式可以看出, 在点 x 处的密度估计值即为落入 $[x - h, x + h]$ 内的样本的加权平均.

类似直方图估计, 此时窗宽 h 也反映了估计的光滑度. 它的选取方法有多种. 如从估计的均方误差角度看, 则在一定条件下 (如 $h \to 0, nh \to \infty$), 有

$$\text{Bias}(\hat{f}(x)) = \frac{h^2}{2}f''(x)\int u^2 K(u)\mathrm{d}u + o(h^2),$$

$$\text{Var}(\hat{f}(x)) = \frac{1}{nh}f(x)\int K^2(u)\mathrm{d}u + o((nh)^{-1}).$$

为平衡估计精度与光滑度, 要求选用的窗宽 h 使估计的

$$\text{MSE}(\hat{f}(x)) = E[\hat{f}(x) - f(x)]^2 = \text{Bias}^2(\hat{f}(x)) + \text{Var}(\hat{f}(x))$$

达到最小. 于是, 可求得最佳窗宽为

$$h_{\text{opt}} = O(n^{-1/5}) = \left(\frac{f(x) \int K^2(u)\mathrm{d}u}{[f''(x)]^2 \left(\int u^2 K(u)\mathrm{d}u \right)^2 n} \right)^{1/5}. \tag{1.69}$$

从上式可以看出, 基于 MSE 选取窗宽的方法依赖于估计点, 如果考虑选取准则为使积分平方误差

$$d(h) = \int [\hat{f}(x) - f(x)]^2 \mathrm{d}x$$

达到最小, 则注意到

$$d(h) = \int \hat{f}^2(x)\mathrm{d}x - 2 \int \hat{f}(x)f(x)\mathrm{d}x + \int f^2(x)\mathrm{d}x$$

中的第三项为常数可以略去, 但第二项为 $E[\hat{f}(X)]$ 未知. 如以 $\hat{f}^{(i)}(x)$ 表示去除第 i 个样本后得到的 $f(x)$ 的核估计, 则可用 $\frac{1}{n}\sum_{i=1}^{n}\hat{f}^{(i)}(X_i)$ 来估计 $E[\hat{f}(X)]$. 于是, 可以通过极小化

$$CV(h) = \int \hat{f}^2(x)\mathrm{d}x - \frac{2}{n}\sum_{i=1}^{n}\hat{f}^{(i)}(X_i) \tag{1.70}$$

来选取 h 的值. 这就是通常所说的交叉证实 (cross validation, CV) 法.

3. k 近邻估计

核估计法侧重于样本点到待估点的距离, 而另一种估计 k 近邻法则把到待估点一定距离内的所有样本点赋予相等的权. 具体地讲, 为估计 $f(x)$, 先把 n 个样本点到 x 的距离 $|x_1-x|, \cdots, |x_n-x|$ 由小到大排序, 并记为 $d_1(x) \leqslant d_2(x) \leqslant \cdots \leqslant d_n(x)$, 则 k 近邻法给出的 $f(x)$ 的估计值为

$$\hat{f}(x) = \frac{k-1}{2nd_k(x)}. \tag{1.71}$$

类似核估计中的 h, k 就是 k 近邻估计的光滑参数.

如把 k 近邻估计与核估计结合起来, 则有如下的估计公式:

$$\hat{f}(x) = \frac{1}{2d_k(x)}\sum_{i=1}^{n}K\left(\frac{x-X_i}{d_k(x)}\right).$$

1.9 非参数回归及某些光滑方法简介

在 1.7 节简介了线性回归中的 LSE 与检验, 但在应用线性回归进行预测之前必须知道变量之间存在着线性关系, 否则, 线性回归则很难取得很好的预测效果. 一般地, 我们总可以假设变量 x, y 之间存在着如下关系:

$$y = g(x) + \varepsilon, \tag{1.72}$$

其中 $g(x) = E(y|x)$ 为未知函数, ε 为随机误差, 它满足: $E(\varepsilon) = 0, \mathrm{Var}(\varepsilon) = \sigma^2$. 另外, 在本节为了方便, 假设 $x \in [0, 1]$.

如假设有 n 个样本 $(x_i, Y_i), i = 1, 2, \cdots, n$ 来自此模型, 则将在本节给出几种常用的估计 $g(x)$ 的方法, 如基于核光滑方法, 以及其他一些光滑方法, 如局部多项式核光滑 (local polynomial kernel smoothing) 方法、样条光滑 (spline smoothing) 方法、小波 (wavelet) 方法等.

1.9.1 核光滑方法

Nadaraya 和 Watson 于 1964 年分别提出了如下的关于 $g(x)$ 的核估计

$$\hat{g}_{\mathrm{NW}}(x) = \frac{\sum_{i=1}^{n} Y_i K\left(\dfrac{x - x_i}{h_n}\right)}{\sum_{i=1}^{n} K\left(\dfrac{x - x_i}{h_n}\right)}, \tag{1.73}$$

称之为 $g(x)$ 的 Nadaraya-Watson 估计, 其中 $K(u)$ 即为在上节应用的核函数, 且常用的核函数仍如表 1.6 中给出的.

从 (1.73) 式可以看出, 在 x 点处的 $g(x)$ 的 Nadaraya-Watson 估计值仍如 PDF 的核估计, 它是落入区间 $[x - h_n, x + h_n]$ 内样本的加权平均, 但注意到, 此时与前面 PDF 估计的区别在于, $g(x)$ 的定义域为 $[0, 1]$, 因此, 在边界点用到的样本数少于内点的样本数. 于是, 在研究窗宽 h_n 的选取问题时, 要分边界点与内点两种情况.

当 $x \in [h_n, 1 - h_n]$ 时, 经计算有

$$\mathrm{Bias}\left[\hat{g}_{\mathrm{NW}}(x)\right] \sim \frac{h_n^2}{2} K_{21} g''(x), \quad \mathrm{Var}\left[\hat{g}_{\mathrm{NW}}(x)\right] \sim \frac{1}{nh_n} K_{02} \sigma^2,$$

其中

$$K_{ij} = \int_{-1}^{1} u^i K^j(u)\mathrm{d}u, \quad i, j = 0, 1, 2, \tag{1.74}$$

且符号 $\sim$ 表示渐近等价.

当 $x \in [0, h_n)$ 时, 令 $x = \tau h_n$, 则有

$$\mathrm{Bias}\left[\hat{g}_{\mathrm{NW}}(x)\right] \sim h_n K_\tau^{(1)} g'(x), \quad \mathrm{Var}\left[\hat{g}_{\mathrm{NW}}(x)\right] \sim \frac{1}{nh_n} K_\tau^{(2)} \sigma^2,$$

其中 $K_\tau^{(i)} (i = 1, 2)$ 是两个仅依赖于核函数 K 及 τ 的常数. 当 $x \in (1 - h_n, 1]$ 时, 仍有类似的结果.

由此可知, 为使估计的 MSE 达到最小, 此时的最优窗宽为

$$h_n \sim \begin{cases} n^{-1/5}, & x \in [h_n, 1 - h_n], \\ n^{-1/3}, & x \in [0, h_n) \cup (1 - h_n, 1]. \end{cases}$$

当然, 在实际问题中, 由于无法知道何为内点与边界点, 故多采用 $h_n = O(n^{-1/5})$. 但采用核估计后仍存在边界估计不精确的问题, 这就是核估计的边界问题.

当采用最优窗宽 $h_n = O(n^{-1/5})$ 的 Nadaraya-Watson 估计时, $\hat{g}_{\mathrm{NW}}(x)$ 的最优收敛速度为 $O(n^{-4/5})$.

除了 Nadaraya-Watson 核估计, 在参考文献中, 还有许多其他的核估计方法, 如 Priestley 和 Chao 于 1972 年提出的核估计

$$\hat{g}_{\mathrm{PC}}(x) = \frac{1}{2h_n} \sum_{i=1}^{n} Y_i (x_i - x_{i-1}) K\left(\frac{x - x_i}{h_n}\right),$$

其中 $x_0 = 0$. 另外, Gasser 和 Müller 于 1979 年提出了如下的核估计:

$$\hat{g}_{\mathrm{GM}}(x) = \frac{1}{2h_n} \sum_{i=1}^{n} Y_i \int_{s_{i-1}}^{s_i} K\left(\frac{u - x}{h_n}\right) \mathrm{d}u,$$

其中 $s_i = (x_i + x_{i+1})/2, x_0 = 0, x_{n+1} = 1$.

1.9.2 局部多项式光滑方法

容易验证, 上述 Nadaraya-Watson 估计 $\hat{g}_{\mathrm{NW}}(x)$ 是下面极值问题

$$\min_{a \in R} \sum_{i=1}^{n} (Y_i - a)^2 K\left(\frac{x - x_i}{h_n}\right)$$

的解. 因此, 一个自然的推广就是求解如下极值问题

$$\min_{a, b_1, \cdots, b_m \in R} \sum_{i=1}^{n} \left[Y_i - (a + b_1(x_i - x) + \cdots + b_m(x_i - x)^m)\right]^2 K\left(\frac{x - x_i}{h_n}\right)$$

的解, 其中 m 为给定的正整数. 由此得到的 a 的值就称为 $g(x)$ 的 m 阶多项式核估计.

显然, 当 $m = 0$ 时, 它就是前面的 Nadaraya-Watson 估计; 当 $m = 1$ 时, 就是经常用到的局部线性核估计 (local linear kernel estimation, LLKE), 记之为 $g_{\mathrm{LLK}}(x)$, 即

$$\hat{g}_{\mathrm{LLK}}(x) = \sum_{i=1}^{n} \frac{w_2 - w_1(x_i - x)}{w_0 w_2 - w_1^2} Y_i K\left(\frac{x - x_i}{h_n}\right), \tag{1.75}$$

其中

$$w_j = \sum_{i=1}^{n} (x_i - x)^j K\left(\frac{x - x_i}{h_n}\right), \quad j = 0, 1, 2. \tag{1.76}$$

为给出最优窗宽值, 有: 当 $x \in (0, 1)$ 时,

$$\text{Bias}[\hat{g}_{\text{LLK}}(x)] \sim \frac{h_n^2}{2} K_{21} g''(x), \quad \text{Var}[\hat{g}_{\text{LLK}}(x)] \sim \frac{1}{n h_n} K_{02} \sigma^2,$$

它等同于Nadaraya-Watson估计在内点处的相应值, 这是LLKE与Nadaraya-Watson 估计的主要区别. 因此, 此时的最优窗宽为 $h_n = O(n^{-1/5})$. 但是, 注意到, 虽然由 此得到了最优窗宽, 但仍无法精确地给出计算所需的具体数值. 一般地, 用来选取 窗宽的常用方法有: 交叉证实、C_p 准则、plug-in 方法. 下面, 以 LLKE 为例做一 个简单的介绍.

如采用最小化如下的残差平方和 (residual mean squares, RMS)

$$\text{RMS}(h_n) = \frac{1}{h_n} \sum_{i=1}^{n} [Y_i - \hat{g}_{\text{LLK}}(x_i)]^2$$

作为选取 h_n 的准则, 则不难验证, 当 $h_0 = 0$ 时, 我们的估计通过所有的点, 故 此时 $\text{RMS}(h_0) = 0$ 为最小. 显然, 这不是我们想要的. 另外, 我们注意到 LLKE $\hat{g}_{\text{LLK}}(x_i)$ 用到了所有落在区间 $[x_i - h_n, x_i + h_n]$ 内的 Y 样本, 当然也包括 Y_i 这 一点, 于是, 残差 $Y_i - \hat{g}_{\text{LLK}}(x_i)$ 倾向于取小值. 由此可见, 上述的 $\text{RMS}(h_n)$ 作为 选取 h_n 的准则不合适. 如以 $\hat{g}_{\text{LLK},-i}(x_i)$ 表示基于除了 Y_i 这一点外所有落入区间 $[x_i - h_n, x_i + h_n]$ 内的 Y 样本得到的 LLKE($i = 1, 2, \cdots, n$), 则可采用极小化如下 的 CV 函数

$$CV(h_n) = \frac{1}{n} \sum_{i=1}^{n} [Y_i - \hat{g}_{\text{LLK},-i}(x_i)]^2 \tag{1.77}$$

作为选取 h_n 的准则, 这就是 Allen (1974) 提出的 CV 方法.

另一个准则是由 Mallow (1973) 提出的极小化

$$C_p(h_n) = \frac{1}{\sigma^2} \|(\boldsymbol{I}_{n \times n} - \boldsymbol{H})\boldsymbol{Y}\|^2 - n + 2\text{tr}(H) \tag{1.78}$$

的 C_p 准则, 其中 $\boldsymbol{Y} = (Y_1, \cdots, Y_n)'$, $(\hat{g}_{\text{LLK}}(x_1), \cdots, \hat{g}_{\text{LLK}}(x_n))' = \boldsymbol{HY}$, 其中 $\boldsymbol{H}$ 类 似于线性回归中的 (1.46), 也称之为帽子矩阵.

在核光滑一节讲述的通过最小化 MSE 来选取 h_n 的方法就称为 plug-in 方法. 此时为使

$$\text{MSE}[\hat{g}_{\text{LLK}}(x)] \sim \frac{h_n^4}{4} K_{21}^2 [g''(x)]^2 + \frac{1}{n h_n} K_{02} \sigma^2$$

达到最小, 则最优的窗宽为

$$h_{n,\text{opt}} = \left(\frac{K_{02} \sigma^2}{n K_{21}^2 [g''(x)]^2}\right)^{1/5}.$$

显然,上式的最优窗宽公式并无法应用,由于右边依赖于未知的回归函数 g,故可采用迭代方法求得最终的最优窗宽.

1.9.3 样条光滑方法

在非参数回归估计中,样条光滑也是常用的方法,本节将简单地介绍多项式样条、回归样条及 B 样条的概念.

1. 多项式样条

虽然,一个连续函数可以由多项式很好地拟合,但研究结果显示多项式拟合经常不稳定. 而多项式样条则是近似一个连续函数更好的工具.

设 $0 < t_1 < t_2 < \cdots < t_s < 1$ 为 s 个给定的点,m 为给定的正整数,如果函数 f 满足条件:

- 在区间 $[t_{j-1}, t_j](j = 2, \cdots, s)$ 内,f 为一个 $2m - 1$ 阶多项式;
- 在区间 $[0, t_1)$ 和 $(t_s, 1]$ 内,f 是一个 $m - 1$ 阶多项式;
- f 在点 t_j, $j = 1, 2, \cdots, s$ 处 $2m - 2$ 阶连续可导.

则称 f 为 $2m - 1$ 阶的多项式样条,其中 $t_1, \cdots, t_s$ 为其节点 (knot). 显然,由于多项式样条是一个逐段的多项式函数,故它比多项式拟合要灵活很多.

在非参数估计中,我们感兴趣的包括估计的精度和光滑度,而精度可以用 $\frac{1}{n} \sum_{i=1}^{n} [Y_i - \hat{g}(x_i)]^2$ 来衡量,而光滑度则可以用 $\int_0^1 \hat{g}^{(m)}(x) \mathrm{d}x$ 来衡量. 于是,为了综合精度与光滑度,可以通过极小化

$$\frac{1}{n} \sum_{i=1}^{n} [Y_i - g(x_i)]^2 + \lambda \int_0^1 g^{(m)}(x) \mathrm{d}x$$

来求取 g 的估计值,其中 λ 反映拟合的光滑度,也称为惩罚 (penalty) 参数.

为了对上述极值问题求解,以 $W_2^m([0,1])$ 记如下的Sobolev 函数空间:

$$W_2^m([0,1]) = \left\{ f(x) : x \in [0,1], f, f', \cdots, f^{(m-1)} \text{ 连续, 且 } \int_0^1 [f^{(m)}(u)]^2 \mathrm{d}u < \infty \right\}.$$

当 $n \geqslant m$ 时,则上述极值问题在 $W_2^m([0,1])$ 空间内的唯一解就是节点为 $x_1, \cdots, x_n$ 的 $2m - 1$ 阶多项式样条,记为 $\hat{g}_\lambda$,并称为 g 的 $2m - 1$ 阶光滑样条估计.

另外,上述样条估计 $\hat{g}_\lambda$ 也可以看成是如下极值问题

$$\min_{g \in W_2^m([0,1]), \ J_m(g) \leqslant \rho} \sum_{i=1}^{n} [Y_i - g(x_i)]^2$$

的解, 其中 $J_m(g) = \int_0^1 [g^{(m)}(u)]^2 \mathrm{d}u, \rho = \sigma^2/(n\lambda)$.

虽然上述解的求得并不显然, 但已有学者给出了样条估计的表达式, 请有兴趣的读者参见 (Qiu, 2005).

此时, 关于光滑参数 λ 的选取仍类似上小节核光滑中关于窗宽的选取, 故上节的方法仍然有效. 但是, 注意到

$$Y_i - \hat{g}_{\lambda,-i}(x_i) = \frac{Y_i - \hat{g}_{\lambda}(x_i)}{1 - a_{ii}},$$

其中 a_{ii} 为此时帽子矩阵的第 i 个对角元. 如果 a_{ii} 接近 1, 则此时的误差 $Y_i - \hat{g}_{\lambda,-i}(x_i)$ 很不稳定, 于是 Wahba 在 1979 年建议采用如下的广义CV 方法 (generalized cross validation, GCV), 即通过极小化如下的 GCV 函数

$$\mathrm{GCV}(\lambda) = \frac{\frac{1}{n}\sum_{i=1}^{n}[Y_i - \hat{g}_{\lambda,-i}(x_i)]^2}{\left[\frac{1}{n}\mathrm{tr}(I_n - H)\right]^2} \tag{1.79}$$

来求取最优的 λ.

2. 回归样条

除了上段的多项式样条光滑方法外, 常用的样条还有如下的回归样条 (regression spline). 对于事先给定的 s 个节点: $0 = t_0 < t_1 < \cdots < t_s < t_{s+1} = 1$ 及正整数 k, 如果函数 $S(x)$ 满足

- 在区间 $[t_j, t_{j+1}](j = 0, 1, \cdots, s)$ 上, $S(x)$ 为最高 k 阶的多项式;
- 在区间 $[0,1]$ 上, $S(x)$ 有连续的 $k-1$ 阶导数.

则称函数 $S(x)$ 为定义在 $[0,1]$ 上的 k 阶样条, $t_1, \cdots, t_s$ 为其 s 个节点.

对于给定的节点 $t_1, \cdots, t_s$, k 阶样条 $S(x)$ 可以表示为

$$S(x) = \sum_{m=0}^{k} c_m x^m + \sum_{j=1}^{s} d_j(x - t_j)_+^k, \tag{1.80}$$

其中 c_m, d_j 为系数, $u_+ = uI(u > 0)$.

对于 (1.72) 式的非参数回归, 设 $t_1, \cdots, t_s$ 为事先给定的 s 个节点, 且以 $\hat{c}_m, \hat{d}_j$ 表示如下极值问题

$$\min_{c_m, d_j} \sum_{i=1}^{n}\left[Y_i - \sum_{m=0}^{k} c_m x_i^m - \sum_{j=1}^{s} d_j(x_i - t_j)_+^k\right]^2$$

的解, 则称

$$\hat{g}_{\mathrm{RS}}(x) = \sum_{m=0}^{k} \hat{c}_m x^m + \sum_{j=1}^{s} \hat{d}_j (x - t_j)_+^k \tag{1.81}$$

为 g 的回归样条估计.

此时, 节点个数 s 则相当于多项式样条中的光滑参数 λ. 一般情况下, k 取值很小, 而 s 越小, 回归样条越光滑.

3. B 样条

B 样条是常用的一种样条方法. 对于给定的 s 个节点 $t_1, \cdots, t_s$, 拓广它成如下的一组无限个节点:

$$\cdots, t_{-1}, t_0, t_1, \cdots, t_s, t_{s+1}, t_{s+2}, \cdots,$$

其中 $t_0 = 0, t_{s+1} = 1, \lim_{m \to \infty} t_{-m} = -\infty, \lim_{m \to \infty} t_m = \infty$. 则 k 阶 B 样条定义为

$$B_j^k(x) = \frac{x - t_j}{t_{j+k} - t_j} B_j^{k-1}(x) + \frac{t_{j+k+1} - x}{t_{j+k+1} - t_{j+1}} B_{j+1}^{k-1}(x), \quad j = 0, \pm 1, \pm 2, \cdots, \tag{1.82}$$

其中零阶 B 样条为

$$B_j^0(x) = \begin{cases} 1, & t_j \leqslant x < t_{j+1}; \\ 0, & 其他. \end{cases}$$

1.9.4 小波光滑方法

小波是近年来应用非常广泛的一种光滑方法, 实际上, 对于任一个 $[0,1]$ 上连续的函数 g, 都可以把它展成一个小波函数的线性组合. 如记父小波 (father wavelet) 函数及母小波 (mother wavelet) 函数为

$$\phi(x) = \begin{cases} 1, & 0 \leqslant x \leqslant 1, \\ 0, & 其他, \end{cases} \qquad \psi(x) = \begin{cases} 1, & 0 \leqslant x < \frac{1}{2}, \\ -1, & \frac{1}{2} \leqslant x \leqslant 1, \\ 0, & 其他, \end{cases}$$

则小波函数定义为

$$\psi_{j,k}(x) = 2^{j/2} \psi(2^j x - k), \quad j, k = 0, \pm 1, \pm 2, \cdots.$$

可以证明:

$$\left\{ \phi(x), \psi_{j,k}(x), 0 \leqslant k \leqslant 2^j - 1, \ j \geqslant 0 \right\}$$

构成了 $L^2[0,1]$ 空间的一组基, 其中 $L^2[0,1]$ 表示所有由 $[0,1]$ 上连续函数构成的空间. 这就是说, 任一个 $g \in L^2[0,1]$, 则均可以表示成

$$g(x) = w_{-1,0} \phi(x) + \sum_{j=0}^{\infty} \sum_{k=0}^{2^j - 1} w_{j,k} \psi_{j,k}(x), \quad \forall \, x \in [0,1], \tag{1.83}$$

其中系数满足

$$w_{-1,0} = \int_0^1 g(t)\phi(t)\mathrm{d}t, \quad w_{j,k} = \int_0^1 g(t)\psi_{j,k}(x)\mathrm{d}t, \quad k=0,1,\cdots,2^j-1, j=0,1,2,\cdots.$$
$$\tag{1.84}$$

称 (1.84) 式为离散小波变换, 而称 (1.83) 式为逆离散小波变换.

现假设有 $n = 2^J$ 个数据 $\{(x_i, Y_i), i = 1, 2, \cdots, n\}$ 来自模型 (1.72), 则称

$$\hat{g}_W(x) = \hat{w}_{-1,0}\phi(x) + \sum_{j=0}^{J-1}\sum_{k=0}^{2^j-1}\hat{w}_{j,k}\psi_{j,k}(x) \tag{1.85}$$

为 g 的基于离散小波变换的估计, 其中

$$\hat{w}_{-1,0} = \frac{1}{n}\sum_{i=1}^n \phi(x_i)Y_i, \quad \hat{w}_{j,k} = \sum_{i=1}^n \psi_{j,k}(x_i)Y_i, \quad k=0,1,\cdots,2^j-1, j=0,1,2,\cdots,J-1.$$
$$\tag{1.86}$$

注意到, 在上式系数的估计值中, 有许多的取值都比较小, 而这些值的存在对估计 (1.85) 的光滑度有很大的影响, 于是, 有人建议采用如下的Hard-threshold 和Soft-threshold 方法重置系数

$$\hat{w}^h = \hat{w}I(|\hat{w}| > \lambda), \quad \hat{w}^s = \mathrm{sign}(\hat{w})(|\hat{w}| - \lambda)_+,$$

其中 $\mathrm{sign}(x)$ 为 x 的符号函数.

1.10   时间序列分析简介

前面讲述的内容均假设 $X_1, \cdots, X_n$ 为来自某总体的 i.i.d. 样本, 之后考虑总体某些特征的估计, 然而, 在许多实际问题中, 观测到的数据多与时间有关且可能是相关的, 于是, 我们称之为时间序列, 针对这些相关数据的建模及预测等就是时间序列所研究的内容.

1.10.1   基本概念

对于时间序列 $\{X_t\}_{t=1}^\infty$, 称

$$\mu_t = E(X_t)$$

为其均值函数, 称

$$\gamma(t, s) = \mathrm{Cov}(X_t, X_s)$$

为其自协方差函数, 称

$$\rho(t, s) = \frac{\gamma(t, s)}{\sqrt{\gamma(t, t)\gamma(s, s)}}$$

为自相关函数. 称时间序列 $\{X_t\}_{t=1}^{\infty}$ 为平稳的 (stationary), 如果它满足

- $\mu_t = c$, 其中 c 为一常数;
- $E(X_t^2) < \infty$, 即二阶矩有限;
- $\gamma(t, s) = \gamma(t - s, 0)$.

由平稳的定义可知, 对于一个平稳时间序列, 其自协方差函数 $\gamma(t, s)$ 为一元的, 且仅与时间差有关, 于是, 有时常把平稳时间序列的自协方差函数记为 $\gamma(h) = E(X_{t+h} - c)(X_t - c)$.

如果时间序列 $\{e_t\}_{t=1}^{\infty}$ 满足

$$E(e_t) = 0, \quad E(e_t e_s) = \begin{cases} \sigma^2, & t = s, \\ 0, & t \neq s, \end{cases}$$

则被称为白噪声序列.

在平稳时间序列分析中, 常用的三种模型为 AR(P), MA(q) 和 ARMA(p, q) 模型, 它们的定义分别如下.

如果时间序列 $\{x_t\}_{t=1}^{\infty}$ 满足

$$x_t - \phi_1 x_{t-1} - \cdots - \phi_p x_{t-p} = e_t,$$

则称它为 p 阶自回归 (autoregression) 序列, 简记为 AR(p), $\phi_1, \cdots, \phi_p, \sigma^2$ 称为模型的参数, p 为模型的阶.

如果时间序列 $\{x_t\}_{t=1}^{\infty}$ 满足

$$x_t = e_t - \theta_1 e_{t-1} - \cdots - \theta_q e_{t-q},$$

则称它为 q 阶移动平均 (moving average) 序列, 简记为 MA(q), 其中 $\theta_1, \cdots, \theta_q, \sigma^2$ 为参数, q 为模型的阶.

如果时间序列 $\{x_t\}_{t=1}^{\infty}$ 满足

$$x_t - \phi_1 x_{t-1} - \cdots - \phi_p x_{t-p} = e_t - \theta_1 e_{t-1} - \cdots - \theta_q e_{t-q},$$

则称它为 (p, q) 阶的自回归移动平均序列, 简记为 ARMA(p, q), 其中 $\phi_1, \cdots, \phi_p$, $\theta_1, \cdots, \theta_q, \sigma^2$ 为模型的参数, (p, q) 为模型的阶.

在上述三个定义中, e_t 均为白噪声序列, 且 $E(x_s e_t) = 0, \forall s < t$.

为简便, 引入后移算子 (backward operator)B, 即 $Bx_t = x_{t-1}$, 且记

$$\Phi(B) = 1 - \phi_1 B - \cdots - \phi_p B^p, \quad \Theta(B) = 1 - \theta_1 B - \cdots - \theta_q B^q,$$

则上述三种序列可以简化为

$$\Phi(B) x_t = e_t, \quad x_t = \Theta(B) e_t, \quad \Phi(B) x_t = \Theta(B) e_t.$$

为了研究上述三种序列的性质, 称 $\Phi(z), \Theta(z)$ 为自回归及移动平均系数多项式.

显然, 由定义知, MA(q) 序列是平稳的, 但另两个序列的平稳性则需要进一步研究.

研究表明: 当自回归系数多项式 $\Phi(z) = 0$ 的根都在单位圆外时, AR(p), ARMA (p, q) 模型的平稳解分别为

$$x_t = \Phi^{-1}(B)e_t, \quad x_t = \frac{\Theta(B)}{\Phi(B)}e_t,$$

也分别称为相应的传递形式.

对于一个 MA(q) 序列而言, 如果其系数多项式 $\Theta(z) = 0$ 的根都在单位圆外, 则称之为可逆的, 且其逆转形式为

$$e_t = \Theta^{-1}(B)x_t.$$

对于 ARMA(p, q) 序列而言, 当 $\Phi(z) = 0$ 及 $\Theta(z) = 0$ 的根都在单位圆外, 则称之为平稳可逆的. 此时, 如记

$$G(z) = \frac{\Theta(z)}{\Phi(z)} = \sum_{j=0}^{\infty} G_j z^j, \quad I(z) = \frac{\Phi(z)}{\Theta(z)} = \sum_{j=0}^{\infty} I_j z^j,$$

则其传递与逆转形式分别为

$$x_t = G(B)e_t = \sum_{j=0}^{\infty} G_j e_{t-j}, \quad e_t = I(B)x_t = \sum_{j=0}^{\infty} I_j x_{t-j}.$$

1.10.2   三种常见序列的相关结构

本节将给出上述三种序列的相关结构, 这对于以后应用是非常有益的.

1. AR(p) 序列的相关结构

如记 $\Phi^{-1}(z) = \psi(z) = \sum_{j=0}^{\infty} \psi_j z^j (\psi_0 = 1)$, 则 AR($p$) 序列的自协方差函数为

$$\gamma(h) = \sigma^2 \sum_{j=0}^{\infty} \psi_j \psi_{j+h}. \tag{1.87}$$

特别地, 当 $p = 1$, 即对于 AR(1) 序列, $\psi_j = \phi_1^{-j}, \gamma(h) = \phi_1^{-h}$.

另外, 对于 AR(p) 序列的自协方差函数, 还有如下的迭代公式:

$$\gamma(0) = \phi_1 \gamma(1) + \cdots + \phi_p \gamma(p) + \sigma^2,$$

$$\Phi(B)\gamma(h) = 0, \quad h > 0.$$

如在上式中仅取 $h = 1, 2, \cdots, p$，则有如下的 Yule-Walker 方程：

$$\boldsymbol{\Gamma}_p \boldsymbol{\phi} = \boldsymbol{\gamma}_p,$$

其中

$$\boldsymbol{\Gamma}_p = \begin{pmatrix} \gamma(0) & \gamma(1) & \cdots & \gamma(p-1) \\ \gamma(1) & \gamma(0) & \cdots & \gamma(p-2) \\ \vdots & \vdots & & \vdots \\ \gamma(p-1) & \gamma(p-2) & \cdots & \gamma(0) \end{pmatrix}, \quad \boldsymbol{\phi} = \begin{pmatrix} \phi_1 \\ \phi_2 \\ \vdots \\ \phi_p \end{pmatrix}, \quad \boldsymbol{\gamma}_p = \begin{pmatrix} \gamma(1) \\ \gamma(2) \\ \vdots \\ \gamma(p) \end{pmatrix}.$$

对于 AR(p) 序列而言，其最主要的特征是其偏相关 (partially correlation) 函数具有截尾的特点. 其偏相关的定义为：对任一给定的 $k > 0$，记 $\boldsymbol{\alpha}_k = (\alpha_{k1}, \cdots, \alpha_{kk})'$，且

$$\boldsymbol{\alpha}_k = \boldsymbol{\Gamma}_k^{-1} \boldsymbol{\gamma}_k,$$

则称 $\{\alpha_{kk}, k = 0, 1, 2, \cdots, \}$ 为 AR(p) 序列的偏相关函数，其中 $\alpha_{00} = 1$.

可以证明：零均值的平稳序列 $\{x_t\}$ 为 AR(p) 序列的充要条件是

$$\alpha_{kk} = 0, \quad \forall\, k > p.$$

由此可见，偏相关函数截尾性质是用来判断一组数据是否来自 AR 模型的有效方法.

2. MA(q) 序列的相关结构

容易验证，MA(q) 序列的自协方差结构为

$$\gamma(h) = \begin{cases} \sigma^2 \left(1 + \sum_{j=1}^{q} \theta_j^2 \right), & h = 0, \\ \sigma^2 \left(-\theta_h + \sum_{j=1}^{q-h} \theta_j \theta_{j+h} \right), & 1 \leqslant h \leqslant q, \\ 0, & h > q. \end{cases} \tag{1.88}$$

由此可见，MA(q) 序列的自协方差函数具有 q 步截尾的特点. 事实上，一个自协方差函数成为某个 MA(q) 序列的自协方差函数的充要条件就是它 q 步截尾.

3. ARMA(p, q) 的相关结构

对于一个 ARMA(p, q) 序列而言，由其传递形式可求得其自协方差函数为

$$\gamma(h) = \sigma^2 \sum_{j=0}^{\infty} G_j G_{j+h}. \tag{1.89}$$

关于 ARMA(p, q) 序列的自协方差函数, 也可以用类似于求取 AR(p) 序列的迭代方法求之, 请有兴趣的读者参见相应的参考文献, 如 (安鸿志, 1992).

上述相关结构可用来求取相应模型的参数估计. 由于现有软件都编有现成的程序, 故本书略去不讲.

1.10.3 最优线性预测

对于给定的观测值 $\{x_t\}_{t=1}^n$, 假设它来自某个平稳的时间序列, 则我们的目的在于预测 x_{n+l} 的值, 下面以 $\hat{x}_n(l)$ 表示基于前 n 个样本对 x_{n+l} 的预测值.

1. 基于无穷多个数据时的预测

显然, 预测的一个常用准则为使均方预测残差

$$E[\tilde{x}_n(1)]^2 = E\left[x_{n+1} - \hat{x}_n(1)\right]^2$$

达到最小. 如采用过去数据的线性组合

$$\hat{x}_n(1) = \sum_{i=1}^n c_i x_i,$$

且以 $\gamma(h)$ 表示此时间序列的自协方差函数, 则易求得待估系数 $\boldsymbol{c} = (c_1, \cdots, c_n)'$ 满足

$$\boldsymbol{\Gamma}_n \boldsymbol{c} = \boldsymbol{\gamma}_n.$$

如果能用样本估计自协方差函数 $\gamma(0), \gamma(1), \cdots, \gamma(n)$, 则可得最优线性预测的系数的估计值为

$$\hat{\boldsymbol{c}} = \hat{\boldsymbol{\Gamma}}_n^{-1} \hat{\boldsymbol{\gamma}}_n,$$

但是, 我们无法利用现有的 n 个数据来估计 $\gamma(n)$. 因此, 也就无法利用上式求得最优线性预测. 于是, 假设有无穷多个历史数据 $\{x_t\}_{t=-\infty}^n$, 并令

$$\mathcal{X}_n = \left\{\sum_{j=0}^\infty c_j x_{n-j} : \sum_{j=0}^\infty c_j^2 < \infty\right\}, \quad \mathcal{A}_n = \left\{\sum_{j=0}^\infty d_j e_{n-j} : \sum_{j=0}^\infty d_j^2 < \infty\right\}.$$

这样, 使均方预测误差达到最小的 l 步最优线性预测为

$$\hat{x}_n(l) = E[x_{n+l}|\mathcal{X}_n].$$

对于一个平稳可逆的 ARMA(p, q) 序列, 我们注意到其传递与逆转形式, 知道 $\mathcal{X}_n = \mathcal{A}_n$, 且

$$\hat{x}_n(l) = E[x_{n+l}|\mathcal{X}_n] = E\left[\sum_{j=0}^\infty G_j e_{n+l-j}\Big|\mathcal{A}_n\right] = \sum_{j=l}^\infty G_j e_{n+l-j},$$

而其预测残差为

$$\tilde{x}_n(l) = x_{n+l} - \hat{x}_n(l) = \sum_{j=0}^{l-1} G_j e_{n+l-j},$$

且 l 步预测残差的方差为

$$E[\tilde{x}_n(l)]^2 = (1 + G_1^2 + \cdots + G_{l-1}^2)\sigma^2.$$

特别地, 对于 AR(p) 序列, 其 l 步最优线性预测为

$$\hat{x}_n(l) = \sum_{j=l}^{p} \phi_i \hat{x}_n(l-j),$$

其中 $\hat{x}_n(l-j) = x_{n+l-j}$, 当 $l \leqslant j$ 时.

对于 MA(q) 序列, 基于逆函数的预测为

$$\hat{x}_n(l) = \begin{cases} \displaystyle\sum_{j=1}^{\infty} I_j^{(l)} x_{k+1-j}, & 1 \leqslant l \leqslant q, \\ 0, & l > q, \end{cases}$$

其中

$$I_j^{(1)} = I_j, \quad I_j^{(l)} = I_{l-1+j} + \sum_{i=1}^{l-1} I_i I_j^{(l-i)}, \quad l > 1.$$

对于 ARMA(p, q), 基于逆函数的预测为

$$\hat{x}_n(l) = \sum_{j=1}^{\infty} I_j^{(l)} x_{n+1-j}, \quad l \geqslant 1,$$

其中系数 $I_j^{(l)}$ 仍等同于 MA(q) 时的递推公式.

2. **基于有限个数据时的新息预测**

对于许多实际问题, 历史数据均是有限的, 故当历史数据有限时, 可以利用下面的新息定理进行预测. 对于 n 个观测数据 $\{x_t\}_{t=1}^n$, 称 $e_k' = x_k - \hat{x}_{k-1}(1), k = 1, 2, \cdots, n$ 为新息 (innovation) 序列. 可以证明

$$E[e_k' x_j] = 0, \quad j < k; \quad E[e_k' e_j'] = 0, \quad j \neq k,$$

这就是说, $\{e_j', j \geqslant 1\}$ 是正交序列.

于是, 可以利用新息序列进行预测, 由于具体的预测公式比较复杂, 故本书略去, 请有兴趣的读者参见相应的参考文献, 如 (Brockwell, Davis, 1991).

第 2 章 Shewhart 控制图的设计理论与方法

2.1 引 言

世界上第一个控制图 ——Shewhart$\bar{X}$ 控制图首先由 Shewhart 博士于 1925 年基于统计的 3σ 原理提出 (Shewhart, 1925). 研究表明它对检测较大的漂移 (shift) 和异常点 (outlier) 效果明显. 尽管经过几十年的发展, 已经提出了对中小漂移有效的 CUSUM 控制图和 EWMA 控制图 (将分别在第 3 章和第 4 章介绍), Shewhart 控制图由于其简单易操作, 在现在的生产过程中仍有着广泛的应用. 因此, 在这一章里将给出 Shewhart 控制图的构造方法, 带有附加运行准则的 Shewhart 控制图和 Q 图.

2.2 Shewhart 控制图

这节将叙述检测过程均值的 Shewhart $\bar{X}$ 控制图和检测过程方差的 R 和 S 控制图, Shewhart 控制图的变换形式, 包括样本容量为 1 的情况, 即文献中的 individual sample size 的情况.

假定一列样本 $X_i, i = 1, 2, \cdots$ 来自一生产过程, 它们独立服从一正态分布 $N(\mu, \sigma^2)$. 首先考虑样本容量大于 1 的抽样方式, 即在时刻 $i(i = 1, 2, \cdots, t)$, 得到的样本为 $X_{i1}, X_{i2}, \cdots, X_{in_i}$, 样本均值为 $\overline{X}_i$, 样本方差为 S_i^2. 为简化我们假设所有 n_i 都相等, 且等于 n. 这样 $\overline{X}_i$ 服从一正态分布 $N(\mu, \sigma^2/n)$.

当 μ 和 σ 都已知时, 由第 1 章我们知道 $\overline{X}$ 以概率 $1 - \alpha$ 落在区间 $\left[\mu - u_{1-\alpha/2}\dfrac{\sigma}{\sqrt{n}}, \mu + u_{1-\alpha/2}\dfrac{\sigma}{\sqrt{n}}\right]$ 中. 这样, 可以把上下控制线 (control limit) 分别取为

$$\mu + u_{1-\alpha/2}\frac{\sigma}{\sqrt{n}}$$

和

$$\mu - u_{1-\alpha/2}\frac{\sigma}{\sqrt{n}}.$$

所谓控制线的意思就是说, 当检测统计量 (这里是 $\overline{X}$) 落在控制线以外的区域时, 控制图给出过程失控的警报. 在实际应用中, $u_{1-\alpha/2}$ 常常取为 3, 即生产中的 3σ 控制线. 尽管对样本 $X_i, i = 1, 2, \cdots$ 作了正态性假设, 事实上根据中心极限定理, 即使样本偏离正态假设, Shewhart 控制图的结果仍然是近似可以用的.

当 μ 和 σ 都未知时, 需要在保证过程受控时抽取样本对它们进行估计, 这在生产中一般需要 20~25 个容量为 n 的样本, 假设有 m 个样本容量为 n 的样本. 于是, μ 可以用

$$\overline{\overline{X}} = \frac{\overline{X}_1 + \cdots + \overline{X}_m}{m}$$

来估计. 对于 σ 的估计, 第 1 章给出了基于样本标准差 S_n 和极差 R_n 的估计, 这里先用基于极差 R_n 的估计. 假设 $R_1, \cdots, R_m$ 是 m 组样本的极差, $\overline{R}$ 是这些极差的平均值. 对 Shewhart 控制图, 检测均值是否漂移的上下控制线分别为

$$\overline{\overline{X}} + c_1 \overline{R}$$

和

$$\overline{\overline{X}} - c_1 \overline{R},$$

检测方差是否漂移的上下控制线分别为

$$c_2 \overline{R}$$

和

$$c_3 \overline{R},$$

其中 c_1, c_2 和 c_3 为使得过程受控时控制图的平均运行长度 (average run length, ARL) 为事先设定的值所取的常数.

所谓ARL, 即控制图从检测开始到它发出生产出现问题的警报为止的抽取的平均样本组数. 根据这个定义, 容易看出, 当过程受控时, 我们希望 ARL 尽可能大, 这样控制图的误报率就会尽可能小; 当过程失控时, 我们希望 ARL 尽可能小, 这样控制图的检测效率就会提高. 在文献研究和实际应用中, 我们一般固定过程受控时的 ARL, 记为ARL_0, 然后比较不同控制图在过程失控时的 ARL, 记为ARL_1. 过程失控时, ARL_1 越小, 表明这个控制图在检测这个漂移时越有效. 由此可以看出, 利用控制图检测产品质量是否可控就相当于统计中的一个检验, 故衡量控制图好坏的准则亦相当于假设检验中的第一二类错误概率. 事实上, 对于 Shewhart $\overline{X}$ 控制图,

$$\text{ARL}_0 = \frac{1}{\alpha},$$

$$\text{ARL}_1 = \frac{1}{1 - \beta},$$

其中 α 和 β 分别为假设检验中的第一二类错误概率.

由第 1 章我们知道 $\dfrac{\overline{R}}{d_2\sqrt{n}}$ 为样本标准差的无偏估计, 对 Shewhart $\overline{X}$ 控制图, 上下控制线具体可以为

$$\overline{\overline{X}} + 3\frac{\overline{R}}{d_2\sqrt{n}}$$

和

$$\overline{\overline{X}} - 3\frac{\overline{R}}{d_2\sqrt{n}}.$$

同样, 根据第 1 章, $d_3\dfrac{\overline{R}}{d_2}$ 是极差的标准差的无偏估计, 对 Shewhart R 控制图, 上下控制线具体可以为

$$\overline{R} + 3d_3\frac{\overline{R}}{d_2}$$

和

$$\overline{R} - 3d_3\frac{\overline{R}}{d_2}.$$

有一点要提到, 就是在确定控制线时用 m 个样本容量为 n 的 "受控" 样本来对参数进行估计, 但在实际应用中, 我们对这些样本是否真的完全受控可能也是不确定的. 这样所得到的控制线实际上只是尝试的控制线 (trial control limits). 我们可以用这些控制线来检查这 m 个样本, 如果这些样本全部落入控制线区域内, 可以判定这些样本的确是受控的. 但是如果有一个或多个样本落入了 Shewhart $\overline{X}$ 或 R 控制图的控制线外, 就要检查这些落入控制线外的样本是否有问题. 如果有问题, 就要去掉这些样本, 用剩下的样本对控制线重新估计, 直到所有的样本全都落入控制线内为止, 这样得到的控制线才可以运用到过程是否发生漂移的检测上. 关于这方面的具体问题和方法涉及统计质量控制中阶段 I 的问题和方法, 将在第 5 章加以叙述.

接下来, 用方差的另一估计样本标准差 S_n 来构造 Shewhart $\overline{X}$ 和 S 控制图. 相对 Shewhart $\overline{X}$ 和 R 控制图, Shewhart $\overline{X}$ 和 S 控制图有如下两点优势.

- 当样本容量 n 比较大时, 例如 $n > 10$, 此时 S_n 对方差的估计比 R_n 对方差的估计更有效.
- 当样本容量 n 变化时, S_n 对方差的估计比 R_n 对方差的估计更标准化, 这是因为 S_n 是 n 个平均, 而 R_n 只是 n 个样本里最大值与最小值的差, 当 n 不同时, R_n 没有可比性.

我们用 $\overline{S}$ 表示 m 个受控样本标准差的平均值, 由第 1 章我们知道 $\dfrac{\overline{S}}{c_4\sqrt{n}}$ 是样本标准差的无偏估计, 对 Shewhart $\overline{X}$ 控制图, 上下控制线具体可以为

$$\overline{\overline{X}} + 3\frac{\overline{S}}{c_4\sqrt{n}}$$

和

$$\overline{\overline{X}} - 3\frac{\overline{S}}{c_4\sqrt{n}}.$$

另外, $\dfrac{\overline{S}}{c_4}\sqrt{1-c_4^2}$ 是样本标准差的标准差的无偏估计, 对 Shewhart S 控制图, 上下控制线具体可以为

$$\overline{S} + 3\frac{\overline{S}}{c_4}\sqrt{1-c_4^2}$$

和

$$\overline{S} - 3\frac{\overline{S}}{c_4}\sqrt{1-c_4^2}.$$

前面所介绍的 Shewhart 控制图都是基于样本容量 $n > 1$ 的情况, 而实际中由于一些原因, 如生产线、成本等原因, 我们得到的样本容量为 1, 即 individual sample size 的情况. 这样有必要构造样本容量为 1 时的 Shewhart 控制图.

假定 m 个样本容量为 1 的受控样本 $X_i, i = 1, 2, \cdots, m$ 独立服从一正态分布 $N(\mu, \sigma^2)$. 记 $\mathrm{MR}_i = |X_i - X_{i-1}|$, $\overline{\mathrm{MR}} = \dfrac{\mathrm{MR}_2 + \cdots + \mathrm{MR}_m}{m-1}$. 这样 Shewhart $\overline{X}$ 控制图的上下控制线为

$$\overline{\overline{X}} + 3\frac{\overline{\mathrm{MR}}}{d_2}$$

和

$$\overline{\overline{X}} - 3\frac{\overline{\mathrm{MR}}}{d_2}.$$

2.3　带有附加运行准则的 Shewhart 控制图

由 2.2 节 Shewhart 控制图的构造可以看出, Shewhart 控制图只是利用了当前样本的信息来判断过程是否受控, 因此它只是对大漂移和异常点有较好的检测效果. 对于中小漂移, 带有附加运行准则的 Shewhart 控制图 (Shewhart control charts with supplementary runs rules) 则提高了 Shewhart 控制图在检测中小漂移时的效果. 另外, Page (1954) 提出的 CUSUM 控制图和 Robert (1959) 提出的 EWMA 控制图对检测过程中小漂移也有很好的效果, 我们将在本书第 3 章和第 4 章分别介绍. 尽管现在文献中对 CUSUM 和 EWMA 控制图的研究比较热门, 但由于 Shewhart 控制图具有简单性和易操作性, 已经被大多生产部门所接受, 故带有附加运行准则的 Shewhart 控制图仍有着广泛的实际应用, 因此本节将叙述带有附加运行准则的 Shewhart 控制图.

以检测均值的样本容量 $n > 1$ 的 Shewhart $\overline{X}$ 控制图为例, 来阐述带有附加运行准则的 Shewhart 控制图. 假设在时刻 $i(i = 1, 2, \cdots, t)$, 得到的样本为 $X_{i1}, X_{i2}, \cdots, X_{in}$, 它们在过程受控时来自 $N(\mu_0, \sigma^2)$ 的正态分布. 记 $Z_i = (\overline{X}_i - \mu_0)/(\sigma/\sqrt{n})$, Shewhart 控制图就是在 $|Z_i| > c$ 时给出过程失控的警报, 通常 $c = 3$.

带有附加运行准则的 Shewhart 控制图,就是在 Shewhart 控制图的基础上加上附加运行准则. 而所谓附加运行准则,就是如果过去 m 个检测统计量中有 $k(k \leqslant m)$ 个落在了区间 (a, b) 中,控制图发出过程失控的警报,记为 $T(k, m, a, b)$. Champ 和 Woodall (1987) 提出了如下一系列的附加运行准则.

运行准则 1:
$$C_1 = \{T(1, 1, -\infty, -3), T(1, 1, 3, \infty)\},$$

运行准则 2:
$$C_2 = \{T(2, 3, -3, -2), T(2, 3, 2, 3)\},$$

运行准则 3:
$$C_3 = \{T(4, 5, -3, -1), T(4, 5, 1, 3)\},$$

运行准则 4:
$$C_4 = \{T(8, 8, -3, 0), T(8, 8, 0, 3)\},$$

运行准则 5:
$$C_5 = \{T(2, 2, -3, -2), T(2, 2, 2, 3)\},$$

运行准则 6:
$$C_6 = \{T(5, 5, -3, -1), T(5, 5, 1, 3)\},$$

运行准则 7:
$$C_7 = \{T(1, 1, -\infty, -3.09), T(1, 1, 3.09, \infty)\},$$

运行准则 8:
$$C_8 = \{T(2, 3, -3.09, -1.96), T(2, 3, 1.96, 3.09)\},$$

运行准则 9:
$$C_9 = \{T(8, 8, -3.09, 0), T(8, 8, 0, 3.09)\}.$$

这样 Shewhart 控制图就是运行准则 C_1. 其他运行准则,例如 C_3,就是说在过去 5 个检测统计量里如果有 4 个都落入区间 $(-3, -1)$ 或在过去 5 个检测统计量里如果有 4 个都落入区间 $(1, 3)$,控制图就发出过程失控的警报. 这 9 个运行准则组合起来则可以涵盖文献或实际中常用的准则. 其中运行准则 C_7,C_8 和 C_9 为英国实际生产中作用. 根据这些附加运行准则,可以构造一个更一般的控制图,即

$$C_{ij\cdots k} = C_i \cup C_j \cup \cdots \cup C_k.$$

Champ 和 Woodall (1987) 的模拟结果表明,带有附加运行准则的 Shewhart 控制图提高了 Shewhart 控制图检测中小漂移的能力. 关于带有附加运行准则的 Shewhart 控制图的 ARL 的计算,请参见本书第 10 章.

2.4 Q 图

在前面几节里我们知道传统 Shewhart 控制图的构造需要大量受控样本, 这样对受控均值和方差才能有较准确的估计. 而对于某些过程或在某些情况下, 并不能收集足够的受控样本, 这样就会对控制图产生很大的影响. Bischak 和 Trietsch (2007) 表明如果受控样本比较少时, 会使 ARL_0 远远小于预先设定的 ARL_0, 从而增大误报率, 同时也会影响控制图在过程失控时的表现, 使得 ARL_1 加大. 这就是所谓的 "带有估计参数的控制图" 问题. Jensen 等 (2006) 给出了关于这个问题的较全面的综述. 针对这类问题, 有两种基本解决方法. 一种方法是自启动控制图 (self-starting), 这种方法会在第 3 章和第 4 章加以叙述. 另一种方法是 Q 图, 由 Quesenberry (1991) 提出. Q 图的另外一个优势在于可以在同一个控制图中画几个统计量, 这是因为 Q 统计量有着相同的分布, 使得不同统计量可以有相同控制线. 在这一节里, 将详细叙述 Q 图的构造方法.

首先假定一列样本 $X_i, i = 1, 2, \cdots$ 来自一生产过程, 它们独立服从一正态分布 $N(\mu, \sigma^2)$. 记 $\overline{X}_t$ 和 S_t^2 分别为到 t 时刻为止样本的样本均值和样本方差, 即

$$\overline{X}_t = \frac{1}{t} \sum_{i=1}^{t} X_i,$$

$$S_t^2 = \frac{1}{t-1} \sum_{i=1}^{t} (X_i - \overline{X}_t)^2.$$

到 t 时刻时, $\overline{X}_t$ 和 S_t^2 可以由下列递推公式得到

$$\overline{X}_t = \frac{1}{t}((t-1)\overline{X}_{t-1} + X_t), \quad t = 2, 3, \cdots,$$

$$S_t^2 = \frac{t-2}{t-1} S_{t-1}^2 + \frac{1}{t}(X_t - \overline{X}_{t-1})^2, \quad t = 3, 4, \cdots.$$

Quesenberry (1991) 针对不同的情况, 给出了 Q 图的检测统计量, 即 Q 统计量. 首先给出几个记号. 用 $\Phi(\cdot)$ 表示标准正态分布的 CDF, $\Phi^{-1}(\cdot)$ 表示标准正态分布的 CDF 的逆函数, $G_\nu(\cdot)$ 表示自由度为 ν 的 t 分布的 CDF, $H_\nu(\cdot)$ 表示自由度为 ν 的 χ^2 分布的 CDF, $F_{\nu_1, \nu_2}(\cdot)$ 表示分子自由度为 ν_1 分母自由度为 ν_2 的 F 分布的 CDF.

检测过程均值的 Q 统计量.

情况 I: $\mu = \mu_0, \sigma = \sigma_0$, 两者都已知

$$Q_t(X_t) = \frac{X_t - \mu_0}{\sigma_0}, \quad t = 1, 2, \cdots.$$

情况 II：μ 未知，$\sigma = \sigma_0$ 已知

$$Q_t(X_t) = \left(\frac{t-1}{t}\right)^{\frac{1}{2}} \frac{X_t - \overline{X}_{t-1}}{\sigma_0}, \quad t = 2, 3, \cdots.$$

情况 III：$\mu = \mu_0$ 已知，σ 未知

$$Q_t(X_t) = \Phi^{-1}\left\{G_{t-1}\left(\frac{X_t - \mu_0}{S_{0,t-1}}\right)\right\}, \quad t = 2, 3, \cdots,$$

其中

$$S_{0,t}^2 = \frac{1}{t}\sum_{i=1}^{t}(X_i - \mu_0)^2.$$

情况 IV：μ 和 σ 两者都未知

$$Q_t(X_t) = \Phi^{-1}\left\{G_{t-2}\left[\left(\frac{t-1}{t}\right)^{\frac{1}{2}}\left(\frac{X_t - \overline{X}_{t-1}}{S_{t-1}}\right)\right]\right\}, \quad t = 3, 4, \cdots.$$

注意到这四个 Q 统计量正是第 1 章中提到的一致最优势无偏检验 (UMPUT)：情况 I 是检验一方差 $\sigma = \sigma_0$ 已知的正态分布，均值是否 $\mu = \mu_0$ 的 UMPUT；情况 II 是检验一个样本量为 1，一个样本量为 $t-1$ 的方差 $\sigma = \sigma_0$ 已知，均值是否一样的 UMPUT；情况 III 是当有 $t-1$ 个均值 $\mu = \mu_0$ 的样本，另外一个样本方差与这 $t-1$ 个样本方差一样但都未知时，检验这个样本均值是否 $\mu = \mu_0$ 的 UMPUT；情况 IV 是检验一个样本和 $t-1$ 个样本有同样的方差但是未知时，均值是否一样的 UMPUT.

检测过程方差的 Q 统计量：记 $R_t = X_t - X_{t-1}$.

情况 V：μ 未知，$\sigma = \sigma_0$ 已知

$$Q(R_t) = \Phi^{-1}\left\{H_1\left(\frac{R_t^2}{2\sigma_0^2}\right)\right\}, \quad t = 2, 4, 6, \cdots.$$

情况 VI：μ 和 σ 两者都未知

$$Q(R_t) = \Phi^{-1}\left\{F_{1,\nu}\left(\frac{\nu R_t^2}{R_2^2 + R_4^2 + \cdots + R_{t-2}^2}\right)\right\}, \quad t = 4, 6, \cdots, \quad \nu = \frac{t}{2} - 1.$$

当有一些历史样本时，到 t 时刻的样本均值和方差可以更新为

$$\overline{X'}_t = \frac{t\overline{X}_t + a\overline{X}_{h,a}}{t + a},$$

$$S_t'^2 = \frac{bS_{h,b}^2 + (t-1)S_t^2}{b + t - 1},$$

其中 a 表示用来估计 $\overline{X}_{h,a}$ 的样本个数, b 表示 $S_{h,b}^2$ 的自由度.

情况 IV ': μ 和 σ 两者都未知

$$Q_t'(X_t) = \Phi^{-1}\left\{G_{b+t-2}\left[\left(\frac{a+t-1}{a+t}\right)^{\frac{1}{2}}\left(\frac{X_t-\overline{X}'_{t-1}}{S'_{t-1}}\right)\right]\right\}, \quad t=1,2,\cdots, a\geqslant 1, b\geqslant 1.$$

情况 VI ': μ 和 σ 两者都未知

$$Q'(R_t) = \Phi^{-1}\left\{F_{1,\nu}\left(\frac{\nu R_t^2}{2bS_{h,b}^2 + R_2^2 + R_4^2 + \cdots + R_{t-2}^2}\right)\right\}, \quad t=4,6,\cdots, \nu=b+\frac{t}{2}-1.$$

下面考虑另外一种抽样方式, 在时刻 $i(i = 1,2,\cdots,t)$, 得到的样本为 X_{i1}, $X_{i2},\cdots,X_{in_i}$, 样本均值为 $\overline{X}_i$, 样本方差为 S_i^2. 于是, 到时刻 t, 得到所有样本的样本均值为

$$\overline{\overline{X}}_t = \frac{n_1\overline{X}_1 + \cdots + n_t\overline{X}_t}{n_1 + \cdots + n_t},$$

样本方差为

$$S_{p,t}^2 = \frac{(n_1-1)S_1^2 + \cdots + (n_t-1)S_t^2}{n_1 + \cdots + n_t - t}.$$

检测过程均值的 Q 统计量.

情况 I: $\mu = \mu_0, \sigma = \sigma_0$, 两者都已知

$$Q_t(\overline{X}_t) = \frac{\sqrt{n_t}(\overline{X}_t - \mu_0)}{\sigma_0}.$$

情况 II: μ 未知, $\sigma = \sigma_0$ 已知

$$Q_t(\overline{X}_t) = \sqrt{\frac{n_t(n_1 + \cdots + n_{t-1})}{n_1 + \cdots + n_t}}\left(\frac{\overline{X}_t - \overline{\overline{X}}_{t-1}}{\sigma_0}\right).$$

情况 III: $\mu = \mu_0$ 已知, σ 未知

$$Q_t(\overline{X}_t) = \Phi^{-1}\left\{G_{n_1+\cdots+n_t}\left(\frac{\sqrt{n_t}(\overline{X}_t - \mu_0)}{S_{0,t}}\right)\right\}, \quad t=2,3,\cdots,$$

其中

$$S_{0,t}^2 = \frac{\displaystyle\sum_{i=1}^{t}\sum_{j=1}^{n_i}(X_{ij} - \mu_0)^2}{n_1 + \cdots + n_t}.$$

情况 IV: μ 和 σ 两者都未知

$$Q_t(\overline{X}_t) = \Phi^{-1}\{G_{n_1+\cdots+n_{t-1}}(\omega_t)\}, \quad t=2,3,\cdots,$$

其中

$$\omega_t = \sqrt{\frac{n_t(n_1 + \cdots + n_{t-1})}{n_1 + \cdots + n_{t-1}}} \left(\frac{\overline{X}_t - \overline{\overline{X}}_{t-1}}{S_{p,t}} \right).$$

同样, 这些 Q 统计量也是 UMPUT 的相应统计量.

检测过程方差的 Q 统计量.

情况 V: μ 未知, $\sigma = \sigma_0$ 已知

$$Q_t(S_t^2) = \Phi^{-1} \left\{ H_{n_t-1} \left(\frac{(n_t - 1)S_t^2}{\sigma_0^2} \right) \right\}, \quad t = 1, 2, 3, \cdots.$$

情况 VI: μ 和 σ 两者都未知

$$Q_t(S_t^2) = \Phi^{-1} \{ F_{n_{t-1}, n_1 + \cdots + n_{t-1} - t + 1}(\omega_t) \}, \quad t = 2, 3, \cdots,$$

$$\omega_t = \frac{(n_1 + \cdots + n_{t-1} - t + 1)S_t^2}{(n_1 - 1)S_1^2 + \cdots + (n_{t-1} - 1)S_{t-1}^2}.$$

在初等数理统计中, 我们知道如果一个随机变量 X 有连续的分布函数 $F(\cdot)$, 那么变换 $F(X)$ 有 $(0,1)$ 区间上的均匀分布. 反之, 如果 U 有 $(0,1)$ 区间上的均匀分布, 那么变换 $F^{-1}(U)$ 具有与 X 一样的分布. 于是经过 Q 统计量的变换, Quesenberry (1991) 证明了除了分组抽样的情况 III 和情况 IV 这些 Q 统计量当 $n_1 + \cdots + n_{t-1}$ 充分大时是近似独立的, 其他所有情况 Q 统计量在过程受控时服从独立同分布的标准正态分布, 于是控制图的上下控制线可以取为

$$\text{LCL} = u_{\alpha_1},$$
$$\text{UCL} = u_{1-\alpha_2},$$

其中 u_α 为标准正态分布的 α 分位数.

但是我们应该注意到, 当过程参数至少有一个未知时, 如果过程发生了漂移, 那么这些 Q 统计量就不再是独立的了.

Q 图的优势:

• Q 图可以应用于过程的初始阶段, 即使过程参数需要由当前数据来估计.

• Q 图的统计量都化为正态分布, 这可以使得不同的变量画在同一个图中, 节约成本.

• Q 图可以运用附加准则, 提高控制图的检测效率.

Q 图的劣势:

• Q 统计量与原来过程数据不是同一个测量体系, 这使得 Q 统计量失去了原来过程数据的实际意义.

• Q 统计量的使用需要有计算机的设备, 当然, 这对现在的企业来说不是一个大的问题.

• 由 Q 统计量的构造可以看出，当过程发生一个漂移时，如果 Q 图没有能够及时检测出这个漂移，那么这个漂移会被掩盖掉.

注意到 Quesenberry (1991) 提出的 Q 统计量只是用在了 Shewhart 控制图中，为了提高对中小漂移的检测速率，Quesenberry (1995) 把 Q 统计量用在了 CUSUM 控制图和 EWMA 控制图中，具体形式如下. CUSUM 控制图：

$$S_t^+ = \max\{0, S_{t-1}^+ + Q_t - k_s\},$$

$$S_t^- = \min\{0, S_{t-1}^- + Q_t + k_s\},$$

其中 $S_0^+ = S_0^- = 0$，k_s 是参考值. 当 $S_t^+ > h_s$ 时，表明过程有一向上的漂移，当 $S_t^- < -h_s$ 时，表明过程有一向下的漂移，其中 h_s 是控制线. 关于 CUSUM 的详细介绍见本书第 3 章.

EWMA 控制图：

$$Z_t = \lambda Q_t + (1 - \lambda) Z_{t-1},$$

其中 $Z_0 = 0$，$0 < \lambda \leqslant 1$ 为光滑参数. 当 $Z_t > K\sqrt{\lambda/(2-\lambda)}$ 或 $Z_t < -K\sqrt{\lambda/(2-\lambda)}$ 时，过程失控. 关于 EWMA 的详细介绍见本书第 4 章.

Quesenberry (1995) 还考虑了带有附加准则的 Q 图的表现，即

$$\{T(1,1,-\infty,-3), T(1,1,3,\infty)\},$$

$$\{T(9,9,-\infty,0), T(9,9,0,\infty)\},$$

$$\{T(3,3,-\infty,-1), T(3,3,1,\infty)\}$$

和

$$\{T(4,5,-\infty,-1), T(4,5,1,\infty)\}.$$

2.5 补 充 阅 读

Khoo 和 Lim (2005) 改进了 R 控制图的表现. 对 CUSUM 型的 Q 图，还可参考 Zantek (2006). 关于带有附加准则的控制图，还可参考 (Palm, 1990; Walker et al., 1991; Champ, Woodall, 1997; Shmueli, Cohen, 2003; Zhang, Wu, 2005; Khoo, Ariffin, 2006; Acosta-Mejia, 2007; Lim, Cho, 2009).

第 3 章　CUSUM 控制图的设计理论与方法

3.1　引　　言

由第 2 章我们知道, Shewhart 控制图仅是利用了当前样本的信息来检测过程是否受控. 因此 Shewhart 控制图仅是对大漂移有较好的检测效果. 所以, 为了提高控制图对中小漂移的检测效果, Page (1954) 提出了累积和控制图 (CUSUM). 自从 CUSUM 控制图被提出以来, CUSUM 控制图在理论上吸引了很多学者的研究, 在实际生产中也得到了广泛的应用. 在这一章里, 首先给出 CUSUM 控制图的定义及其设计, 然后介绍 CUSUM 控制图的几种等价定义. 这两节内容假定过程参数是已知的, 例如过程的均值或方差. 接下来在过程参数未知的情况下研究带有参数估计的 CUSUM 控制图. 为了消除这种影响, 可以构造基于 CUSUM 的自启动 (self-starting) 控制图和基于 CUSUM 的自适应 (adaptive) 控制图.

3.2　CUSUM 控制图的定义及其设计

3.2.1　CUSUM 的理论基础

在第 1 章里, 我们介绍了序贯概率比检验 (SPRT), 而 CUSUM 控制图的提出正是基于序贯概率比检验的. 对一个简单零假设 (H_0) 和一个简单对立假设 (H_1), 假定有一列长为 n 的独立的观测值 $\{X_i\}$, 而且假定与每个假设分别联系在一起的概率密度函数是 $f_0(x)$ 和 $f_1(x)$.

在序贯概率比检验中, 得到似然比 λ_n 如下:

$$\lambda_n = \prod_{i=1}^{n} \frac{f_1(X_i)}{f_0(X_i)}.$$

如果 λ_n 小于等于某个值 A, 检验接受 H_0; 如果 λ_n 大于等于某个值 B, 检验拒绝 H_0 接受 H_1; 如果 $A < \lambda_n < B$, 则加入另一个观测值 X_{n+1} 并更新似然比.

通常更好用一些的是似然比的自然对数形式, 即

$$\ln \lambda_n = \sum_{i=1}^{n} \ln \left(\frac{f_1(X_i)}{f_0(X_i)} \right).$$

注意到可以把 $\ln \lambda_n$ 写成

$$\ln \lambda_n = \sum_{i=1}^{n} Z_i,$$

$$Z_i = \ln \left(\frac{f_1(X_i)}{f_0(X_i)} \right).$$

检测过程单边漂移的CUSUM 就可以看成是重复的序贯似然比检验. 它们的主要区别是, 在 CUSUM 中受控的假设 H_0 一直不被接受, 因为我们从没打算做出过程受控而停止抽样的决策. 一旦 Z_i 的累积和变成负值, 表明更倾向于接受 H_0 时, 就把和重置为 0, 然后再重新开始. 用代数的形式表示就是

$$C_n^+ = \max(0, C_{n-1}^+ + Z_n).$$

用 CUSUM 的方法, 直到拒绝零假设接受对立假设时才停止抽样.

3.2.2 在一般指数族里的应用

正如下面所要看到的, 对指数族分布而言, Z_i 可以化成一个特别简单的函数. 指数族里成员带一个参数 θ 的概率密度可以写成

$$f(y|\theta) = \exp(a(y)b(\theta) + c(y) + d(\theta)). \tag{3.1}$$

这里 θ 是分布的参数, y 是相应的随机变量. 上面的公式对离散和连续的情况都成立. 随机样本 Y 的联合密度为

$$f(Y|\theta) = \exp \left\{ \sum_{i=1}^{n} a(y_i)b(\theta) + \sum_{i=1}^{n} c(y_i) + nd(\theta) \right\}.$$

假定要检验过程是否从受控的参数值 θ_0 变到失控的参数值 θ_1, 那么得分函数 Z_i 可以化简成

$$Z_i = \ln \left(\frac{f_1(Y_i)}{f_0(Y_i)} \right)$$
$$= a(Y_i)\{b(\theta_1) - b(\theta_0)\} + \{d(\theta_1) - d(\theta_0)\}.$$

对给定的决策区间 A 为 CUSUM 统计量

$$D_n = \max(0, D_{n-1} + Z_n)$$

时报警.

代入 I_n, 有

$$D_n = \max\{0, D_{n-1} + a(Y_i)\{b(\theta_1) - b(\theta_0)\} + \{d(\theta_1) - d(\theta_0)\} > A \tag{3.2}$$

时报警.

记 $X_n = a(Y_n)$, 并定义

$$k = -\frac{d(\theta_1) - d(\theta_0)}{b(\theta_1) - b(\theta_0)}. \tag{3.3}$$

如果 $b(\theta_1) - b(\theta_0) > 0$, 则在 (3.2) 两边同除 $(b(\theta_1) - b(\theta_0))$, 得

$$C_n^+ = \max(0, C_{n-1}^+ + X_n - k), \tag{3.4}$$

这里 $C_n^+ = D_n/(b(\theta_1) - b(\theta_0))$. 当 $C_n^+ > h^+$ 时报警, $h^+ = A/(b(\theta_1) - b(\theta_0))$.

如果 $b(\theta_1) - b(\theta_0) < 0$, 类似地同除 $(b(\theta_1) - b(\theta_0))$, 得到反向的 CUSUM,

$$C_n^- = \min(0, C_{n-1}^- + X_n - k), \tag{3.5}$$

这里 $C_n^- = D_n/(b(\theta_1) - b(\theta_0))$. 当 $C_n^- < -h^-$ 时报警, $h^- = -A/(b(\theta_1) - b(\theta_0))$. 在文献中, k 被称为参考值 (reference value), h^+ 或 h^- 称为控制线 (control limit). 这是构造 CUSUM 控制图时所需要确定的两个参数.

3.2.3　正态均值漂移的例子

假设我们的观测值来自正态分布, 且标准差 σ 固定并且已知, 可以把正态分布密度函数写成指数族的形式:

$$f(y|\mu) = \exp\left(\frac{y\mu}{\sigma^2} - \frac{y^2}{2\sigma^2} - \ln(\sigma\sqrt{2\pi}) - \frac{\mu^2}{2\sigma^2}\right).$$

从上面可以得到

$$a(y) = y,$$
$$b(\mu) = \frac{\mu}{\sigma^2},$$
$$d(\mu) = -\frac{\mu^2}{2\sigma^2},$$
$$k = -\frac{(-\mu_1^2 + \mu_0^2)/(2\sigma^2)}{(\mu_1 - \mu_0)/\sigma^2} = \frac{\mu_0 + \mu_1}{2}.$$

应用等式 (3.3) 和 (3.4), 如果均值从 μ_0 漂移到 $\mu_1 > \mu_0$, 则有

$$C_0^+ = 0,$$
$$C_{n+1}^+ = \max(0, C_n^+ + Y_n - k^+),$$
$$k^+ = \frac{\mu_0 + \mu_1}{2}.$$

$C_n^+ > h^+$ 时报警, h^+ 是为得到某个 ARL_0 而选的. 称这种 CUSUM 控制图为检测向上漂移的控制图.

如果 $\mu_1 < \mu_0$, 相应地有

$$C_0^- = 0,$$
$$C_{n+1}^- = \min(0, C_n^- + Y_n - k^-),$$
$$k^- = \frac{\mu_0 + \mu_1}{2}.$$

$C_n^- < -h^-$ 时报警. 称这种 CUSUM 控制图为检测向下漂移的控制图.

3.3 CUSUM 控制图的几种等价定义

在文献里, 读者可能会遇到不同的 CUSUM 控制图的定义形式. 在这里表明, 这几种定义形式实际上是等价的.

3.3.1 V-mask 的形式

假定在某个时刻 m, X_n 的分布从 $N(\mu, \sigma^2)$ 变到 $N(\mu + \delta, \sigma^2)$. 换句话说, 在 m 之后 X_n 的均值发生了一个大小为 δ 的漂移. 在随后的任一时刻, 比如 n, 可以记 CUSUM 为

$$C_n = \sum_{i=1}^{n} (X_i - \mu)$$
$$= \sum_{i=1}^{m} (X_i - \mu) + \sum_{i=m+1}^{n} (X_i - \mu).$$

上面最后一个等号后第二个求和项中每项的分布均为 $N(\mu + \delta, \sigma^2)$, 那么整个第二个求和项的分布为

$$\sum_{i=m+1}^{n} (X_i - \mu) \sim N((n-m)\delta, (n-m)\sigma^2).$$

注意到上面 CUSUM 是从零漂移变化到线性漂移的, 这是能用 CUSUM 检测均值漂移的基础. 过程受控的时候, X_n 服从受控分布 $N(\mu, \sigma^2)$, CUSUM 服从某个中心在水平轴的分布. 如果均值发生了 δ 大小的一步漂移, 那么 CUSUM 就发生一个线性漂移, 并且它的分布中心在一条斜率为 δ 的直线上. 最早用的工具就是V-mask 形式, 它的名字是由它的形状而来的.

如果我们想知道均值是否发生了大小为 Δ 的漂移, 就从 $(n, S_n - h)$ 往回画一条斜率 $k = \frac{1}{2}\Delta$ 的直线, 其中 h 是一个阈值 (threshold). 如果之前有点落在这条直线的下面, 则给出均值发生了向上漂移的警报. 同样也可以考虑均值发生大小为 Δ 的向下漂移, 类似地从 $(n, S_n + h)$ 往回画一条斜率为 $-k$ 的直线, 如果之前有点落在这条直线的上面, 则给出均值发生了向下漂移的警报.

我们把落在 V-mask 外面的观测点作为均值发生漂移的瞬间 m 的估计值. 如果不止一个点落在 V-mask 的外面, 则选距离 V-mask 最远的点最为估计值. 另外, 漂移的大小有一个直观的估计, 当均值从 μ 漂移到 $\mu + \delta$, CUSUM 则发生一个斜率为 δ 的线性漂移. 我们把瞬间 m 之后失控部分 CUSUM 的斜率作为 δ 的估计值. 最理想的估计是连接失控部分起点和最后一点的直线的斜率, 即连接漂移发生点 m 和检测到发生漂移点 n 的直线的斜率:

$$\hat{\delta} = \frac{C_n - C_m}{n - m}.$$

3.3.2　决策区间的形式

CUSUM 有一个比 V-mask 视觉上更容易发现漂移的代数等价形式, 这就是决策区间 (decision interval) 形式. 这也是我们更喜欢的一种形式, 因为这种形式可以迭代计算 CUSUM 统计量, 符合控制图在线监控的特点, 有利于 CUSUM 控制图的在线监控.

通过建立如下的序列来监测 X_n 的均值是否发生了向上漂移:

$$C_0^+ = 0,$$
$$C_n^+ = \max(0, C_{n-1}^+ + X_n - \mu - k).$$

发生漂移的报警条件是

$$C_n^+ > h.$$

并把满足 $C_m^+ = 0$ 的最近的观测点作为漂移发生瞬间 m 的估计值.

类似地, 建立如下序列监测均值是否发生了向下漂移:

$$C_0^- = 0,$$
$$C_n^- = \min(0, C_{n-1}^- + X_n - \mu + k).$$

发生漂移的报警条件是

$$C_n^- < -h.$$

并把满足 $C_m^- = 0$ 的最近的观测点作为漂移发生瞬间 m 的估计值.

导致 CUSUM 报警的决策区间从某个 $C_m^+ = 0$ 开始直到它超过 h, 这部分可以表示为

$$C_n^+ = C_m^+ + \sum_{i=m+1}^{n} (X_i - \mu - k).$$

均值从 μ 漂移到 $\mu + \delta$, 上式求和的每一项服从均值为 $\delta - k$ 的正态分布, 这就意味着估计 δ 时需要把决策区间 CUSUM 从 m 到 n 的斜率再加上 k, 即

$$\hat{\delta} = k + \frac{C_n^+ - C_m^+}{n - m}$$

$$= k + \frac{C_n^+}{n - m}.$$

类似地, 向下漂移决策区间 δ 的估计为

$$\hat{\delta} = -k + \frac{C_n^-}{n - m}.$$

3.3.3 Page 的形式

Page (1954) 首先引进了 CUSUM 的概念, 并展示了它检测中小漂移的优异能力. Page 的形式是

$$P_0 = 0,$$

$$P_n = P_{n-1} + X_n - \mu - k$$

$$= \sum_{i=1}^{n} (X_i - \mu - k).$$

发生向上漂移的条件是

$$P_n - \min_{0 < m < n} P_m > h,$$

也就是说

$$\max_{1 \leqslant j \leqslant n} \sum_{i=j}^{n} (X_i - \mu - k) > h.$$

发生向下漂移的条件是

$$P_n - \max_{0 < m < n} P_m < -h,$$

或者

$$\min_{1 \leqslant j \leqslant n} \sum_{i=j}^{n} (X_i - \mu - k) < -h.$$

漂移发生瞬间 m 的估计值, 对向上漂移是使得 $\{P_j\}_{j=1}^n$ 最小的点, 对向下漂移则是使得 $\{P_j\}_{j=1}^n$ 最大的点.

明显地, δ 的估计值和 DI 形式是一样的, 也就是

对向上漂移,

$$\hat{\delta} = k + \frac{P_n^+ - P_m^+}{n - m};$$

对向下漂移,

$$\hat{\delta} = -k + \frac{P_n^- - P_m^-}{n - m}.$$

3.3.4　等价性的证明

很明显 V-mask 是 DI 形式和 Page 形式这两种形式的几何表示. 因此这里主要给出 DI 形式和 Page 形式等价性的证明. 不失一般性, 下面仅考虑向上漂移的情况. 令 $S_i = X_i - \mu - k$, 然后证明

$$C_n^+ = \max(0, C_{n-1}^+ + S_n) > h \iff \max_{1 \leqslant j \leqslant n} \sum_{i=j}^{n} S_i > h, \quad \forall h > 0.$$

"$\Longleftarrow$"

如果　$\displaystyle\max_{1 \leqslant j \leqslant n} \sum_{i=j}^{n} S_i > h,$

就存在某个 j_0,　使得　$\displaystyle\sum_{i=j_0}^{n} S_i > h,$

那么　$\displaystyle C_n^+ \geqslant C_{n-1}^+ + S_n \geqslant \cdots \geqslant C_{j_0}^+ + \sum_{i=j_0}^{n} S_i \geqslant \sum_{i=j_0}^{n} S_i > h.$

"$\Longrightarrow$"

如果　$\displaystyle C_n^+ = \max(0, C_{n-1}^+ + S_n) > h,$

就存在某个 j_0,　使得　$\displaystyle C_n^+ = C_{j_0-1}^+ + \sum_{i=j_0}^{n} S_i > h,$　其中 $C_{j_0-1}^+ = 0,$

也就是,　$\displaystyle\sum_{i=j_0}^{n} S_i > h,$

那么　$\displaystyle\max_{1 \leqslant j \leqslant n} \sum_{i=j}^{n} S_i > h.$

3.4　带有参数估计的 CUSUM 控制图

在前面两节里, 假设过程参数都是已知的. 而在实际生产中, 过程参数一般都是在利用过程的阶段 I 对过程参数进行估计. 然后用估计的参数构造控制图. 可以想象, 这种带有参数估计的控制图的表现与不带有参数估计的控制图会出现很大的不同, 主要表现就是影响 ARL_0 和 ARL_1. Jensen 等 (2006) 给出了带有参数估计的控制图的综述, 包括 Shewhart 控制图、CUSUM 控制图、EWMA 控制图、多元控制图和属性数据控制图等. 在这一节里将介绍带有参数估计的 CUSUM 控制图, 并介绍参数估计对 ARL_0 和 ARL_1 的影响.

Bagshaw 和 Johnson (1975) 研究了估计过程标准差对边际和条件 ARL 的影响. 当过程标准差被高估计时, 条件 ARL_0 会加大; 当过程标准差被低估计时, 条件

$\mathrm{ARL_0}$ 会减小. 当均值漂移增加时, $\mathrm{ARL_1}$ 的影响变得可以忽略. 另外, 如果我们关注的是一个控制图的平均表现, 取一个正的参考值 k 比取 0 效果要好.

Jones 等 (2004) 详细研究了带有均值估计和方差估计的 CUSUM 控制图, 并给出了 ARL 的计算方法. 假定检测向上漂移的初始值 $S_0 = \mu \geqslant 0$ 为过程均值的单边 CUSUM 控制图为

$$S_t = \max\{0, S_{t-1} + Y_t - k\}, \quad t = 1, 2, 3, \cdots,$$

其中

$$Y_t = \frac{\overline{X}_t - \mu_0}{\sigma_0/\sqrt{n}},$$

$\overline{X}_t$ 为时刻 t 的 $n(\geqslant 1)$ 个观测值的均值. 当受控过程的均值 μ_0 和标准差 σ_0 未知时, 就要用它们的估计 $\hat{\mu}_0$ 和 $\hat{\sigma}_0$ 来构造 CUSUM 控制图, 即用

$$Y_t = \frac{\overline{X}_t - \hat{\mu}_0}{\hat{\sigma}_0/\sqrt{n}}$$

来构造 CUSUM 控制图. 假定有 m 组样本容量为 n 的受控观测值, 则可以用估计

$$\hat{\mu}_0 = \frac{1}{mn} \sum_{i=1}^{m} \sum_{j=1}^{n} X_{ij},$$

$$\hat{\sigma}_0 = \frac{S_p}{c_{4,m}},$$

其中

$$S_p = \sqrt{\frac{\sum_{i=1}^{m} \sum_{j=1}^{n} (X_{ij} - \overline{X}_i)^2}{m(n-1)}},$$

$$c_{4,m} = \frac{\sqrt{2}\,\Gamma\left(\dfrac{m(n-1)+1}{2}\right)}{\sqrt{m(n-1)}\,\Gamma\left(\dfrac{m(n-1)}{2}\right)}.$$

把 Y_t 改写为

$$Y_t = \frac{1}{W}\left(\gamma Z_t + \delta - \frac{Z_0}{\sqrt{m}}\right),$$

其中

$$W = \frac{\hat{\sigma}_0}{\sigma_0}$$

是受控标准差的估计和受控标准差的比值, 其分布与 χ^2 随机变量的平方根有关,

$$Z_0 = \sqrt{m}\,\frac{\hat{\mu}_0 - \mu_0}{\sigma_0/\sqrt{n}}$$

是估计受控均值和真正受控均值的标准化距离,

$$Z_t = \frac{\overline{X}_t - \mu}{\sigma/\sqrt{n}}$$

是 t 时刻的标准化均值,

$$\gamma = \frac{\sigma}{\sigma_0}$$

是 t 时刻标准差和受控标准差的比值,

$$\delta = \frac{\mu - \mu_0}{\sigma_0/\sqrt{n}}$$

是标准化的均值漂移.

记 $P(t|\mu, z_0, w, \gamma, \delta)$ 为给定 CUSUM 初始值 μ, Z_0 初始值 z_0 和 W_0 初始值 w_0 的运行长度 T 的条件概率. 则

$$\Pr(1|\mu, z_0, w, \gamma, \delta) = 1 - \Phi\left(\frac{w}{\gamma}(h - \mu + k) + \frac{\delta}{\gamma} - \frac{z_0}{\gamma\sqrt{m}}\right).$$

对 $t > 1$,

$$P(t|\mu, z_0, w, \gamma, \delta) = P(t-1|0, z_0, w, \gamma, \delta)\Phi\left(\frac{w}{\gamma}(k - \mu) - \frac{\delta}{\gamma} + \frac{z_0}{\gamma\sqrt{m}}\right)$$

$$+ \frac{w}{\gamma}\int_0^h P(t-1|s, z_0, w, \gamma, \delta)\phi\left(\frac{w}{\gamma}(s + k - \mu) - \frac{\delta}{\gamma} + \frac{z_0}{\gamma\sqrt{m}}\right)ds.$$

对上式积分, 可采用高斯积分法来解. 取定 g 个结点 $\{\nu_j\}$ 和权重 $\{\eta_j\}$, 可得到迭代公式

$$P(t|\mu, z_0, w, \gamma, \delta) \approx P(t-1|0, z_0, w, \gamma, \delta)\Phi\left(\frac{w}{\gamma}(k - \mu) - \frac{\delta}{\gamma} + \frac{z_0}{\gamma\sqrt{m}}\right)$$

$$+ \frac{w}{\gamma}\sum_{j=1}^{g} P(t-1|\nu_j, z_0, w, \gamma, \delta)\phi\left(\frac{w}{\gamma}(\nu_j + k - \mu) - \frac{\delta}{\gamma} + \frac{z_0}{\gamma\sqrt{m}}\right)\eta_j.$$

运行长度的 r 阶矩可由

$$E(T^r|\mu, z_0, w, \gamma, \delta) = \sum_{t=1}^{\infty} t^r \cdot P(t|\mu, z_0, w, \gamma, \delta)$$

得到.

研究运行长度的条件分布可以看出参数估计对 CUSUM 控制图的影响, 但实际中使用者很少知道参数估计和真值之间差多少, 这就有必要研究非条件分布. 假设 W 的密度函数是 $f_w(w)$, 则 T, W, Z_0 的联合密度函数为

$$P(t, z_0, w|\mu, \gamma, \delta) = P(t|\mu, z_0, w, \gamma, \delta) \cdot f_w(w) \cdot \phi(z_0).$$

这样运行长度的边际密度为

$$P(t|\mu,\gamma,\delta) = \int_{-\infty}^{\infty}\int_0^{\infty} P(t|\mu,z_0,w,\gamma,\delta) \cdot f_w(w) \cdot \phi(z_0)\mathrm{d}w\mathrm{d}z_0.$$

可以得到 ARL, 即

$$E(T|\mu,\gamma,\delta) = \int_{-\infty}^{\infty}\int_0^{\infty} M(\mu,z_0,w,\gamma,\delta) \cdot f_w(w) \cdot \phi(z_0)\mathrm{d}w\mathrm{d}z_0,$$

其中 $M(\mu,z_0,w,\gamma,\delta)$ 是基于 W 和 Z_0 观测值的条件 ARL. 同样, 可以得到运行长度的二阶矩

$$E(T^2|\mu,\gamma,\delta) = \int_{-\infty}^{\infty}\int_0^{\infty} M_2(\mu,z_0,w,\gamma,\delta) \cdot f_w(w) \cdot \phi(z_0)\mathrm{d}w\mathrm{d}z_0,$$

其中 $M_2(\mu,z_0,w,\gamma,\delta)$ 是基于 W 和 Z_0 观测值的条件二阶矩. 最后得到运行长度的标准差 (SDRL)

$$\mathrm{SDRL} = \sqrt{E(T^2|\mu,\gamma,\delta) - (E(T|\mu,\gamma,\delta))^2}.$$

Jones 等 (2004) 给出了模拟的如下步骤:

- 从标准正态分布产生 m 组样本容量为 n 的受控观测值.
- 计算受控过程的均值 μ_0 和标准差 σ_0 的估计 $\hat{\mu}_0$ 和 $\hat{\sigma}_0$.
- 计算检测向上漂移的初始值 $S_0 = \mu = 0$ 的单边 CUSUM 控制图统计量 S_t.
- 如果 $S_t > h$, 报警过程失控, 记录运行长度.
- 重复上面两个步骤得到一个记录运行长度的向量.
- 重复上面五个步骤多次, 例如 200,000 次.
  模拟结果表明,
- – 对单边检测向上漂移的 CUSUM, 参数估计对条件 ARL 的影响: 如果均值高估, 不论过程是受控还是失控, ARL 变大; 如果均值低估, 不论过程是受控还是失控, ARL 变小.
  – 对单边检测向上漂移的 CUSUM, 参数估计对非条件 ARL 的影响: 不论均值是高估还是低估, 不论过程是受控还是失控, ARL 变大.
- 对双边的 CUSUM, 过程受控时, 不论均值是高估还是低估, ARL 变小; 过程失控时, 不论均值是高估还是低估, ARL 变大.

3.5 基于 CUSUM 的自启动控制图

为了使控制图尽快进入阶段 II 实现对过程的监控, Hawkins(1987) 提出了自启动 (self-starting) 的 CUSUM 控制图. 这种自启动控制图能在对过程均值和方差进行估计的同时, 实现对过程的监控, 减小了阶段 I 数据少时用估计带来的影响.

假设一列 $X_i, i = 1, 2, \cdots$ 来自一生产过程. 为监控此生产过程是否受控, 要做如下的假设检验:

$$H_0 : X_i \sim N(\mu_0, \sigma_0^2), i \geqslant 1 \longleftrightarrow H_1 : X_i \sim \begin{cases} N(\mu_0, \sigma_0^2), & 1 \leqslant i \leqslant \tau, \\ N(\mu_1, \sigma_1^2), & i > \tau, \end{cases}$$

其中 $\mu_1 \neq \mu_0$ 或 (且) $\sigma_1 \neq \sigma_0$, τ 为未知的正整数. 当过程失控时, $\mu_1 = \mu_0 + \delta\sigma_0$, $\sigma_1 = \gamma\sigma_0$. 不失一般性, 假设当过程受控时, $\mu_0 = 0, \sigma_0^2 = 1$.

定义

$$T_i = a_i(X_i - \bar{X}_{i-1})/\hat{\sigma}_{i-1}, \quad i = 3, 4, \cdots,$$

其中

$$a_i = \sqrt{(i-1)/i}, \quad \bar{X}_i = \frac{1}{i}\sum_{k=1}^{i} X_k, \quad \hat{\sigma}_i^2 = \frac{1}{i-1}\sum_{k=1}^{i}(X_k - \bar{X}_i)^2.$$

为检测过程均值是否发生漂移, 定义统计量

$$U_i = \frac{8\nu+1}{8\nu+3}[\nu\ln(1 + T_i^2/\nu)]^{\frac{1}{2}}, \quad \nu = i - 2.$$

这种变换使得 U_i 近似独立服从标准正态分布 $N(0,1)$. 注意到当 $i \to \infty$ 时, $U_i \to (X_i - \mu_0)/\sigma_0$. 这样 U_i 实质上是学生化残差, 标准化后近似服从标准正态分布 $N(0,1)$. 为检测过程方差是否发生漂移, 定义统计量

$$V_i = \sqrt{(U_i - 0.822)/0.349}.$$

这种变换使得 V_i 也近似独立服从标准正态分布 $N(0,1)$. 而且 V_i 受过程均值变化的影响很小, 受过程方差变化的影响却很大. 这样 V_i 可以用来检测过程方差是否发生了漂移.

Hawkins (1987) 为检测过程均值是否发生向上和向下漂移和为检测过程方差是否发生向上和向下漂移, 构造了四个 CUSUM 统计量

$$L_i^+ = \max(0, L_{i-1}^+ + U_i - k),$$

$$L_i^- = \min(0, L_{i-1}^- + U_i - k),$$

$$S_i^+ = \max(0, S_{i-1}^+ + V_i - k),$$

$$S_i^- = \min(0, S_{i-1}^- + V_i - k).$$

假设过程发生了大小为 δ 的均值漂移, 则 T_i 的分子 $a_i(X_i - \bar{X}_{i-1})$ 的均值由 0 变成 $a_i\delta$, T_i 变成了非中心参数为 $a_i\delta$ 的 t 分布, 于是 U_i 的均值也由 0 变成正的, 这样检测过程均值是否发生向上漂移的 CUSUM 统计量就会有向上的变化. 如果此时这个变化仍不能发出一个过程失控的警报, $\bar{X}_i$ 的均值变成 δ/i, 这样正的平均值会使得 CUSUM 统计量不断累积, 从而给出过程失控的警报.

记 $G_i(\cdot)$ 为 $t(i)$ 分布的 CDF, $\Phi^{-1}(\cdot)$ 为标准正态分布 CDF 的逆. 对 U_i 也可以采用另一种变换

$$U_i = \Phi^{-1}(G_{i-2}(T_i)), \quad i = 3, 4, \cdots.$$

再对 U_i 构造 CUSUM 统计量. 利用这种想法, 不仅可以对正态分布观测值作变换, 还可以对其他一些分布观测值作变换. 例如对 Γ 分布, 可作变换

$$U_i = G_\alpha^{-1}\left(F_{2\alpha, 2\alpha(n-1)}\left(\frac{X_i}{\bar{X}_{i-1}}\right)\right),$$

其中 $G_\alpha^{-1}(\cdot)$ 为 $\Gamma(\alpha, 1)$ 分布的逆, $F_{2\alpha, 2\alpha(n-1)}(\cdot)$ 为自由度为 2α 和 $2\alpha(n-1)$ 的 F 分布的 CDF.

有一点需要提出的是, 当过程发生漂移时, 如果发生漂移前的历史数据很长, 这些数据就会产生较大的影响, 使得 CUSUM 统计量不容易检测出过程发生了漂移.

为了提高自启动 CUSUM 控制图的效率, 可以用联合的 Shewhart-CUSUM 控制图 (Lucas, 1982; Yashchin, 1985a; Gan, 1989). 另外, CUSUM 控制图受异常点的影响很大, 即 CUSUM 控制图对异常点不稳健. Lucas 和 Crosier (1982b) 提出拒绝单个的异常点, 而 Hawkins (1987) 则建议用结尾的方法, 例如当 U_i 大于某个事先确定的值 (比如 3) 时, 就设定 U_i 等于这个事先确定的值, 然后代入 CUSUM 统计量进行计算.

针对 CUSUM 控制图对后尾分布的不稳健性和对大漂移的不敏感性, MacEachern 等 (2007) 提出了一种基于稳健似然比的 CUSUM 控制图. 其思想是设定事先设定两个值 $a < b$, 对小于 a 的观测都截尾成 a, 对大于 b 的观测都截尾成 b. 根据这种截尾, 记 $f(\cdot|\mu_i)$ 为过程受控 $(i = 0)$ 和过程失控 $(i = 1)$ 的观测值的 PDF, $F(\cdot|\mu_i)$ 为相应的 CDF. 此时, 似然比统计量变为

$$l^*(x) = \begin{cases} \ln \dfrac{F(a|\mu_1)}{F(a|\mu_0)}, & \text{如果 } x \leqslant a, \\[2mm] \ln \dfrac{f(x|\mu_1)}{f(x|\mu_0)}, & \text{如果 } a < x < b, \\[2mm] \ln \dfrac{1 - F(b|\mu_1)}{1 - F(b|\mu_0)}, & \text{如果 } x \geqslant b. \end{cases}$$

基于稳健似然比 $l^*(x)$ 的检测向上漂移的 CUSUM 统计量就可以为

$$\begin{cases} C_0^+ = 0, \\ C_i^+ = \max(0, C_{i-1}^+ + l_i^*), \end{cases}$$

其中 $l_i^* = l^*(X_i)$ 为第 i 个观测的稳健似然比. 这种基于稳健似然比 (robust likelihood) 的 CUSUM 记为 RLCUSUM.

可以看出, a 和 b 的选取对 RLCUSUM 的性质有着很大的影响. 当 b 的选取大于或等于似然比的众数时, 有 $l^*(b^-) > l^*(b)$, 这样使 $l^*(x)$ 不单调; 当 b 选取太小的值时, 又会使 $l^*(x)$ 不连续. 同样, a 的选取也会产生类似的问题. MacEachern 等 (2007) 建议通过解下面方程来确定 a 和 b:

$$\ln \frac{F(a|\mu_1)}{F(a|\mu_0)} = \ln \frac{f(a|\mu_1)}{f(a|\mu_0)},$$

$$\ln \frac{1 - F(b|\mu_1)}{1 - F(b|\mu_0)} = \ln \frac{f(b|\mu_1)}{f(b|\mu_0)}.$$

3.6　自适应 CUSUM 控制图

对 CUSUM 控制图, 已有大量文献表明 (例如, Lorden, 1971; Pollak, 1985; Moustakides, 1986), 当 $k = \delta/2$ 时, 可以得到一个最优的 CUSUM 控制图. 当实际漂移大小不是我们设计参数 k 所考虑的情况时, 控制图会有很糟糕的表现. 但是在现实生产过程中, 很难准确地知道漂移大小. 这就为我们设计控制图参数时提出了问题. 为了解决这个问题, 文献中提出了具有自适应 (adaptive) 的控制图, 即控制图参数在整个监控过程中不是一成不变的, 而是由观测值来决定. 这样就使得即使过程漂移 δ 未知时, 控制图仍有非常好的表现. 在这一节中, 分别介绍自适应 CUSUM 控制图、自启动自适应 CUSUM 控制图和带权重的自适应 CUSUM 控制图.

自适应不仅在统计质量控制领域里得到了广泛的应用, 在其他领域里也得到了充分的运用. Kalman (1960) 提出了自适应在 Kalman 过滤估计. West, Harrison (1989) 和 Pantazopoulos, Pappis (1996) 说明了自适应在时间序列预测里的应用. Jun 和 Suh (1999) 把自适应应用到了变点探查问题里. 不仅如此, 自适应在变量选择以及回归问题中也得到了应用, 如 (Zou, 2006).

3.6.1　自适应 CUSUM 控制图

Sparks (2000) 提出了变门限值的自适应 CUSUM 控制图 (ACUSUM). 当过程漂移的大小未知时, Sparks (2000) 先利用一步最优预测去估计漂移的大小, 之后再利用估计后的漂移自适应地选取门限值 k, 这就是其自适应的含义.

对于检测向上漂移, Sparks (2000) 采用的检测统计量为

$$S_t^+ = \max\{0, S_{t-1}^+ + (X_t - Q_t^+/2)/h(Q_t^+)\},$$

其中 $Q_t^+ = \max\{\delta_{\min}^+, (1-\lambda)Q_{t-1}^+ + \lambda X_{t-1}\}$. 通常取 $Q_0^+ = \delta_{\min}^+$. 当然还可以取 $(\delta_{\min}^+, h)$ 中的其他任何值, 来达到一个快速最初反应 (fast initial response, FIR) 的效果. 关于快速最初反应, 可以参考 (Lucas, Crosier, 1982). 对于检测向下漂移, 类似采用的检测统计量为

$$S_t^- = \min\{0, S_{t-1}^- + (X_t + Q_t^-/2)/h(Q_t^-)\},$$

其中 $h(k)$ 为 k 的一个已知函数, 其目的在于使控制限接近 1. 事实上, Shu 等 (2008) 表明对固定的 ARL_0, $h(k)$ 是 k 的单降函数. 这就意味着当用固定的控制线 h 时, 对较小漂移的控制就太严格了, 而对较大漂移的控制就太宽松了. 这样对不同的漂移大小, 控制图的有效性就不同了. 为了使一个控制图对较小漂移与较大漂移都有较好的表现, 把控制线 h 取成一个 k 的函数也就显得理所应当了. Sparks (2000) 中的表 1 给出了一系列 ARL_0 下的 $h(k)$ 的拟合函数.

对于 $\delta_{\min}^+$, 引入这个参数是考虑到在现实生产过程中, 一方面对太小的漂移很难用一个控制图来检测出, 另一方面也没有必要检测一个太小的漂移. 这样当监测一个过程是否有向上的漂移时, 引入一个最小的我们可以接受的量 $\delta_{\min}^+$, 就可以使得一个控制图对大于 $\delta_{\min}^+$ 的漂移有更好的表现. 事实上, 由模拟结果, Sparks (2000), Shu, Jiang (2006) 和 Shu 等 (2008b) 都表明控制图提高了漂移大于 $\delta_{\min}^+$ 时的效率.

到现在可以看到, Sparks (2000) 通过用 Q_t^+ 来对当前漂移大小进行了有效的估计, 再用这个估计来取代门限值 k. 通过这些步骤, 自适应 CUSUM 控制图不仅对一系列的漂移大小都可以控制, 而且对任何漂移大小都可以达到一个近似最优的效果.

具体到一个生产过程的监控, Sparks (2000) 对单边控制图受控 ARL_0 为 200 到 3000 时给出了如下步骤:

- 决定是用单边还是用双边的控制图.
- 确定一个 ARL_0.
- 利用文献 (Sparks, 2000) 中的表 1 选取 $h(k)$.
- 对第一个观测值, 计算

$$S_1^+ = \max\{0, (X_1 - Q_1^+/2)/h(Q_1^+)\},$$

以及 $Q_2^+ = \max\{\delta_{\min}^+, (1-\lambda)Q_1^+ + \lambda X_1\}$.

- 如果 $S_1^+ > h(Q_1^+)$, 报警过程失控. 对于第二个观测值, 监测过程重新开始.

- 对接下来的观测值, 计算

$$S_t^+ = \max\{0, S_{t-1}^- + (X_t - Q_t^+/2)/h(Q_t^+)\},$$

以及 $Q_t^+ = \max\{\delta_{\min}^+, (1-\lambda)Q_{t-1}^+ + \lambda X_{t-1}\}$.

- 如果 $S_t^+ > h(Q_t^+)$, 报警过程失控. 对于下一个观测值, 监测过程重新开始.
- 对于新的观测值, 重复上两个步骤.

虽然 Sparks (2000) 提出的自适应 CUSUM 控制图具有很好的检测能力, 但由于文中仅利用随机模拟方法给出了其 ARL 的计算, 这为其实际应用带来了一定的不便. 而 Shu, Jiang (2006) 给出了利用马尔可夫链计算其 ARL 的公式. 详细计算过程可参考 Shu, Jiang (2006) 或本书第 10 章.

3.6.2　自启动自适应 CUSUM 控制图

上一节提到的自适应 CUSUM 控制图是建立在受控时过程参数都已知的假设基础上, 即 $\mu_0 = 0, \sigma_0^2 = 1$. 而在一个生产过程中, 尤其是在一个生产过程的初始阶段, 做这样的假设并不是很合理. 如何在过程参数未知的情况下建立自适应 CUSUM 控制图就成为一个有意义的问题. Li, Wang (2010a) 提出了自启动 (self-starting) 自适应 CUSUM 控制图 (adaptive CUSUM of Q chart, ACQ), 对这个问题进行了初步的解决.

Li 和 Wang (2010a) 利用 Quesenberry (1991, 1995a) 针对受控时过程参数都未知的情况提出的 Q 图, 结合 Sparks(2000) 和 Shu, Jiang (2006) 提出的自适应 CUSUM 控制图, 来达到在过程参数未知的情况下建立自适应 CUSUM 控制图的一个目的, 具体方法如下.

定义

$$T_i = a_i(X_i - \bar{X}_{i-1})/\hat{\sigma}_{i-1}, \quad i = 3, 4, \cdots,$$

其中

$$a_i = \sqrt{(i-1)/i}, \quad \bar{X}_i = \frac{1}{i}\sum_{k=1}^{i} X_k, \quad \hat{\sigma}_i^2 = \frac{1}{i-1}\sum_{k=1}^{i}(X_k - \bar{X}_i)^2.$$

以 $G_i(\cdot)$ 表示自由度为 i 的 t 分布的 CDF, $\Phi^{-1}(\cdot)$ 为标准正态分布 CDF 的逆. Q 统计量定义为

$$Q_i = \Phi^{-1}(G_{i-2}(T_i)), \quad i = 3, 4, \cdots.$$

Quesenberry (1991) 证明了 Q_i 在过程受控时是 i.i.d. 的标准正态随机变量.

对于检测向上漂移, Li 和 Wang (2010a) 采用的检测统计量为

$$Z_i = \max\{0, Z_{i-1} + (Q_i - \hat{\delta}_i/2)/h(\hat{\delta}_i/2)\}, \quad i = 3, 4, \cdots, \tag{3.6}$$

其中 Z_2 可以设为 0 或其他值以达到快速最初反应的效果, $h(k)$ 是由 ARL_0 和门限值 k 来决定的一个函数, 采用的是由 Shu, Jiang (2006) 提出的

$$h(k) \approx \frac{\ln(1 + 2k^2 \cdot ARL_0 + 2.332k)}{2k} - 1.166,$$

$$\hat{\delta}_i = \max\{\hat{\delta}_{\min}, (1 - \lambda)\hat{\delta}_{i-1} + \lambda Q_i\}, \quad i = 3, 4, \cdots, \tag{3.7}$$

$0 < \lambda \leqslant 1$ 是光滑参数, $\hat{\delta}_{\min}$ 的引入原因与文献 (Shu, Jiang, 2006) 类似, $\hat{\delta}_2 = \hat{\delta}_{\min}$. 当 $Z_i > c$ 时, 过程失控, 检测出发生一个向上的漂移, 其中 c 由 ARL_0 来确定.

对于检测向下漂移, 类似采用的检测统计量为

$$Z_i = \min\{0, Z_{i-1} + (Q_i + \hat{\delta}_i/2)/h(-\hat{\delta}_i/2)\}, \quad i = 3, 4, \cdots, \tag{3.8}$$

$$\hat{\delta}_i = \min\{\hat{\delta}_{\min}, (1 - \lambda)\hat{\delta}_{i-1} + \lambda Q_i\}, \quad i = 3, 4. \cdots \tag{3.9}$$

当 $Z_i < -c$ 时, 过程失控, 检测出发生一个向下的漂移.

要设计一个自启动自适应 CUSUM 控制图, 需要确定一组参数 $(\hat{\delta}_{\min}, \lambda, c)$ 使得对于确定的 ARL_0, 当过程失控时, 控制图能较快检测出过程失控. Li 和 Wang (2010a) 建议如下步骤.

- 确定 ARL_0.
- 如果对过程失控参数没有任何信息, 建议采用 $\hat{\delta}_{\min} = 0.5, \lambda = 0.1$, 这也是实际中经常采用的.
- 如果对过程失控参数掌握了一些信息, 并且知道漂移较小, 则采用较小的 $\hat{\delta}_{\min}$ 和 λ, 同样如果漂移较大, 则采用较大的 $\hat{\delta}_{\min}$ 和 λ.
- 从文献 (Li, Wang, 2010a) 的表 1 中选取控制线 c. 对于没有列出的数值, 可以采用插值法来确定.

3.6.3 带权重的自适应 CUSUM 控制图

在一些生产过程中, 如果一个漂移的影响只是短暂的, 这称为 "预测复原" (forecast recovery). 传统的 Shewhart 控制图、CUSUM 控制图以及 EWMA 控制图都没能很好地注意这一特点, 从而影响其效果.

Yashchin (1989) 提出了两种带权重的 CUSUM 控制图. 第一种是以 t 时刻的样本容量 n_t 作为权重, 即

$$S_0 = 0, \quad S_t = \max(0, S_{t-1} + n_t(X_t - k)).$$

第二种对最近的观测值给予较大的权重, 对较远的观测值给予较小的权重.

Shu 等 (2008a) 提出一种带权重的自适应 CUSUM 控制图 (weighted CUSUM, WCUSUM), 其方法如下.

对于检测向上漂移, Shu 等 (2008a) 采用的检测统计量为

$$S_t^+ = \max\{0, S_{t-1}^+ + (X_t - k)\varphi_t\},$$

其中 $S_0 = 0$, k 是门限值, φ_t 是一个权重函数, Shu 等 (2008a) 取的是 $\varphi(t) = |Q_t|$, 而 $Q_t = (1-\lambda)Q_{t-1} + \lambda X_t$, $0 \leqslant \lambda \leqslant 1$ 是光滑参数, $Q_0 = 0$. 当 $S_i^+ > c$ 时, 过程失控, 检测出发生一个向上的漂移, 其中 c 由 ARL_0 来确定.

对于检测向下漂移, 类似采用的检测统计量为

$$S_t^- = \min\{0, S_{t-1}^+ + (X_t + k)\varphi_t\}.$$

当 $S_i^- < -c$ 时, 过程失控, 检测出发生一个向下的漂移.

对于这种带权重的自适应 CUSUM 控制图, 需要确定参数 k 和 λ, Shu 等 (2008a) 建议如下步骤.

- 确定 ARL_0 及感兴趣的漂移量.
- 对 $\lambda \in (0.05, 0.5]$ 找到最优的 k, 记为 k^* 和控制线 c.
- 决定是否继续寻找最优的 λ, 记为 λ^*.

Shu 等 (2008a) 给出了利用马尔可夫链计算其 ARL 的公式. 详细计算过程可参考 Shu 等 (2008a) 或本书第 10 章.

Wu 等 (2009) 注意到 Shu, Jiang (2006) 在给出利用马尔可夫链计算其 ARL 的公式过程中采用了把状态空间离散化的方法, 也就是说 Shu, Jiang (2006) 实际用了 m 个子 CUSUM 控制图, 并且建议 $m = 40$. 当漂移的估计 $\hat{\delta}_t$ 等于或是非常接近 δ_i 时, 第 i 个子 CUSUM 控制图的门限值 $k = 0.5\delta_i$, 其中 δ_i 由

$$\delta_i = \delta_{\min} + i \cdot \frac{L - \delta_{\min}}{m - 0.5}, \quad i = 0, 1, \cdots, m-1$$

来确定. Wu 等 (2009) 采取了一种新的方法, 在这种方法里, 只需要用 3 个子 CUSUM 控制图. 假设过程漂移量 δ 在区间 $[\delta_{\min}, \delta_{\max}]$, 则 δ_i 由

$$\delta_i = \delta_{\min} + (0.5 + i) \cdot D, \quad i = 0, 1, 2, \quad D = (\delta_{\max} - \delta_{\min})/3$$

来确定.

对于检测向上漂移, Wu 等 (2009) 采用的检测统计量为

$$S_t^+ = \max\{0, S_{t-1}^+ + (q - k_i)g_i\},$$

其中 $S_0^+ = 0$,

$$q = \begin{cases} X_t^{w_i}, & \text{如果 } X_t \geqslant 0, \\ -(-X_t)^{w_i}, & \text{如果 } X_t < 0, \end{cases} \tag{3.10}$$

k_i 是门限值, w_i 是权重, g_i 的引入是为了使第 i 个子 CUSUM 控制图的控制线 h_i 大约为 1. 这些参数的确定将在后面叙述. 对于检测向下漂移, 类似采用的检测统计量为

$$S_t^- = \min\{0, S_{t-1}^- + (q + k_i)g_i\}.$$

当漂移的估计 $\hat{\delta}_t$ 等于或是非常接近 δ_i 时, 第 i 个子 CUSUM 控制图就被启动. 其中漂移的估计 $\hat{\delta}_t$ 用 EWMA 方法, 即

$$\hat{\delta}_0 = (\delta_{\min} + \delta_{\max})/2, \quad \hat{\delta}_t = ||(1-\lambda)\hat{\delta}_{t-1} + \lambda X_t||, \tag{3.11}$$

其中 $||\cdot||$ 是使 $\hat{\delta}_t$ 等于三个 δ_i 里最接近 $(1-\lambda)\hat{\delta}_{t-1} + \lambda X_t$ 的一个.

为了设计此图, 需要事先给出三个参数: $\mathrm{ARL}_0(a)$, 漂移量的最小值 $\delta_{\min}$ 和漂移量的最大值 $\delta_{\max}$. 对于参数 k_i 和 w_i, $(i=0,1,2)$ 不能对每个子 CUSUM 控制图分别确定, 因为对每个子 CUSUM 控制图最优的 k_i 和 w_i, 对三个子 CUSUM 控制图联合运用不一定还是最优的. 所有的控制图参数应该由下面的设计模型来整体确定.

目标函数:

$$U = \frac{1}{\delta_{\max} - \delta_{\min}} \int_{\delta_{\min}}^{\delta_{\max}} \delta^2 \cdot \mathrm{ARL}(\delta) \cdot \mathrm{d}\delta \ \text{达到最小}, \tag{3.12}$$

$$\text{限制条件:} \qquad \mathrm{ARL}_0 = a, \tag{3.13}$$

$$\text{设计参数:} \ k_i, w_i, g_i(i=0,1,2), \lambda, \ \text{总控制线} \ h. \tag{3.14}$$

注意上面 11 个设计参数里, 只有 k_0, w_0, k_1, w_1, k_2, w_2 和 λ 是独立的. 任何非线性最优程序都可以用来找上面设计模型的最优解. Wu 等 (2009) 采用的是 Hooke-Jeeves 过程, 参考 (Siddal, 1982).

要设计此图, Wu 等 (2009) 建议如下步骤.

- 确定 a, $\delta_{\min}$ 和 $\delta_{\max}$.
- 通过设计模型确定 $k_i, w_i, g_i(i=0,1,2), \lambda$, 总控制线 h.
- $\hat{\delta}_0 = (\delta_{\min} + \delta_{\max})/2$, $S_0^+ = 0$.
- 取观测值 X_t.
- 对 X_t 标准化 $X_t = \dfrac{X_t - \mu_0}{\sigma_0}$, 仍记为 X_t.
- 对 $\hat{\delta}_t$ 进行更新.
- 如果 $\hat{\delta}_t = \delta_i$, 第 i 个子 CUSUM 控制图就被启动用来更新 S_t^+, 即

$$S_t^+ = \max\{0, S_{t-1}^+ + (q - k_i)g_i\},$$

$$q = \begin{cases} X_t^{w_i}, & \text{如果} \quad X_t \geqslant 0, \\ -(-X_t)^{w_i}, & \text{如果} \quad X_t < 0. \end{cases} \tag{3.15}$$

- 如果 $S_t^+ \leqslant h$, 表明过程受控, 回到第四步取下一个观测值.
- 如果 $S_t^+ > h$, 表明过程失控, 过程应立即停止进行调查.

Wu 等 (2009) 给出了利用马尔可夫链计算其 ARL 的公式. 详细计算过程可参考 Wu 等 (2009) 或本书第 10 章.

3.7　补 充 阅 读

Crosier (1986) 提出了另外一种形式的 CUSUM 控制图, 即定义

$$S_0 = 0, \quad c_t = |S_{t-1} + X_t - a|,$$

统计量为

$$S_t = \begin{cases} 0, & \text{如果} \ c_t \leqslant ks, \\ (1 - ks/c_t)(S_{t-1} + X_t - a), & \text{如果} \ c_t > ks. \end{cases}$$

这种形式的 CUSUM 在一元情形研究较少, 但在多元情形却有广泛的应用, 这在本书第 8 章可以看到. 另外, 知道 CUSUM 实质是累计似然比的控制图, 而 Munphy (1980), Box, Ramirirez (1992) 和 Xiao (1992) 研究了累计得分的控制图.

关于 CUSUM 控制图, Yashchin (1985b) 研究了带有初始值的双边 CUSUM、向上的 CUSUM 和向下的 CUSUM 间相互影响的条件, 并作了分析. Lorden (1971), Pollak (1985) 和 Moustakides (1986) 研究了 CUSUM 控制图的大样本性质.

Yashchin (1992) 从经验分布的角度对 CUSUM 控制图进行了分析, 得到了运行长度的置信区间. 而 Grigg, Spiegelhalter (2008) 则给出了不带边界的 CUSUM 统计量稳定状态的经验近似.

对非正态分布, Gan (1994) 给出了指数分布 CUSUM 控制图的最优设计. 对离散数据, Lucas (1985) 给出了计数型数据的 CUSUM 控制图的构造, Lucas (1989) 和 Bourke (1992) 研究了计数水平很低的情形下的 CUSUM 控制图的构造, Gan (1993a) 研究了二项分布数据的 CUSUM 控制图的构造, Quesenberry (1995b) 研究了 Poisson 分布的 Q 图. 关于 CUSUM 控制图更详细的介绍可以参考 (Hawkins, Olwell, 1998).

第4章 EWMA 控制图的设计理论与方法

4.1 引 言

由前面两章我们知道, Shewhart 控制图对大漂移有较好的检测效果, 而 CUSUM 控制图对中小漂移有较好的检测效果. 在这一章里, 将介绍检测中小漂移非常有效的另一种控制图, 指数加权滑动平均 (exponentially weighted moving average, EWMA) 控制图. 和第 3 章的结构类似, 首先给出在假定过程参数 (例如过程的均值或方差) 是已知的情形下, EWMA 控制图的定义及其设计, 接下来在过程参数未知的情况下研究带有参数估计的 EWMA 控制图. 为了消除这种影响, 可以构造基于 EWMA 的自启动控制图和基于 EWMA 的自适应 (adaptive) 控制图.

4.2 EWMA 控制图的定义及设计

假设一列 $X_i, i = 1, 2, \cdots$ 来自一生产过程. 为监控此生产过程是否受控, 要做如下的假设检验:

$$H_0 : X_i \sim N(\mu_0, \sigma_0^2), i \geqslant 1 \longleftrightarrow H_1 : X_i \sim \begin{cases} N(\mu_0, \sigma_0^2), & 1 \leqslant i \leqslant \tau, \\ N(\mu_1, \sigma_1^2), & i > \tau, \end{cases}$$

其中 $\mu_1 \neq \mu_0$ 或 (且)$\sigma_1 \neq \sigma_0$, τ 为未知的正整数. 当过程失控时, $\mu_1 = \mu_0 + \delta\sigma_0$, $\sigma_1 = \gamma\sigma_0$. 不失一般性, 假设当过程受控时, $\mu_0 = 0, \sigma_0^2 = 1$.

EWMA 控制图是由 Robert(1959) 最早提出的, 其定义的EWMA 统计量如下.

$$S_0 = 0, \quad S_n = (1 - \lambda)S_{n-1} + \lambda X_n,$$

其中 $\lambda \in (0, 1)$ 为光滑参数 (smoothing parameter). 当 $S_n \geqslant h$ 时报警, 过程均值有向上的漂移; $S_n \leqslant -h$ 时报警, 过程均值有向下的漂移, 其中 h 为控制线.

自从 EWMA 控制图被提出以来, 得到了学者的广泛研究. Lucas, Saccucci (1990) 表明当 λ 取比较小的值时, EWMA 控制图对小漂移更有效; 当 λ 取比较大的值时, EWMA 控制图对比较大的漂移更有效. 还研究了带有 FIR 的 EWMA 控制图, 表明当 $\lambda \leqslant 2.5$ 时, FIR 对 EWMA 控制图最有效. 另外研究了联合的 Shewhart-EWMA 控制图, 即当 EWMA 统计量落在控制线外或当前观测值落在 Shewhart 控制线外, 联合控制图给出过程失控的警报. 这时, Shewhart 控制线的选取应该比单独使用 Shewhart 控制图时的控制线要大一些, 这样联合 EWMA 后才能达到事先确定的 ARL_0. 最后研究了稳健的 EWMA 控制图, 结果表明当 λ 取比较小的值时, EWMA 控制图比较稳健.

当控制图给出过程失控的警报后, 对 EWMA 控制图, Nishina (1992) 给出了变点时刻 τ 的一个估计方法, 即

$$\hat{\tau}_{\mathrm{EWMA}} = \max(t : S_t \leqslant \mu_0).$$

Pignatiello 和 Samuel (2001) 对 EWMA 的这种变点时刻的估计 $\hat{\tau}_{\mathrm{EWMA}}$ 和变点时刻的极大似然估计 $\hat{\tau}_{\mathrm{MLE}}$ 以及 CUSUM 控制图变点时刻的估计 $\hat{\tau}_{\mathrm{CUSUM}}$ 作了比较, 其中

$$\hat{\tau}_{\mathrm{MLE}} = \arg\max_{0 \leqslant t < T}((T - t)(\bar{\bar{X}}_{T,t} - \mu_0)^2),$$

$$\hat{\tau}_{\mathrm{CUSUM}} = \max(t : S_t^+ = 0),$$

$\bar{\bar{X}}_{T,t} = \sum\limits_{i=t+1}^{T} \bar{X}_i/(T-t)$, T 为控制图给出过程失控警报的时刻.

为了克服 EWMA 控制图的惯性问题 (inertia problem)(Yashchin, 1987), Gan (1993b) 研究了类似 CUSUM 控制图的带有反射边界的 EWMA 控制图. 对检测向上漂移所用的 EWMA 统计量为

$$S_0^+ = \mu, \quad S_n^+ = \max(A, (1 - \lambda)S_{n-1}^+ + \lambda X_n),$$

其中 A 为反射边界且 $A \leqslant \mu < h_u$, h_u 为上控制线. 同样, 对检测向下漂移所用的 EWMA 统计量为

$$S_0^- = \nu, \quad S_n^- = \min(-B, (1 - \lambda)S_{n-1}^- + \lambda X_n),$$

其中 $-B$ 为反射边界且 $-h_l \leqslant \nu < -B$, $-h_l$ 为下控制线.

Gan (1993b) 用模拟结果表明, 在合理选取反射边界的情况下, 这种带有边界的 EWMA 控制图检测效果比没有带边界的 EWMA 控制图效果要好.

Chen 等 (2001) 提出了一种同时检测均值和方差的 EWMA 控制图. 假设观测值为 $\{X_{ij}\}, i = 1, 2, \cdots, j = 1, 2, \cdots, n_i$, 来自均值为 μ_0, 标准差为 σ_0 的正态分布. 当过程失控时, 过程均值变为 $\mu_1 = \mu_0 + \delta\sigma_0$, 或者过程标准差变为 $\sigma_1 = \gamma\sigma_0$. 记 $\bar{X}_i$ 和 S_i^2 为第 i 组观测值的样本均值和方差. 定义

$$U_i = \frac{\bar{X}_i - \mu_0}{\sigma_0/\sqrt{n_i}},$$

$$V_i = \Phi^{-1}\left(H\left(\frac{(n_i - 1)S_i^2}{\sigma_0^2}; n_i - 1\right)\right),$$

其中 $H(\cdot; \nu)$ 是 $\chi^2(\nu)$ 分布的 CDF.

当过程受控时, 有 $U_i \sim N(0, 1)$, $V_i \sim N(0, 1)$, 而且所有 U_i 相互独立, 所有 V_i 相互独立, 所有 U_i 和 V_i 之间相互独立. 另外, 这种变换还有两个优良的性质, 即

- 当过程受控时, U_i 和 V_i 的分布与 n_i 无关, 这使得可以很容易把基于 U_i 和 V_i 的控制图推广到变化样本容量的情形.
- U_i 和 V_i 有相同的分布, 这使得可以构造一个控制图同时检测过程均值和方差是否发生漂移.

  定义

$$Y_0 = 0, \quad Y_i = (1 - \lambda)Y_{i-1} + \lambda U_i, \quad 0 < \lambda \leqslant 1, \quad i = 1, 2, \cdots,$$

$$Z_0 = 0, \quad Z_i = (1 - \lambda)Z_{i-1} + \lambda V_i, \quad 0 < \lambda \leqslant 1, \quad i = 1, 2, \cdots.$$

再把这两个 EWMA 统计量综合成一个统计量

$$M_i = \max(|Y_i|, |Z_i|).$$

这样不论是过程均值还是过程方差发生变化都会使 M_i 变大, 这样只需要一个上控制线

$$\mathrm{UCL} = E(M_i) + K\sqrt{V(M_i)},$$

其中 λ 和 K 是 EWMA 控制图的两个参数, $E(M_i)$ 和 $V(M_i)$ 是当过程受控时 M_i 的期望和方差.

注意到当过程受控时, 有 $U_i \sim N(0, 1)$, $V_i \sim N(0, 1)$, 而且所有 U_i 相互独立, 所有 V_i 相互独立, 而且

$$Y_i = \lambda \sum_{j=1}^{i-1} (1 - \lambda)^j U_{i-j},$$

则

$$Y_i \sim N(0, \sigma_{Y_i}^2),$$

其中

$$\sigma_{Y_i}^2 = \left(\frac{\lambda}{2 - \lambda} \right) (1 - (1 - \lambda)^{2i}).$$

同样

$$Z_i \sim N(0, \sigma_{Z_i}^2), \quad \sigma_{Z_i}^2 = \sigma_{Y_i}^2.$$

记

$$r_i = \sqrt{(2 - \lambda)/(\lambda(1 - (1 - \lambda)^{2i}))}.$$

又当过程受控时, 所有 U_i 和 V_i 之间相互独立, 则 M_i 的受控分布的 CDF 为

$$F(m; r_i) = (2\Phi(r_i m) - 1)^2,$$

从而 PDF 为

$$f(m; r_i) = 4r_i \phi(r_i m)(2\Phi(r_i m) - 1).$$

这样可以求得 M_i 的期望 $E(M_i)$ 和方差 $\text{Var}(M_i)$.

Chen 等 (2001) 通过数值模拟, 得到 M_i 的期望 $E(M_i)$ 和方差 $\text{Var}(M_i)$ 的近似表达式

$$E(M_i) \approx \theta_1 - \theta_2 \exp(- \exp(\theta_3 + \theta_4 \ln(i))),$$

$$\text{Var}(M_i) \approx \tau_1 - \tau_2 \exp(- \exp(\tau_3 + \tau_4 \ln(i))),$$

其中

$$\theta_1 = 0.10960 + 1.59969\lambda - 1.59022\lambda^2 + 1.10894\lambda^3,$$

$$\theta_2 = 0.10234 + 1.27828\lambda - 1.89199\lambda^2 + 1.12999\lambda^3,$$

$$\theta_3 = -1.79328 + 9.53709\lambda - 15.56133\lambda^2 + 10.7258\lambda^3,$$

$$\theta_4 = 0.75829 + 0.62048\lambda - 0.64364\lambda^2 + 0.31902\lambda^3,$$

$$\tau_1 = 0.05855 + 0.85460\lambda - 0.84954\lambda^2 + 0.59242\lambda^3,$$

$$\tau_2 = 0.05468 + 0.68288\lambda - 1.01072\lambda^2 + 0.60364\lambda^3,$$

$$\tau_3 = -1.79327 + 9.53699\lambda - 15.56088\lambda^2 + 10.7256\lambda^3,$$

$$\tau_4 = 0.75829 + 0.62052\lambda - 0.64373\lambda^2 + 0.31910\lambda^3.$$

模拟结果表明, 这种控制图对过程均值和方差是否发生漂移都能有很好的检测效果.

4.3　带有参数估计的 EWMA 控制图

在 4.2 节里, 我们假设过程参数都是已知的. 而在实际生产中, 过程参数一般都是在利用过程的阶段 I 来对过程参数进行估计. 然后把估计的参数构造控制图. 可以想象, 与 CUSUM 控制图类似, 这种带有参数估计的控制图的表现与不带有参数估计的控制图会出现很大的不同, 主要表现就是影响 ARL_0 和 ARL_1. 在这一节介绍带有参数估计的 EWMA 控制图, 并介绍参数估计对 ARL_0 和 ARL_1 的影响.

Jones 等 (2001) 详细研究了带有均值估计和方差估计的 EWMA 控制图, 并给出了 ARL 的计算方法. 假定检测均值漂移的初始值 $S_0 = \mu$ 为过程均值, 则 EWMA 控制图为

$$S_t = (1-r)S_{t-1} + r \cdot Y_t, \quad t = 1, 2, 3, \cdots,$$

其中

$$Y_t = \frac{\overline{X}_t - \mu_0}{\sigma_0/\sqrt{n}},$$

$\overline{X}_t$ 为时刻 t 的 $n(\geqslant 1)$ 个观测值的均值. 当受控过程的均值 μ_0 和标准差 σ_0 未知时, 就要用它们的估计 $\hat{\mu}_0$ 和 $\hat{\sigma}_0$ 来构造 EWMA 控制图, 即用

$$Y_t = \frac{\overline{X}_t - \hat{\mu}_0}{\hat{\sigma}_0/\sqrt{n}}$$

来构造 EWMA 控制图. 假定有 m 组样本容量为 n 的受控观测值, 则可以用估计

$$\hat{\mu}_0 = \frac{1}{mn} \sum_{i=1}^{m} \sum_{j=1}^{n} X_{ij},$$

$$\hat{\sigma}_0 = \frac{S_p}{c_{4,m}},$$

其中

$$S_p = \sqrt{\frac{\sum\limits_{i=1}^{m} \sum\limits_{j=1}^{n} (X_{ij} - \overline{X}_i)^2}{m(n-1)}},$$

$$c_{4,m} = \frac{\sqrt{2}\,\Gamma\left(\dfrac{m(n-1)+1}{2}\right)}{\sqrt{m(n-1)}\,\Gamma\left(\dfrac{m(n-1)}{2}\right)}.$$

控制线 h 的形式为

$$h = \pm L\sqrt{\frac{r}{2-r}},$$

其中 L 是一个常数.

把 Y_t 改写为

$$Y_t = \frac{1}{W}\left(\gamma Z_t + \delta - \frac{Z_0}{\sqrt{m}}\right),$$

其中

$$W = \frac{\hat{\sigma}_0}{\sigma_0}$$

是受控标准差的估计和受控标准差的比值, 其分布与 χ^2 随机变量的平方根有关,

$$Z_0 = \sqrt{m}\frac{\hat{\mu}_0 - \mu_0}{\sigma_0/\sqrt{n}}$$

是估计受控均值和真正受控均值的标准化距离,

$$Z_t = \frac{\overline{X}_t - \mu}{\sigma/\sqrt{n}}$$

是 t 时刻的标准化均值,

$$\gamma = \frac{\sigma}{\sigma_0}$$

是 t 时刻标准差和受控标准差的比值,

$$\delta = \frac{\mu - \mu_0}{\sigma_0/\sqrt{n}}$$

是标准化的均值漂移.

记 $P(t|\mu, z_0, w, \gamma, \delta)$ 为给定 EWMA 初始值 μ, Z_0 初始值 z_0 和 W_0 初始值 w_0 的运行长度 T 的条件概率. 则

$$P(1|\mu, z_0, w, \gamma, \delta) = 1 - \Phi\left(\frac{w}{r\gamma}(h - (1-r)\mu) - \frac{\delta}{\gamma} + \frac{z_0}{\gamma\sqrt{m}}\right)$$
$$+ \Phi\left(\frac{w}{r\gamma}(-h - (1-r)\mu) - \frac{\delta}{\gamma} + \frac{z_0}{\gamma\sqrt{m}}\right).$$

对 $t > 1$,

$$P(t|\mu, z_0, w, \gamma, \delta) = \int_{-h}^{h} P(t-1|\mu, z_0, w, \gamma, \delta)\frac{w}{r\gamma}$$
$$\times \phi\left(\frac{w}{r\gamma}(y - (1-r)\mu) - \frac{\delta}{\gamma} + \frac{z_0}{\gamma\sqrt{m}}\right)\,\mathrm{d}y.$$

对上式积分, 可采用高斯积分法来解. 取定 g 个结点 $\{\nu_j\}$ 和权重 $\{\eta_j\}$, 可得到迭代公式

$$P(t|\mu, z_0, w, \gamma, \delta) \approx \sum_{j=1}^{g} P(t-1|\nu_j, z_0, w, \gamma, \delta)\frac{w}{r\gamma}$$
$$\times \phi\left(\frac{w}{r\gamma}(\nu_j - (1-r)\mu) - \frac{\delta}{\gamma} + \frac{z_0}{\gamma\sqrt{m}}\right)\eta_j.$$

运行长度的 r 阶矩可由

$$E(T^r|\mu, z_0, w, \gamma, \delta) = \sum_{t=1}^{\infty} t^r \cdot P(t|\mu, z_0, w, \gamma, \delta)$$

得到.

研究运行长度的条件分布可以看出参数估计对 EWMA 控制图的影响, 但实际中使用者很少知道参数估计和真值之间差多少, 这就有必要研究非条件分布. 假设 W 的密度函数是 $f_w(w)$, 则 T, W, Z_0 的联合密度函数为

$$P(t, z_0, w|\mu, \gamma, \delta) = P(t|\mu, z_0, w, \gamma, \delta) \cdot f_w(w) \cdot \phi(z_0).$$

这样运行长度的边际密度为

$$P(t|\mu, \gamma, \delta) = \int_{-\infty}^{\infty} \int_0^{\infty} P(t|\mu, z_0, w, \gamma, \delta) \cdot f_w(w) \cdot \phi(z_0) \mathrm{d}w \mathrm{d}z_0.$$

可以得到 ARL, 即

$$E(T|\mu, \gamma, \delta) = \int_{-\infty}^{\infty} \int_0^{\infty} M(\mu, z_0, w, \gamma, \delta) \cdot f_w(w) \cdot \phi(z_0) \mathrm{d}w \mathrm{d}z_0,$$

其中 $M(\mu, z_0, w, \gamma, \delta)$ 是基于 W 和 Z_0 观测值的条件 ARL, 由下式

$$M(\mu, z_0, w, \gamma, \delta) = 1 + \frac{w}{r\gamma} \int_{-h}^{h} M(\nu, z_0, w, \gamma, \delta)$$
$$\times \phi\left(\frac{w}{r\gamma}(\nu - (1-r)\mu) - \frac{\delta}{\gamma} + \frac{z_0}{\gamma\sqrt{m}}\right) \mathrm{d}\nu$$

确定. 同样, 可以得到运行长度的二阶矩

$$E(T^2|\mu, \gamma, \delta) = \int_{-\infty}^{\infty} \int_0^{\infty} M_2(\mu, z_0, w, \gamma, \delta) \cdot f_w(w) \cdot \phi(z_0) \mathrm{d}w \mathrm{d}z_0,$$

其中 $M_2(\mu, z_0, w, \gamma, \delta)$ 是基于 W 和 Z_0 观测值的条件二阶矩, 由下式

$$M_2(\mu, z_0, w, \gamma, \delta) = 1 + \frac{2w}{r\gamma} \int_{-h}^{h} M(\nu, z_0, w, \gamma, \delta)$$
$$\times \phi\left(\frac{w}{r\gamma}(\nu - (1-r)\mu) - \frac{\delta}{\gamma} + \frac{z_0}{\gamma\sqrt{m}}\right) \mathrm{d}\nu$$
$$+ \frac{w}{r\gamma} \int_{-h}^{h} M_2(\nu, z_0, w, \gamma, \delta)$$
$$\times \phi\left(\frac{w}{r\gamma}(\nu - (1-r)\mu) - \frac{\delta}{\gamma} + \frac{z_0}{\gamma\sqrt{m}}\right) \mathrm{d}\nu$$

确定. 最后得到运行长度的标准差 (SDRL)

$$\mathrm{SDRL} = \sqrt{E(T^2|\mu, \gamma, \delta) - (E(T|\mu, \gamma, \delta))^2}.$$

模拟结果表明,

- ●　　– 过程受控时, 不论均值是高估还是低估, ARL 变小.
　　　– 过程失控时, 如果漂移是正的且均值高估, ARL 变大; 如果漂移是正的且均值低估, ARL 变小.
- ● 标准差高估时, 不论过程是受控还是失控, ARL 变大; 标准差低估时, 不论过程是受控还是失控, ARL 变小.

Jones (2002) 表明带有参数估计的 EWMA 控制图使得过程受控时误报率增大, 过程失控时检测效果变差. 同时给出了带有参数估计的 EWMA 控制图的设计步骤:

- ● 确定 ARL_0.
- ● 确定样本容量 n 和受控样本组数 m.
- ● 得到样本均值 μ 和标准差 σ 的估计 $\hat{\mu}$ 和 $\hat{\sigma}$.
- ● 确定光滑参数 r.
- ● 确定控制线所需参数 L, 使得 EWMA 控制图达到事先确定的 ARL_0.
　　在确定光滑参数 r 时, 要综合考虑以下几点:
- ● 小的 r 对小的过程漂移更有效.
- ● 小的 r 对偏离正态更加稳健 (Borror et al., 1999).
- ● 小的 r 使得惯性 (inertia) 问题更加严重.

4.4　基于 EWMA 的自启动控制图

Li, Zhang 和 Wang (2010) 考虑了样本容量 $n \geqslant 1$ 的自启动的 EWMA 控制图, 这种控制图是基于似然比检验而提出的, 具有如下优良的性质.

- ● ARL_0 可以由二维马氏链模型计算, 它比 Monte Carlo 模拟更加简洁可信.
- ● 继承了似然比检验的优良性质, 控制图对各种漂移都很敏感.
- ● 能有效的检测方差向下漂移.
- ● 可以处理样本容量 $n = 1$ 的情形.
- ● 当过程失控后, 可以诊断是哪个参数或哪些参数发生了变化.

假设 $x_t = (x_{t1}, \cdots, x_{tn}), t = 1, 2, \cdots$ 是样本容量 $n(\geqslant 1)$ 的 X 的样本. 对每个 t, $x_{t1}, \cdots x_{tn}$ 是独立同分布于 $N(\mu, \sigma^2)$. 过程变化可能发生在 μ 或者方差 σ. 变化发生时刻记为 τ, 即以下模型

$$x_t \sim \begin{cases} N(\mu, \sigma^2), & \text{如果 } t = 1, 2, \cdots, \tau, \\ N(\mu + \delta\sigma, (\gamma\sigma)^2), & \text{如果 } t = \tau + 1, \cdots. \end{cases} \tag{4.1}$$

注意到 $\mu, \sigma, \delta, \gamma$ 和 τ 全都是未知的. 当过程发生漂移时, 即 $\delta \neq 0$ 或者 $\gamma \neq 1$, 我们希望在一定的误报率下尽快检测出这个漂移.

记 $\mu_t = \dfrac{1}{nt} \sum\limits_{i=1}^{t} \sum\limits_{j=1}^{n} x_{ij}$ 为前 t 组观测的均值, $W_t = \sum\limits_{i=1}^{t} \sum\limits_{j=1}^{n} (x_{ij} - \mu_t)^2$ 为前 t 组

观测和均值的偏差的平方和. 这样前 t 组观测的样本方差为 $s_t^2 = \dfrac{W_t}{t_{n-1}}$. 当过程受

控时,

$$\mu_t \sim N\left(\mu, \frac{\sigma^2}{nt}\right),$$

$$\frac{W_t}{\sigma^2} \sim \chi^2(nt-1).$$

注意到

$$\mu_t = \mu_{t-1} + \frac{\bar{x}_t - \mu_{t-1}}{t} \tag{4.2}$$

和

$$W_t = W_{t-1} + n(t-1)(\mu_t - \mu_{t-1})^2 + \sum_{j=1}^{n} (x_{tj} - \mu_t)^2, \tag{4.3}$$

其中 $\bar{x}_t = \dfrac{1}{n} \sum\limits_{j=1}^{n} x_{tj}$. 我们只需要更新最新的观测值就可以得到均值和方差, 这就大

大简化了计算.

用样本均值和标准差标准化最新观测值, 即

$$T_{tj} = \frac{x_{tj} - \mu_{t-1}}{s_{t-1}}, \quad j = 1, 2, 3, \cdots, n.$$

我们知道

$$x_{tj} - \mu_{t-1} \sim N\left(0, \frac{(nt-n+1)\sigma^2}{nt-n}\right),$$

$$\frac{(nt-n-1)s_{t-1}^2}{\sigma^2} \sim \chi^2(nt-n-1).$$

在正态假设下, T_{tj} 服从一带有刻度的 t 分布,

$$\sqrt{\frac{nt-n}{nt-n+1}} T_{tj} \sim t_{nt-n-1}, \quad j = 1, 2, 3, \cdots, n.$$

记 $a_t = \sqrt{\dfrac{nt-n}{nt-n+1}}$. T_{tj} 的 CDF 则是

$$P[T_{tj} < T] = T_{nt-n-1}(a_t T),$$

其中 $T_{nt-n-1}(\cdot)$ 为自由度为 $nt - n - 1$ 的 t 分布的 CDF. 这样当过程受控时, 对 $t \geqslant 3$, 变换

$$w_{tj} = \Phi^{-1}[T_{nt-n-1}(a_t T_{tj})]$$

就会把 T_{tj} 变成具有标准正态分布 $N(0,1)$ 的 w_{tj}. 当某一过程漂移发生在第 τ 组观测值时, 就使得 $\{w_{tj}, t = \tau+1, \tau+2, \cdots, j = 1, 2, \cdots, n\}$ 和 $\{w_{tj}, t = 1, 2, \cdots, \tau, j = 1, 2, \cdots, n\}$ 的分布变得不同. 这样当得到观测值 x_t, $t \geqslant 3$ 后, 根据 w_{tj}, 可以考虑如下假设检验

$$H_0 : \delta = 0 \text{ 和 } \gamma = 1 \longleftrightarrow H_1 : \delta \neq 0 \text{ 或 } \gamma \neq 1.$$

很容易得到似然比统计量为

$$l_t = n(\bar{w}_t^2 + S_t^2 - \ln S_t^2 - 1), \tag{4.4}$$

其中 $\bar{w}_t = \dfrac{1}{n} \displaystyle\sum_{j=1}^n w_{tj}, S_t^2 = \dfrac{1}{n} \displaystyle\sum_{j=1}^n (w_{tj} - \bar{w}_t)^2$. 容易验证当 $t \to \infty$ 时,

$$l_t \overset{\mathcal{L}}{\to} \chi^2(2).$$

容易看出当 l_t 取较大的值时, 我们倾向于拒绝原假设. 而 $\bar{w}_t^2$ 和 $S_t^2 - \ln S_t^2$ 就分别体现了过程均值和方差发生了漂移. 注意到函数 $z - \ln z$ 当 $z > 1$ 时单增而当 $0 < z < 1$ 时单减, 即当 $z = 1$ 时取到最小值. 这样统计量 l_t 不仅对方差变大敏感, 对方差变小也非常敏感.

　　为了检测中小漂移, 可以构造基于 l_t 的 EWMA 控制图. 具体而言, 构造两个基于均值 $\bar{x}_t$ 和方差 S_t^2 的 EWMA 统计量:

$$u_t = \lambda \bar{w}_t + (1 - \lambda) u_{t-1}, \tag{4.5}$$

$$v_t = \lambda S_t^{*2} + (1 - \lambda) v_{t-1}, \tag{4.6}$$

其中 $S_t^{*2} = \displaystyle\sum_{j=1}^n (w_{tj} - u_t)^2 / n, u_0 = 0, v_0 = 1, 0 < \lambda < 1$ 是光滑参数. Lucas, Saccucci (1990) 表明小的 λ 对小的漂移敏感, 而大的 λ 对大的漂移敏感.

　　最后把 u_t 和 v_t 代入 $\bar{w}_t$ 和 S_t^2, 就得到了基于似然比的自启动 EWMA 控制图:

$$\mathrm{SSELR}_t^* = n(u_t^2 + v_t - \ln(v_t) - 1), \quad t = 1, 2, \cdots. \tag{4.7}$$

在实际应用中, 可以略去上式中的常数项, 即只需要画出

$$\mathrm{SSELR}_t = u_t^2 + v_t - \ln(v_t), \quad t = 1, 2, \cdots. \tag{4.8}$$

当 $SSELR_t$ 超过某个事先给的控制线 h 时, 发出过程失控的警报.

因为当过程受控时, 统计量 w_{tj} 服从标准正态分布, 即受控均值和方差都已知, 这样 Zhang, Zou 和 Wang (2010) 提出的二维马氏链方法可以计算 ARL_0 (参考第 10 章).

在实际应用中, 当某个特殊原因使得过程一个或多个参数发生变化时, 不仅要尽快检测出这个变化, 而且当给出过程失控的警报后, 要能诊断出什么时候发生了变化和哪些参数发生了变化. 这样的诊断对 SSELR 控制图显得尤其重要, 因为 SSELR 控制图是同时检测过程均值和方差漂移的. 一个有效的诊断什么时候发生了变化和哪些参数发生了变化的方法能够使人们更快更容易地诊断出并消除掉特殊原因. 基于变点 τ 的极大似然估计可以提出诊断方法, 这种方法是基于统计量 $\overline{w}_t$ 的.

记 $\{\overline{w}_j, j = 1, 2, \cdots, k\}$ 为所有的历史和到现在为止收集的样本. 这样对数似然函数为

$$-\frac{1}{2}\sum_{j=1}^{k}\left(\log(2\pi\sigma_j^2) + \frac{(\overline{w}_j - \mu_j)^2}{\sigma_j^2}\right).$$

如果数据来自受控过程, 对数似然函数的最大值就为

$$l_0 = -\frac{k}{2}\log(2\pi) - \frac{k}{2}\log\hat{\sigma}_k^2 - \frac{k}{2},$$

其中

$$\hat{\sigma}_k^2 = \frac{\sum_{j=1}^{k}(\overline{w}_j - \overline{\overline{w}}_k)^2}{k}, \quad \overline{\overline{w}}_k = \frac{\sum_{j=1}^{k}\overline{w}_j}{k}.$$

如果在第 k_1 组样本发生了一个过程漂移, 此时对数似然函数的最大值就为

$$l_1 = -\frac{k}{2}\log(2\pi) - \frac{k_1}{2}\log\hat{\sigma}_{1,k_1}^2 - \frac{k_2}{2}\log\hat{\sigma}_{2,k_1}^2 - \frac{k}{2},$$

其中

$$\hat{\sigma}_{1,k_1}^2 = \frac{\sum_{j=1}^{k_1}(\overline{w}_j - \overline{\overline{w}}_{1,k_1})^2}{k_1}, \quad \hat{\sigma}_{2,k_1}^2 = \frac{\sum_{j=k_1+1}^{k}(\overline{w}_j - \overline{\overline{w}}_{2,k_1})^2}{k_2},$$

$$\overline{\overline{w}}_{1,k_1} = \frac{\sum_{j=1}^{k_1}\overline{w}_j}{k_1}, \quad \overline{\overline{w}}_{2,k_1} = \frac{\sum_{j=k_1+1}^{k}\overline{w}_j}{k_2}, \quad k_2 = k - k_1.$$

这样似然比统计量可以定义为

$$lr(k_1, k) = -2(l_0 - l_1) = k\log(\hat{\sigma}_k^2(\hat{\sigma}_{1,k_1}^2)^{-k_1/k}(\hat{\sigma}_{2,k_1}^2)^{-k_2/k}).$$

变点 τ 的估计为

$$\hat{\tau} = \arg \max_{2 \leqslant k_1 \leqslant k-2} \{lr(k_1, k)\}.$$

当得到变点 τ 的估计 $\hat{\tau}$ 后, 可以考虑参数检验来判断是过程均值还是过程方差发生变化:

- 检验过程均值是否变化的自由度为 $k-2$ 的 t 检验, 检验统计量为

$$t_\mu = \frac{\sqrt{\hat{\tau}(k-\hat{\tau})/k}(\overline{\overline{w}}_{1,\hat{\tau}} - \overline{\overline{w}}_{2,\hat{\tau}})}{\sqrt{(\hat{\tau}\hat{\sigma}_{1,\hat{\tau}}^2 + (k-\hat{\tau})\hat{\sigma}_{2,\hat{\tau}}^2)/(k-2)}}.$$

- 检验过程方差是否变化的自由度为 $\hat{\tau}-1$ 和 $k-\hat{\tau}-1$ 的 F 检验, 检验统计量为

$$F_\sigma = \frac{\hat{\tau}(k-\hat{\tau}-1)\hat{\sigma}_{1,\hat{\tau}}^2}{(\hat{\tau}-1)(k-\hat{\tau})\hat{\sigma}_{2,\hat{\tau}}^2}.$$

4.5   自适应 EWMA 控制图

对 EWMA 控制图, 有文献表明 (例如, Crowder, 1987a; Lucas, Saccucci, 1990), 当 λ 取较小值时, EWMA 控制图能较快地检测较小的均值漂移; 当 λ 取较大的值时, EWMA 控制图能较快地检测较大的均值漂移. 当实际漂移大小不是我们设计参数 λ 所考虑的情况时, 控制图会有很糟糕的表现. 但是在现实生产过程中, 很难准确地知道漂移大小. 另外, Yashchin (1987) 指出了 EWMA 控制图的惯性问题 (inertia problem), 即当 X_n 接近上控制线或下控制线之一时, 过程突然发生了一个反方向的漂移. 这样对较小的 λ, 需要较长的时间来克服惯性.

注意到 EWMA 控制图多用渐近控制线, 这使得 EWMA 控制图对过程初始阶段的漂移不是很敏感. 为了提高 EWMA 控制图对过程初始阶段的漂移的敏感性, Steiner (1999) 建议用变化控制线的 EWMA 控制图.

假设有样本容量为 $n \geqslant 1$ 的观测, 并记 $\bar{X}_t$ 为 t 时刻的观测均值. Steiner (1999) 所采用的 EWMA 控制图统计量为

$$S_t = (1-\lambda)S_{t-1} + \lambda\bar{X}_t, \quad 0 < \lambda \leqslant 1.$$

控制线为

$$\mu_x \pm L\sigma_x \sqrt{\frac{\lambda(1-(1-\lambda)^{2t})}{(2-\lambda)n}},$$

其中 μ_x 和 σ_x 是由阶段 I 数据对过程均值和标准差的估计.

利用变化控制线的 EWMA 控制图仅是考虑了不同时刻 EWMA 统计量的相关性, 而没有达到真正的快速最初反应(FIR). Lucas, Saccucci (1990) 建议用不为 0

的值作为 EWMA 控制图的初值, 而 Steiner (1999) 则考虑用指数递减的方法调整控制线, 即带有 FIR 的 EWMA 的控制线为

$$\mu_x \pm L\sigma_x(1 - (1 - f)^{1+a(t-1)})\sqrt{\frac{\lambda(1 - (1 - \lambda)^{2t})}{(2 - \lambda)n}},$$

其中 $a = (-2/\ln(f) - 1)/19$. 由模拟结果, $f = 0.5$ 和初值为 50% 的控制线的带有 FIR 的 CUSUM 效果类似.

Capizzi, Masarotto (2003) 提出了变化光滑参数的自适应 EWMA 控制图 (AEWMA). 他们采用的检测统计量为

$$S_t = (1 - w(e_t))S_{t-1} + w(e_t)X_t = S_{t-1} + \phi(e_t), \tag{4.9}$$

其中 $S_0 = 0$, $e_t = X_t - S_{t-1}$, $w(e) = \dfrac{\phi(e)}{e}$. 这里 $\phi(\cdot)$ 称为得分 (score) 函数. 很明显, 如果分别令 $\phi(e) = e$ 和 $\phi(e) = \lambda e$, 就可以得到 Shewhart 控制图和 EWMA 控制图. 为了综合 Shewhart 控制图和 EWMA 控制图的优势, 在选取得分函数时, 应考虑以下四点:

- $\phi(e)$ 是 e 的非降函数.
- $\phi(e) = -\phi(-e)$.
- 当 $|e|$ 较小时, $\phi(e) \approx \lambda e$.
- 当 $|e|$ 较大时, $\phi(e) \approx e$.

基于如上考虑, 他们给出如下三个常用的得分函数:

$$\phi_{hu}(e) = \begin{cases} e + (1 - \lambda)k, & \text{如果 } e < -k, \\ e - (1 - \lambda)k, & \text{如果 } e > k, \\ \lambda e, & \text{其他}, \end{cases}$$

$$\phi_{bs}(e) = \begin{cases} e[1 - (1 - \lambda)(1 - (e/k)^2)^2], & \text{如果 } |e| \leqslant k, \\ e, & \text{其他}, \end{cases}$$

$$\phi_{cb}(e) = \begin{cases} e, & \text{如果 } e \leqslant -p_1, \\ -\widetilde{\phi}_{cb}(-e), & \text{如果 } -p_1 < e < -p_0, \\ \widetilde{\phi}_{cb}(e), & \text{如果 } p_0 < e < p_1, \\ e, & \text{如果 } e \geqslant p_1, \\ \lambda e, & \text{其他}. \end{cases}$$

其中 $0 < \lambda \leqslant 1$, $k \geqslant 0$, $0 \leqslant p_0 < p_1$, $\widetilde{\phi}_{cb}(e) = \lambda e + (1 - \lambda)\left(\dfrac{e - p_0}{p_1 - p_0}\right)^2 \left[2p_1 + p_0 - (p_0 + p_1)\left(\dfrac{e - p_0}{p_1 - p_0}\right)\right]$. 我们注意到, 此时控制图的参数并不仅仅是原来的光滑参

数 λ 及控制线 h. 对于前两个得分函数, 未知参数是三维向量 $\theta = (\lambda, h, k)$. 此时, Capizzi, Masarotto (2003) 建议如下进行:

- 指定检测的区间漂移 (μ_1, μ_2) 及可控 ARL, 记为 B;
- 求在漂移 μ_2 点最小的 ARL 及其参数 θ^*, 即求解

$$\begin{cases} \min_\theta & \mathrm{ARL}(\mu_2, \theta) \\ \text{s.t.} & \mathrm{ARL}(0, \theta) = B; \end{cases}$$

- 对于事先给定的 α (比如取 $\alpha = 0.05$), 自适应 EWMA 控制图的最佳参数设计为

$$\begin{cases} \min_\theta & \mathrm{ARL}(\mu_1, \theta) \\ \text{s.t.} & \mathrm{ARL}(0, \theta) = B, \\ & \mathrm{ARL}(\mu_2, \theta) \leqslant (1 + \alpha)\mathrm{ARL}(\mu_2, \theta^*). \end{cases} \tag{4.10}$$

从上可以看出, 自适应 EWMA 控制图有两个特点:

- 简单性. 在监控过程时, 只需要画一个控制图. 而且它的解释性与操作性与 Shewhart 控制图和 EWMA 控制图类似.
- 有效性. 只需要一个自适应 EWMA 控制图, 就可以对一系列的过程漂移进行检测.

　　Capizzi, Masarotto (2003) 给出了利用马尔可夫链计算其 ARL 的公式. 详细计算过程可参考 Capizzi, Masarotto (2003) 或本书第 10 章.

　　Reynolds, Stoumbos (2006) 对一系列的 EWMA 控制图作了比较. 同时他们对 Capizzi, Masarotto (2003) 提出的自适应 EWMA 控制图进行了修改. 注意到 $e_t = X_t - S_{t-1}$, 当 S_{t-1} 在目标值 μ_0 下边却发生一个向上的漂移时, 会得到一个较大的 e_t. 反之, 当 S_{t-1} 在目标值 μ_0 上边却发生一个向下的漂移时, 会得到一个较小的 e_t. 在这两种情况下, e_t 会相互抵消. Reynolds, Stoumbos (2006) 对 e_t 进行修改, 重新定义 $e_t^{\mathrm{T}} = X_t - \mu_0$, 上标 T 是指在定义中用到了目标值 μ_0. 在这种定义下, 形如 (4.9) 的自适应 EWMA 控制图为

$$S_t^{\mathrm{T}} = S_{t-1}^{\mathrm{T}} + \phi(e_t^{\mathrm{T}}),$$

其中

$$\phi(e_t^{\mathrm{T}}) = w(e_t^{\mathrm{T}})(X_t - S_{t-1}^{\mathrm{T}}) = w(e_t^{\mathrm{T}})(e_t^{\mathrm{T}} - (S_{t-1}^{\mathrm{T}} - \mu_0)).$$

当 $\phi(e)$ 取 $\phi_{hu}(e)$ 时, $\phi(e_t)$ 是 e_t 的非降函数, 但是 $\phi(e_t^{\mathrm{T}})$ 不再是 e_t^{T} 的非降函数. 这时 $\phi_{hu}(e)$ 需要修改成

$$\phi_{hu}^{\mathrm{T}}(e) = \begin{cases} e + (1 - \lambda)k, & \text{如果 } e < \min\{-k, S_{t-1}^{\mathrm{T}} - \mu_0\}, \\ e - (1 - \lambda)k, & \text{如果 } e > \max\{k, S_{t-1}^{\mathrm{T}} - \mu_0\}, \\ \lambda e, & \text{其他.} \end{cases}$$

Reynolds, Stoumbos (2006) 表明, 尽管从效果上来说, 这种新定义的自适应 EWMA 控制图并没有显著的改进, 但新定义的自适应 EWMA 控制图有着比较明显的直观解释.

由于 Sparks (2000) 中对漂移大小的估计只采用了 EWMA 方法, Shu 等 (2008b) 则考虑了一般马尔可夫类的估计, 即 $Q_t = Q_{t-1} + \phi(e_t)$, $\phi(\cdot)$ 是一个非降的函数. 另外, 对于多元数据, Wang, Tsung (2008) 提出了一个自适应的 T^2 控制图, 不仅可以用来检测动态的漂移大小, 而且可以用来检测动态的漂移方向.

4.6　补　充　阅　读

Domangue, Patch (1991) 研究了一种能够检测过程均值和方差的 EWMA 控制图, 所用的 EWMA 统计量为

$$S_0 = 0, S_i = (1 - \lambda)S_{i-1} + \lambda|Z_i|^\alpha,$$

其中 $Z_i = \sqrt{n}(\bar{X}_i - \mu_0)/\sigma_0$ 为标准化的观测值. 通过对 α 的选取, 这种控制图能实现对过程均值和方差的同时监测. Gan (1995) 也考虑了这种能够检测过程均值和方差的 EWMA 控制图, 同时还考虑了一种联合检测过程均值和检测过程方差的 EWMA 控制图, 其中检测过程方差的 EWMA 统计量为

$$Q_0 = 0, \quad Q_i = \max(0, (1 - \lambda)Q_{i-1} + \lambda\ln(s_i^2)),$$

s_i^2 为样本方差.

尽管有些文献建议用联合的 Shewhart-CUSUM 或 Shewhart-EWMA 控制图来实现对任何漂移都能有效地检测, 但 Reynolds, Stoumbos (2005) 研究表明, Shewhart 控制线并不是必需的.

对非正态分布, Gan (1998) 给出了指数分布 EWMA 控制图的最优设计.

Woodall, Mahmoud (2005) 研究了控制图的惯性问题, 包括 Shewhart, CUSUM, EWMA 控制图和多元控制图.

第 5 章　阶段 I 控制图

5.1　引　　言

在前面三章介绍 Shewhart, CUSUM 和 EWMA 的时候, 常见的假设就是过程参数已知或者能够得到过程参数较为准确的估计. 而如何得到过程参数较为准确的估计, 就是本章关注的问题, 也是阶段 I 控制图的研究内容. 在文献中, 统计过程控制根据数据不同, 目标不同分为两个不同的阶段, 即阶段 I 和阶段 II. 这两个阶段的区别如下.

- 阶段 I: 主要目标是检验历史数据是否受控, 并用受控数据估计过程参数, 使得对过程有较为准确的把握. 比较阶段 I 控制图的常用标准为误报率 (false alarm rate). 一个控制图把受控观测值报警为失控观测值的比率称为受控误报率, 记为 α. 一个控制图把失控观测值报警为失控观测值的比率称为失控报警率 (true alarm rate). 比较控制图的方法就是控制受控误报率 α 相等, 然后比较失控报警率. 失控报警率越大, 说明控制图表现越好. 这个阶段又可以细分为两个阶段, 即阶段 1 和阶段 2.
  - 阶段 1: 检验历史收集数据是否存在阶梯漂移、趋势漂移、异常点等特殊问题, 估计受控过程的参数. 这个阶段称为 retrospective examination. 这个阶段的困难之处在于过程参数的估计受到特殊问题的影响, 然后会掩盖特殊问题的发现.
  - 阶段 2: 利用阶段 1 对过程参数的估计, 检验新收集数据是否存在阶梯漂移、趋势漂移、异常点等, 称为 prospective examination.
- 阶段 II: 利用阶段 I 对过程参数的估计, 计算控制线, 对过程进行监控. 如果控制图给出过程失控警报, 就检查过程失控原因. 比较阶段 II 控制图的常用标准为第 2 章所提到的平均运行步长 (average run length).

5.2　基于变点模型的控制图

对阶段 I 数据, 一般方法就是用 Shewhart $\overline{X}$ 控制图 (参考第 2 章样本容量为 1 的情况). Nelson (1982) 指出, 相对于样本方差, 移动极差 MR 受趋势和振荡的影响更小, 这是因为它不考虑数据的平均水平, 只是衡量了点点之间的变化. 尽管这种方法简单, 但并不是那么有效. 所以我们不再对 Shewhart $\overline{X}$ 控制图多加叙述. 相对来说, 基于变点模型的控制图则非常有效, 本节将叙述这方面的控制图.

假设 $\{x_i, i = 1, 2, \cdots, m\}$ 是 m 个独立的来自正态分布 $N(\mu_i, \sigma_i^2)$ 的样本, 而且在前 m_1 个样本后过程均值, 或过程方差, 或过程均值和方差发生了一个变点, 即前 m_1 个样本服从 $N(\mu_a, \sigma_a^2)$, 后 $m_2 = m - m_1$ 个样本服从 $N(\mu_b, \sigma_b^2)$. 如果对所有的 m_1, 都有 $\mu_a = \mu_b$ 且 $\sigma_a = \sigma_b$, 则说过程受控. 由第 1 章, 我们知道第 i 个样本的对数似然函数为

$$-\frac{1}{2} \log(2\pi\sigma^2) - \frac{1}{2} \frac{(x_i - \mu)^2}{\sigma^2}.$$

如果前 m_1 个样本和后 m_2 个样本来自不同分布, 那么前 m_1 个样本的对数似然函数为

$$-\frac{m_1}{2} \log(2\pi\sigma^2) - \frac{m_1 \hat{\sigma}_1^2}{2\sigma^2} - \frac{m_1(\overline{x}_1 - \mu)^2}{2\sigma^2},$$

其中

$$\overline{x}_1 = \frac{\sum\limits_{i=1}^{m_1} x_i}{m_1}$$

和

$$\hat{\sigma}_1^2 = \frac{\sum\limits_{i=1}^{m_1} (x_i - \overline{x}_1)^2}{m_1}$$

为前 m_1 个样本的均值和方差的极大似然估计. 这样极大化的对数似然函数为

$$l_1 = -\frac{m_1}{2} \log(2\pi) - \frac{m_1}{2} \log \hat{\sigma}_1^2 - \frac{m_1}{2}.$$

同样, 后 m_2 个样本的极大化的对数似然函数为

$$l_2 = -\frac{m_2}{2} \log(2\pi) - \frac{m_2}{2} \log \hat{\sigma}_2^2 - \frac{m_2}{2},$$

其中

$$\overline{x}_2 = \frac{\sum\limits_{i=m_1+1}^{m} x_i}{m_2}$$

和

$$\hat{\sigma}_2^2 = \frac{\sum\limits_{i=m_1+1}^{m} (x_i - \overline{x}_2)^2}{m_2}$$

为后 m_2 个样本的均值和方差的极大似然估计. 这样对所有 m 个样本的极大化的对数似然函数为

$$l_a = l_1 + l_2.$$

如果这 m 个样本来自受控过程, 则极大化的对数似然函数为

$$l_0 = -\frac{m}{2}\log(2\pi) - \frac{m}{2}\log\hat{\sigma}^2 - \frac{m}{2},$$

其中

$$\overline{x} = \frac{\sum\limits_{i=1}^{m} x_i}{m}$$

和

$$\hat{\sigma}^2 = \frac{\sum\limits_{i=1}^{m}(x_i - \overline{x})^2}{m}$$

为所有 m 个样本的均值和方差的极大似然估计.

于是, Sullivan, Woodall (1996a) 提出了检验过程是否受控的似然比检验统计量为

$$
\begin{aligned}
lrt[m_1, m_2] &= -2(l_0 - l_a) \\
&= m\log(\hat{\sigma}^2) - m_1\log(\hat{\sigma}_1^2) - m_2\log(\hat{\sigma}_2^2) \\
&= m\log(\hat{\sigma}^2(\hat{\sigma}_1^2)^{-m_1/m}(\hat{\sigma}_2^2)^{-m_2/m}).
\end{aligned}
\tag{5.1}
$$

由式 (5.1) 定义的似然比统计量 $lrt[m_1, m_2]$ 渐近服从 $\chi^2(2)$ 分布, 而且当它取较大值时发出过程失控警报. 当过程受控时, 对于不同的 m_1, $lrt[m_1, m_2]$ 的期望 $E(lrt[m_1, m_2])$ 并不相同. 为此, 可以把 $lrt[m_1, m_2]$ 除以它的期望 $E(lrt[m_1, m_2])$ 使得得到的统计量的期望对所有 m_1 都相同. 另外, 可以再把所得统计量除以上控制线 UCL, 得到最终统计量

$$Nlrt[m_1, m_2] = \frac{lrt[m_1, m_2]}{\text{UCL} \times E(lrt[m_1, m_2])},$$

其中 UCL 和 $E(lrt[m_1, m_2])$ 由模拟得到. 当 $Nlrt[m_1, m_2] > 1$ 时, 发出过程失控的警报. 为简化计算和方便使用, Sullivan, Woodall (1996a) 还给出了 UCL 和 $E(lrt[m_1, m_2])$ 的近似估计, 即

$$\text{UCL} \approx \frac{1}{1.7} F^{-1}((1-\alpha)^{1/k^*}),$$

$$E(lrt[m_1, m_2]) \approx 2\left(\frac{m_1 + m_2 - 2}{(m_1 - 1)(m_2 - 1)} + 1\right),$$

其中

$$k^* = -4.76 + 3.18 \log(m),$$

α 为过程受控时的误报率, $F(\cdot)$ 是 $\chi^2(2)$ 分布的 CDF.

当发出过程失控警报时, 使得式 (5.1) 取到最大值的 m_1 就是过程失控时刻的极大似然估计. 我们可能并不满足只是得到过程失控时刻的极大似然估计, 我们还想知道过程失控是由什么原因引起的, 即是过程均值发生变化引起的还是过程方差发生变化引起的. 注意到

$$\hat{\sigma}^2 = \frac{m_1 \hat{\sigma}_1^2 + m_2 \hat{\sigma}_2^2}{m} + \frac{m_1 m_2}{m^2}(\overline{x}_1 - \overline{x}_2)^2,$$

于是似然比统计量可以写为

$$lrt[m_1, m_2] = V_{\mathrm{LRT}} + M_{\mathrm{LRT}},$$

其中

$$V_{\mathrm{LRT}} = m \log\left(\frac{m_1}{m} r^{2m_2/m} + \frac{m_2}{m} r^{-2m_1/m}\right) = m \log\left(\frac{1 + c(r^2 - 1)}{r^{2c}}\right),$$

$$M_{\mathrm{LRT}} = m \log\left(1 + \frac{m_1 m_2}{m(m_1 \hat{\sigma}_1^2 + m_2 \hat{\sigma}_2^2)}(\overline{x}_1 - \overline{x}_2)^2\right) = m \log\left(1 + \frac{c(1-c)}{1 + c(r^2 - 1)} d^2\right),$$

$$c = \frac{m_1}{m}, \quad d = \frac{\overline{x}_1 - \overline{x}_2}{\hat{\sigma}^2}, \quad r = \frac{\hat{\sigma}_1}{\hat{\sigma}_2}.$$

注意到 $V_{\mathrm{LRT}} \geqslant 0$, 而且当样本方差相等时取到最小值 0, 这样 V_{LRT} 反映了样本方差的不同; 同样, $M_{\mathrm{LRT}} \geqslant 0$, 而且当样本均值相等时取到最小值 0, 这样 M_{LRT} 反映了样本均值的不同. V_{LRT} 和 M_{LRT} 的和就是整个似然比统计量, 当似然比统计量给出过程失控警报时, 这两个量就分别解释了过程失控的原因是来自均值还是方差.

尽管 Sullivan 和 Woodall (1996a) 提到由式 (5.1) 定义的似然比统计量 $lrt[m_1, m_2]$ 渐近服从 $\chi^2(2)$ 分布, Dai 等 (2007) 注意到当 m_1 固定时, 这个结论并不成立, 并给出了当 m_1 固定, $m \to \infty$ 时, 在过程受控时, $lrt[m_1, m_2]$ 的期望和方差分别为

$$E_0(lrt[m_1, m_2]) = m_1\left(\log \frac{m_1}{2} - \psi_0\left(\frac{m_1 - 1}{2}\right)\right)$$

和

$$\mathrm{Var}_0(lrt[m_1, m_2]) = m_1^2 \psi_1\left(\frac{m_1 - 1}{2}\right) - 2m_1,$$

其中 $\psi_0(\cdot)$ 和 $\psi_0(\cdot)$ 分别是 digamma 函数和 trigamma 函数. 另外, Sullivan 和 Woodall (1996a) 提到 $E_0(lrt[m_1, m_2])$ 和 $\mathrm{Var}_0(lrt[m_1, m_2])$ 依赖于 m_1 和 m, 这样

基于 $lrt[m_1, m_2]$ 的控制图在实际中用起来就很困难. Dai 等 (2007) 建议用当 m_1 固定, $m \to \infty$ 时, $lrt[m_1, m_2]$ 的期望 $E_0(lrt[m_1, m_2])$ 和方差 $\mathrm{Var}_0(lrt[m_1, m_2])$ 对 $lrt[m_1, m_2]$ 进行标准化, 得到

$$slr(m_1, m) = \frac{lrt[m_1, m_2] - E_0(lrt[m_1, m_2])}{\mathrm{Var}_0(lrt[m_1, m_2])}.$$

然后基于 $slr(m_1, m)$, 定义 CUSUM 统计量为

$$S_{m_1}(m) = \max(0, S_{m_1-1}(m) + slr(m_1, m)),$$

其中 $m_1 = 2, 3, \cdots, m-2$, $S_1(m) = 0$. 当 $S_{m_1}(m) > h$ 时, 发出过程失控的警报. 控制线 h 可由

$$h \approx -(0.4401 \log(\alpha) + 0.2043) \cdot m$$

来近似. 这种能同时监测过程均值和方差的控制图称为 CUSUM-MS 控制图.

对 $slr(m_1, m)$, Dai 等 (2007) 得到如下结论:

定理 5.2.1　如果过程失控 ($\mu_a \neq \mu_b$ 或 $\sigma_a \neq \sigma_b$), 那么 $E(slr(t_1, \infty))$ 关于 $t_1(t_1 \leqslant m_1)$ 递增, 并且 $E(slr(m_1, \infty)) > 0$.

注 5.2.1　如果过程失控 ($\mu_a \neq \mu_b$ 或 $\sigma_a \neq \sigma_b$), 那么当 $t_1 \to \infty$ 时, $E(slr(t_1, \infty)) = \infty$.

注 5.2.2　如果过程受控 ($\mu_a = \mu_b$ 且 $\sigma_a = \sigma_b$), 那么 $E(slr(t_1, \infty)) = 0$.

注 5.2.3　如果过程失控 ($\mu_a \neq \mu_b$ 或 $\sigma_a \neq \sigma_b$), 那么

$$E(S_{t_1}(\infty)) - E(S_{t_1-1}(\infty)) \geqslant E(slr(t_1, \infty)) > 0.$$

在过程方差保持不变 (即 $\sigma_a = \sigma_b = \sigma$) 的情况下, Dai 等 (2007) 提出了只用于监测过程均值的基于似然比的 CUSUM 控制图, 其极大化的似然比检验统计量为

$$lrt[m_1, m_2] = \frac{1}{\sigma^2}\{m \log(\hat{\sigma}^2) - m_1 \log(\hat{\sigma}_1^2) - m_2 \log(\hat{\sigma}_2^2)\}.$$

对任意的 m_1 和 m, $lrt[m_1, m_2] \sim \chi^2(1)$. 于是, 标准化的似然比统计量为

$$slr(m_1, m) = \frac{lrt[m_1, m_2] - 1}{\sqrt{2}}.$$

此时, 控制线 h 可由

$$h \approx -(0.5446 \log(\alpha) + 0.5060) \cdot m$$

近似. 在实际应用中, σ^2 往往是不知道的, 这时可以用样本方差

$$S_m^2 = \frac{1}{m-1} \sum_{i=1}^{m} (X_i - \overline{X})^2$$

来估计.

对这种情况下的 $slr(m_1, m)$, 有如下结论:

定理 5.2.2 如果过程失控 ($\mu_a \neq \mu_b$), 那么 $E(slr(t_1, m))$ 关于 $t_1 (t_1 \leqslant m_1)$ 递增, 并且 $E(slr(m_1, m)) > 0$.

注 5.2.4 如果过程失控 ($\mu_a \neq \mu_b$), 那么

$$E(slr(t_1, m)) = \frac{1}{\sqrt{2}} t_1 (\mu_a - \mu_b)^2, \quad m_2 \to \infty,$$

$$E(slr(t_1, m)) = \infty, \quad m_2 \to \infty, \quad t_1 \to \infty.$$

注 5.2.5 如果过程受控 ($\mu_a = \mu_b$), 那么 $E(slr(t_1, m)) = 0$.

注 5.2.6 如果过程失控 ($\mu_a \neq \mu_b$ 或 $\sigma_a \neq \sigma_b$), 那么

$$E(S_{t_1}(m)) - E(S_{t_1-1}(m)) \geqslant E(slr(t_1, m)) > 0.$$

模拟结果表明:

- 对于只有一个跳点的阶梯均值漂移, CUSUM-MS 控制图一致优于 LRT 控制图.

- 对于只有一个跳点的阶梯方差漂移, 如果只有很少稳定的样本, LRT 控制图优于 CUSUM-MS 控制图, 尤其在大漂移的时候. 当漂移发生在第 15 或 25 个点后, CUSUM-MS 控制图有着非常明显的优势.

- 对于只有一个跳点的趋势漂移, CUSUM-M 控制图比 CUSUM-MS 和 LRT 控制图一致得好.

- 对于有多个跳点的阶梯均值漂移, CUSUM-MS 控制图一致优于 LRT 控制图.

下面给出文献中几种基于变点模型的控制图. 在正态假设下, 变点模型为

$$X_i \sim \begin{cases} N(\mu_1, \sigma_1^2), & i = 1, 2, \cdots, \tau, \\ N(\mu_2, \sigma_2^2), & i = \tau + 1, \cdots, n, \end{cases}$$

其中 τ 为变点时刻. 当过程失控时, 或者 $\mu_1 \neq \mu_2$, 或者 $\sigma_1 \neq \sigma_2$, 或者 $\mu_1 \neq \mu_2, \sigma_1 \neq \sigma_2$. 相对传统的控制图, 如前面三章中所介绍的 Shewhart 控制图、CUSUM 控制图和 EWMA 控制图, 基于变点模型的控制图有如下特点:

- 传统控制图的构造需要阶段 I 的数据对过程参数进行估计, 然后把这些估计当成过程的真实值. 而变点模型不需要对过程参数进行任何假设, 直接运用这些估计来对过程进行控制.

- 传统控制图对过程参数的估计随着阶段 I 数据收集的结束也就停止了. 而变
  点模型可以自然地由阶段 I 过渡到阶段 II, 利用阶段 II 的数据对过程参数进
  行估计, 这样使得估计更加准确.

Hawkins 等 (2003) 给出了只有过程均值发生变化时 (即 $\mu_1 \neq \mu_2, \sigma_1 = \sigma_2 = \sigma$)
的变点检测方法, Hawkins, Zamba (2005a) 给出了只有过程方差发生变化时 (即
$\mu_1 = \mu_2 = \mu, \sigma_1 \neq \sigma_2$) 的变点检测方法, Hawkins, Zamba (2005b) 给出了过程均值
和方差都发生变化时 (即 $\mu_1 \neq \mu_2, \sigma_1 \neq \sigma_2$) 的变点检测方法. 尽管 Hawkins, Zamba
(2005b) 给出了过程均值和方差都发生变化时的变点检测方法, 我们在一些实际应
用中可能只关注过程均值或方差是否发生变化, 这时 Hawkins 等 (2003) 给出的只
有过程均值发生变化时的变点检测方法和 Hawkins, Zamba (2005a) 给出的只有过
程方差发生变化时的变点检测方法是非常有效的方法, 故我们对这三种情况的方
法都将加以叙述.

对 $0 \leqslant i < k < n$, 定义

$$\overline{X}_{i,k} = \frac{\sum\limits_{j=i+1}^{k} X_j}{k-i}$$

和

$$V_{i,k} = \sum_{j=i+1}^{k} (X_j - \overline{X}_{i,k})^2.$$

假设变点时刻 $\tau = k$, 则过程参数的估计分别为

$$\hat{\mu}_1 = \overline{X}_{0,k},$$

$$\hat{\mu}_2 = \overline{X}_{k,n},$$

$$\hat{\sigma}_1^2 = V_{0,k}/(k-1),$$

$$\hat{\sigma}_2^2 = V_{k,n}/(n-k-1).$$

如果过程均值没有变点, 则估计为

$$\hat{\mu} = \overline{X}_{0,n}.$$

如果过程方差没有变点, 则估计为

$$\hat{\sigma}^2 = (V_{0,k} + V_{k,n})/(n-2).$$

若只有过程均值发生变化时 (即 $\mu_1 \neq \mu_2, \sigma_1 = \sigma_2 = \sigma$), Hawkins 等 (2003) 给
出检测统计量为

$$T_{\max,n} = \max_{1 \leqslant k \leqslant n-1} |T_{kn}|,$$

其中

$$T_{kn} = \sqrt{\frac{k(n-k)}{n}} \frac{\hat{\mu}_1 - \hat{\mu}_2}{\hat{\sigma}}$$

为两样本 t 检验统计量. 当过程受控时, $T_{kn} \sim t(n-2)$. 若 $T_{\max,n} > h_n$, 则表明过程均值发生变化. 对于给定的受控误报率 α, h_n 的选取由下式确定.

$$\begin{cases} P(T_{\max,3} > h_3) = \alpha, \\ P(T_{\max,n} > h_n | T_{\max,k} \leqslant h_k, 3 \leqslant k < n) = \alpha. \end{cases}$$

当 $n \geqslant 11$ 时, h_n 可由

$$h_n \approx h_{10} \left(0.677 + 0.019 \log(\alpha) + \frac{1 - 0.115 \log(\alpha)}{n-1} \right)$$

近似得到.

若只有过程方差发生变化时 (即 $\mu_1 = \mu_2 = \mu, \sigma_1 \neq \sigma_2$), Hawkins, Zamba (2005a) 给出检测统计量为

$$G_{\max,n} = \max_{2 \leqslant k \leqslant n-2} G_{kn},$$

其中

$$G_{kn} = \frac{1}{C} \left[(k-1) \log \left(\frac{\hat{\sigma}^2}{\hat{\sigma}_1^2} \right) + (n-k-1) \log \left(\frac{\hat{\sigma}^2}{\hat{\sigma}_2^2} \right) \right],$$

$$C = 1 + \frac{1}{3} \left[\frac{1}{k-1} + \frac{1}{n-k-1} - \frac{1}{n-2} \right]$$

为 Bartlett 修正因子使得当过程受控时, G_{kn} 渐近服从 $\chi^2(1)$ 分布. 若 $G_{\max,n} > h_n$, 则表明过程方差发生变化. 对于给定的受控误报率 α, h_n 的选取由下式确定.

$$\begin{cases} P(G_{\max,4} > h_4) = \alpha, \\ P(G_{\max,n} > h_n | G_{\max,k} \leqslant h_k, 4 \leqslant k < n) = \alpha. \end{cases}$$

当 $n > 15$ 时, h_n 可由

$$h_n \approx \begin{cases} -1.38 - 2.241 \log(\alpha) + \dfrac{1.61 + 0.691 \log(\alpha)}{\sqrt{n-9}}, & \text{如果 } 0.001 \leqslant \alpha < 0.05, \\ 5 + 0.066 \log(n-9), & \text{如果 } \alpha = 0.05 \end{cases}$$

近似得到.

若过程均值和方差都发生变化时 (即 $\mu_1 \neq \mu_2, \sigma_1 \neq \sigma_2$), Hawkins, Zamba (2005b) 给出检测统计量为

$$B_{\max,n} = \max_{2 \leqslant k \leqslant n-2} B_{kn},$$

其中
$$B_{kn} = \frac{1}{C}\left[k\log\left(\frac{S_{0n}}{S_{0k}}\right) + (n-k)\log\left(\frac{S_{0n}}{S_{kn}}\right)\right],$$
$$C = 1 + \frac{1}{12}\left[\frac{1}{k} + \frac{1}{n-k} - \frac{1}{n}\right] + \left[\frac{1}{k^2} + \frac{1}{(n-k)^2} - \frac{1}{n^2}\right]$$

为 Bartlett 修正因子使得当过程受控时, B_{kn} 渐近服从 $\chi^2(2)$ 分布,
$$S_{ij} = V_{i,j}/(j-i)$$

为方差的极大似然估计. 若 $B_{\max,n} > h_n$, 则表明过程均值或方差发生变化. 对于给定的受控误报率 α, h_n 的选取由下式确定.
$$\begin{cases} P(B_{\max,4} > h_4) = \alpha, \\ P(B_{\max,n} > h_n | B_{\max,k} \leqslant h_k, 4 \leqslant k < n) = \alpha. \end{cases}$$

当 $n > 15$ 时, h_n 可由
$$h_n \approx \begin{cases} 1.58 - 2.52\log(\alpha) + \dfrac{0.094 + 0.331\log(\alpha)}{\sqrt{n-9}}, & \text{如果 } 0.001 \leqslant \alpha < 0.05, \\ 8.43 + 0.074\log(n-9), & \text{如果 } \alpha = 0.05 \end{cases}$$

近似得到.

当给出过程失控警报时, 变点时刻 τ 的极大似然估计为
$$\hat{\tau} = \arg\max_{2\leqslant k\leqslant n-2} B_{\max,k}.$$

然后可以作两个检验看这个过程失控是过程均值失控还是过程方差失控, 检验过程方差失控的是双边的自由度为 $\hat{\tau}-1$ 和 $n-\hat{\tau}-1$ 的 F 检验, 其统计量为
$$F = \frac{(n-\hat{\tau}-1)V_{0,\hat{\tau}}}{(\hat{\tau}-1)V_{\hat{\tau},n}},$$

检验过程均值失控的是渐近 t 检验, 其统计量为
$$t = \frac{\overline{X}_{0,\hat{\tau}} - \overline{X}_{\hat{\tau},n}}{\sqrt{S_{0\hat{\tau}}/(\hat{\tau}-1) + S_{\hat{\tau},n}/(n-\hat{\tau}-1)}},$$

其渐近服从 $t(r)$ 分布, 其中
$$r = \left(\frac{S_{0,\hat{\tau}}}{\hat{\tau}-1} + \frac{S_{\hat{\tau},n}}{n-\hat{\tau}-1}\right)^2 \bigg/ \left[\frac{1}{\hat{\tau}-1}\left(\frac{S_{0,\hat{\tau}}}{\hat{\tau}-1}\right)^2 + \frac{1}{n-\hat{\tau}-1}\left(\frac{S_{\hat{\tau},n}}{n-\hat{\tau}-1}\right)^2\right].$$

对上面三种情况, 看起来计算比较繁琐, 但是如果引入变量 W_n 使得
$$W_{n+1} = W_n + X_{n+1},$$

且

$$V_{0,n+1} = V_{0,n} + n(X_{n+1} - W_n/n)^2/(n+1),$$

那么在计算中所需要的量可以由

$$\overline{X}_{i,k} = (W_k - W_i)/(k-i)$$

和

$$V_{i,k} = V_{0,k} - V_{0,i} - i(k-i)(\overline{X}_{0,i} - \overline{X}_{i,k})^2/k$$

得到. 另外, 随着样本量 n 的加大, 计算量也随着加大, 一个办法是找一个窗宽 M, 使得在计算最大值时只关注最近 M 个观测值. 还有一个问题需要注意, 就是尽管上面三种情况下统计量可以从第 3 或第 4 个观测值开始对过程进行检测, 但实际应用中可能还是有一些阶段 I 的受控样本的, 这样我们不利用前几个观测值来进行检测, 比如说, 可以从第 10 个观测值来对过程进行检测.

注意到上面三种基于变点的控制图尽管比传统控制图有着明显的优势, 但这种优势是基于数据服从正态分布的假设的. Zhou 等 (2009) 则考虑了更一般的变点模型, 即不再对数据所服从的分布做正态性的假设, 所考虑的模型为

$$X_i \sim \begin{cases} F(x, \mu_1), & i = 1, 2, \cdots, \tau, \\ F(x, \mu_2), & i = \tau+1, \cdots, n, \end{cases}$$

其中 $F(\cdot)$ 为某连续型随机变量的 CDF, τ 为变点时刻. 当 $\mu_1 \neq \mu_2$ 时, 过程失控.

由第 1 章, 检测过程位置参数是否发生变化的一个非参数检验为两样本的 Mann-Whitney 检验. 对于 $1 \leqslant t < n$, Mann-Whitney 统计量为

$$MW_{t,n} = \sum_{i=1}^{t} \sum_{j=t+1}^{n} I(X_j < X_i),$$

其中 $I(\cdot)$ 为示性函数. 在过程受控时, $MW_{t,n}$ 的期望和方差分别为

$$E_0(MW_{t,n}) = \frac{t(n-t)}{2}, \quad \text{Var}_0(MW_{t,n}) = \frac{t(n-t)(n+1)}{12}.$$

根据 $F(\cdot)$ 为某连续型随机变量的 CDF 的假设, 理论上不会出现节点问题. 但实际应用中, 我们面对的数据可能会有节点, 这样 $MW_{t,n}$ 的方差应乘以

$$1 - \sum_{i=1}^{r} g_i(g_i^2 - 1)n^{-1}(n^2 - 1)^{-1},$$

其中 r 是 n 个观测值中所取不同值的个数, 第 i 个值出现的次数为 $g_i \left(\sum_{i=1}^{r} g_i = n \right)$.

这样，在过程受控时，$MW_{t,n}$ 的方差为

$$\text{Var}_0(MW_{t,n}) = \frac{t(n-t)(n+1)}{12} \left(1 - \sum_{i=1}^{r} g_i(g_i^2 - 1)n^{-1}(n^2 - 1)^{-1} \right).$$

标准化的 Mann-Whitney 统计量 $MW_{t,n}$ 为

$$\text{SMW}_{t,n} = \frac{MW_{t,n} - E_0(MW_{t,n})}{\sqrt{\text{Var}_0(MW_{t,n})}}.$$

注意到当过程受控时，对任何 t，$\text{SMW}_{t,n}$ 的分布关于 0 对称，并且当 $\text{SMW}_{t,n}$ 取较大值时，过程位置参数有一个负向的漂移，当 $\text{SMW}_{t,n}$ 取较小值时，过程位置参数有一个正向的漂移. 这样，检测过程位置参数的统计量为

$$T_n = \max_{1 \leqslant t \leqslant n-1} |\text{SMW}_{t,n}|.$$

当 $T_n > h_n$ 时，发出过程失控警报. 其中，h_n 由受控误报率 α 来确定.

当过程由阶段 I 过渡到阶段 II 时，假设已经有 $m(m \geqslant 1)$ 个阶段 I 的受控样本和 n 个阶段 II 的样本，对这 $k = m + n$ 个观测值，定义标准化的 Mann-Whitney 统计量 $MW_{t,n}$ 为

$$T_{m,n} = \max_{m \leqslant t < k} |\text{SMW}_{t,m+n}|.$$

当 $T_{m,n} > h_{m,n}$ 时，发出过程失控警报. 与 Hawkins 等 (2003) 给出的方法不同的是 $T_{m,n}$ 不是对所有 t 而是对 $m \leqslant t < m + n$ 的 $\text{SMW}_{t,m+n}$ 取的最大值. 这样一个好处是可以降低过程受控时的误报率并且使得过称检测更有效. 当然，这样的好处也是有代价的，就是当 n 比较小时，$T_{m,n}$ 可以取到的值是很有限的，这样不能取到较为精确的 $h_{m,n}$. 为达到这两点的平衡，Zhou 等 (2009) 定义

$$T'_{m,n} = \max_{m-m_0 \leqslant t < k} |\text{SMW}_{t,m+n}|,$$

其中 m_0 是一个选定的整数. 但当 m 比较小时，例如 $m = 10$ 或 20 时，不论 m_0 取什么值，仍然很难得到较为精确的 $h_{m,n}$. Zhou 等 (2009) 考虑了 EWMA 形式的控制图，即所用统计量为

$$Y_j(m,n) = \lambda \cdot \text{SMW}_{j,m+n} + (1 - \lambda) \cdot Y_{j-1}(m,n),$$

其中 $j = m - m_0, m - m_0 + 1, \cdots, m + n - 1$，$Y_{m-m_0-1} = 0$，$0 < \lambda \leqslant 1$ 是光滑参数. 最后得到检测过程位置参数所用的统计量为

$$Y_{\max}(m,n) = \max_{m-m_0 \leqslant j < m+n} |Y_j(m,n)|.$$

当 $Y_{\max}(m,n) > h_{m,n}$ 时, 发出过程失控警报. 当给出过程失控警报时, 变点时刻 τ 的估计为

$$\hat{\tau} = \arg_{m \leqslant t \leqslant m+n} \max |\text{SMW}_{t,m+n}|.$$

Zhou 等 (2009) 建议 $\lambda = 0.2$, 当 $m \geqslant 10$ 时, $m_0 \in [4, 10]$. 对于给定的受控误报率 α, $h_{m,n}$ 的选取由下式确定.

$$\begin{cases} P(Y_{\max}(m,1) > h_{m,1}(\alpha)) = \alpha, \\ P(Y_{\max}(m,n) > h_{m,n}(\alpha) | Y_{\max}(m,i) \leqslant h_{m,i}(\alpha), 1 \leqslant i < n) = \alpha. \end{cases}$$

文献 (Zhou et al., 2009) 的表 1 中给出了一系列的 $h_{m,n}$ 值.

在数据不依赖于正态性的假设下, Zhou 等 (2008) 提出了一种基于小波变换的控制图. 这种控制图还可以有效监控多个漂移, 这不像第 2 章介绍的 Shewhart 控制图对大漂移和异常点有效, 而第 3 章和第 4 章介绍的 CUSUM 和 EWMA 控制图对中小漂移有效.

首先给出一些小波变换的介绍. 对数据 $f_1, \cdots, f_n, n = 2^J$, 存在正交矩阵 $\boldsymbol{W}$, 使得 $\boldsymbol{\theta} = \boldsymbol{W} \boldsymbol{f}$, 其中 $\boldsymbol{\theta}$ 是由离散小波变换系数 $\theta_{j,k}, k = 0, \cdots, 2^j - 1, j = 0, \cdots, J-1$ 构成的 n 维向量, $\boldsymbol{f}$ 是由数据 $f_1, \cdots, f_n$ 构成的 n 维向量, J 是一正整数. 对 $\boldsymbol{W}$, 有如下近似关系,

$$\sqrt{n} \mathcal{W}_{j,k}(i) \approx 2^{j/2} \psi(2^j t - k), \quad t = i/n,$$

其中 $\mathcal{W}_{j,k}(i)$ 是 $\boldsymbol{W}$ 的第 $2^j + k$ 行的第 i 个元素, $\psi(\cdot)$ 是 Haar 基. 可以看出, $\theta_{j,k}$ 包含了信号频率和变点位置的信息, 即 $\theta_{j,k}$ 表明了位于 $2^{-j}k$ 频率为 2^j 的信号.

小波变换还可以用于回归分析中. 假设 $f(\cdot)$ 是我们感兴趣的函数, $y_1, \cdots, y_n$ 是位于 $t_1, \cdots, t_n$ 的独立样本, 服从模型

$$y_i = f(t_i) + \epsilon_i,$$

其中 $\epsilon_i \sim N(0, \sigma^2)$. 分别记 $\boldsymbol{y}$ 是由数据 $y_1, \cdots, y_n$ 构成的 n 维向量, $\boldsymbol{\epsilon}$ 是由噪声 $\epsilon_1, \cdots, \epsilon_n$ 构成的 n 维向量, 则其离散小波变换为

$$\boldsymbol{d} = \boldsymbol{W} \boldsymbol{y} = \boldsymbol{W} \boldsymbol{f} + \boldsymbol{W} \boldsymbol{\epsilon} = \boldsymbol{\theta} + \boldsymbol{\eta}.$$

那么 $\boldsymbol{d} \sim N_n(\boldsymbol{\theta}, \sigma^2 \boldsymbol{I}_n)$. 当 $\boldsymbol{f}$ 是常向量时, $\boldsymbol{\theta}$ 为零向量.

Zhou 等 (2008) 提出的控制图基于模型

$$x_i = \mu_i + \epsilon_i, \quad i = 1, \cdots, n.$$

如果 ϵ_i 独立服从 $N(0, \sigma^2)$, 则当过程受控 $(\mu_i = \mu)$ 时, 小波系数 $\theta_{j,k}$ 也独立服从 $N(0, \sigma^2)$. 即使当 ϵ_i 的正态性不满足时, 当 j 减小时, $\theta_{j,k}$ 也会收敛于 $N(0, \sigma^2)$. 考

虑到如果变点时刻 $\tau = k2^{J-b} + 1, 1 \leqslant k < 2^b, 1 \leqslant b < J$, 那么当 $j \geqslant b$ 时, 小波系数 $\theta_{j,k}$ 均值都为 0, 当 $j < b$ 时, 有且仅有一个 $\theta_{j,k}$ 均值不为 0. 另外, 当 j 比较大时, $\theta_{j,k}$ 会包含更多的噪声. 于是, 监测过程是否失控的统计量为

$$T = \frac{1}{\sigma} \sum_{i=0}^{2} \mathrm{Max}_i,$$

其中

$$\mathrm{Max}_0 = |\theta_{0,0}|, \quad \mathrm{Max}_1 = \max(|\theta_{1,0}|, |\theta_{1,1}|), \quad \mathrm{Max}_2 = \max(|\theta_{2,0}|, |\theta_{2,1}|, |\theta_{2,2}|, |\theta_{2,3}|).$$

当 σ 已知时, 对给定的受控误报率 α, 控制线 h_α 可由

$$\int_0^{h_\alpha} \int_0^z \int_0^y 8f(x)f(y-x)f(z-y)(F(x))^3 F(y-x)\mathrm{d}x\mathrm{d}y\mathrm{d}z = 1 - \alpha$$

确定, 其中

$$F(x) = 2\Phi(x) - 1, \quad f(x) = \sqrt{\frac{2}{\pi}} \exp(-x^2/2) I_{\{x \geqslant 0\}}$$

分别为标准正态随机变量绝对值的 CDF 和 PDF. 从上面方程解出 h_α 并不容易, 实际应用时可由二分法来搜索 h_α. 当 σ 未知时, 需要给出 σ 的估计. 考虑到绝对值较大的小波系数包含过程均值和过程方差两方面的信息, 而绝对值较小的小波系数只包含过程方差的信息, 一个 σ 的估计可以为

$$\hat{\sigma} = \frac{1}{m-1} \sum_{j=0}^{J-1} \sum_{k=0}^{2^j-1} (\theta_{j,k} - \hat{\theta})^2 I_{[-3\hat{\sigma}_{\mathrm{MAD}}, 3\hat{\sigma}_{\mathrm{MAD}}]}(\theta_{j,k}),$$

其中

$$\hat{\sigma}_{\mathrm{MAD}} = \frac{1}{0.6745} \mathrm{med}\{|\theta_{J-1,l} - \mathrm{med}\{\theta_{J-1,l}, l = 0, 1, \cdots, 2^{J-1}\}|\},$$

$$\hat{\theta} = \frac{1}{m} \sum_{j=0}^{J-1} \sum_{k=0}^{2^j-1} \theta_{j,k} I_{[-3\hat{\sigma}_{\mathrm{MAD}}, 3\hat{\sigma}_{\mathrm{MAD}}]}(\theta_{j,k}),$$

m 是集合

$$\{(j,k): \theta_{j,k} \in [-3\hat{\sigma}_{\mathrm{MAD}}, 3\hat{\sigma}_{\mathrm{MAD}}], k = 0, \cdots, 2^j - 1, j = 1, \cdots, J-1\}$$

中元素个数. 模拟结果表明, $\hat{\sigma}$ 给出的估计比直接用 $\hat{\sigma}_{\mathrm{MAD}}$ 更稳健.

与 Sullivan, Woodall (1996) 提出的 LRT 控制图比较结果如下.

- 当 ϵ_i 为正态分布时,
  - 在存在一个阶梯漂移或趋势漂移时, 两者在检测中小漂移时效果接近.

– 在存在一个阶梯漂移或趋势漂移时, 在检测大漂移时, 小波控制图表现稍差.

– 在存在两个阶梯漂移或趋势漂移时, 小波控制图表现很好.

• 当 ϵ_i 不为正态分布时, 如 t 分布或 Gamma 分布, 小波控制图稳健性优于 LRT 控制图.

前面给出的控制图都是建立在过程漂移是阶梯漂移的基础上, 接下来将给出一种建立在过程漂移是趋势漂移的控制图. 考虑到趋势漂移与线性模型有着密切联系, 先给出一些关于线性模型的结果, 然后再引出这种控制图.

考虑线性模型

$$X_i = z_i'\beta + \epsilon_i, \quad i = 1, 2, \cdots,$$

其中 ϵ_i 独立服从 $N(0, \sigma^2)$, β 是未知的 p 维向量. 记 Z_i 为以 $z_1', z_2', \cdots, z_i'$ 为行构成的 $i \times p$ 维矩阵, 则

$$\hat{\beta}_i = (Z_i'Z_i)^{-1}Z_i'\begin{pmatrix} X_1 \\ \vdots \\ X_i \end{pmatrix}$$

为在时刻 i 对 β 的最小二乘估计 (least squares estimator). 于是, 标准化的残差为

$$Y_i = \frac{X_i - z_i'\hat{\beta}_{i-1}}{\sqrt{1 + z_i'(Z_{i-1}'Z_{i-1})^{-1}z_i}}.$$

而且 $Y_{p+1}, Y_{p+2}, \cdots$ 独立服从 $N(0, \sigma^2)$. 在实际应用中, σ^2 往往是不知道的, 这样对时刻 $i(i = p+1, p+2, \cdots)$ 可以用 $S_i^2 = \dfrac{1}{i-p}\sum_{j=1}^{i}(X_j - z_j'\hat{\beta}_i)^2$ 来估计. 现在考虑一种特殊情形, 即标量 $z_i = 1$, $p = 1$, $z_i'\hat{\beta}_{i-1} = \overline{X}_{i-1}$, 即 $X_1, \cdots, X_{i-1}$ 的均值. 这样,

$$Y_i = \frac{X_i - \overline{X}_{i-1}}{\sqrt{1 + (i-1)^{-1}}} = \sqrt{\frac{i-1}{i}}(X_i - \overline{X}_{i-1}), \quad i = 2, 3, \cdots,$$

$$S_i^2 = \frac{1}{i-1}\sum_{j=1}^{i}(X_j - \overline{X}_i)^2, \quad i = 2, 3, \cdots.$$

再作变换

$$Q_i = \Phi^{-1}\left(G_{i-p-1}\left(\frac{Y_i}{S_{i-1}}\right)\right),$$

这正是第 2 章介绍的 Q 统计量. 这也从线性模型的角度解释了 Q 统计量的构造.

考虑趋势漂移,

$$X_i = \mu + i\theta + \epsilon_i, \quad i = 1, 2, \cdots,$$

其中 ϵ_i 独立服从 $N(0, \sigma^2)$, 而且 σ^2 未知. 这样

$$Y_i = \sqrt{\frac{i-1}{i}} \left(i - \frac{1}{i-1} \sum_{j=1}^{i-1} j \right) \theta + \delta_i = \frac{\theta}{2} \sqrt{i(i-1)} + \delta_i,$$

其中

$$\delta_i = \sqrt{\frac{i-1}{i}} \left(\epsilon_i - \frac{1}{i-1} \sum_{j=1}^{i-1} \epsilon_j \right).$$

注意到 $\delta_2, \delta_3, \cdots$ 独立服从 $N(0, \sigma^2)$.

暂时假设 σ^2 已知, 则 $Y_2, \cdots, Y_i$ 的联合 PDF 为

$$\frac{1}{(2\pi\sigma^2)^{(i-1)/2}} \exp \left\{ -\frac{1}{2\sigma^2} \left(\sum_{j=2}^{i} y_j^2 - \theta \sum_{j=2}^{i} y_j \sqrt{j(j-1)} + \frac{\theta^2}{4} \sum_{j=2}^{i} j(j-1) \right) \right\},$$

其可以写成形式

$$h(y_2, \cdots, y_i) k(\theta) \exp(U(y_2, \cdots, y_i) c(\theta)),$$

其中

$$c(\theta) = \frac{\theta}{2\sigma^2}$$

为 θ 的单增函数. 这样 $Y_2, \cdots, Y_i$ 的联合 PDF 关于 θ 有单增似然比

$$U_i = U(y_2, \cdots, y_i) = \sum_{j=2}^{i} Y_j \sqrt{j(j-1)},$$

于是基于 U_i 的检验就是 θ 的 UMPUT. 注意到 U_i 的期望和方差分别为

$$E(U_i) = \frac{\theta}{2} \sum_{j=2}^{i} j(j-1), \quad \text{Var}(U_i) = \sigma^2 \sum_{j=2}^{i} j(j-1),$$

而且都与 $\sum_{j=2}^{i} j(j-1)$ 成线性. 于是, 一个趋势漂移 $(\theta \neq 0)$ 就对应于 U_i 对 $\sum_{j=2}^{i} j(j-1)$ 的线性漂移.

综合考虑上面结果, Koning, Does (2000) 提出一对检测趋势漂移的 CUSUM 统计量为

$$S_{H,i} = \max\{0, S_{H,i-1} + \sqrt{i(i-1)}(Y_i - k\sqrt{i(i-1)})\},$$

$$S_{L,i} = \max\{0, S_{L,i-1} + \sqrt{i(i-1)}(-Y_i - k\sqrt{i(i-1)})\},$$

其中 k 为门限值. $S_{H,i}$ 和 $S_{L,i}$ 应对应于 $\sum_{j=2}^{i} j(j-1)$ 而不是 i. 这种时间变换的一个问题是对最后一个观测值 X_m 的变换 $\sum_{j=2}^{m} j(j-1)$ 不再成线性关系, 这时需调整为 $b_m S_{H,i}$ 和 $b_m S_{L,i}$, 其中 $b_m = \sqrt{\dfrac{3}{m(m+1)}}$.

到此为止, 我们只考虑了 σ^2 已知的情形. 如果 σ^2 未知, 可以用 S_m^2 来估计. 于是我们所画的统计量为 $b_m S_{H,i}/S_m$ 和 $b_m S_{L,i}/S_m$. 对给定受控误报率 α, 控制线为 h_α. 当 $m \geqslant 50$ 时, 几种常用的误报率 α 对应的 h_α 可由

$$h_{0.001} \approx \sqrt{13.41m - 19.41\sqrt{m}},$$

$$h_{0.005} \approx \sqrt{10.41m - 13.35\sqrt{m}},$$

$$h_{0.01} \approx \sqrt{9.14m - 11.34\sqrt{m}},$$

$$h_{0.05} \approx \sqrt{6.24m - 7.87\sqrt{m}}$$

来近似. 其他情形下的 h_α 可由模拟得到或从文献 (Koning, Does, 2000) 的表 1 中查到.

在观测数据具有相关性时, 一个常用的办法是对数据建立一个时间序列模型, 然后对一步预测残差运用传统控制图. 而文献和实际中常用的一个模型为 AR(1) 模型, 即

$$y_t = \mu + \phi(y_{t-1} - \mu) + \epsilon_t,$$

其中 y_t 是观测值, μ 是过程均值, ϵ_t 独立服从 $N(0, \sigma_\epsilon^2)$, $-1 < \phi < 1$. 考虑到如果实际应用中过程只是存在正的相关, 则可假设 $0 < \phi < 1$. 另外, 一般假设 ϕ 和 σ_ϵ 已知或由阶段 I 数据较为准确的估计得到. 但阶段 I 数据可能存在趋势漂移、阶梯漂移或异常点, 这会使得 ϕ 和 σ_ϵ 的估计偏差加大. 如何得到较为准确的估计, 就成为相关数据在阶段 I 的一个问题. 由第 1 章, 我们知道 AR(1) 模型是平稳的, 但 IMA(1,1) 模型

$$y_t = y_{t-1} + \epsilon_t - \theta\epsilon_{t-1}$$

不是平稳的. 即使观测数据来自一平稳过程, 当阶段 I 数据存在趋势漂移、阶梯漂移或异常点时, 这些观测数据看起来也是不平稳的了. 因此, 在我们得到的观测数据看起来不平稳时, 对其作平稳的假设也是合理的.

Boyles (2000) 考虑到既要描述数据的实际变化又要包含 AR(1) 模型为一特殊情形, 提出了模型

$$y_t = \mu_t + \phi(y_{t-1} - \mu_{t-1}) + \epsilon_t,$$

并把这种模型写成

$$
\begin{aligned}
y_t &= \mu_t + \zeta_t, \\
\mu_t &= \mu_{t-1} + \delta_t, \\
\zeta_t &= \phi\zeta_{t-1} + \epsilon_t,
\end{aligned}
\tag{5.2}
$$

其中 $\zeta_t = y_t - \mu_t$, $\delta_t = \mu_t - \mu_{t-1}$. 序列 $\{\delta_t\}$ 反映了阶段 I 数据趋势漂移、阶梯漂移或异常点的影响. 假设 $\{\delta_t\}$ 是不相关的, 而且 $E(\delta_t) = 0$, $\mathrm{Var}(\delta_t) = \sigma_\delta^2$. 式 (5.2) 可以写为

$$
\begin{aligned}
y_t &= \mu_t + \zeta_t, \\
(1 - B)\mu_t &= \delta_t, \\
(1 - \phi B)\zeta_t &= \epsilon_t,
\end{aligned}
\tag{5.3}
$$

其中 B 是后移算子. 再用 $(1 - \phi B)(1 - B)$ 作用于式 (5.3) 中的 y_t, 可以得到

$$
(1 - \phi B)(1 - B)y_t = (1 - \phi B)\delta_t + (1 - B)\epsilon_t,
$$

即

$$
w_t - \phi w_{t-1} = \delta_t - \phi\delta_{t-1} + \epsilon_t - \epsilon_{t-1},
\tag{5.4}
$$

其中 $w_t = y_t - y_{t-1}$. 此模型等价于一 ARIMA(1,1,1) 模型

$$
w_t - \phi w_{t-1} = a_t - \theta a_{t-1},
\tag{5.5}
$$

其中 $\{a_t\}$ 是不相关的, 而且 $E(a_t) = 0$, $\mathrm{Var}(a_t) = \sigma_a^2$.

　　注意到我们要估计的是式 (5.4) 中的参数 $(\phi, \sigma_\delta^2, \sigma_\epsilon^2)$, 而式 (5.5) 中的参数 $(\phi, \theta, \sigma_a^2)$ 可由标准的极大似然方法来估计 (Box et al., 1994). 而这种方法要求 $a_t \sim N(0, \sigma_a^2)$, 这只有在 δ_t 独立服从正态分布时才成立. 不过, 不论是否 δ_t 独立服从正态分布, Boyles (2000) 表明下面的估计方法仍是有效的.

　　通过令 (5.4) 和 (5.5) 式右端方差相等和一步协方差相等, 可以得到

$$
(1 + \phi^2)\sigma_\delta^2 + 2\sigma_\epsilon^2 = (1 + \theta^2)\sigma_a^2,
$$

$$
\phi\sigma_\delta^2 = \theta\sigma_a^2.
$$

从中解出

$$
\sigma_\delta^2 = \left(\frac{1 - \theta}{1 - \phi}\right)^2 \sigma_a^2,
$$

$$\sigma_\epsilon^2 = \left\{ \theta - \phi \left(\frac{1-\theta}{1-\phi} \right)^2 \right\} \sigma_a^2.$$

注意到 $\sigma_\epsilon^2 > 0$ 意味着 $\theta > \phi$, 所以在应用时应有 $0 < \phi < \theta < 1$.

这个估计方法没有给出过程均值 μ 的估计, 因为用一个固定的估计来估计变化的均值 μ_t 总是显得不合适. 但我们仍然需要一个估计来检测将来观测值, 一些情况下仍可用 $\hat{\mu} = \bar{y}$, 而一些情况下则需要加权平均. 而这需要对过程和数据特点有一定的了解. 考虑到异常点的影响, 残差 e_t 的估计可以用

$$\hat{\sigma}_{\mathrm{MAD}} = \frac{\mathrm{med}\{|e_t|\}}{0.6745}.$$

下面介绍一些在阶段 I 处理多元数据的方法, 假设有 m 个 p 维观测值, 即

$$\boldsymbol{x}_i \sim N_p(\boldsymbol{\mu}, \boldsymbol{\Sigma}), \quad i = 1, \cdots, m.$$

Sullivan, Woodall (1996b) 对观测值的方差阵提出了五种不同的估计如下:

$$\boldsymbol{S}_1 = \frac{1}{m-1} \sum_{i=1}^{m} (\boldsymbol{x}_i - \bar{\boldsymbol{x}}) \times (\boldsymbol{x}_i - \bar{\boldsymbol{x}})'.$$

$\boldsymbol{S}_2$: 把观测值分成容量为 $p+1$ 的组 (为了使所有观测值都在一个组里, 有些组的容量可能大于 $p+1$, 每个观测值属于且仅属于一个组), 计算每个组里观测值的样本方差阵, 然后再根据自由度加权平均.

$\boldsymbol{S}_3$: 与 $\boldsymbol{S}_2$ 类似, 不同之处在于每个观测值不一定仅属于一个组, 即第 $k(1 \leqslant k \leqslant m-r+1)$ 组包含第 $k, k+1, \cdots, k+r-1$ 个观测值.

$$\boldsymbol{S}_4 = \frac{1}{2} \frac{\boldsymbol{Y}'\boldsymbol{Y}}{\left\lfloor \frac{m}{2} \right\rfloor},$$

其中 $\boldsymbol{Y} = (\boldsymbol{y}_1, \boldsymbol{y}_2, \cdots, \boldsymbol{y}_{\lfloor \frac{m}{2} \rfloor})$, $\boldsymbol{y}_i = \boldsymbol{x}_{2i} - \boldsymbol{x}_{2i-1}$, $\lfloor a \rfloor$ 表示不大于 a 的最大整数.

$$\boldsymbol{S}_5 = \frac{1}{2} \frac{\boldsymbol{V}'\boldsymbol{V}}{m-1},$$

其中 $\boldsymbol{V} = (\boldsymbol{v}_1, \boldsymbol{v}_2, \cdots, \boldsymbol{v}_{m-1})$, $\boldsymbol{v}_i = \boldsymbol{x}_{i+1} - \boldsymbol{x}_i$.

对上面五种方差阵的估计, $\boldsymbol{S}_j, j = 1, 2, \cdots, 5$, 定义检测过程漂移或异常点的 T^2 统计量为

$$T_{j,i}^2 = (\boldsymbol{x}_i - \bar{\boldsymbol{x}})' \boldsymbol{S}_j^{-1} (\boldsymbol{x}_i - \bar{\boldsymbol{x}}), \quad i = 1, 2, \cdots, m.$$

当 $T_{j,i}^2$ 中所有参数值已知时, $T_{j,i}^2$ 正比于一个 $\chi^2(p)$ 分布. 当 $T_{j,i}^2$ 中参数用相应估计时, 一些分布如下.

在阶段 I 中的阶段 1,

$$T_{1,i}^2 \frac{m}{(m-1)^2} \sim B\left(\frac{p}{2}, \frac{m-p-1}{2}\right),$$

其中 $B(a,b)$ 为自由度为 a,b 的 Beta 分布.

在阶段 I 中的阶段 2,

$$T_{1,i}^2 \frac{m(m-p)}{p(m-1)(m+1)} \sim F(p, m-p).$$

$$T_{5,i}^2 \frac{m}{(m-1)^2} \sim B\left(\frac{p}{2}, \frac{f-p-1}{2}\right),$$

其中 $f = \dfrac{2(m-1)^2}{3m-4}$.

对基于上面五种不同方差阵的估计的 $T_{j,i}^2$ 统计量, 表现如下:

- 对阶梯漂移,

$$\boldsymbol{\mu}_i = \begin{cases} \boldsymbol{\mu}_0, & i = 1, \cdots, k, \\ \boldsymbol{\mu}_0 + \boldsymbol{\delta}, & i = k+1, \cdots, m. \end{cases}$$

$T_{1,i}^2$ 表现最差, 不论漂移大小有多大. $T_{3,i}^2$ 和 $T_{5,i}^2$ 的表现优于 $T_{2,i}^2$ 和 $T_{4,i}^2$ 的表现.

- 对趋势漂移,

$$\boldsymbol{\mu}_i = \boldsymbol{\mu}_0 + \frac{i-1}{m-1}\boldsymbol{\delta}, \quad i = 1, \cdots, m,$$

$T_{1,i}^2$ 仍然表现最差, 不论漂移大小有多大. $T_{2,i}^2$, $T_{3,i}^2$ 和 $T_{5,i}^2$ 的表现优于 $T_{4,i}^2$ 的表现.

- 对异常点, $T_{1,i}^2$, $T_{2,i}^2$ 和 $T_{3,i}^2$ 的表现优于 $T_{4,i}^2$ 和 $T_{5,i}^2$ 的表现, 但总体来说, 效果都不是很好.

5.3   检测异常点的控制图

从前面一节可以看出, 检测过程阶梯漂移或趋势漂移的控制图在检测异常点时, 效果会不好. 因此, 我们单拿出一节来介绍检测异常点的控制图. 事实上, 这也是阶段 I 两个任务 (检测漂移和检测异常点) 之一.

假设 m 个独立的观测值 $X_1, X_2, \cdots, X_m$ 来自一个或多个一元正态分布, 有共同的方差 σ^2. 过程均值发生 R 个漂移, 漂移位置为 $T_r, r = 1, 2, \cdots, R$, 且 $0 < T_1 < \cdots < T_R < m$. 记 θ_i 为 X_i 的均值, $T_0 = 0$, $T_{R+1} = m$. 那么对 $T_{r-1} < i \leqslant T_r$, 有 $\theta_i = \mu_r$, 且 $\mu_r \neq \mu_{r+1}$. 如果过程受控, 则 $R = 0$. 如果过程失控, 应该估计出变点的个数和位置.

我们先介绍一种检测异常点的方法,是 Atkinson, Mulira (1993) 提出的 stalactite chart,其方法如下. 先随机选取 $p+1$ 个观测值,在第 k 步就有 k 个观测值,用这 k 个观测值的均值向量 $\hat{\boldsymbol{\mu}}_k$ 和方差阵 $\hat{\boldsymbol{\Sigma}}_k$ 计算所有 m 个观测值的 Mahalanobis 距离,

$$d_{k,i}^2 = (\boldsymbol{x}_i - \hat{\boldsymbol{\mu}}_k)' \hat{\boldsymbol{\Sigma}}_k^{-1} (\boldsymbol{x}_i - \hat{\boldsymbol{\mu}}_k).$$

在第 $k+1$ 步,选取 $k+1$ 个观测值,使得这 $k+1$ 个观测值 Mahalanobis 距离最小. 这个过程直到 $m-m_0$ 个观测值都被选取,其中 m_0 表示预测异常点的个数.

Sullivan (2002) 提出了一种聚类算法 (clustering algorithm). 记边界指标为 k_j,相应边界位置为 l_k,即一个类中的最后一个观测值,测量相邻类不同的距离为

$$d_k = \frac{|\overline{X}_k - \overline{X}_{k+1}|}{s\sqrt{\dfrac{m_k + m_{k+1}}{m_k m_{k+1}}}},$$

其中 m_k 和 m_{k+1} 是相邻类的观测值个数,$\overline{X}_k$ 和 $\overline{X}_{k+1}$ 是相应的样本均值,s 是所有类观测值的标准差. 注意到对不同 k,d_k 的大小顺序与 s 无关,不失一般性,假设 $s=1$. Sullivan (2002) 的聚类算法如下. 首先用 $m-1$ 个边界把 m 个观测值分成每个类只有一个观测值的类. 在第 $K(K=1,\cdots,m-1)$ 步开始时,有 $m-K$ 个边界,其中拥有最小距离的边界 $k^* = \arg\min(d_k)$ 被去掉,更新剩下的距离. 记录被去掉的边界位置 $l_{m-K}^* = l_{k^*}$ 和距离 $d_{m-K}^* = d_{k^*}$. 这个算法一直进行到所有的边界都被去掉为止. 注意到序列 $\{d_i^*\}$ 是从最后一个去掉的边界 d_1^* 开始的.

从算法过程可以看出,如果过程受控,那么序列 $\{d_i^*\}$ 应该缓慢平稳递减. 但如果过程有 R 个比较大的均值漂移,$d_R^* - d_{R+1}^*$ 应该比较大,d_{R+1}^* 后的距离又应该缓慢平稳递减. 这样这些距离就可以提供多个过程漂移的信息.

在阶段 I 的阶段 1,一个难点在于在存在多个漂移或异常点的情况下准确估计样本标准差 σ. 假设有 n_s 个漂移和 n_0 个异常点,那么在不少于 $n_s + 2n_0$ 个边界前,类之间的样本标准差 σ 是差不多的. 注意到这一点,就可以先选出一部分观测值,比如 $0.8m$,在去掉这个数量的边界后,类间偏差平方和可以构造一个 σ 的稳健估计如下:

$$s_r^2 = \frac{1}{m-K-1} \sum_{k=1}^{K+1} \sum_{i=1+T_{k-1}}^{T_k} (X_i - \overline{X}_k)^2,$$

其中

$$\overline{X}_k = \frac{1}{T_k - T_{k-1}} \sum_{i=1+T_{k-1}}^{T_k} X_i, \quad 1 \leqslant k \leqslant K+1,$$

K 为与 $0.2m$ 最接近的整数. 模拟结果表明,样本标准差、MR 和稳健估计 s_r^2 三者

相比, 样本标准差受漂移或异常点的影响最大, 在存在漂移时, MR 和 s_r^2 表现接近, 但存在异常点时, s_r^2 的稳健性比 MR 要好得多.

5.4　补 充 阅 读

　　在阶段 I, 数据少, 但存在问题多, 在这种情况下对过程进行监控是困难的. 同时, 在这种情况下对数据进行比较多的假设也显得不是那么合理了. 尽管在这一章中介绍了 Zhou 等 (2008) 和 Zhou 等 (2009) 的非参控制图, 在第 9 章会更加全面地介绍非参数控制图. 在数据相关时, 由于 AR(1) 模型的联合 PDF 可以写出, Timmer, Pignatiello (2003) 分别在数据均值、方差和模型系数发生变化的情况下给出了变点时刻的估计. Champ, Chou (2003) 比较了两种不同的控制线构造原则对控制图的影响. Champ, Jones (2004) 给出了过程均值和方差为估计时的 $\bar{X}$ 控制图的控制线. Ghazanfari 等 (2008) 提出了一种聚类方法来估计 Shewhart 控制图的变点时刻, 这种方法可以应用于阶段 I 和阶段 II 两个阶段, 而且不依赖于正态性假设. Peña, Prieto (2001) 利用投影后数据峰度系数的最大值和最小值方向给出了多元数据下变点探查的方法和样本协方差阵的稳健估计. Zamba, Hawkins (2006) 给出了在多元数据变点模型下的基于似然比检验的控制图. Choi 等 (2008) 利用了傅里叶或小波变换对非平稳数据给出了两种变点探查的方法. 当数据不是连续型随机变量时, Borror, Champ (2001); Jones, Champ (2002) 对属性型数据作了相应研究.

第6章 动态控制图的设计理论与方法

6.1 引 言

在本章中,我们将介绍动态控制图. 对于传统的控制图,不论是 Shewhart 控制图、CUSUM 控制图, 还是 EWMA 控制图,主要做法都是以固定的抽样间隔抽取固定数量的样本. 而一个非常直观的想法是当一个控制图的检测统计量距离控制线较近,过程失控的可能性比较大时,我们就会以一个较短的抽样间隔抽取较多数量的样本, 来达到对当前过程信息更好地了解的目的. 反之,当一个控制图的检测统计量距离控制线较远,过程失控的可能性比较小时,我们就会以一个较长的抽样间隔抽取较少数量的样本,来达到节省抽样成本的目的. 这种思想就是动态的思想.

在文献中对动态控制图的研究已经较为广泛. 在两篇较早期的综述文章里, Tagaras (1998) 和 Woodall, Montgomery (1999) 综述了统计质量控制的研究问题和想法,并指出尽管动态控制图的操作复杂程度有所提高,但的确提高了过程失控的检测速度. 在最近的两篇综述文章里,Wang (2002) 和 Wang (2006) 对动态统计质量控制图的设计理论进行了总结,并指出了一些具体的研究问题. Montgomery (2007) 给出了统计质量控制现阶段的研究趋势,其中一个非常重要的研究方向就是动态控制图.

动态控制图的特点是其样本容量或抽样区间的大小与前一组样本的位置有关, 这方面的成果可分为五类: 变抽样区间 (variable sampling interval, VSI)、变样本容量 (variable sample size, VSS)、同时变抽样区间和样本容量 (variable sample size and sampling interval, VSSI)、变参数 (variable parameter, VP) 和在固定时间点变抽样区间和样本容量 (variable sample size and sampling interval at fixed time, VSSIFT) 控制图. 总的来说,动态控制图的平均报警时间 (average time to signal,ATS) 明显优于固定样本容量 (fixed sample size, FSS) 或固定抽样区间 (fixed sampling interval, FSI) 控制图; 对于小漂移,动态 CUSUM 控制图和动态 EWMA 控制图明显优于动态 Shewhart 控制图; VSS 控制图优于 VSI 控制图; VP $\overline{X}$ 控制图优于 VSSI $\overline{X}$ 控制图. 从所用统计量来看,大多采用基于样本均值的统计量,而仅有少数几篇文章利用中位数等更稳键的统计量进行研究,如文献 (Zhang, 2000). 从比较准则来看,大多采用调整平均报警时间 (adjusted average time to signal, AATS) 或平稳状态的平均报警时间 (steady state average time to signal, SSATS),而仅有 Amin,

Hemasinha (1993) 从切换频率 (average number of switches, ANSW) 的角度研究动态控制图. 因此, 在本书中, 采用应用范围较广的 AATS 或 SSATS.

在 6.2 节里, 我们分别叙述动态 Shewhart 控制图、动态 CUSUM 控制图和动态 EWMA 控制图, 这里的动态是指 VSI, VSS, VSSI 或 VP. 6.2 节假设一列 $X_i, i = 1, 2, \cdots$ 来自一生产过程, 它们独立服从一正态分布 $N(\mu_0, \sigma_0^2)$, 当 μ_0 和 σ_0^2 已知时, 不失一般性, 假设 $\mu_0 = 0, \sigma_0 = 1$. 在 6.3 节里, 单拿出一节来叙述 VSSIFT, 是因为我们认为这种控制图在实际生产中有较好的操作性. 在 6.4 节里, 将介绍动态控制图如何应用于相关数据, 即不再假设 $X_i, i = 1, 2, \cdots$ 的独立性.

6.2　关于 VSR 控制图

自从 Reynolds, Amin, Arnold, Nachlas (1988) 把变抽样区间的思想运用到 Shewhart $\overline{X}$ 控制图, 文献中就有大量的研究把变抽样区间和变样本容量的思想运用到统计质量控制的三大控制图上, 即前边三章介绍的 Shewhart $\overline{X}$ 控制图、CUSUM 控制图和 EWMA 控制图. 将动态的思想运用到 Shewhart $\overline{X}$ 控制图的文献包括 (Prabhu, Montgomery, Runger, 1994; Costa, 1997; Costa, 1998; Celano, Costa, Fichera, 2006) 等, 将动态的思想运用到 CUSUM 控制图的文献包括 (Rendtel, 1990; Reynolds, Amin, Arnold, 1990; Prabhu, Runger, Montgomery, 1997; Zhang, Wu, 2007; Wu, Zhang, Wang, 2007; Li, Luo, Wang, 2009) 等, 将动态的思想运用到 EWMA 控制图的文献包括 (Reynolds, Arnold, 2001) 等.

总的来说, 动态控制图的一个非常直观的想法就是当一个控制图的检测统计量距离控制线较近时, 过程失控的可能性比较大. 我们就会以一个较短的抽样间隔抽取较多数量的样本, 来达到对当前过程信息有更好地了解的目的. 反之, 当一个控制图的检测统计量距离控制线较远时, 过程失控的可能性比较小, 我们就会以一个较长的抽样间隔抽取较少数量的样本, 来达到节省抽样成本的目的. 我们记检测统计量为 Y_i, 它可能是 $\overline{X}$ 控制图的统计量, 也可能是 CUSUM 控制图的统计量, 也可能是 EWMA 控制图的统计量. 变抽样区间的控制图就是指 Y_i 和 Y_{i+1} 间的抽样间隔依赖于 Y_i, 记此抽样间隔为 $d(Y_i)$, 即 $t_{i+1} = t_i + d(Y_i)$, 其中 t_i 是抽取 Y_i 的时刻. 变样本容量的控制图就是指抽取 Y_{i+1} 时的样本容量依赖于 Y_i, 记此样本容量为 $n(Y_i)$.

如果只考虑变抽样区间的控制图, 尽管 $d(y)$ 可以有很多形式, 但研究表明, 只需要两个可能的 $d(y)$ 的值, 就可以使得控制图达到很好的统计性质. 记 d_1 和 d_2 是这两个可能的值, 且 $0 < d_1 < d_2$. 这样把受控域分为两部分 D_1 和 D_2 使得

$$d(y) = \begin{cases} d_1, & \text{如果 } y \in D_1, \\ d_2, & \text{如果 } y \in D_2. \end{cases}$$

同样, 如果只考虑变样本容量的控制图, $n(y)$ 也可以只取两个值, 这是实际应用中最简单的形式. 记 n_1 和 n_2 是这两个可能的值, 且 $0 < n_1 < n_2$. 这样把受控域分为两部分 N_1 和 N_2 使得

$$n(y) = \begin{cases} n_1, & \text{如果 } y \in N_1, \\ n_2, & \text{如果 } y \in N_2. \end{cases}$$

如果同时考虑变抽样区间和样本容量的控制图, 可以把受控域分为四个部分, 即 $R_1 = D_1 \cap N_2$, $R_2 = D_2 \cap N_1$, $R_3 = D_1 \cap N_1$ 和 $R_4 = D_2 \cap N_2$ 使得

$$(d(y), n(y)) = \begin{cases} (d_1, n_2), & \text{如果 } y \in R_1, \\ (d_2, n_1), & \text{如果 } y \in R_2, \\ (d_1, n_1), & \text{如果 } y \in R_3, \\ (d_2, n_2), & \text{如果 } y \in R_4. \end{cases}$$

在实际运用中, 为简化运算, 一般取 $D_1 = N_2$ 和 $D_2 = N_1$, 这样上面的动态分化可以简化为

$$(d(y), n(y)) = \begin{cases} (d_1, n_2), & \text{如果 } y \in R_1, \\ (d_2, n_1), & \text{如果 } y \in R_2. \end{cases}$$

这里要提的是抽取第一个样本时, 由于前面没有样本, 我们不能根据上面的抽样方法来决定抽样间隔和样本容量. 一般来说, 第一个样本的抽样间隔可以取为 d_1, 样本容量可以取为 n_2, 这样可以更好地监控过程初始阶段的问题. 当然如果方便, 也可以取其他的抽样间隔和样本容量.

在设计控制图的过程中, 我们以双边控制图为例, 就是在控制线 h 内部加一条警戒线 w, 使得 $R_1 = (w, h) \cup (-h, -w)$, $R_2 = [-w, w]$, 其中 w 的引入要满足如下限制条件:

$$\begin{cases} n_1 p_2 + n_2 p_1 = n_0, \\ d_1 p_1 + d_2 p_2 = d_0, \end{cases}$$

其中 $p_1 = P(y \in R_1)$, $p_2 = P(y \in R_2)$, d_0 和 n_0 分别是固定抽样区间和样本容量时的抽样区间和样本容量.

图 6.1 可以更直观地显示静态与动态控制图的区别. 用控制线 h 和警戒线 w 把监测统计量样本空间分为三个部分. 静态控制图总是在设计好的固定时刻抽取固定样本容量的样本, 而动态控制图则根据前一个监测统计量取值来确定下一个抽样间隔和样本容量. 从图 6.1 可以直观看出, 动态控制图可以比静态控制图更快或者用更少的样本来给出过程失控警报.

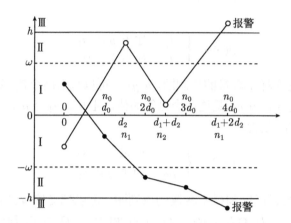

图 6.1 静态 (•) 与动态 (◦) Shewhart $\bar{X}$ 控制图

构造一个变抽样区间和样本容量的控制图的步骤:

- 确定控制线 h, 固定抽样区间 d_0, 固定样本容量 n_0 和其他的参数, 如 CUSUM 控制图的参考值 (reference value)k 和 EWMA 控制图的光滑参数 (smoothing parameter)λ.
- 确定样本容量 n_1 和 n_2. n_2 一般取实际生产中可以抽取下一个样本的最大数量, n_1 则越小越好, 但一般取成与 n_2 关于 n_0 对称.
- 确定抽样区间 d_1 和 d_2. d_1 一般取实际生产中可以抽取下一个样本的最短时间, d_2 则越大越好, 但一般取成与 d_1 关于 d_0 对称.
- 确定警戒线 w. 在确定 n_1, n_2 或 d_1, d_2 后, 利用上面的约束条件来确定 w.

在评判一个固定抽样区间和样本容量的控制图的表现时, 一个常用的标准是 ARL, 即从检测开始到它发出生产出现问题的警报为止的抽取的平均样本组数, 而评判一个变抽样区间和样本容量的控制图的表现时, 常用如下标准:

- 平均报警时间 (average time to signal, ATS): 从检测开始到它发出警报为止的平均运行时间.
- 平均样本观测数 (average number of observations to signal, ANOS): 从检测开始到它发出警报为止的平均抽取的观测个数.
- 平均样本数 (average number of samples to signal, ANSS): 从检测开始到它发出警报为止的平均抽取的样本个数.
- 调整的平均报警时间 (adjusted average time to signal, AATS): 从过程失控开始到它发出警报为止的平均运行时间.

下面将介绍一些通过模拟比较, 在统计方面表现较好的动态控制图.

对同时变抽样区间和样本容量的 $\bar{X}$ 控制图, Prabhu, Montgomery, Runger

(1994) 所用的监测统计量为 $Y_i = \dfrac{\overline{X}_i - \mu_0}{\sigma/\sqrt{n(Y_{i-1})}}$, 所用的抽样原则为

$$(d(y), n(y)) = \begin{cases} (d_1, n_2), & \text{如果 } w < |y| < h, \\ (d_2, n_1), & \text{如果 } |y| \leqslant w. \end{cases}$$

利用前面所述约束条件, Prabhu, Montgomery, Runger (1994) 得到

$$w = \Phi^{-1}\left[\frac{2\Phi(h)(n_0 - n_2) + n_1 - n_0}{2(n_1 - n_2)}\right]$$

或

$$w = \Phi^{-1}\left[\frac{2\Phi(h)(d_0 - d_1) + d_2 - d_0}{2(d_2 - d_1)}\right].$$

Prabhu, Montgomery, Runger (1994) 模拟结果表明这种同时变抽样区间和样本容量的 $\overline{X}$ 控制图比只变抽样区间或只变样本容量的 $\overline{X}$ 控制图效果有明显改进.

对同时变抽样区间和样本容量的 CUSUM 控制图, Wu, Zhang, Wang (2007) 所用的监测统计量为

$$Y_i = \max(0, Y_{i-1} + \text{WL}_i - k_Y), \quad Y_0 = 0,$$

其中 k_Y 是门限值, $\text{WL}_i = \lambda S_i^2 + (1-\lambda)(\overline{X}_i - \mu_0)^2$, S_i^2 是 t_i 时刻 $n(Y_{i-1})$ 个样本的样本方差, $\overline{X}_i$ 是 t_i 时刻 $n(Y_{i-1})$ 个样本的样本均值, $0 \leqslant \lambda \leqslant 1$ 是一个权重, 因此 Wu, Zhang, Wang (2007) 称 WL_i 为加权的损失函数 (weighted loss function), 称所提出的控制图为 WLC 控制图. 所用的抽样原则为

$$(d(y), n(y)) = \begin{cases} (d_1, n_2), & \text{若 } w < |y| < h, \\ (d_2, n_1), & \text{若 } |y| \leqslant w. \end{cases}$$

Wu, Zhang, Wang (2007) 模拟结果表明变抽样区间和样本容量的 WLC 控制图表现优于固定抽样区间和样本容量的 $\overline{X}\&S$ 控制图和 WLC 控制图, 优于变抽样区间和样本容量的 $\overline{X}\&S$ 控制图和联合 CUSUM 控制图 (其中用两个 CUSUM 控制图分别监测均值向上漂移和向下漂移, 另外一个 CUSUM 控制图监测方差向上漂移).

对同时变抽样区间和样本容量的 EWMA 控制图, Reynolds, Arnold (2001) 提出了 4 个监测统计量, 分别为

$$Y_i^U = (1-\lambda)Y_{i-1}^U + \lambda\frac{\overline{X}_i - \mu_0}{\sigma/\sqrt{n_0}},$$

$$Y_i^S = \left(1 - \lambda\sqrt{\frac{nY_{i-1}}{n_0}}\right)Y_{i-1}^S + \lambda\sqrt{\frac{nY_{i-1}}{n_0}}\frac{\overline{X}_i - \mu_0}{\sigma/\sqrt{n_0}},$$

$$Y_i^W = \left(1 - \lambda \frac{nY_{i-1}}{n_0}\right) Y_{i-1}^W + \lambda \frac{nY_{i-1}}{n_0} \frac{\overline{X}_i - \mu_0}{\sigma/\sqrt{n_0}},$$

$$Y_i^Z = (1 - \lambda)Y_{i-1}^Z + \lambda \frac{\overline{X}_i - \mu_0}{\sigma/\sqrt{nY_{i-1}}}.$$

所用的抽样原则为

$$(d(y), n(y)) = \begin{cases} (d_1, n_2), & \text{如果 } w_d < |y| < h \text{ 并且 } w_n < |y| < h, \\ (d_2, n_1), & \text{如果 } |y| \leqslant w_d \text{ 并且 } |y| \leqslant w_n, \\ (d_1, n_1), & \text{如果 } w_d < |y| < h \text{ 并且 } |y| \leqslant w_n, \\ (d_2, n_2), & \text{如果 } |y| \leqslant w_d \text{ 并且 } w_n < |y| < h, \end{cases}$$

其中 w_d 和 w_n 分别是划分抽样区间和样本容量的警戒线. Reynolds, Arnold (2001) 模拟结果表明对变抽样区间和样本容量的 EWMA 控制图, 变抽样区间比变样本容量的效果提高得要好, 也就是说, 如果在生产实际中能够比较方便快捷的变化抽样区间, 就没有必要再变化样本容量以求效果提高.

6.3　VSSIFT 控制图

在这一节中, 将会叙述在固定时间点变抽样区间和样本容量的控制图. 之所以把这一方面的内容单拿出一节来说, 是因为我们认为在固定时间点变抽样区间和样本容量的控制图更容易被实际生产中的操作者接受, 随意变抽样区间, 可能会使得抽样时刻并不对应于一个换班时刻, 或不对应于一个生产过程的下一个阶段, 这会给生产带来一定的不便.

简单地说, 把抽样区间 d 分为 η 个长度为 $d_s = d/\eta$ 的子区间, 则在固定时间点变抽样区间和样本容量的控制图的抽样原则为:

- 如果 Y_i 落在控制线外, 报警过程失控.
- 如果 Y_i 落在中心域里, 在下一个固定时间采取小样本量的样本.
- 如果 Y_i 落在警戒域里, 在下一个 d_s 时刻采取大样本量的样本.

Reynolds (1996a) 提出了在固定时间点变抽样区间的 $\overline{X}$ 和 EWMA 控制图, 对监测均值用的统计量为 t_i 时刻的样本均值 $\overline{X}_i$, 对监测方差用的统计量为 t_i 时刻的样本标准差 S_i, EWMA 控制图用的统计量为 $Y_i = (1 - \lambda)Y_{i-1} + \lambda\overline{X}_i$. 其构造步骤如下.

- 确定固定抽样区间的区间间隔 d_F. 根据目的的不同, 有两种不同的设计原则. 如果目的是尽快地监测并发现过程漂移, 就用与 d_F 一样的抽样区间, 这样的缺点是会使得抽样量和误报率稍有增大. 如果目的是在不太损失监测效果的前提下, 减少抽样成本, 就用比 d_F 大的抽样区间, 如两倍的 d_F.

- 确定区间个数 η, 这取决于生产中最快的抽样时间.
- 确定控制线, 平均样本容量.
- 利用文献 (Reynolds, 1996b) 中的图 2 确定警戒线 w.
- 重复上述所有步骤直到误报率, 抽样率和监测效果达到一个比较合理的平衡.

Reynolds (1996b) 还考虑了固定时间点变抽样区间的 $\overline{X}$ 和 S 的联合控制图和带有附加准则的在固定时间点变抽样区间的 $\overline{X}$ 控制图. 模拟结果表明:

- 如果可以用在固定时间点变抽样区间 $\overline{X}$ 控制图, 就没有必要再附加运行准则.
- 对中小漂移, 固定时间点变抽样区间的 EWMA 控制图比固定时间点变抽样区间的 $\overline{X}$ 控制图效果要好.
- 固定时间点变抽样区间的 $\overline{X}$ 和 S 的联合控制图会增大误报率.

Lin, Chou (2005a) 也研究了固定时间点变抽样区间的 $\overline{X}$ 控制图. 与 Reynolds (1996b) 不同的是, Lin, Chou (2005a) 用了两个不同的控制线 $h_2 < h_1$, 因此对应两个不同的警戒线 w_1 和 w_2. 令

$$p_0 = P[|Y| < w_1 \,||\, Y| < h_1] = P[|Y| < w_2 \,||\, Y| < h_2],$$

其中 $Y = \dfrac{\overline{X} - \mu_0}{\sigma_{\overline{X}}}$. 从而

$$w_i = \Phi^{-1}\left(\frac{(2\Phi(h_i) - 1)p_0 + 1}{2}\right), \quad i = 1, 2.$$

Lin, Chou (2005a) 的采样原则如下.

- 如果 Y_i 落在控制线外, 报警过程失控.
- 如果 Y_i 落在中心域里, 在下一个固定时间采取小样本量的样本, 在图上画样本时用较宽的控制线 h_1.
- 如果 Y_i 落在警戒域里, 在下一个 d_s 时刻采取大样本量的样本, 在图上画样本时用较窄的控制线 h_2.

  其构造步骤为:
- 确定固定的抽样间隔 h_F 和子区间个数 η, 这取决于生产中最快的抽样时间.
- 确定 p_0.
- 确定小样本容量 n_1 与大样本容量 n_2.
- 确定控制线 h_1 和 h_2, 由上式确定警戒线 w_1 和 w_2.
- 重复上述所有步骤直到误报率和监测效果达到一个比较合理的平衡.

  Lin, Chou (2005a) 模拟结果表明:
- p_0 应在 0.8 附近.
- 若 p_0 较大, $\eta \leqslant 5$ 就可以达到很好的效果.

- 如果监测小漂移, n_1 应较小, n_2 应较大. 如果监测大漂移, n_1 与 n_2 大小应比较接近.
- 如果监测小漂移, h_1 应较大.
- 如果监测小漂移, 这种变控制线的控制图效果很好. 如果监测大漂移, 这种变控制线的控制图效果不如只变抽样区间或样本容量的控制图.

Shi 等 (2009) 提出了在固定点变抽样区间和样本容量的监控方差的控制图. 假设抽取样本为 $X_{ij} = (x_{i,j,1}, x_{i,j,2}, \cdots, x_{i,j,n(W_{ij-1})})$, 其中 $x_{i,j,l}$ 服从正态分布 $N(\mu_0, \sigma_0^2)$. Shi 等 (2009) 所用的统计量为

$$Y_{i,j} = (1-\lambda)Y_{i,j-1} + \lambda Z_{i,j}, \quad i = 1, 2, \cdots, j = 1, 2, \cdots, N_i,$$

其中 $Y_{i,0} = 0$, $0 < \lambda \leqslant 1$ 是光滑参数, $Z_{i,j} = \Phi^{-1}\left(F_{n(Y_{i,j-1})}\left(\dfrac{n(Y_{i,j-1})s_{i,j}^2}{\sigma_0^2}\right)\right)$,

$s_{i,j}^2 = \dfrac{1}{n(Y_{i,j-1})}\sum_{l=1}^{n(Y_{i,j-1})}(x_{i,j,l} - \mu_0)^2$, $F_n(\cdot)$ 是 $\chi^2(n)$ 的 CDF. Shi 等 (2009) 的采样原则如下.

- 如果 $|Y_{i,j}| > h$, 报警过程失控.
- 如果 $|Y_{i,j}| \leqslant w$, 在下一个固定时间采取小样本量 n_1 的样本, 开始计算 $Y_{i,j+1}$.
- 如果 $w < |Y_{i,j}| \leqslant h$, 在下一个 d_s 时刻采取大样本量 n_2 的样本.
  其构造步骤为:
- 确定小样本容量 n_1 与大样本容量 n_2, 一般可取 $n_1 = 1(1)3, n_2 = 10(1)20$.
- 确定光滑参数 λ. 监测小漂移用小的 λ, 监测大漂移用大的 λ.
- 确定子区间个数 η, 这取决于生产中最快的抽样时间.
- 确定受控的平均样本个数与平均观测个数.
- 确定控制线 h 和警戒线 w.
- 确定受控平均运行时间和固定的抽样间隔 h_F.
  Shi 等 (2009) 模拟结果表明:
- 这种控制图比只是变抽样区间、在固定点变抽样区间、只是变抽样区间和样本容量、在固定点变抽样区间和样本容量的控制图效果要好.
- η 越大, 效果越好. 但是 $\eta = 2$ 或 3 就可以达到很好的效果.
- 如果监测小漂移, n_1 应较小, n_2 应较大. 如果监测大漂移, n_1 与 n_2 大小应比较接近.

6.4　动态控制图应用于相关数据

在这一节中, 不再假设数据具有独立性. 一方面是因为在实际很多生产过程

中，数据都是相关的. 另一方面，由于使用了变抽样区间控制图，且当我们采用的短抽样区间很小时，数据相关性带来的问题会更加严重. 为了研究数据相关性对动态控制图的影响以及在相关数据下动态控制图的设计，对观测值往往要假设一定的时间序列模型，其中最常用的是 AR(1) 模型，如 Renolds, Arnold, Baik (1996); Lin, Chou (2008) 和 Zou, Wang, Tsung (2008)，他们分别考虑了变抽样区间，同时变抽样区间和样本容量和在固定时间点变抽样区间和样本容量的控制图.

对于独立数据，实际上就是作如下假设：

$$X_i = \mu + \epsilon_i,$$

其中 μ 是过程均值，ϵ_i 是独立同分布的正态随机变量 $N(0, \sigma_\epsilon^2)$. 对于相关数据，Renolds, Arnold, Baik (1996) 考虑了变抽样区间的控制图并且提出如下假设：

$$X_i = \mu_i + \epsilon_i,$$

其中 μ_i 是过程在时刻 t_i 的均值，且满足如下 AR(1) 模型：

$$\mu_i = (1 - \phi)\xi + \phi\mu_{i-1} + \alpha_i,$$

其中 ϕ 是 μ_i 与 μ_{i-1} 的相关系数，ξ 是 μ_i 的均值，α_i 是正态分布 $N(0, \sigma_\alpha^2)$ 的白噪声，α_i 之间相互独立，且与 $\epsilon_i, i = 1, 2, \cdots$ 独立. 如果假定 μ_0 是正态分布 $N\left(\xi, \dfrac{\sigma_\alpha^2}{1 - \phi^2}\right)$，那么 $\mu_i, i = 1, 2, \cdots$ 就是正态分布 $N\left(\xi, \dfrac{\sigma_\alpha^2}{1 - \phi^2}\right)$. 这样观测值 X_i 的期望

$$E(X_i) = E(\mu_i + \epsilon_i) = \xi,$$

X_i 的方差

$$\sigma_X^2 = \sigma_\mu^2 + \sigma_\epsilon^2 = \frac{\sigma_\alpha^2}{1 - \phi^2} + \sigma_\epsilon^2.$$

令 $\psi = \dfrac{\sigma_\mu^2}{\sigma_X^2}$，于是 X_i 与 X_{i+1} 的相关系数是 $\rho = \phi\psi$. 根据第 1 章可知，当 $-1 < \phi < 1$ 时过程是平稳的. 而在实际的控制图应用中，ϕ 一般是非负的. 因此对于变抽样区间的控制图，Renolds, Arnold, Baik (1996) 作了 $0 \leqslant \phi < 1$ 的假设. 当 $\phi = 0$ 时，数据显然是独立的. 当抽样区间是动态且 X_{i-1} 与 X_i 抽样间隔是时间 $t > 0$ 时，Renolds, Arnold, Baik (1996) 提出如下假设：

$$\mu_i = (1 - \phi^t)\xi + \phi^t\mu_{i-1} + \alpha_i.$$

这时, μ_i 与 μ_{i-1} 的相关系数是 $\phi(t) = \phi^t$, α_i 的方差是 $\sigma_\alpha^2(t) = (1 - \phi^{2t}\sigma_\alpha^2)/(1 - \phi^2)$. 注意到当 $t \to 0$ 时, $\phi(t) \to 1$ 和 $\sigma_\alpha^2 \to 0$, 这意味着 X_{i-1} 与 X_i 之间的间隔越短, 相关性越大. Renolds, Arnold, Baik (1996) 表明:

- 对任何漂移, 正的相关会增加平均报警时间. 这意味着在过程受控时, 会减小平均误报率, 在过程失控时, 会增加报警时间.
- 加大 ϕ 或 ψ 会增加平均报警时间.

Lin, Chou (2008) 考虑了在固定时间点同时变抽样区间和样本容量的控制图. 由于考虑了变样本容量, 所以样本容量 $n \geqslant 1$. 假设 X_{ij} 是 t_i 时刻第 j 个观测值, 即

$$X_{ij} = \mu_i + \epsilon_{ij},$$

其中 μ_i 采用了与 Renolds, Arnold, Baik (1996) 一样的假设. 监测统计量采用 t_i 时刻的样本均值 $\overline{X}_i = \sum_{j=1}^{n} X_{ij}/n = \mu_i + \overline{\epsilon}_i$, 其中 $\overline{\epsilon}_i = \sum_{j=1}^{n} \epsilon_{ij}/n$ 是正态分布 $N(0, \sigma_\epsilon^2/n)$. 这样 $\overline{X}_i$ 的期望为 ξ, 方差为 $\sigma_{\overline{X}}^2 = \left(\psi + \dfrac{1-\psi}{n}\right)\sigma_X^2$. 当抽样间隔为 t 时, $\overline{X}_{i-1}$ 与 $\overline{X}_i$ 的相关系数 $\rho(\overline{X}_{i-1}, \overline{X}_i) = \dfrac{n\phi^t\psi}{n\psi + 1 - \psi}$. 注意到当 $n \to \infty$ 时, $\rho(\overline{X}_{i-1}, \overline{X}_i) \to \phi^t$, 当 $t \to 0$ 时, $\phi^t \to 1$. 这意味着当 ϕ, ψ, n 变大和 t 变小时, $\overline{X}_{i-1}$ 和 $\overline{X}_i$ 的相关系数会变大. Lin, Chou (2008) 结果表明:

- 如果忽略相关性的影响, 会使得误报率增大.
- 加大 ϕ 或 ψ 会增加平均报警时间.
- 一般来说, 同时变抽样区间和样本容量的控制图比固定抽样区间和样本容量的控制图、只变抽样区间的控制图、只变样本容量的控制图效果要好. 当相关性比较大时, 抽样区间与样本容量的影响就不显著了.

Zou, Wang, Tsung (2008) 考虑了在固定时间点变抽样区间和样本容量的控制图. Zou, Wang, Tsung (2008) 对 t_i 时刻的样本均值进行了如下标准化, $Z_i = \dfrac{\overline{X}_i - \xi_0}{\sqrt{\sigma_\mu^2 + \sigma_\epsilon^2/(n(i))}}$, 其中 ξ_0 是过程受控时 μ_i 的均值, $n(i)$ 是第 i 个样本的样本容量. 记 n_0 为平均样本容量, $\psi = \dfrac{\sigma_\mu^2}{\sigma_\mu^2 + \sigma_\epsilon^2/n_0}$. Z_i 可以写为 $Z_i = \dfrac{\overline{X}_i - \xi_0}{\sigma_\epsilon\sqrt{\dfrac{1}{n_0}\left(\dfrac{\psi}{1-\psi} + \dfrac{n_0}{n(k)}\right)}}$.

这样 Z_i 为标准正态分布. 把抽样区间 d 分为 η 个长度为 $d_s = d/\eta$ 的子区间, 则在固定时间点变抽样区间和样本容量的控制图的方法为:

- 如果 Z_i 落在控制线外, 报警过程失控.

- 如果 Z_i 落在中心域里, 在下一个固定时间采取小样本量的样本.
- 如果 Z_i 落在警戒域里, 在下一个 d_s 时刻采取大样本量的样本.

Zou, Wang, Tsung (2008) 建议选取参数的步骤为:

- 确定受控平均报警时间、平均样本容量、平均观测数量.
- 确定子区间个数 η, 这取决于生产中最快的抽样时间.
- 确定小样本容量与大样本容量.
- 确定警戒线、控制线和固定抽样区间.

Zou, Wang, Tsung (2008) 结果表明:

- 加大 ϕ 或 ψ 会增加平均报警时间.
- η 越大效果越好, 但 $\eta = 2$ 或 3 时, 效果就已经有很大提高了.
- 在固定时间点变抽样区间和变抽样区间的控制图效果接近.

Zou, Wang, Tsung (2008) 结合了 Renolds, Arnold, Baik (1996) 的积分方程法和 Lin, Chou (2005a) 的马氏链法对在固定时间点同时变抽样区间和样本容量的控制图的 ATS 的计算作了研究, 详细过程可参考 (Zou, Wang, Tsung, 2008) 或本书第 10 章.

6.5　补　充　阅　读

除了上述三种动态控制图外, Costa, De Magalhães (2007) 针对同时监控过程均值和方差漂移提出了一种动态非中心 χ^2 统计量 (non-central chi-square statistics, NCS) 控制图.

这里介绍的动态控制图是建立在过程参数都已知且是服从一元正态的连续型随机变量情况下的. 如果 μ_0 或 σ_0 未知, 即监测过程的阶段 I, 在此情况下对动态控制图的研究是比较少的. Jensen 等 (2008) 研究了当 μ_0 或 σ_0 未知时用估计来代替时对动态控制图的影响并得到只有用来估计的样本量很大的情形下才可以用动态控制图的结论. 当观测值不是正态分布时, Chen (2003), Chen (2004) 和 Lin, Chou (2005b) 对此作了研究. 当数据不是一元时, 也有一些文献对多元数据动态控制图作了研究. Aparisi (1996) 和 Aparisi, Haro (2001) 分别研究了 Hotelling 的 T^2 变样本容量控制图和变抽样区间控制图. Aparisi, Haro (2003) 比较了变抽样率的 T^2 控制图和多元 EWMA 控制图. Reynolds, Kim (2005) 和 Kim, Reynolds (2005) 研究了变样本容量的多元 EWMA 控制图. Chen (2007) 和 Chen, Hsieh (2007) 研究了变参数的 T^2 控制图. Luo, Li, Wang (2009) 研究了变抽样区间的多元 CUSUM 控制图. 当数据不是连续型随机变量时, Epprecht, Costa (2001), Epprecht 等. (2003) 和 Luo, Wu (2002) 对属性型数据作了相应研究.

这里介绍的动态控制图都是从统计角度来构造的, 文献中也有从经济角度来构造的, 如 (Park, Reynolds, 1994; Baxley, 1995; Das et al., 1997; Prabhu et al., 1997; Bai, Lee, 1998; Park, Reynolds, 1999; Costa, Rahim, 2001; Chen Y K, Chiou K C, 2005; De Magalhães, Moura Neto, 2005; Chen et al., 2007) 等.

动态性除了应用在前面几节所介绍的控制图外, 还被应用在了序惯概率比检验 (sequential probability ratio test, SPRT) 控制图中, 如文献 (Stoumbos, Reynolds, 1997; Stoumbos, Reynolds, 2001). 序惯概率比检验控制图充分利用了序惯概率比检验的优良性质, 使其平均报警时间得到了很大的提高. Stoumbos, Reynolds (1997) 仅考虑到了样本抽取时间可忽略的情况, Stoumbos, Reynolds (2001) 则取消了此限制. Stoumbos, Reynolds (1997) 和 Stoumbos, Reynolds (2001) 均利用积分方程求解平均报警时间, 但 Stoumbos, Reynolds (2001) 利用了某些近似, 使计算效率得到了极大的提高. 详细计算过程可参考 (Stoumbos, Reynolds, 2001) 或本书第 10 章.

第 7 章　关于 profile 控制图的设计理论与方法

在前面几章的 SPC 应用中, 总是假设过程的质量信息可由产品的某个质量属性的分布描述出来. 比如说, 某个生产饮料的过程, 一个很显然的质量特征即是每瓶饮料的净重是否达标, 那么这个重量的分布即能够从一定程度上描述生产线是否运转正常. 然而, 随着工业领域自动化的高灵敏度传感器等设备的普及应用, 信息服务业领域的高性能计算机科技的发展, 在线大规模、高维、复杂数据快速收集得以实现, 在许多问题中, 我们所关心的产品质量已经不是简单的某个或某几个指标的均值或方差 (或分布), 而是需要用一些自变量和响应之间的关系才能更好地刻画或衡量. 也就是说, 在抽样点上, 我们得到的观测值可以看做是一些回归曲线. 这样的问题称为 profile 数据问题. profile 数据在许多实际问题中, 比如半导体制造、金融风险和信息服务业方面, 都有着非常重要的应用, 因此亦是当今 SPC 领域的热点研究问题之一, 有兴趣的读者可参见综述性文章 (Woodall, Spitzner, Montgomery, Gupta, 2004; Woodall, 2007). 在本章中, 将对这样数据问题的在线监控和诊断给出一些介绍和讨论.

7.1　关于线性 profile 的控制图

简单线性模型 (即直线回归模型) 简单明了且计算简便, 其在实际中常常用到, 因此本节首先介绍该类数据模型的监控诊断技术.

首先看一个来自半导体制造业的例子 (Kang, Albin, 2000). 在这个例子中, 我们将一个半导体的晶圆放入一个密闭的容器中, 而容器中的气体不断地将其上的光阻材料溶蚀从而形成一定具有特定形态的芯片. 这个溶蚀过程的质量主要是依靠一个所谓的密度流量控制器 (mass flow controller, MFC) 的稳定性. 也就是说, 当 MFC 运转良好时, 整个溶蚀过程可控, 反之, 则会变得很不可靠. 而由物理知识可知当 MFC 可控时, 容器内的压力 P 与容器中气体的流量 X 具有如下近似的线性关系

$$P = P_0 + \left(\frac{Q_{\max}RTt}{V}\right)X,$$

其中 $Q_{\max}$ 表示最大流量, R 是气体的种类, V 代表容器的容积, T 表示容器的温度, t 代表时间, 而截距项 P_0 是基本压力. 当 MFC 失控时, 上面的线性关系则将

不成立, 至少回归模型的参数会发生一定变化. 因此, 为了监控 MFC 的运转, 工程师们通常在每一个固定时刻, 抽取 n 个观测 $\{p_i, x_i\}_{i=1}^n$, 之后使用适当的过程控制图来监控统计模型是否成立, 这就是一个 profile 数据监控过程. 下面介绍一种常用的监控这类数据的联合控制图方法 (Kim, Mahmoud, Woodall, 2003).

假设 $\{(x_i, y_{ij}), i = 1, 2, \cdots, n\}$ 是在第 j 时刻收集到的 profile 随机样本. 当过程可控时,

$$y_{ij} = A_0 + A_1 x_i + \varepsilon_{ij}, \quad i = 1, 2, \cdots, n, \tag{7.1}$$

其中 ε_{ij} 是均值为零方差为 σ^2 的独立同分布的正态随机变量. 通过将协变量 x_i 中心化, 亦可将 (7.1) 转化为等价模型

$$y_{ij} = B_0 + B_1 x_i^* + \varepsilon_{ij}, \quad i = 1, 2, \cdots, n, \tag{7.2}$$

其中 $B_0 = A_0 + A_1 \bar{x}$, $B_1 = A_1$, $x_i^* = (x_i - \bar{x})$, $\bar{x} = \dfrac{1}{n} \sum\limits_{i=1}^n x_i$. 对于 j 个样本, 由第 1 章的知识易知 B_0, B_1 和 σ^2 的最小二乘估计分别是

$$b_{0j} = \bar{y}_j, \quad b_{1j} = \frac{S_{xy(j)}}{S_{xx}}, \quad \mathrm{MSE}_j = \frac{1}{n-2} \sum_{i=1}^n (y_{ij} - b_{1j} x_i^* - b_{0j})^2, \tag{7.3}$$

其中 $\bar{y}_j = \dfrac{1}{n} \sum\limits_{i=1}^n y_{ij}$, $S_{xx} = \sum\limits_{i=1}^n (x_i - \bar{x})^2$, $S_{xy(j)} = \sum\limits_{i=1}^n (x_i - \bar{x}) y_{ij}$. 注意到这三个估计量是独立的. 因此, 自然地如下三个 EWMA 形式的控制图可以有效地对模型 (7.2) 进行监控: (EWMA$_I$, EWMA$_S$, EWMA$_E$) 分别监控截距 (B_0), 斜率 (B_1) 和标准差 (σ) 是否发生变化,

$$\mathrm{EWMA}_I(j) = \theta b_{0j} + (1 - \theta) \mathrm{EWMA}_I(j - 1),$$

$$\mathrm{EWMA}_S(j) = \theta b_{1j} + (1 - \theta) \mathrm{EWMA}_S(j - 1),$$

$$\mathrm{EWMA}_E(j) = \max \left\{ \theta \ln(\mathrm{MSE}_j) + (1 - \theta) \mathrm{EWMA}_E(j - 1), \ln(\sigma^2) \right\},$$

其中 $\mathrm{EWMA}_I(0) = B_0$, $\mathrm{EWMA}_S(0) = B_1$, $\mathrm{EWMA}_E(0) = \ln(\sigma^2)$, 而 θ 是 EWMA 的光滑参数. 三个控制图联合使用, 其中如果任意一个报警, 则监控过程停止. 这个控制图显然也比较容易进行报警后的诊断, 也就是说, 哪个控制图报警, 则可认为哪个参数发生了变化. Li, Wang (2010b) 考虑了把上面的三个 EWMA 控制图加上可变抽样区间, 使得监测效率得到了提高.

在上面的控制图中, 假设可控状态下的参数 B_0, B_1 和 σ 是已知的, 但是这在通常情况下都是很难做到的. 因此在开始监控之前需要对这些参数进行估计. 但是, 如前面几章所知, 当可控样本不充分时, 参数估计问题会导致我们设计的控制

图的性质受到极大的污染. 解决这个问题的方法之一是使用自启动类型的 Q 图, 下面就介绍一种目前最为流行的使用迭代残差的 Q 图 (Zou, Zhou, Wang, Tsung, 2007). 首先将 $m-1$ 个可控历史 profile 样本和在线观测得到的第 $m, m+1, \cdots$ 个样本容量为 n 的样本合并为一个大的随机样本, 也就是, $\{(x_i, y_{ij}), i = 1, 2, \cdots, n, j = 1, 2, \cdots, m-1, m, m+1, \cdots\}$. 为了方便, 令 $y_{(j-1)n+i} = y_{ij}$, $i = 1, 2, \cdots, n$, $j = 1, 2, \cdots$. 则对于将来的在线观测样本, 定义如下的标准迭代残差:

$$e_{ij} = \frac{y_{(j-1)n+i} - z_i^{\mathrm{T}} \beta_{(j-1)n+i-1}}{\sqrt{S_{(j-1)n+i-1}(1 + z_i^{\mathrm{T}}(X_{(j-1)n+i-1}^{\mathrm{T}} X_{(j-1)n+i-1})^{-1} z_i)}},$$

$$i = 1, 2, \cdots, n, \quad j = m, m+1, \cdots, \tag{7.4}$$

其中

$$z_i^{\mathrm{T}} = (1, x_i), \quad y_{(j-1)n+i-1}^{\mathrm{T}} = (y_1, y_2, \cdots, y_{(j-1)n+i-1}),$$

$$X_{(j-1)n+i-1}^{\mathrm{T}} = (\overbrace{z_1, z_2, \cdots, z_n, z_1, z_2, \cdots, z_n, \cdots}^{(j-1) \times n}, z_1, z_2, \cdots, z_{i-1}),$$

$$\beta_t = (X_t^{\mathrm{T}} X_t)^{-1} X_t^{\mathrm{T}} y_t,$$

$$S_t = \frac{1}{t-2}(y_t - X_t \beta_t)^{\mathrm{T}}(y_t - X_t \beta_t).$$

在可控模型下, 由第 1 章知识可知, e_{ij} 服从自由度为 $(j-1)n+i-3$ 的 t 分布 (Brown, Durbin, Evans, 1975). 利用 Basu 引理, 亦可证明 e_{ij} 是独立的. 因此, 通过一个变换可得到如下的统计量

$$w_{ij} = \Phi^{-1}\left[T_{(j-1)n+i-3}(e_{ij})\right],$$

这也可看做一类 Q 统计量, 其中 Φ^{-1} 标准正态随机变量的逆累积分布函数, T_ν 是自由度为 ν 的 t 分布的累积分布函数. 由此, $\{w_{ij}, i = 1, 2, \cdots, n, j = m, m+1, \cdots\}$ 是一列独立的标准正态随机变量.

当过程在某个时刻之后发生了变化, 也就是在观测到某个 profile 样本之后, 比如第 τ 个样本, Q 统计量 $\{w_{ij}, i = 1, 2, \cdots, n, j = \tau+1, k+2, \cdots\}$ 的分布则会与 $\{w_{ij}, i = 1, 2, \cdots, n, j = 1, \cdots, \tau\}$ 大不相同. 它们间的区别则可被用来进行有效地监控. 对于变换后的残差

$$\{w_{ij}, i = 1, 2, \cdots, n, j = m, m+1, \cdots\},$$

令 $\bar{w}_j = \dfrac{1}{n}\sum_{i=1}^{n} w_{ij}$ 和 $S_{w_j} = \dfrac{1}{n-1}\sum_{i=1}^{n}(w_{ij} - \bar{w}_j)^2$ 分别表示第 j 组的样本均值和方

差. 定义两个 EWMA 统计量，EWMA_{IS} 和 EWMA_σ，如下：

$$\text{EWMA}_{\text{IS}}(j) = \lambda\sqrt{n}\bar{w}_j + (1-\lambda)\text{EWMA}_{\text{IS}}(j-1), \tag{7.5}$$

$$\text{EWMA}_\sigma(j) = \max\left(0, \lambda\sqrt{\frac{n-1}{2}}(S_{w_j}-1) + (1-\lambda)\text{EWMA}_\sigma(j-1)\right), \tag{7.6}$$

其中 $j = m, m+1, \cdots$，$\text{EWMA}_{\text{IS}}(m-1) = \text{EWMA}_\sigma(m-1) = 0$，而 $\lambda\ (0 < \lambda \leqslant 1)$ 是一个光滑参数. 这里介绍的自启动控制图就是这两个 EWMA 控制图的结合，也就是说，当 $\text{EWMA}_{\text{IS}}(j) < \text{LCL}_{\text{IS}}$ 或者 $\text{EWMA}_{\text{IS}}(j) > \text{UCL}_{\text{IS}}$ 且/或 $\text{EWMA}_\sigma(j) > \text{UCL}_\sigma$ 时控制图报警，其中 UCL_{IS}，LCL_{IS} 和 UCL_σ 是使得达到某个给定的可控平均运行长度的控制线. 注意到这里的 EWMA_σ 控制图 (7.6) 是一个单边控制图用于检测 profile 方差的增大变化. 如果方差的减小也是我们所关心的，则一些其他的能够同时有效监控方差增大和减小的 SPC 技术亦可借鉴，在 7.2 节将会看到其中一个有效的方法.

从定义中我们可看到，EWMA_{IS} 控制图用于监控截距和斜率项，而 EWMA_σ 对于过程中的方差漂移更加地有效. 在可控状态下，由于 $w_{ij} \sim N(0,1)$，统计量 $\sqrt{n}\bar{w}_j$ 和 $\sqrt{\frac{n-1}{2}}(S_{w_j}-1)$ 是独立的、服从于标准正态和变尺度的 χ^2 分布. 因此对每个控制图，它们的可控状态下的平均运行长度都可由马氏链方法计算得到. 但是，由于这两个控制图并不是独立的，故联合控制图的平均运行长度需要通过一个二维的马氏链才能够近似得到 (参见本章附录). 这里通常假设三个参数是同等重要的，因此 EWMA_σ 控制图的可控平均运行长度应该大致是 EWMA_{IS} 控制图的两倍. 对于给定的一些可控 ARL 以及常用的一些样本容量 $n = 3, 4, \cdots, 10, 15, 20$，控制图的控制线列在表 7.1 中 (注意 $\text{LCL}_{\text{IS}} = -\text{UCL}_{\text{IS}}$).

另一种常用自启动类型的 profile 控制图是利用序贯变点探查的方法 (Zou, Zhang, Wang, 2006)，其运算量相较前面的方法较大，但无需确定光滑参数且综合监控效果更好，这里也给予一定介绍.

考虑如下的过程模型

$$y_{ij} = A_{0j} + A_{1j}x_i + \varepsilon_{ij},$$
$$i = 1, 2, \cdots, n, \quad j = 1, 2, \cdots, m, m+1\cdots.$$

在观测到第 t 组在线 profile 数据后，我们关心的统计零假设是对于所有的 j，是否有 $A_{0j} = A_0$，$A_{1j} = A_1$ 和 $\sigma_j = \sigma$；而备择假设是过程一开始是可控的，但是在某个变点 $\tau(\tau \geqslant m)$ 之后，对于 $j = 1, 2, \cdots, m, m+1, \cdots, \tau$，$A_{0j}$，$A_{1j}$ 和 σ_j 分别是等于 A_0，A_1 和 σ，而最后的 $m+t-\tau$ 个 profile 样本有相同的截距、斜率和标准差，也就

表 7.1　自启动 profile 控制图的控制线

IC \ ARL	200	300	370	400	500	200	300	370	400	500
			$n=3$					$n=4$		
UCL_{IS}	0.9250	0.9741	0.9982	1.0066	1.0320	0.9276	0.9746	0.9978	1.0062	1.0302
UCL_σ	1.3596	1.4577	1.5064	1.5243	1.5769	1.2959	1.3794	1.4214	1.4369	1.4812
			$n=5$					$n=6$		
UCL_{IS}	0.9271	0.9748	0.9985	1.0071	1.0313	0.9268	0.9745	0.9986	1.0066	1.0311
UCL_σ	1.2530	1.3318	1.3717	1.3864	1.4280	1.2235	1.2983	1.3372	1.3501	1.3895
			$n=7$					$n=8$		
UCL_{IS}	0.9270	0.9746	0.9985	1.0067	1.0310	0.9271	0.9746	0.9983	1.0067	1.0310
UCL_σ	1.2021	1.2739	1.3107	1.3235	1.3615	1.1856	1.2549	1.2902	1.3029	1.3397
			$n=9$					$n=10$		
UCL_{IS}	0.9271	0.9745	0.9982	1.0070	1.0311	0.9270	0.9745	0.9982	1.0070	1.0311
UCL_σ	1.1720	1.2396	1.2739	1.2868	1.3233	1.1607	1.2269	1.2605	1.2731	1.3078
			$n=15$					$n=20$		
UCL_{IS}	0.9270	0.9748	0.9982	1.0067	1.0310	0.9268	0.9747	0.9982	1.0072	1.0313
UCL_σ	1.1236	1.1860	1.2168	1.2284	1.2601	1.1035	1.1621	1.1918	1.2032	1.2340

是 A_0', A_1' 和 σ'. 令 $k = m+t$, $\bar{y}_{kn} = \dfrac{1}{kn} \sum\limits_{j=1}^{k} \sum\limits_{i=1}^{n} y_{ij}$ 和 $S_{xy(kn)} = \sum\limits_{j=1}^{k} \sum\limits_{i=1}^{n} (x_i - \bar{x}) y_{ij}$. 则对于 t 组样本的对数似然函数是

$$-\frac{1}{2} \sum_{j=1}^{k} \sum_{i=1}^{n} \left[\ln(2\pi\sigma_j^2) + \frac{(y_{ij} - A_{0j} - A_{1j} x_i)^2}{\sigma_j^2} \right].$$

如果数据是在可控状态下收集得到的, 则对数似然函数的最大值是

$$l_0 = -\frac{kn}{2} \ln(2\pi) - \frac{kn}{2} \ln(\widehat{\sigma}_{kn}^2) - \frac{kn}{2},$$

其中 $\widehat{\sigma}_{kn}^2 = \dfrac{1}{kn} \sum\limits_{j=1}^{k} \sum\limits_{i=1}^{n} (y_{ij} - \widehat{A}_{0(kn)} - \widehat{A}_{1(kn)} x_i)^2$, $\widehat{A}_{1(kn)} = \dfrac{S_{xy(kn)}}{k S_{xx}}$, $\widehat{A}_{0(kn)} = \bar{y}_{kn} - \widehat{A}_{1(kn)} \bar{x}$. 类似地, 令

$$\bar{y}_{k_1 n} = \frac{1}{k_1 n} \sum_{j=1}^{k_1} \sum_{i=1}^{n} y_{ij}, \quad S_{xy(k_1 n)} = \sum_{j=1}^{k_1} \sum_{i=1}^{n} (x_i - \bar{x}) y_{ij},$$

$$\bar{y}_{k_2 n} = \frac{1}{k_2 n} \sum_{j=k_1+1}^{k} \sum_{i=1}^{n} y_{ij}, \quad S_{xy(k_2 n)} = \sum_{j=k_1+1}^{k} \sum_{i=1}^{n} (x_i - \bar{x}) y_{ij},$$

其中 $k_2 = k - k_1$, $m \leqslant k_1 < k$. 如果在第 k_1 个样本之后发生了一个漂移, 相应的对

数似然函数最大值为

$$l_1 = -\frac{kn}{2}\ln(2\pi) - \frac{k_1 n}{2}\ln(\widehat{\sigma}^2_{k_1 n}) - \frac{k_2 n}{2}\ln(\widehat{\sigma}^2_{k_2 n}) - \frac{kn}{2},$$

其中

$$\widehat{\sigma}^2_{k_1 n} = \frac{1}{k_1 n}\sum_{j=1}^{k_1}\sum_{i=1}^{n}(y_{ij} - \widehat{A}_{0(k_1 n)} - \widehat{A}_{1(k_1 n)}x_i)^2,$$

$$\widehat{\sigma}^2_{k_2 n} = \frac{1}{k_2 n}\sum_{j=k_1+1}^{k}\sum_{i=1}^{n}(y_{ij} - \widehat{A}_{0(k_2 n)} - \widehat{A}_{1(k_2 n)}x_i)^2,$$

$$\widehat{A}_{1(k_1 n)} = \frac{S_{xy(k_1 n)}}{k_1 S_{xx}}, \quad \widehat{A}_{1(k_2 n)} = \frac{S_{xy(k_2 n)}}{k_2 S_{xx}},$$

$$\widehat{A}_{0(k_1 n)} = \bar{y}_{k_1 n} - \widehat{A}_{1(k_1 n)}\bar{x}, \quad \widehat{A}_{0(k_2 n)} = \bar{y}_{k_2 n} - \widehat{A}_{1(k_2 n)}\bar{x}.$$

合并 l_0 和 l_1, 得到经典的似然比检验统计量

$$lr(k_1 n, kn) = -2(l_0 - l_1) = kn\ln[\widehat{\sigma}^2_{kn}(\widehat{\sigma}^2_{k_1 n})^{-\frac{k_1}{k}}(\widehat{\sigma}^2_{k_2 n})^{-\frac{k_2}{k}}].$$

定义

$$lr_{\max,m,k} = \max_{m \leqslant k_1 < k} lr(k_1 n, kn),$$

其中 m 是历史数据的个数. 我们自然地可利用 $lr_{\max,m,k}$ 建立线性 profile 控制图. 这里需要注意的是, 不像经典的两样本 t 检验统计量, $lr(k_1 n, kn)$ 的分布 (各阶矩) 强烈依赖于 k_1 的大小. Sullivan, Woodall (1996) 指出, 如果似然比统计量的期望不同, 则控制图的效率会受到很大损失. 事实上, $lr(k_1 n, kn)$ 的方差随着 k_1 的变化而变化很多并且影响控制图的性能. 因此, 这里为了抵消 $lr(k_1 n, kn)$ 的期望和方差的随 k_1 变化对控制图的影响, 我们自然地使用标准化的 $lr(k_1 n, kn)$, 定义如下:

$$slr(k_1 n, kn) = \frac{lr(k_1 n, kn) - E[lr(k_1 n, kn)]}{\sqrt{\mathrm{Var}[lr(k_1 n, kn)]}}.$$

模拟发现使用 $slr(k_1 n, kn)$ 的变点控制图一致地比 $lr(k_1 n, kn)$ 表现得更好.

尽管 $lr(k_1 n, kn) \xrightarrow{d} \chi^2(3)$, 如果 $k_1, k, k - k_1 \to \infty$ (Serfling, 1980), 但对于固定的 k_1 这个收敛不成立. 对于给定的 k_1, 有如下的结论.

命题 7.1　在零假设下, 固定 k_1, $k \to \infty$,

$$lr(k_1 n, kn) \xrightarrow{d} z_1 - k_1 n \ln\frac{z_1}{k_1 n} + z_2 + z_3 - k_1 n,$$

其中

$$z_1 = k_1 n \frac{\widehat{\sigma}_{k_1 n}^2}{\sigma^2} \sim \chi^2(k_1 n - 2), \quad z_2 = k_1 n \left(\frac{\bar{y}_{k_1 n} - A_1 \bar{x} - A_0}{\sigma} \right)^2 \sim \chi^2(1),$$

$$z_3 = k_1 \left(\frac{\frac{1}{k_1} S_{xy(k_1 n)} - \sum_1^n (x_i - \bar{x})(A_1 x_i + A_0)}{\sigma \sqrt{S_{xx}}} \right)^2 \sim \chi^2(1),$$

且 z_1, z_2 和 z_3 是独立的.

该命题的证明参见附录. 由此,可使用该极限分布的期望和方差来标准化 $lr(k_1 n, kn)$. 有如下命题 (证明见附录).

命题 7.2

$$E[lr(k_1 n, \infty)] = k_1 n \left[\ln \left(\frac{k_1 n}{2} \right) - \psi_0 \left(\frac{k_1 n - 2}{2} \right) \right], \tag{7.7}$$

$$\mathrm{Var}[lr(k_1 n, \infty)] = (k_1 n)^2 \psi_1 \left(\frac{k_1 n - 2}{2} \right) - 2 k_1 n, \tag{7.8}$$

其中 $\psi_0(\cdot)$ 和 $\psi_1(\cdot)$ 分别是 digamma 和 trigamma 函数.

因为具有迭代式,计算 ψ_0 和 ψ_1 是相当方便的 (参见附录). 另外注意到,当过程是可控的, $lr(k_1 n, kn)$ 的分布是关于 $k_1 n$ 对称的,也就是说 $lr(k_1 n, kn)$ 和 $lr((k - k_1)n, kn)$ 是同分布的. 由此,得到如下的标准化似然比统计量:

$$slr(k_1 n, kn) = \frac{lr(k_1 n, kn) - E[lr(k_1 n, \infty)]}{\sqrt{\mathrm{Var}[lr(k_1 n, \infty)]}}. \tag{7.9}$$

当观测到第 t 个在线样本后,定义最大似然比统计量

$$slr_{\max, m, k} = \max_{m \leqslant k_1 < k} slr(k_1 n, kn), \tag{7.10}$$

其中 $k = m + t$. 考虑如下的控制方法:

- 当观测到第 t 个样本之后,计算 $slr_{\max, m, k}$;
- 如果 $slr_{\max, m, k} \leqslant h_{m, t}$,则抽取下一个样本,其中 $h_{m, t}$ 是根据可控平均运行长度选定的一列控制线;
- 如果 $slr_{\max, m, k} > h_{m, t}$,则认为过程失控,发生警报.

对于给定的平均运行长度 $(1/\alpha)$,控制线 $h_{m, t}(\alpha)$ 可通过求解下面的方程获得:

$$P \left(Y_{\max}(m, t) > h_{m, t}(\alpha) \Big| slr_{\max, m, i} \leqslant h_{m, i}(\alpha), 1 \leqslant i < t \right) = \alpha, \quad t > 1,$$

$$P \left(slr_{\max, m, 1} > h_{m, 1}(\alpha) \right) = \alpha.$$

当然,这个条件概率很难有解析解. 但得益于现在个人高速计算机的普及,我们不难通过模拟的方法来求取 $h_{m, t}(\alpha)$ 的近似值 (Zou, Zhang, Wang, 2006). 在实际应用中,为了方便建图,可计算统计量 $slr_{\max, m, k}/h_{m, k}(\alpha)$ 使得控制线为常数 1.

7.2 关于一般线性 profile 数据的控制图

在很多应用问题中, 简单线性回归模型不能满足需要, 而多重回归模型或者多项式模型的 profile 能够更好地刻画数据. 在本节中考虑如何构造一般线性 profile 数据的控制图. 首先看一个实例.

考虑一个名为深度反应离子溶蚀过程 (deep reactive ion etching, DRIE), 它是半导体芯片微创系统中的一个关键步骤 (7.1 节). 整个过程包含了一个被称为电感耦合等离子体硅蚀刻的复杂的化学–机械反应. 机器的核心部分是一个过程室, 在其中进行晶圆加载和处理. 该系统首先推出蚀刻进入过程室进行等离子体蚀刻设计, 然后, 在沉积步骤中, 进入过程室生成生保护膜侧壁. 蚀刻和沉积步骤反复交替, 直到达到预设的处理时间和结束点, 最后检测模块以确认正确的蚀刻深度.

在 DRIE 过程中, 晶圆蚀刻质量是通过电子显扫描微镜进行测量的, 而最重要的质量特性之一是配置文件一个沟槽蚀刻的形状, 也就是一个 profile, 其会显著地影响后期的工艺. 所需的 profile 是较光滑且具有垂直侧壁的, 正如图 7.1 中间的示意图所示, 理想情况下, 侧壁是垂直于底部且具有一定光滑度和较为平滑的左右弯角的. profile 形状各异, 图 7.1 中左右各两种, 这是由于在蚀刻过程中过度蚀刻和蚀刻不足导致的, 它们通常都被认为是不可接受的.

负　　　　　　　　　　　　　正

图 7.1 DRIE 过程溶蚀 profile 的示意图

当前工业生产中的常用作法是监控该 profile 的侧壁和底部. 虽然我们可以使用侧壁和底部之间的角度来衡量, 但其未能充分反映沟槽的剖面信息, 并且在许多情况下, 这样做无法区分出很多不同的 profile 类型. 因此很自然地可考虑直接监测沟槽剖面, 这样能够获得比较完整的信息从而进行有效监测和诊断, 但其显然不能被看成一条直线. 事实上, 工程师指出, 通常左右端角包含了用于判断是否失控足够的信息, 而两端一般是对称的, 所以在应用中, 一般工程师选取左侧的弯角进行监控. 首先, 对每一个 profile 建立同样的坐标系, 并找到一个参照点 A, 如图 7.2(a) 所示. 然后以 A 为原点旋转 profile 左侧弯角 45° 如图 7.2(b) 和 (c) 所示. 则该弯角可以被看做一个二次多项式的函数模型.

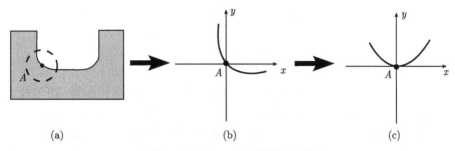

图 7.2　DRIE profile 建模的示意图

考虑如下的模型. 假设在第 j 个抽样点获得观测 $(\boldsymbol{X}_j, \boldsymbol{Y}_j)$, 其中 $\boldsymbol{Y}_j$ 是 n_j 维向量, $\boldsymbol{X}_j$ 是 $n_j \times p$ $(n_j > p)$ 矩阵. 假设过程在可控状态, 数据是由如下的 profile 模型得到的

$$\boldsymbol{Y}_j = \boldsymbol{X}_j \boldsymbol{\beta} + \boldsymbol{\varepsilon}_j,$$

其中 $\boldsymbol{\beta} = (\beta^{(1)}, \beta^{(2)}, \cdots, \beta^{(p)})$ 是 p 维系数向量, $\boldsymbol{\varepsilon}_j$ 是 i.i.d. 的 n_j 期望为 $\boldsymbol{0}$、方差为 $\sigma^2 \boldsymbol{I}$ 的多元正态随机向量. 不失一般性, 假设 $\boldsymbol{X}_j$ 可写成形式 $(\boldsymbol{1}, \boldsymbol{X}_j^*)$, 其中 $\boldsymbol{X}_j^*$ 和 $\boldsymbol{1}$ 正交. 这里 $\boldsymbol{1}$ 代表为元素全为 1 的 n_j 维向量. n_j 在 profile 的应用中经常假设是相同的 (记为 n), 并且解释变量 $\boldsymbol{X}_j$ 对不同的 j 也是相同的 (记为 $\boldsymbol{X}$).

对于这样的一个一般线性 profile 模型, 总共有 $p+1$ 个参数、p 个系数和标准差 σ, 需要被同时进行监控. 定义

$$\boldsymbol{Z}_j(\boldsymbol{\beta}) = (\widehat{\boldsymbol{\beta}}_j - \boldsymbol{\beta})/\sigma,$$
$$Z_j(\sigma) = \Phi^{-1}\left\{ F\big((n-p)\widehat{\sigma}_j^2/\sigma^2; n-p\big) \right\},$$

其中 $\widehat{\boldsymbol{\beta}}_j = (\boldsymbol{XTX})^{-1}\boldsymbol{X}^{\mathrm{T}}\boldsymbol{Y}_j$, $\widehat{\sigma}_j^2 = \dfrac{1}{n-p}(\boldsymbol{Y}_j - \boldsymbol{X}\widehat{\boldsymbol{\beta}}_j)^{\mathrm{T}}(\boldsymbol{Y}_j - \boldsymbol{X}\widehat{\boldsymbol{\beta}}_j)$, $\Phi^{-1}(\cdot)$ 是逆标准正态分布函数, $F(\cdot; \nu)$ 是自由度为 ν 的卡方分布 (χ_ν^2) 的分布函数. 这样的变换类似前面介绍过的 Q 统计量的构造, 具有如下的优良性质: 当过程可控时, $Z_j(\sigma)$ 是与样本大小 n 无关的, 因此可以很方便地处理可变样本数的情况; 同样原因, 由此设计的控制图的控制线不依赖于 n, 方便我们的设计; 另外一个优势是 $Z_j(\sigma)$ 的分布是对称的, 使得控制图将会对 profile 方差的减小亦相当敏感. 记 $\boldsymbol{Z}_j$ 为 $(\boldsymbol{Z}_j^{\mathrm{T}}(\boldsymbol{\beta}), Z_j(\sigma))^{\mathrm{T}}$. 当过程可控时, 该向量是期望为 $\boldsymbol{0}$ 方差阵为 $\boldsymbol{\Sigma} = \begin{pmatrix} (\boldsymbol{X}^{\mathrm{T}}\boldsymbol{X})^{-1} & \boldsymbol{0} \\ \boldsymbol{0} & 1 \end{pmatrix}$ 的多元正态随机向量.

定义多元 EWMA 序列

$$\boldsymbol{W}_j = \lambda \boldsymbol{Z}_j + (1 - \lambda)\boldsymbol{W}_{j-1}, \quad j = 1, 2, \cdots,$$

其中 W_0 是 $(p+1)$ 维初始向量, $0 < \lambda \leqslant 1$ 是权参数. 多元 EWMA 控制图在

$$U_j = W_j^{\mathrm{T}} \Sigma^{-1} W_j > L \frac{\lambda}{2 - \lambda}$$

的情况下报警, 其中 $L > 0$ 是根据可控平均运行长度而定的控制线. 通常较大的 λ 对大漂移较敏感而小的 λ 对中小漂移较敏感. 一般推荐取 $0.05 \sim 0.2$. 初始向量 W_0 可简单地取 $\mathbf{0}$ 而控制线 L 在取定其他参数下可通过二分法搜索得到. 注意到, 该控制图的可控和失控平均运行长度均可由马氏链的方法近似得到 (参见本章附录). 这从很大程度上方便了我们的构造.

在前面章节中可以看到, 可变抽样区间 (VSI) 的方法可以有效地加强 SPC 监控方案的效率. 由于上述 profile-MEWMA 控制图的的简便性, 其可被容易地推广到 VSI 情形下, 它的设计和实施都不需要增加太多的工作, 但却可大大提高检测效率. 这里考虑两个抽样区间大小 $0 < d_1 \leqslant d_2$. 为了构造 VSI 控制图, 需要增加一个警告线 $0 \leqslant L_1 \leqslant L$ 来决定抽样区间的大小. 具体来说, 在第 j 个样本获得后, 计算 U_j, 如果其落在警告线 $L_1 \frac{\lambda}{2 - \lambda}$ 之内, 则间隔较大的时间, d_2, 来抽取下一个样本. 反之, 如果其落在警告线 $L_1 \frac{\lambda}{2 - \lambda}$ 之外但在报警线 $L \frac{\lambda}{2 - \lambda}$ 之内, 则间隔较小的时间, d_1, 来抽取下一个样本. 如果 U_j 落在报警线 $L_1 \frac{\lambda}{2 - \lambda}$ 之外, 则直接发生警报并终止监控. 我们知道, 对于可变抽样频率的控制图, 其设计和性能的评价是基于平均运行时间这一准则的. 这个 profile-MEWMA 的 VSI 控制图的平均运行时间的计算也可通过马氏链近似的方法完成, 这将在本章的附录中给予一定的介绍.

7.3　关于非参数 profile 的控制图

随着工业领域自动化的高敏感度传感器等设备的普及应用, 在线大量数据快速收集得以实现. 前几节中着重介绍了线性 profile 方法, 它在实践中有广泛的应用. 但是在很多情况下, profile 不能用线性模型很好地表示, 文献中这方面的应用和例子有很多, 如垂直密度 profile (Walker, Wright, 2002)、生产项目的维度监控 (Colosimo, Pacella, 2007)、剂量反应的大规模筛查 (Williams, Birch, Woodall, Ferry, 2007)、以及冲压吨位 profile 问题等 (Jin, Shi, 1999). 至今, 利用统计过程控制来监控和诊断这样的一般的 profile 仍旧是一个难题.

假设随着时间推移观测随机样本, 得到第 j 个样本观测值 (X_j, Y_j), 其中 Y_j 是一个有 n_j 个变量的响应向量, X_j 是 $n_j \times p$ 维矩阵. 假定样本来自模型

$$y_{ij} = g\left(\boldsymbol{X}_j^{(i)}, \boldsymbol{\beta}\right) + \varepsilon_{ij}, \quad i = 1, \cdots, n_j, \quad j = 1, 2, \cdots, \tag{7.11}$$

这里 $\boldsymbol{X}_j^{(i)}$ 代表 $\boldsymbol{X}_j$ 的第 i 列, $\boldsymbol{\beta}$ 是一个 q 维参数向量, ε_{ij} 是独立同分布的正态随机变量, 均值为 0, 方差为 σ_j^2. 函数 g 可以是线性或者非线性的, 具有某种连续或可导的光滑性.

在非线性 profile 情形中, 通过获取每个 profile 中参数的最小二乘估计, 依然可以应用参数控制图, 比如 Kim 等. (2003) 的多元图和 Zou 等. (2007) 的 MEWMA 图. 这通常可以通过高斯-牛顿迭代法来实现. 值得注意的是, 在非线性回归中, 参数估计的精确小样本分布并不像线性回归中那样容易求出. 但是由于参数估计通常是渐近正态的, 故基于参数的控制图仍可应用. 然而, 有限的模拟结果显示, 这种 "粗略的" 控制图不仅会降低受控时的平均运行长度, 而且对失控情况下的表现也有显著影响. 另外当过程失控时, 收敛速度会变慢甚至出现不收敛的情况, 这就加大了计算机的运算量, 从而导致监控和检测失效. 因此, 实际应用中, 参数方法既不可行, 也不便捷. 除此之外, 那些用来监控同时带有线性和非线性回归的模型 (7.11) 的参数方法, 也都存在一个问题: 它们假定受控模型和失控模型除参数不同外, 其他形式都相同. 尽管在线监控开始前, 已经可以确定受控模型, 但是大多数情况下, 确定失控模型并非易事. 尤其是当受控曲线形式复杂时, 例如各种非线性模型. 一般而言, 当与自身的失控模型匹配时, 参数监控方法很有效. 但是当运用于其他类型的失控模型时, 参数方法得到的 ARL 结果并不好. 从统计回归的角度分析, 这与拟合不足检验有关. 这方面经典的例子参见第 5 章 (Hart, 1997). 文献中, 用来检验与特定备选模型无关的拟合不足的方法都是基于非参回归的. 相关文献可以参考 (Horowitz, Spokoiny, 2001; Hart, 1997).

这部分内容, 主要有两个目标: 一是处理非线性 profile 监控问题; 二是解决常用的参数监控方法中潜在的问题, 即由于失控模型判定错误而导致无法监测一些特定类型的变化. 下面将详细介绍几种方法.

7.3.1 基于广义似然比的多元 EWMA 控制图

为描述简便, 这里将选用模型 (7.11) 中协变量为一维的情形. 模型如下

$$y_{ij} = g(x_{ij}) + \varepsilon_{ij}, \quad i = 1, \cdots, n_j, \quad j = 1, 2, \cdots, \tag{7.12}$$

其中 x_{ij} 表示第 j 个 profile 中第 i 次观测的回归量的值. n_j 都相等 (记为 n), 解释变量 $x_{1j}, x_{2j} \cdots, x_{nj}$ 对任何不同的 j, 都是固定的 (记为 $X = \{x_1, x_2, \cdots, x_n\}$). 在非参数回归情形中, 将这类例子称作常见固定设计. 在工业制造业的实际测度应用中, 此类情况较为常见. 不失一般性, 本书假设 $x_1 \leqslant x_2 \leqslant \cdots \leqslant x_n$, 同时 x_i 在 $[0, 1]$ 区间内变化. 否则, 可以通过线性变换和置换转化为此种形式. 该假设只是为了简化参数解释以及技术处理上的需要. 实际应用中, 没有必要进行这样的转换.

首先考虑阶段 II 中受控回归函数 g_0 和方差 σ_0^2 已知的情形, 即假定阶段 I 中使用的受控数据集可以用来很好地估计回归模型. 当受控模型作为基线确定后, 在阶段 II 中, 我们希望能监测到回归函数和 profile 方差的变化. 通常, 回归函数的变化意味着, 可能存在某些引起 profile 的偏差、膨胀、收缩、偏斜的因素. profile 中方差增加很可能是由一个粗略的 profile 引起的, 方差减少则意味着过程的改善.

为监控广义 profile 模型 (7.12), 应同时控制回归函数 g 和标准差 σ. g 的非参数监控方法基于 Fan 等 (2001) 提出的广义似然比 (GLR) 检验统计量. 设 $\{y_i, x_i\}_{i=1}^n$ 是来自模型 (7.12) 的一组随机 profile 样本. 考虑以下简单假设检验问题:

$$H_0 : g = g_0, \quad \sigma = \sigma_0 \longleftrightarrow H_1 : g \neq g_0, \quad \sigma = \sigma_0. \tag{7.13}$$

根据误差项的正态性假设, 对数似然函数为

$$-n \ln \left(\sqrt{2\pi}\sigma \right) - \frac{1}{2\sigma^2} \sum_{i=1}^n \left(y_i - g(x_i) \right)^2.$$

H_0 下的最大似然估计表示形式为

$$l_0 = -n \ln \left(\sqrt{2\pi}\sigma_0 \right) - \frac{1}{2\sigma_0^2} \sum_{i=1}^n \left(y_i - g_0(x_i) \right)^2.$$

Fan 等 (2001) 提出, H_1 下, 可用一个合理的非参数估计来代替未知函数 g, 这样 H_1 下对数似然函数就变为

$$l_1 = -n \ln \left(\sqrt{2\pi}\sigma_0 \right) - \frac{1}{2\sigma_0^2} \sum_{i=1}^n \left(y_i - \widehat{g}(x_i) \right)^2,$$

此时GLR 统计量为

$$lr = -2(l_0 - l_1) = \frac{1}{\sigma_0^2} \left[\sum_{i=1}^n \left(y_i - g_0(x_i) \right)^2 - \left(y_i - \widehat{g}(x_i) \right)^2 \right]. \tag{7.14}$$

lr 值越大, 越可以拒绝原假设.

Fan 等 (2001) 提到局部线性光滑可用来估计 g (Fan, Gijbels, 1996), 这里也采用该方法. 每个给定点 x 的局部线性估计为 $\widehat{g}(x) = \sum_{i=1}^n W_{ni}(x)y_i$, 其中

$$W_{ni}(x) = U_{ni}(x) \Big/ \sum_{j=1}^n U_{nj}(x),$$

$$U_{nj}(x) = K_h(x_j - x) \left[m_{n2}(x) - (x_j - x)m_{n1}(x) \right],$$

$$m_{nl}(x) = \frac{1}{n} \sum_{j=1}^n (x_j - x)^l K_h(x_j - x), \quad l = 1, 2,$$

且 $K_h(\cdot) = K(\cdot/h)/h$, K 为对称概率密度函数, h 为带宽. 为叙述方便, 定义一个 $n \times n$ 的光滑矩阵 $\boldsymbol{W}$,

$$\boldsymbol{W} = (\boldsymbol{W}_n(x_1), \boldsymbol{W}_n(x_2), \cdots, \boldsymbol{W}_n(x_n))^{\mathrm{T}},$$

其中 $\boldsymbol{W}_n(x_i) = (W_{n1}(x_i), W_{n2}(x_i), \cdots, W_{nn}(x_i))^{\mathrm{T}}$. 这样, (7.14) 中的 lr 就可以改写为向量矩阵的形式:

$$lr = \frac{1}{\sigma_0^2} \left[(\boldsymbol{Y} - \boldsymbol{G}_0)^{\otimes} - (\boldsymbol{Y} - \boldsymbol{W}\boldsymbol{Y})^{\otimes} \right],$$

其中 $\boldsymbol{G}_0 = (g_0(x_1), g_0(x_2), \cdots, g_0(x_n))^{\mathrm{T}}$, $\boldsymbol{Y} = (y_1, y_2, \cdots, y_n)^{\mathrm{T}}$, $\boldsymbol{A}^{\otimes}$ 表示 $\boldsymbol{A}^{\mathrm{T}}\boldsymbol{A}$.

Fan 等 (2001) 揭示了 Wilks 现象: 在适当的正则条件下, (7.14) 的渐近零分布与讨厌函数是独立的, 同时近似服从 χ^2 分布. 因此, 可以基于 lr 统计量构造控制图. 但是, 由于 lr 的小样本分布依赖于 g_0, 故建构监控广义 profile 的控制图将变得很困难且不可行. 因为预先 g_0 已知, 则若要克服此类困难, 可以先将每个数据集 $\{y_i, x_i\}_{i=1}^n$ 转换为 $\{y_i - g_0(x_i), x_i\}_{i=1}^n$. 就像 Fan 等 (2001) 提到的那样, 此时检验问题 (7.13) 等价于 $H_0: g = 0 \quad \sigma = \sigma_0 \longleftrightarrow H_1: g \neq 0 \quad \sigma = \sigma_0$. 定义 $z_i = (y_i - g_0(x_i))/\sigma_0$ 及 $\boldsymbol{Z} = (z_1, z_2, \cdots, z_n)^{\mathrm{T}}$. 则 GLR 统计量化为

$$lr_z = \boldsymbol{Z}^{\otimes} - (\boldsymbol{Z} - \boldsymbol{W}\boldsymbol{Z})^{\otimes} = \boldsymbol{Z}^{\mathrm{T}}\boldsymbol{V}\boldsymbol{Z}^{\mathrm{T}},$$

其中 $\boldsymbol{V} = \boldsymbol{W}^{\mathrm{T}} + \boldsymbol{W} - \boldsymbol{W}^{\otimes}$. 下面的命题显示出 GLR 检验统计量 lr_z 具有一些优良的性质.

命题 7.3 假设附录中条件成立, 则有以下结论: (i) H_0 下, $lr_z \xrightarrow{\mathcal{L}} N(\mu_z, \sigma_z^2)$, 其中

$$\mu_z = \frac{2}{h} \left(K(0) - \frac{1}{2} \int K^2(t)\mathrm{d}t \right), \quad \sigma_z^2 = \frac{8}{h} \int \left(K(t) - \frac{1}{2} K * K(t) \right)^2 \mathrm{d}t.$$

(ii) 当 $g(u) - g_0(u) = \Delta_n(u) \propto n^{-4/9}$, 其中 $\Delta_n(u)$ 有连续二阶导数, GLR 检验总有着相当高的势.

假设依时间顺序收集到第 j 个随机 profile, 有观测集 $\{x_i, y_i\}_{i=1}^n$. 记

$$\boldsymbol{Y}_j = (y_{j1}, y_{j2}, \cdots, y_{jn})^{\mathrm{T}},$$
$$\boldsymbol{Z}_j = (\boldsymbol{Y}_j - \boldsymbol{G}_0)/\sigma_0.$$

因为回归关系和方差都需要监控, 所以对 σ_j 的非参数检验也是必要的. 当附录条件 (a)-(d) 都满足时, 有下面的结论:

$$\hat{\sigma}_j^2 = \frac{1}{n} (\boldsymbol{Z} - \boldsymbol{W}\boldsymbol{Z})^{\otimes} = \sigma_j^2 + O_p(n^{-\frac{1}{2}}) + O_p((nh)^{-1}),$$

这样就可以利用统计量 $(\boldsymbol{Z} - \boldsymbol{W}\boldsymbol{Z})^{\otimes}$ 来构造一个合理的检验来检测方差的变化, 值越大, 表明过程中的方差发生了变化. 为了对方差变小的情况也敏感, 类似参数多元 EWMA 的处理方法, 将 $\hat{\sigma}_j^2$ 转换为一个正态随机变量:

$$\tilde{\sigma}_j = \Phi^{-1}\left\{\psi(n\hat{\sigma}_j^2; \boldsymbol{I} - \boldsymbol{V})\right\},$$

其中 $\Phi^{-1}(\cdot)$ 是标准正态累积分布函数 (CDF) 的逆, $\psi(\cdot; \boldsymbol{A})$ 是随机变量 $n\hat{\sigma}_j^2$ 在过程受控时的累积分布函数. $\boldsymbol{Z}_j$ 是一个有 n 个变量的标准多元正态分布的随机向量,

$$n\hat{\sigma}_j^2 = (\boldsymbol{Z} - \boldsymbol{W}\boldsymbol{Z})^{\otimes} = \boldsymbol{Z}^{\mathrm{T}}(\boldsymbol{I} - \boldsymbol{V})\boldsymbol{Z}$$

是一个正态随机向量的二次型. 它的分布等价于多个独立的 χ_1^2 变量的线性组合的分布, 组合系数由矩阵 $(\boldsymbol{I} - \boldsymbol{V})$ 的特征值给出 (Box, 1954). 计算这种线性组合分布的算法很多, 比如 Imhof (1961) 给出其中一种. 但是, 对在线观测而言, 求取这种分布的精确表达式是没有必要的, 同时计算量也是相当大的. 这里, 仅将 $n\hat{\sigma}_j^2$ 分布的一、二、三阶矩分别与卡方分布的矩匹配, 数值模拟结果表明, 该方法不仅可以简化计算, 同时对监控问题也是十分有效和精准的. 方法的相关细节在附录中给出.

下面, 定义 $\boldsymbol{U}_j$ 为 $(\boldsymbol{Z}_j^{\mathrm{T}}, \tilde{\sigma}_j)^{\mathrm{T}}$, 即有 $(n+1)$ 个变量的随机向量, 且 $\boldsymbol{\Sigma} = \begin{pmatrix} \boldsymbol{V} & \boldsymbol{0} \\ \boldsymbol{0} & 1 \end{pmatrix}$, 即一个 $(n+1)$ 维对称矩阵. EWMA 图统计量定义为

$$\boldsymbol{E}_j = \lambda\boldsymbol{U}_j + (1-\lambda)\boldsymbol{E}_{j-1}, \quad j = 1, 2, \cdots, \tag{7.15}$$

其中 $\boldsymbol{E}_0$ 是一个 $(n+1)$ 维的初始向量, λ 表示权重 $(0 < \lambda \leqslant 1)$, 用于调整光滑的程度. 当

$$Q_j = \boldsymbol{E}_j^{\mathrm{T}}\boldsymbol{\Sigma}\boldsymbol{E}_j > L\frac{\lambda}{2-\lambda} \tag{7.16}$$

时报警, 其中 $L > 0$, 用来获得特定的受控 ARL. 为叙述简便, 称这种非参数控制图为 NEWMA 图.

实际应用中, 工程师可以直接使用阶段 I 受控样本, 没必要在阶段 II 监控开始前就拟合线性或者非线性回归模型. 此时, 可以用基于受控 profile 样本 g_0 的局部线性估计, 如 $\hat{g}_0$, 来代替 NEWMA 图中的 g_0. 虽然没有必要令每一个受控 profile 样本都有相同的设计点, 但是为更好地描述回归函数, 设计点的个数和位置一定要选择好. 而且, 受控样本的数量应该足够多, 这样才能有足够高的信噪比, 进而得到受控 ARL 的性质. 值得注意的是, 在每个 profile 中, 阶段 I 分析可以比阶段 II 监控得到更多数量的观测. 这就意味着, 我们应集中更多的精力在阶段 I 分析中,

进而精确估计潜在的回归模型. 相应地, 也可以得到理想的受控运行长度. 而阶段 II 中不需要 n 很大, 因为使用较小或者适中的 n, 就可以有效地识别失控状态. 根据局部线性光滑广泛的模拟和理论性质 (Fan, 1993), 在阶段 I 分析中, 建议至少应有 40 个受控 profile 样本, 每个 profile 中观测数量不能少于 50. 当然, 这仅仅是一般性的建议, 实际应用中, 工程师需要结合特定 profile 的具体情况, 比如 profile 曲线的光滑性和变化, 来具体考虑. 阶段 I 中样本量大小的确定, 是一个值得深入探讨的问题. NEWMA 图的另一个很自然的延伸就是用于处理多维回归量的 profile. 此时, 可以使用一个多元局部线性回归估计来代替单一变量, 这样就依然可以应用 NEWMA 图. 多元局部线性回归估计的技术性细节参见 (Ruppert, Wand, 1994; Fan, Gijbels, 1996, 7.8 节).

下面将讨论一些实用性问题, 如核函数 $K(\cdot)$ 和带宽 h 的选取, 及控制线 L 的确定.

关于样本量大小和回归量位置的选取: 为保证 NEWMA 图运作良好, 需要相对较大的 profile 样本量 n, 尤其对复杂的 profile 而言更是如此. 这是由于非参数光滑有很高的灵活性, 其自由度远远大于参数方法. 然而, 随着电子传感器、信息技术的迅速发展, 上述情况不再是棘手的问题. 新的工具可以获取更多的信息, 一次观测大规模数据是很容易的. 我们建议, 当选择受控 profile 模型形式的回归量 x_i(即设计点的位置) 时, 工程师们一定要慎重考虑. 由于 profile 中有很多弯曲的部分, 总是会出现难以监测的漂移. 所以我们说, 一个好的设计应在 $g_0(x)$ 出现尖峰的那些 x 附近设置更高密度的设计点.

关于核函数 $K(\cdot)$ 的选取: Fan 等 (2001) 指出, GLR 检验的构建不依赖于光滑方法的具体结构, 但相关定理的证明尚需要一些微小的修正. 有很多种核函数都可以满足要求, 比如 Uniform, Epanechnikov, Quadratic 和 Gaussian 核函数. 根据我们的模拟结果显示, NEWMA 图的表现很大程度上并不受核函数选取的影响. 简单起见, 常使用 Epanechnikov 核函数

$$K_E(u) = \frac{3}{4}(1 - u^2)I(|u| \leqslant 1).$$

关于带宽 h 的选取: 在非参数回归估计中, 最优带宽 h 通常是通过最小化估计值的渐近均方误差来确定的. 常用带宽选取技巧都基于数据驱动的方法, 比如最小二乘交互效度分析 (CV) 方法和广义 CV 方法 (Fan, Gijbels, 1996; Hart, 1997). 但是, 那些能对潜在曲线产生很好的视觉光滑估计的数据驱动带宽方法可能并不适用于在线监控问题.

如果所观测的 profile 数据集确实来自受控模型, 那么 Z 局部拟合的最优带宽应该接近 1(根据假设 $x_i \in [0, 1]$), 且数据驱动的带宽选择办法会导致更大的带宽. 然而, GLR 统计量的分布性质还依赖 $h \to 0$ 的假设. 而且, 通常情况下, 我们并没

有失控模型的具体信息. 因此, 当阶段 II 监控开始前, 并不能给出一个确切的失控条件下的带宽 h. 粗略来讲, 我们希望最优带宽和潜在的函数的光滑性成比例. 也就是说, 如果受控和失控回归模型间的差异非常光滑, 其他条件都相同时, 相比不光滑的差异, 通常需要更大的带宽. 实际中, 我们推荐使用如下经验带宽公式:

$$h_E = c \times \left(\frac{1}{n} \sum_{i=1}^{n} (x_i - \bar{x})^2 \right)^{\frac{1}{2}} n^{-\frac{1}{5}}, \tag{7.17}$$

其中 $\bar{x} = \sum_{i=1}^{n} x_i/n$, c 为常数. 根据经验, c 可以是 $[1.0,\ 2.0]$ 中的任何值. 注意到, $n^{-\frac{1}{5}}$ 是曲线估计经典最优带宽的阶; $\frac{1}{n} \sum_{i=1}^{n} (x_i - \bar{x})^2$ 是设计点稀疏性的一个度量, 同时也是非参数估计中的渐近最优 h 公式. 可以证明, 由 (7.17) 确定的带宽, 可以保证 NEWMA 图的设计对协变量 x 是仿射不变的. 这就表明, 当对所有的 x_i 进行相同的线性变换时, 光滑矩阵 $\boldsymbol{W}$ 保持不变.

关于控制线 L 的选取: 当所有函数和参数都选取好后, 还需考虑如何确定控制线. 对于参数 MEWMA 控制图, 前面介绍了通过使用马尔可夫链模型计算受控和失控时的 ARL. 虽然, NEWMA 图和 MEWMA 图的形式基本类似, 但这并不能说明 MEWMA 图中使用的方法也适用于评估 NEWMA 图的 ARL, 因为 Q_j 过程不是马尔可夫链. 但是, 注意到 NEWMA 图是一个单个的双边图. 因此只需要确定一条控制线 L. 前面提到, L 与具体的受控模型 $g_0(x)$ 无关. 所以, 当 n, $\boldsymbol{X}$, λ, $K(\cdot)$, h 以及所期望的受控 ARL 都确定好后, L 的值就可以通过蒙特卡罗模拟生成一个随机序列 $\boldsymbol{Z}_i$ 来确定. 模拟中尽管涉及到二次型的计算, 但由于矩阵 $\boldsymbol{\Sigma}$ 固定, 以及现代计算机强大的计算和数据存储能力, 这些计算量是微不足道的.

一般来讲, 相对于参数 MEWMA 控制图, NEWMA 图同时具有稳健性以及对出现在回归函数或方差中的改变的敏感度. 当失控模型假设确实成立时, NEWMA 图可以用较小的效率损失作为代价来显著的缓解参数 MEWMA 图中因错误识别失控模型所引起的误差. 进而, NEWMA 图可以方便有效地解决非线性 profile 的监控问题. 下面通过一个实例来介绍其具体的操作方法.

例 7.1(深度反应离子溶蚀过程)　这里将前面提出的监控方法应用于前面提及的深度反应离子溶蚀 (DRIE) 过程. DRIE 的 profile 的每个侧面由三个关键部分组成: (1) 光滑平直的侧墙 (图 7.3(i)); (2) 光滑弯曲的拐角 (图 7.3(ii)); (3) 平底 (图 7.3(iii)). 在 7.2 节中, 由于三个组成部分不能被简单地视为一个多项式或一个多重线性模型, 我们仅考察了拐角处的部分, 这样有可能会损失掉一些重要的信息. 因此这里采用 NEWMA 图来监控图中所示的整个 DRIE profile(即全部三个部分).

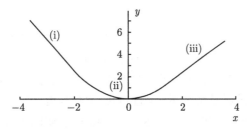

图 7.3 DRIE profile 的模型演示

在考虑使用 NEWMA 图来做监控时, 选取了 35 个设计点 x_i, 即 -3.6, (0.3), -1.8, -1.5, (0.15), 1.5 以及 1.8, (0.3), 3.6. 注意相对于其他两部分, 拐角处需要更多的设计点 (即更小的点间距). 这一设置符合所提到的选取设计点时的原则. 这里, 通过使用电子显微镜, 我们从 $m = 18$ 个受控状态下的各向异性的 profile 中读取 70 个设计点的观测值. 这 18 个受控 profile 的局部线性光滑曲线可被视为真实受控 profile 模型 (G_0) 的一个估计 $(\widehat{G}_0)$, 因此无需使用多项式或其他非线性模型来刻画这个 profile. 另外, 估计的方差为 0.409. 现在可以开始进入监控及诊断过程了.

设定 ARL$=370$, $\lambda = 0.2$ 以及 $c = 1.5$, 于是控制线为 2.30. 为了表达方便, 通过向基于 18 个各向异性的 profile 的估计 G_0 中加入随机误差, 生成 6 个受控 profile. 同时我们得到 3 个失控 profile 样本, 即根据工程知识鉴别出的次品 profile. 在本例中, 假设首先监控 6 个模拟出的受控样本, 之后再得到 3 个失控 profile. 如此依次建立 NEWMA 图并画出检验统计量 Q_j, 见图 7.4.

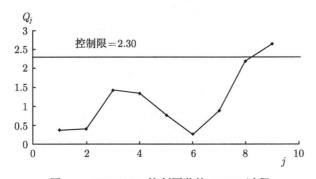

图 7.4 NEWMA 控制图监控 DRIE 过程

7.3.2 利用变点公式和自适应光滑的非参控制图来监控 profile

在之前提出的控制图, 下面称为非参指数加权移动平均 (NEWMA) 图. 这个控制图有一系列的模型假设. 在特定的应用中, 这些假设不一定全都成立. 这种情况下, 通过以下简单的讨论可以看出, 这时控制图的表现可能不太令人满意. 首先, NEWMA 图明确用到了模型 (7.11) 中的 IC 真实回归函数 g 和误差方差 σ^2. 而在实际应用中, g 和 σ^2 通常都是未知的, 因此需要从 IC 数据中估计. 如果数据量相对比较小, 那么在参数估计中就会有不可忽略的不确定性, 结果就会改变控制图中 IC 运行长度的分布. 即使为了获得理想的 IC 运行长度表现而适当地调整了控制图的控制线, 结果还是会严重影响到 OC 运行长度. 其次, NEWMA 图假设误差分布, 也就是 F, 是正态的. 而实际上, F 经常是未知的. 再次, NEWMA 图依赖于在光滑 profile 数据中所用到的带宽选择, 而对于该参数的选择问题并没有完全的讨论. 最后, NEWMA 图只有当与漂移程度相 "协调" 之后才能达到其最佳表现, 但是实际中漂移程度通常是未知的, 这对 NEWMA 图来说也是一个挑战. 在本小节中, 介绍 Zou, Qiu, Hawkins (2009) 提出的一类控制图, 可以解决 NEWMA 图的上述问题. 新的控制图采用前面介绍过的序贯变点探查方法, 在该控制图的结构中加入带宽参数选择的自适应过程, 它就能适应在 IC 和 OC 回归函数差别中的未知光滑, 这样就可以显著地改善对于不同 OC profile 条件的稳健性. 而且, 在对 F 没有任何了解的情况下, 我们事先只有很少的一些 IC profiles, 比如说, m_0 个, 这时, 我们也能采用自助法来确定该控制图的控制线. 这 m_0 个 IC profiles 主要用来估计误差分布. 因此, m_0 不需要很大.

　　此时 profile 变点模型可以表达为

$$y_{ij} = \begin{cases} g(x_i) + \varepsilon_{ij}, & i = 1, \cdots, n, \quad \text{如果 } 1 \leqslant j \leqslant \tau, \\ g_1(x_i) + \varepsilon_{ij}, & i = 1, \cdots, n, \quad \text{如果 } \tau < j \leqslant t, \end{cases} \tag{7.18}$$

其中 τ 是未知变点, $g \neq g_1$ 是未知的 IC 和 OC 回归函数, ε_{ij} 是独立同分布的误差, 其分布函数 F 是未知的, 均值为 0, 未知方差为 σ^2. 为了检查在 $\tau = k$ 处是否可能发生一个变点, 我们做一个两样本的广义似然比 (GLR) 检验, 其原假设为 g 和 g_1 相同. 为了方便说明, 可以认为 F 是正态分布, 尽管这个假设不管在提出控制图的渐近理论还是实际应用中都不是必要的. 来自 GLR 检验的主要思想是, 在定义 GLR 统计量时, 用从 profile 数据中得到的非参数估计量来替换未知的函数 g 和 g_1. 具体来说, 在 IC 和 OC 条件下的广义对数似然函数分别是

$$l_0 = -nt \ln\left(\sqrt{2\pi}\sigma\right) - \sum_{j=1}^{t}\left[\frac{1}{2\sigma^2}\sum_{i=1}^{n}\left(y_{ij} - \widehat{g}^{(0)}(x_{ij})\right)^2\right],$$

$$l_1 = -nt \ln\left(\sqrt{2\pi}\sigma\right) - \sum_{j=1}^{k}\left[\frac{1}{2\sigma^2}\sum_{i=1}^{n}\left(y_{ij} - \widehat{g}^{(1)}(x_{ij})\right)^2\right]$$
$$\quad - \sum_{j=k+1}^{t}\left[\frac{1}{2\sigma^2}\sum_{i=1}^{n}\left(y_{ij} - \widehat{g}_1(x_{ij})\right)^2\right],$$

其中 $\widehat{g}^{(0)}(\cdot)$ 表示 g 基于合并的 t 个 profile 的局部线性核估计 (LLKE), $\widehat{g}^{(1)}(\cdot)$ 和 $\widehat{g}_1(\cdot)$ 表示 g 和 g_1 分别基于前 k 个和剩余 $t-k$ 个 profile 的 LLKE. 经过一些推导之后, 在时间点 t 上的 GLR 统计量可定义为

$$T_{h,k,t} = -2(l_0 - l_1) = \frac{k(t-k)}{t\sigma^2} \left(\bar{\boldsymbol{Y}}_{0,k} - \bar{\boldsymbol{Y}}_{k,t}\right)^{\mathrm{T}} \boldsymbol{V}_h \left(\bar{\boldsymbol{Y}}_{0,k} - \bar{\boldsymbol{Y}}_{k,t}\right), \tag{7.19}$$

其中

$$\bar{\boldsymbol{Y}}_{i,m} = \frac{1}{m-i} \sum_{j=i+1}^{m} \boldsymbol{Y}_j, \quad \boldsymbol{Y}_j = (y_{1j}, \cdots, y_{nj})^{\mathrm{T}},$$

$$\boldsymbol{V}_h = \boldsymbol{W}_h^{\mathrm{T}} + \boldsymbol{W}_h - \boldsymbol{W}_h^{\otimes}, \quad \boldsymbol{W}_h = (\boldsymbol{W}_n(x_1), \cdots, \boldsymbol{W}_n(x_n))^{\mathrm{T}},$$

$$\boldsymbol{W}_n(x_i) = (W_{n1}(x_i), \cdots, W_{nn}(x_i))^{\mathrm{T}}, \quad W_{nj}(x) = U_{nj}(x) \Big/ \sum_{i=1}^{n} U_{ni}(x),$$

$$U_{nj}(x) = K_h(x_j - x) \left[m_{n2}(x) - (x_j - x)m_{n1}(x)\right],$$

$$m_{nl}(x) = \frac{1}{n} \sum_{j=1}^{n} (x_j - x)^l K_h(x_j - x), \quad l = 1, 2.$$

显然, 检验统计量 (7.19) 是单样本 GLR 检验统计量相对应的两样本检验统计量. 由于假设 σ^2 是未知的, 我们用 Hall 和 Marron 在 1990 年提出的下面这个相合非参统计量来代替它:

$$\widehat{\sigma}_t^2 = \frac{1}{t(n-df)} \sum_{j=1}^{t} (\boldsymbol{Y}_j - \boldsymbol{W}_h \boldsymbol{Y}_j)^{\otimes}, \tag{7.20}$$

其中 $df = \mathrm{tr}(\boldsymbol{V}_h)$.

对于函数检验问题, Horowitz, Spokoiny (2001) 建议 h 的选择应该是在一列光滑参数上, 并应使得学生化条件矩检验统计量最大, 而且证明了这个检验具有一些最优的性质. 基于这些结果, Guerre, Lavergne (2005) 建议从一列事先选取的值中选择 h, 同时也证明了这个方法有一些很好的性质. 由于该方法都很容易实施, 而且在不同的情况下都有很好的性质, 这里也可用这个方法来选择 h. 简介如下. 记 $\mathcal{H}_n$ 为一列可容许的光滑参数值, 参数值定义于

$$\mathcal{H}_n = \{h_j = h_{\max} a^{-j} : h_j \geqslant h_{\min}, j = 0, \cdots, J_n\}, \tag{7.21}$$

其中 $0 < h_{\min} < h_{\max}$ 分别为下界和上界, $a > 1$ 是参数. 显然, $\mathcal{H}_n$ 中值的个数为 $J_n \leqslant \log_a(h_{\max}/h_{\min})$. 采用 Guerre, Lavergne (2005) 的方法, 选择 h 为

$$\tilde{h} = \arg\max_{h \in \mathcal{H}_n} \left\{ (T_{h,k,t} - \mu_h) - (T_{h_0,k,t} - \mu_{h_0}) - \gamma_n v_{h,h_0} \right\},$$

其中 $\gamma_n > 0$ 是一个选定的惩罚参数, μ_h 是 $T_{h,k,t}$ 的均值, v_{h,h_0}^2 是 $T_{h,k,t} - T_{h_0,k,t}$ 的方差. 把选择好的带宽代入之后, 检验统计量可写为

$$\tilde{T}_{k,t} = (T_{\tilde{h},k,t} - \mu_{\tilde{h}})/v_{h_0}, \tag{7.22}$$

其中 $v_{h_0}^2$ 是 $T_{h_0,k,t}$ 的方差, $\mu_{\tilde{h}} = \sum\limits_{i=1}^{n} V_{\tilde{h}}^{(ii)}$, $V_{\tilde{h}}^{(ij)}$ 表示矩阵 $\boldsymbol{V}_{\tilde{h}}$ 的第 (i,j) 个元素. 对于给定的 h 和 h_0, 可以证明以下 v_h^2 和 v_{h,h_0}^2 的估计量是相合的

$$\widehat{v}_h^2 = 2\sum_{i=1}^{n}\sum_{j=1}^{n}\left[V_h^{(ij)}\right]^2, \quad \widehat{v}_{h,h_0}^2 = 2\sum_{i=1}^{n}\sum_{j=1}^{n}\left[V_h^{(ij)} - V_{h_0}^{(ij)}\right]^2.$$

自适应 GLR 检验统计量 $\tilde{T}_{k,t}$ 的一些统计性质, 包括渐近原分布和邻近选择下的相合性, 都在附录中给出. 这种带宽选择方法有一些很好的性质. 首先, 选择准则倾向于在 H_0 下的基准线统计量, 这就保证了 $\tilde{T}_{k,t}$ 的渐近正态分布和 $(T_{h_0,k,t} - \mu_{h_0})/v_{h_0}$ 的相同. 因此, 渐近地来说, 基于数据的选择光滑参数不会增加第 I 类错误概率. 其次, 这个选择过程允许我们在 $\tilde{T}_{k,t}$ 中使用 v_{h_0}, 而不是会导致渐近增加检验势的 $v_{\tilde{h}}$.

在实际应用中, 真实的变点 τ 通常是未知的. 为了检验在时间点 t 时回归函数 g 是否有漂移, 考虑下面的自适应 GLR 检验统计量:

$$\tilde{T}_{\hat{\tau}} = \max_{1\leqslant k<t} \tilde{T}_{k,t}, \tag{7.23}$$

这是在所有可能分割点 (也就是, 二重分割) 的最大值. 使得其最大的 $\hat{\tau}$ 就作为 τ 的估计.

在 (7.19)~(7.23), 已经建立了固定样本量 profile 集的变点监测过程 (7.18). 下面把它应用到在线阶段 II SPC 中. 假设现有 m_0 个 IC profile. 在许多应用中, 对每一个 profile 在阶段 I 分析中能收集到比在阶段 II 监控中更多的观测值, 因为通常更多关心阶段 I 分析, 而用比较小的 n 就能很有效的得到 OC 条件. 为了区分, 在 m_0 个 IC profile 中的每一个 profile 的观测值个数, 记为 n_0, 在每一个未来 profile 的观测值个数, 记为 n. 另外, $X_{\text{IC}} = \{x_1, \cdots, x_n, x_{n+1}, \cdots, x_{n_0}\}$ 是 m_0 个 IC profile 的设计点集, 对应的响应变量为 $\{y_{1j}, \cdots, y_{nj}, y_{(n+1)j}, \cdots, y_{n_0j}\}$, $j = 1, \cdots, m_0$. 阶段 II SPC 过程表述如下:

• 得到第 $(t - m_0)$ 个阶段 II profile 之后, 其中 $t > m_0$, 计算

$$lr_{m_0,t} = \max_{m_0\leqslant k<t} \tilde{T}_{k,t}. \tag{7.24}$$

- 如果 $lr_{m_0,t} > h_{m_0,t,\alpha}$，其中 $h_{m_0,t,\alpha}$ 是某一个合适的控制线 (对于其选择的讨论参见下一小节)，那么就会引发失控报警. 报警之后，Zou 等 (2008) 中所述的系统诊断过程就可被用来确定平均 profile 变化.

- 如果 $lr_{m_0,t} \leqslant h_{m_0,t,\alpha}$，那么监控系统继续获得第 $(t+1)$ 个阶段 II profile，并重复上述两步.

需要注意到，计算 (7.24) 包括对每一个 t 的误差方差的估计. 当 t 给定时，公式 (7.20) 给出了 σ^2 的一个相合估计. 从第 t 个 profile 到第 $(t+1)$ 个 profile，该估计量可能很容易地通过以下公式更新：

$$\widehat{\sigma}_{t+1}^2 = [(t+m_0)(n-df)\widehat{\sigma}_t^2 + (\boldsymbol{Y}_t - \boldsymbol{W}_{h_b}\boldsymbol{Y}_t)^{\otimes}]/[(t+1+m_0)(n-df)], \qquad (7.25)$$

其中 h_b 是预先给定的带宽. 实际上，在控制图中对于 t 构造一个正态化的统计量 $lr_{m_0,t}/h_{m_0,t,\alpha}$ 可能会更方便. 这时，正态化的控制线是常数 1.

最后介绍基于 m_0 个 IC profile 来确定 $h_{m_0,t,\alpha}$ 的 bootstrap 过程，如下所述：第一步，m_0 个 IC profile 是平均的，那么平均的数据是由局部线性核光滑而光滑的. 导出的 $m_0 \times n_0$ 个残差定义为

$$\widehat{e}_{ij} := y_{ij} - \boldsymbol{W}_{n_0}(x_i)\bar{\boldsymbol{Y}}_{0,m_0}, \quad j = 1, \cdots, m_0, \quad i = 1, \cdots, n_0,$$

其中 $\boldsymbol{W}_{n_0}(x_i)$ 是利用 X_{IC} (而不是 X) 和 h_b 在 (7.19) 之后定义的光滑算子. 第二步，产生一个自助 profile $\{(x_i, y_i^*), i = 1, \cdots, n\}$，定义 $y_i^* = e_i^*, i = 1, \cdots, n$，其中 e_i^* 是利用重抽样的方法从 $\{\widehat{e}_{ij}, i = 1, \cdots, n_0, j = 1, \cdots, m_0\}$ 中抽取的. 第三步，对每一个给定 t 的值，通过这种重抽样过程，模拟整个监控过程，包括产生前 m_0 个 IC profile (在设计点 X) 以及所有未来 profile，然后计算相对应的 $lr_{m_0,t}^*$ 值. 第四步，重复步骤三 B 次. 然后，对于一个给定的误报率 α，对应的 IC 平均运行长度 (ARL) $1/\alpha$，控制线 $h_{m_0,t,\alpha}$ 近似满足

$$P\left(lr_{m_0,t}^* > h_{m_0,t,\alpha}\middle|lr_{m_0,i}^* \leqslant h_{m_0,i,\alpha}, 1 \leqslant i < t\right) = \alpha, \quad t > 1,$$
$$P\left(lr_{m_0,1}^* > h_{m,1,\alpha}\right) = \alpha.$$

当然，上述概率应该解释为 B 次自助重复的频率.

基于数据试验的经验结果，$h_{m_0,t,\alpha}$ 会随着 t 的增加而收敛到一个常数. 因此，建议计算大约前 $1/(2\alpha)$ 控制线，然后用这个序列的最后一个来近似剩下的控制线. 另外，计算每一个 $h_{m_0,t,\alpha}$ 时，为了使近似更可信，大约需要 10 000 个足够好的自助重复. 比如说，如果可控运行长度是 200，那么需要计算前 100 个控制线，同时需要大约 16 500 个自助序列，这样才能剩下大约 10 000 个序列来计算第 100 个控制线 $h_{m_0,100,\alpha}$.

通过理论研究和数值研究, 建议选择 $a = 1.4$, $\gamma_n = 2.5\sqrt{\ln(J_n + 1)}$, J_n 可以为 4, 5 或 6, $h_{\max} = n^{-1/7}$. 为了有效计算所提出的方法, 建议记录以下 $\boldsymbol{Y}_t$ 运行总和的递归数列:

$$\boldsymbol{S}_t = \boldsymbol{S}_{t-1} + \boldsymbol{Y}_t.$$

然后, (7.19) 的计算就可以用 $\bar{\boldsymbol{Y}}_{0,k} - \bar{\boldsymbol{Y}}_{k,t} = \boldsymbol{S}_k/k - (\boldsymbol{S}_t - \boldsymbol{S}_k)/(t - k)$ 来简化. 考虑到在监控之前就能计算 $\boldsymbol{V}_h$, 误差方差的估计量也是使用递归的方法计算 (参见 (7.25)), 这样, 我们所提出方法中包含的计算量事实上就很简单了.

7.4　关于 profile 的诊断问题

在质量控制中, 对一个 profile 而言, 除了迅速检测出过程中的变化, 当失控警报被触发时, 确定变化是何时发生的以及为何种类型也都是极其重要的. 一个好的辅助诊断手段, 可以用来定位过程中的变点、划分 profile 中变化的类型, 这些有助于工程师迅速简便地识别和排除问题发生的根本原因. 在这部分内容中, 将讨论一个常用 profile 的系统性诊断问题, 具体操作步骤如下.

步骤 1: 确定变点位置. 这是诊断步骤中的第一步, 也是至为关键的一步. 通过这步, 我们将从整体 profile 样本观测中分离失控 profile, 从而精确推断该种类型的变化. 这里, 使用一般意义上的极大似然估计作为变点统计量. 假定在 NEWMA 图中, 失控警报在第 k 个 profile 中触发. 变点 τ 的估计值由如下替换公式给出:

$$\hat{\tau} = \mathop{\arg\max}_{0 \leqslant t < k}\{lr(tn, kn)\}, \tag{7.26}$$

其中 $lr(tn, kn)$ 是 GLR 统计量. $lr(tn, kn)$ 的表达式及相关推导在附录中给出. 这里, 我们指出变点估计 (7.26) 的渐近相合性, 从而表明所提出的这个估计是渐近有效的.

定理 7.1　假设有 k 个待监控 profile 样本, 前 τ 个样本处于受控状态, 后 $k - \tau$ 个样本处于失控状态. 令 $0 < \lim_{k \to \infty} \tau/k = \theta < 1$. 假设附录中条件 (a)∼(d) 成立, 且 $nh^5 = O(1)$. 考虑如下两种类型的失控模型:

(i) $g(u) = g_0(u) + \Delta_n(u)$, 其中 $\Delta_n(u)$ 有连续的二阶导数, 且当 $n \to \infty$ 时, $nh \int_0^1 \Delta_n^2(u)f(u)\mathrm{d}u \to \infty$;

(ii) $\sigma = \delta\sigma_0$, 当 $n \to \infty$ 时, $n^{\frac{1}{2}}|\delta - 1| \to \infty$, 则当 $k \to \infty$ 时, 有 $|\hat{\tau} - \tau| = O_p(1)$.

步骤 2: 确定方差是否不变. 在得到变点估计后, 建议首先通过 $(k - \hat{\tau})$ 个失控样本来检验 profile 的方差是否变化. 这是因为一旦此过程的方差发生变化, 将不

能对回归关系作出精确推断. 我们可以采用如下的检验统计量和接受域:

$$
\psi_1^{-1}\left(\frac{\alpha}{2}; \boldsymbol{I}-\boldsymbol{V}, k-\widehat{\tau}\right) < \sum_{j=\widehat{\tau}+1}^{k} \boldsymbol{Z}_j^{\mathrm{T}}(\boldsymbol{I}-\boldsymbol{V})\boldsymbol{Z}_j < \psi_1^{-1}\left(1-\frac{\alpha}{2}; \boldsymbol{I}-\boldsymbol{V}, k-\widehat{\tau}\right),
$$

$$(7.27)$$

其中 $\psi_1(\cdot; \boldsymbol{A}, l)$ 是 l 个独立随机变量 $\boldsymbol{Z}^{\mathrm{T}}\boldsymbol{A}\boldsymbol{Z}$ 和的 CDF, 对应 $\psi_1^{-1}(\alpha; \boldsymbol{A}, l)$ 是 $\psi_1(\cdot; \boldsymbol{A}, l)$ 分布的 α 分位点. 而 $\psi_1(\cdot; \boldsymbol{A}, l)$ 可以通过 $\psi(\cdot; \boldsymbol{A})$ 来近似, 其中用到了卡方统计量的可加性. 当原假设被拒绝时, 方差的增加表示制造过程中不确定因素的增加, 或者说是测量误差的增加, 而曲线方差的减少则意味着过程有所改善.

步骤 3: 确定回归函数是否发生变化. 如果步骤 2 中方差保持不变, 还需要进一步诊断 profile 中回归关系是否有变化. 类似地, 依然可以使用 GLR 检验, 通过简单求导, 可得出以下检验统计量:

$$
\frac{1}{(k-\widehat{\tau})}\left(\sum_{j=\widehat{\tau}+1}^{k} \boldsymbol{Z}_j\right)^{\mathrm{T}} \boldsymbol{V}\left(\sum_{j=\widehat{\tau}+1}^{k} \boldsymbol{Z}_j\right) > \psi^{-1}(1-\alpha; \boldsymbol{V}).
$$

$$(7.28)$$

其中 $\psi^{-1}(\alpha; \boldsymbol{A})$ 是二次型 $\boldsymbol{Z}^{\mathrm{T}}\boldsymbol{A}\boldsymbol{Z}$ 分布的 α 分位点. 如果接受原假设, 即回归函数没有变化, 则可以得出 NEWMA 图触发了一个错误警报的结论. 否则, 转到下一步.

步骤 4: 基于图像分析的进一步诊断. 此时, 工程师可能会考虑如下问题: 回归曲线的哪部分发生了变化? 失控回归函数是什么? 受控失控模型间差异有多大? 显然, 想通过传统的假设检验的方法得到这些问题的答案是不恰当也不可行的. 但是, 一些简单的方法, 比如图像分析法, 有助于解决这些问题. 我们建议绘出 $(k-\widehat{\tau})$ 个 profile 样本的平均的非参数光滑曲线, 比如 $\dfrac{1}{k-\widehat{\tau}}\displaystyle\sum_{j=\widehat{\tau}+1}^{k} \boldsymbol{W}\boldsymbol{Y}_j$, 以及受控模型. 由此, 为解决上述问题, 还可以结合工程学知识和经验, 进而提出一个形象的、实用的、合理的解释. 随着大规模计算和数据存储能力的日益增强, 图像分析方法已经被广泛应用于工业的各个领域.

在一些情况下, 受控和失控模型的差异存在于参数值的变化, 而非模型本身方差的变化. 这类情况也会发生在一些简单的线性模型中, 比如最简单的线性回归 (Kim et al., 2003) 以及二次多项式回归. 对于这种情形的诊断, 仅需在步骤 3 后添加一步: 构造一个模型检验. 即是说, 我们使用带参数估计的函数来取代 $\boldsymbol{Z}$ 中的 $g_0(x)$, 并沿用广义似然比检验 (Fan et al., 2001). 如果接受原假设 (模型没有发生变化), 则可以采参数检验来识别哪个或哪些参数发生了变化.

记

$$\tilde{\boldsymbol{\beta}}_{t,k} = \frac{1}{(k-t)} (\boldsymbol{X}^{\mathrm{T}} \boldsymbol{X})^{-1} \boldsymbol{X}^{\mathrm{T}} \sum_{j=t+1}^{k} \boldsymbol{Y}_j,$$

$$\tilde{\sigma}_{t,k}^2 = \frac{1}{(k-t)n-p} \sum_{j=t+1}^{k} (\boldsymbol{Y}_j - \boldsymbol{X}\tilde{\boldsymbol{\beta}}_{t,k})^{\mathrm{T}} (\boldsymbol{Y}_j - \boldsymbol{X}\tilde{\boldsymbol{\beta}}_{t,k}). \tag{7.29}$$

假设多元 EWMA 控制图在第 k 个样本报警, 用 (7.26) 得到变点的估计 $\hat{\tau}$. 对截距 Y 和标准差的检验还有回归系数如下: 我们用自由度为 $(k-\hat{\tau})n-p$ 的 t 检验来检验截距 Y 的变化, 检验统计量为

$$T_{\text{test}} = \frac{\sqrt{(k-\hat{\tau})n}(\tilde{\beta}_{\hat{\tau},k}^{(1)} - \beta^{(1)})}{\tilde{\sigma}_{\hat{\tau},k}}, \tag{7.30}$$

其中 $\tilde{\beta}_{\hat{\tau},k}^{(1)}$ 为 p 维向量 $\tilde{\boldsymbol{\beta}}_{\hat{\tau},k}$ 的第一项. 另外, 用自由度为 $(k-\hat{\tau})n-p$ 的 χ^2 检验来检验标准差的变化, 检验统计量为

$$\chi_{\text{test}}^2 = \frac{[(k-\hat{\tau})n-p]\tilde{\sigma}_{\hat{\tau},k}^2}{\sigma^2}. \tag{7.31}$$

对其余的 $p-1$ 个 profile 参数 $(\beta^{(2)}, \cdots, \beta^{(p)})$, 考虑到它们估计量的相关性, 用 Jensen 等 (1984) 的方法并且用如下的拒绝域检验:

$$F_{\text{test}}^{(i)} : (k-\hat{\tau}) \left(\tilde{\beta}_{\hat{\tau},k}^{(i)} - \beta^{(i)}\right)^2 \Big/ m_{ii}\tilde{\sigma}_{\hat{\tau},k}^2 > F_\alpha(p-1, (k-\hat{\tau})n-p, \boldsymbol{R}). \tag{7.32}$$

对每一个 $i = 2, \cdots, p$, 其中 m_{ii}s 是 $\boldsymbol{M} = (\boldsymbol{X}^{\mathrm{T}} \boldsymbol{X})^{-1}$ 的对角元,

$$\boldsymbol{R} = \text{diag}\{m_{11}^{-\frac{1}{2}}, \cdots, m_{pp}^{-\frac{1}{2}}\} \boldsymbol{M} \text{diag}\{m_{11}^{-\frac{1}{2}}, \cdots, m_{pp}^{-\frac{1}{2}}\}$$

是 $\hat{\boldsymbol{\beta}}$ 的相关矩阵, 且 $F_\alpha(p-1, (k-\hat{\tau})n-p, \boldsymbol{R})$ 是参数为 $(p-1, (k-\hat{\tau})n-p, \boldsymbol{R})$ 多元 F 分布的上侧 α 分位数 (Kotz et al., 2000).

7.5　profile 内的观测具有自相关性时的监控问题

7.5.1　基于混合效应模型的阶段 II 控制图

前面所介绍的方法都基于一个最基本的假设: profile 中的随机误差是独立同分布的. 但这个假设在许多情况下不成立. 实际过程中, profile 内的数据经常是空间相关或序列相关的, 这是因为一个 profile 的量测大都是在相近的空间间隔或者较短的时间间隔中进行并完成的. 当 profile 内相关性存在时, 适当的 profile 模型的

建立, 以及某些受控过程的参数估计会变得非常困难. 忽略其存在性的控制图的受控以及非受控性质会受到一定程度的损害. 另外, 我们经常假设对不同的 profile, 设计点是固定的. 然而实际条件下, 不同的 profiles 经常有不同的设计点 (即所谓的不平衡设计). 某些情况下, 它们甚至是随机的 (即随机设计). 这些情况下的阶段 II 中 profile 监控尤其棘手, 我们会在接下来的部分讨论这个问题.

为了能适当描述 profile 内的相关性, Qiu, Zou, Wang (2010) 提出采用非参数混合效应模型 (Rice, Wu, 2001; Wu, Zhang, 2002). 该模型使我们可以容易地获得各种方差-协方差结构. 混合效应模型在纵向数据分析中经常用到 (Laird, Ware, 1982; Diggle et al., 1994). 在处理可能存在相关性的数据方面, 混合效应模型已经成为一种基本工具. 在受控数据集中, 假设有 m 个 profiles, 并且第 i 个 profile 有 n_i 个观测, 其中 $i = 1, 2, \cdots, m$. 于是, 非参数混合效应模型可以写成

$$y_{ij} = g(x_{ij}) + f_i(x_{ij}) + \varepsilon_{ij}, \quad j = 1, 2, \cdots, n_i, \quad i = 1, 2, \cdots, m, \tag{7.33}$$

其中 g 是总体 profile 函数 (即固定效应项), f_i 是随机效应项, 用于描述第 i 个总体函数为 g 的 profile 的变化, $\{x_{ij}, y_{ij}\}_{j=1}^{n_i}$ 是第 i 个 profile 的样本, ε_{ij} 是独立同分布的随机误差项, 其中均值为 0, 方差为 σ^2. 在模型 (7.33) 中, 通常假设随机效应 f_i 与误差 ε_{ij} 是相互独立的, 并且 f_i 是均值为 0, 协方差函数为

$$\gamma(x_1, x_2) = E[f_i(x_1) f_i(x_2)]$$

的过程的实现. 不失一般性, 进一步假设 $x_{ij} \in [0, 1]$, 对所有的 i 和 j 都成立.

模型 (7.33) 相当灵活, 它包括了很多常见的相关性结构作为特殊情况. 例如, 当 $f_i(x_{ij}) = \alpha_i$ 并且 α_i 是均值为 0 的随机变量时, profile 内的相关性结构具有复合对称形式. 当 $\text{Corr}(f_i(x_1), f_i(x_2)) = \rho(|x_1 - x_2|; \alpha)$ 时, 则对某些相关性函数 ρ 以及系数 α, 相关性结构包括了非齐次 Ornstein-Uhlenbeck 过程和高斯相关性模型. 当设计点在 profiles 间均匀分布并且保持不变时, 该模型可用于描述自回归相关结构. 非参数混合效应模型具有良好的灵活性, 于是比起相应的参数模型, 它要求较大的 profiles 样本来做模型估计和测量. 由于传感和信息技术的快速发展, 自动数据获取在工业中得以广泛应用, 大量的受控数据通常也能够获得. 非参数混合效应模型 (7.33) 允许我们在利用这些数据的同时, 不需要进行参数模型的假设.

当 profile 内相关性存在并且由非参数混合效应模型描述时, 为了建立阶段 II 控制图, 需要知道受控时的 g, γ 以及 σ^2. 下面介绍当受控数据集可获得时以上这些量的估计. 对一个给定的点 $s \in [0, 1]$, $g(s)$ 和 $f_i(s)$ 的 LLME 由最小化下面的惩罚局部线性核似然方程得到

$$\sum_{i=1}^{m} \left\{ \frac{1}{\sigma^2} \sum_{j=1}^{n_i} [y_{ij} - \boldsymbol{z}_{ij}^{\mathrm{T}}(\boldsymbol{\beta} + \boldsymbol{\alpha}_i)]^2 K_h(x_{ij} - s) + \boldsymbol{\alpha}_i^{\mathrm{T}} \boldsymbol{D}^{-1} \boldsymbol{\alpha}_i + \ln|\boldsymbol{D}| + n_i \ln(\sigma^2) \right\},$$
$$(7.34)$$

其中 $K_h(\cdot) = K(\cdot/h)/h$, K 是对称密度核函数, h 为带宽, $\boldsymbol{z}_{ij}^{\mathrm{T}} = (1, x_{ij} - s)$, $\boldsymbol{\beta}$ 是确定的二维系数向量, $\boldsymbol{\alpha}_i \sim (0, \boldsymbol{D})$ 是随机效应的二维向量. 我们通过以下的迭代最小化 (7.34):

步骤 1. 设置 $\boldsymbol{D}$ 和 σ^2 的初始值, 分别记为 $\boldsymbol{D}_{(0)}$ 和 $\sigma_{(0)}^2$.

步骤 2. 在第 k 次 $(k \geqslant 0)$ 迭代时, 通过解混合模型方程来计算 $\boldsymbol{\beta}$ 和 $\boldsymbol{\alpha}_i$ 的估计值. 结果为

$$\widehat{\boldsymbol{\beta}}^{(k)} = \left\{ \sum_{i=1}^{m} \boldsymbol{Z}_i^{\mathrm{T}} \boldsymbol{\Sigma}_i \boldsymbol{Z}_i \right\}^{-1} \left\{ \sum_{i=1}^{m} \boldsymbol{Z}_i^{\mathrm{T}} \boldsymbol{\Sigma}_i \boldsymbol{y}_i \right\}, \tag{7.35}$$

$$\widehat{\boldsymbol{\alpha}}_i^{(k)} = \{ \boldsymbol{Z}_i^{\mathrm{T}} \boldsymbol{K}_i \boldsymbol{Z}_i + \sigma_{(k)}^2 [\boldsymbol{D}_{(k)}]^{-1} \}^{-1} \boldsymbol{Z}_i^{\mathrm{T}} \boldsymbol{K}_i (\boldsymbol{y}_i - \boldsymbol{Z}_i \widehat{\boldsymbol{\beta}}^{(k)}), \tag{7.36}$$

其中 $\boldsymbol{Z}_i = (z_{i1}, \cdots, z_{in_i})^{\mathrm{T}}$, $\boldsymbol{y}_i = (y_{i1}, \cdots, y_{in_i})^{\mathrm{T}}$, $\boldsymbol{\Sigma}_i = (\boldsymbol{Z}_i \boldsymbol{D}_{(k)} \boldsymbol{Z}_i^{\mathrm{T}} + \sigma_{(k)}^2 \boldsymbol{K}_i^{-1})^{-1}$ 以及 $\boldsymbol{K}_i = \mathrm{diag}\{K_h(x_{i1} - s), \cdots, K_h(x_{in_i} - s)\}$.

步骤 3. 由步骤 2 得到的 $\widehat{\boldsymbol{\beta}}^{(k)}$ 和 $\widehat{\boldsymbol{\alpha}}_i^{(k)}$, 通过下列式子更新 $\boldsymbol{D}$ 和 σ^2:

$$\boldsymbol{D}_{(k+1)} = \frac{1}{m} \sum_{i=1}^{m} \widehat{\boldsymbol{\alpha}}_i^{(k)} [\widehat{\boldsymbol{\alpha}}_i^{(k)}]^{\mathrm{T}}, \tag{7.37}$$

$$\sigma_{(k+1)}^2 = \frac{1}{m} \sum_{i=1}^{m} \frac{1}{n_i} [\boldsymbol{y}_i - \boldsymbol{Z}_i(\widehat{\boldsymbol{\beta}}^{(k)} + \widehat{\boldsymbol{\alpha}}_i^{(k)})]^{\mathrm{T}} \boldsymbol{K}_i [\boldsymbol{y}_i - \boldsymbol{Z}_i(\widehat{\boldsymbol{\beta}}^{(k)} + \widehat{\boldsymbol{\alpha}}_i^{(k)})]. \tag{7.38}$$

步骤 4. 重复步骤 2~3 直到满足下列收敛准则:

$$\|\boldsymbol{D}_{(l)} - \boldsymbol{D}_{(l-1)})\|_1 / \|\boldsymbol{D}_{(l-1)}\|_1 \leqslant \epsilon,$$

其中 ϵ 是指定的一个小的正数 (比如 $\epsilon = 10^{-4}$), $\|\boldsymbol{A}\|_1$ 表示 $\boldsymbol{A}$ 所有元素的绝对值和. 若满足上述收敛准则, 则算法在第 l 次迭代停止.

注意到步骤 4 的收敛准则中, 我们采取 $\boldsymbol{D}$ 的两个连续估计之间的相对误差. 实际上其他的估计也可类似使用. 这里之所以使用 $\boldsymbol{D}$ 的估计值, 是因为模拟结果表明在各种情况下它都能得到良好的结果. 另外还要注意, 与线性混合效应模型的估计类似, 上述迭代不收敛的情况偶尔也会发生. 在模拟中, 除了一些极端的情况比如 m 或 n_i 特别小时, 不收敛的频率可以忽略不计. 为了减小不收敛的频率, 相关研究提出使用好的 $\boldsymbol{D}$ 和 σ^2 的初始值. 一个简单而有效的方法是令 $\boldsymbol{D}_{(0)}$ 为单位矩阵, 并且

$$\sigma_{(0)}^2 = \frac{1}{m} \sum_{i=1}^{m} \frac{1}{n_i} \sum_{j=1}^{n_i} [y_{ij} - \widehat{g}^{(P)}(x_{ij})]^2,$$

其中 $\widehat{g}^{(P)}(x_{ij})$ 是由所有的数据构造的标准局部线性核估计.

用以上算法得到 $\boldsymbol{\beta}$ 和 $\boldsymbol{\alpha}_i$ 的估计后, 定义

$$\widehat{g}(s) = \boldsymbol{e}_1^{\mathrm{T}} \widehat{\boldsymbol{\beta}}(s), \quad \widehat{f}_i(s) = \boldsymbol{e}_1^{\mathrm{T}} \widehat{\boldsymbol{\alpha}}_i(s),$$

以及

$$\widehat{\gamma}(s_1, s_2) = \frac{1}{m} \sum_{i=1}^{m} \widehat{f}_i(s_1) \widehat{f}_i(s_2), \quad \text{对任意的 } s_1, s_2 \in [0,1], \tag{7.39}$$

其中 $\boldsymbol{e}_1 = (1,0)^{\mathrm{T}}$. 注意通过以上迭代得到的方差估计依赖于 s. 由于 σ^2 是不依赖于 s 的总体参数, 我们建议通过下式估计它:

$$\widehat{\sigma}^2 = \frac{1}{m} \sum_{i=1}^{m} \frac{1}{n_i} \sum_{j=1}^{n_i} [y_{ij} - \widehat{g}(x_{ij}) - \widehat{f}_i(x_{ij})]^2. \tag{7.40}$$

下列命题给出了 g, γ 以及 σ^2 的一步 (迭代) 估计的渐近性质. 对给定的初始值 $\boldsymbol{D}_{(0)}$ 和 $\sigma_{(0)}^2$, 一步 (迭代) 估计由 (7.35), (7.39) 和 (7.40) 取 $k = 1$ 时计算得到.

命题 7.4 在附录给出的条件 (C1)~(C6), (C8)-I 以及 (C9) 下, 对任意 $s_1, s_2 \in [0,1]$, 有

(i) $\widehat{g}(s_1) = g(s_1)\{1 + O_p[m^{-\frac{1}{2}} + O(h^2)]\}$;

(ii) $\widehat{\gamma}(s_1, s_2) = \gamma(s_1, s_2)\{1 + O_p[h^2 + (nh)^{-\frac{1}{2}} + m^{-\frac{1}{2}} + (mnh^3)^{-\frac{1}{2}}]\}$; 以及

(iii) $\widehat{\sigma}^2 = \sigma^2\{1 + O_p[h^2 + (nh)^{-\frac{1}{2}} + m^{-\frac{1}{2}} + (mnh^3)^{-\frac{1}{2}}]\}$.

下面介绍阶段 II 的非参数 profile 监控方法. 对于任何 $s \in [0,1]$, 考虑如下加权局部似然

$$\mathrm{WL}(a, b; s, \lambda, t) = \sum_{i=1}^{t} \sum_{j=1}^{n_i} [y_{ij} - a - b(x_{ij} - s)]^2 K_h(x_{ij} - s)(1-\lambda)^{t-i}/\nu^2(x_{ij}),$$

其中的 λ 是权重参数, $\nu^2(x) = \gamma(x,x) + \sigma^2$ 是响应的方差函数. $\mathrm{WL}(a, b; s, \lambda, t)$ 同时使用了在 EWMA 模型中采用的 $(1-\lambda)^{t-i}$ 形式的指数权重和局部线性光滑方法 (Fan, Gijbels, 1996). 与此同时, 利用 $\nu^2(x_{ij})$ 进一步考虑到了观测的异方差性. 于是, 关于 a, b 对 $\min_{a,b} \mathrm{WL}(a, b; s, \lambda, t)$ 进行最小化, 可以得到局部线性核估计 $g(s)$ 有如下表达式

$$\widehat{g}_{t,h,\lambda}(s) = \sum_{i=1}^{t} \sum_{j=1}^{n_i} U_{ij}^{(t,h,\lambda)}(s) y_{ij} \bigg/ \sum_{i=1}^{t} \sum_{j=1}^{n_i} U_{ij}^{(t,h,\lambda)}(s), \tag{7.41}$$

其中

$$U_{ij}^{(t,h,\lambda)}(s) = \frac{(1-\lambda)^{t-i}K_h(x_{ij}-s)}{\nu^2(x_{ij})}\left[m_2^{(t,h,\lambda)}(s) - (x_{ij}-s)m_1^{(t,h,\lambda)}(s)\right],$$

$$m_l^{(t,h,\lambda)}(s) = \sum_{i=1}^{t}(1-\lambda)^{t-i}\sum_{j=1}^{n_i}(x_{ij}-s)^l K_h(x_{ij}-s)/\nu^2(x_{ij}), \quad l=0,1,2. \quad (7.42)$$

通过 (7.41) 和 (7.42)，我们发现 $\hat{g}_{t,h,\lambda}(s)$ 在时刻 t 利用了所有观察，把不同的 profile 加权在一起，形成一个传统的 EWMA 控制图 (即更多最新的 profile 得到更高的权重，并且权重随着时间指数式变化). 当 $\lambda = 0$ 时 (即所有的 profile 赋予相同的权重)，得到的估计类似于局部线性 GEE 估计 (Lin, Carroll, 2000). GEE 估计能够适应 profile 内的相关性而不是针对特殊的相关性结构 (它运用了一种被称为独立工作组相关矩阵). 在宽松的假设条件下, Lin, Carroll 证明了它是渐近最优估计. 虽然 Wu, Zhang (2002) 证明了他们的 LLME 估计在某些情况下会更好, 尤其当 profile 内的相关性很强的时候, 但是这种估计需要巨大的计算量, 尤其阶段 II profile 这种在线监控的控制图来说更不可行.

按照阶段 II 分析的惯例, 假设受控情况下回归函数 g_0 和方差函数 $\nu^2(\cdot)$ 都是已知的. 实际中, 它们需要从受控情况下的数据集中估计出来. 令 $\xi_{ij} = [y_{ij} - g_0(x_{ij})]$ 对于所有的 i 和 j, 通过用 ξ_{ij} 替代 y_{ij} 后, $\hat{\xi}_{t,h,\lambda}(s)$ 可以利用 (7.41) 定义的估计得到. 如此变换后, $\hat{\xi}_{t,h,\lambda}(s)$ 在受控情况下的分布就与 g_0 独立了, 原来 profile 监控问题对应的假设检验问题 $H_0: g = g_0; H_1: g \neq g_0$ 就变成 $H_0: g = 0; H_1: g \neq 0$. 因此, 如下定义的控制图受控情况下的分布以及与这相关的统计量 (控制线) 的分布都与 g_0 相互独立, 这样大大简化了设计和控制图的计算. 当过程处于可控状态时, $|\hat{\xi}_{t,h,\lambda}(s)|$ 应该很小. 所以, 很自然得到如下统计量:

$$T_{t,h,\lambda} = c_{0,t,\lambda}\int\frac{[\hat{\xi}_{t,h,\lambda}(s)]^2}{\nu^2(s)}\Gamma_1(s)\mathrm{d}s,$$

其中

$$c_{t_0,t_1,\lambda} = a_{t_0,t_1,\lambda}^2/b_{t_0,t_1,\lambda}, \quad a_{t_0,t_1,\lambda} = \sum_{i=t_0+1}^{t_1}(1-\lambda)^{t_1-i}n_i,$$

$$b_{t_0,t_1,\lambda} = \sum_{i=t_0+1}^{t_1}(1-\lambda)^{2(t_1-i)}n_i,$$

Γ_1 是预先设定好的密度函数. 表达式 $T_{t,h,\lambda}$ 中的 $c_{0,t,\lambda}$ 和 $\nu(\cdot)$ 是为了统一化渐近方差. 定理 7.2 以及附录中相关的证明对此给出详细的说明. 实际中, 采用如下的

离散形式:

$$T_{t,h,\lambda} \approx \frac{c_{0,t,\lambda}}{n_0} \sum_{k=1}^{n_0} \frac{\left[\widehat{\xi}_{t,h,\lambda}(s_k)\right]^2}{\nu^2(s_k)}, \tag{7.43}$$

其中, $\{s_k, k = 1, \cdots, n_0\}$ 是 Γ_1 分布下的独立同分布的样本点. 这样, 当

$$T_{t,h,\lambda} > L,$$

便会报警, 其中 $L > 0$ 是可以达到受控情况下的平均运行长度的控制线. 故此控制图被称为混合效应非参数 profile 控制图 (MENPC).

下面的定理给出了, 当每个可控 profile 的设计点 x_{ij} 独立同分布于密度函数 Γ_2 时, $T_{t,h,\lambda}$ 的渐近原分布.

定理 7.2 假设过程是受控的, 附录中的条件 (C1)~(C7) 满足, 那么可以得到如下结果:

(i) 如果 $n_i h$ 是有界的, 对于每个 i, 同时附录中的条件 (C8)- II 也满足, 那么

$$(T_{t,h,\lambda} - \tilde{\mu}_h)/\tilde{\sigma}_h \overset{\mathcal{L}}{\longrightarrow} N(0,1),$$

其中

$$\tilde{\mu}_h = \frac{\int [K(u)]^2 \mathrm{d}u}{h} \int \frac{\Gamma_1(x)}{\Gamma_2(x)} \mathrm{d}x, \quad \tilde{\sigma}_h^2 = \frac{2\int [K*K(u)]^2 \mathrm{d}u}{h} \int \frac{\Gamma_1^2(x)}{\Gamma_2^2(x)} \mathrm{d}x.$$

(ii) 如果 $n_i h \to \infty$, 对每个 i, 附录中的条件 (C8) - III 和 (C10) 满足, 那么

$$\frac{1}{d_{0,t,\lambda}} T_{t,h,\lambda} \overset{D}{\sim} \frac{1}{n_0} \zeta^{\mathrm{T}} \zeta,$$

其中, $\overset{D}{\sim}$ 表示依分布渐近等价于 $d_{t_0,t,\lambda} = \sum_{i=t_0+1}^{t_1} (1-\lambda)^{2(t_1-i)} n_i^2 / b_{t_0,t,\lambda}$, ζ 是一个均值 0, 协方差矩阵为 Ω 的 n_0 维多元正态随机向量

$$\Omega = \begin{pmatrix} \dfrac{\gamma(s_1,s_1)}{\nu^2(s_1)} & \cdots & \dfrac{\gamma(s_1,s_{n_0})}{\nu(s_1)\nu(s_{n_0})} \\ \vdots & & \vdots \\ \dfrac{\gamma(s_{n_0},s_1)}{\nu(s_{n_0})\nu(s_1)} & \cdots & \dfrac{\gamma(s_{n_0},s_{n_0})}{\nu^2(s_{n_0})} \end{pmatrix}.$$

由该定理我们发现 $T_{t,h,\lambda}$ 渐近地独立于讨厌参数 $\gamma(\cdot,\cdot)$ 和 σ^2. 在实际中, 当对于每个 i, n_i 都是有限且有界的, 则条件对于每个 i, $n_i h$ 是有界的, 能够满足. 以下定理研究失控模型下的 $T_{t,h,\lambda}$ 的渐近特性,

$$y_{ij} = \begin{cases} g_0(x_{ij}) + f_i(x_{ij}) + \varepsilon_{ij}, & \text{若 } 1 \leqslant i \leqslant \tau; \\ g_1(x_{ij}) + f_i(x_{ij}) + \varepsilon_{ij}, & \text{若 } i > \tau, \end{cases} \tag{7.44}$$

其中, τ 是一个未知的变点, $g_1(x) = g_0(x) + \delta(x)$ 是失控情况下的回归函数. 采用以下记号:

$$\zeta_\delta = \int \left[\delta(u) + \frac{h^2 \eta_1}{2} \delta''(u) \right]^2 \frac{\Gamma_1(u)}{\nu^2(u)} \mathrm{d}u, \quad \eta_1 = \int K(t) t^2 \mathrm{d}t,$$

$$\zeta_1 = \int \delta^2(u) \frac{\Gamma_1(u)\gamma(u,u)}{\nu^2(u)} \mathrm{d}u, \quad \zeta_2 = \int [\delta''(u)]^2 \Gamma_1(u) \mathrm{d}u.$$

定理 7.3　当附录中的条件 (C1)~(C7) 以及 $\zeta_2 < M$ 在一些 $M > 0$ 情况下满足的话, 可以得到

(i) 如果对于每个 i, $n_i h$ 是有界的, $c_{0,t,\lambda} nh \zeta_1 \to 0$, 且附录中的条件 (C8)- IV 满足, 那么

$$(T_{t,h,\lambda} - \tilde{\mu}_h - c_{0,t,\lambda} \zeta_\delta) / \tilde{\sigma}_h \xrightarrow{\mathcal{L}} N(0,1).$$

(ii) 如果对于每个 i, $n_i h$ 是有界的, $\zeta_2 \to 0$, 且附录中的条件 (C8)- IV 满足, 那么 $T_{t,h,\lambda}$ 有较大的势 (远远大于名义水平), 当 $\delta \propto c_{0,t,\lambda}^{-4/9}$ 且 $h = O(c_{0,t,\lambda}^{-2/9})$.

(iii) 如果对于每个 i, $n_i h$ 是有界的, 且附录中的条件 (C8)- III 和 (C10) 满足, 那么

$$\frac{1}{d_{0,t,\lambda}} T_{t,h,\lambda} \overset{D}{\sim} \frac{1}{n_0} \zeta^{\mathrm{T}} \zeta,$$

其中, ζ 是一个 n_0 维多元正态随机变量, 均值为 $\delta = [\delta(s_1), \cdots, \delta(s_{n_0})]^{\mathrm{T}}$, 协方差是 Ω.

现在计算机计算速度发展很快, 但是在线监控问题所需的计算量非常大, 快速有效的计算方法仍是值得考虑的问题. 对于上面提出的控制图, 利用表达式 (7.41)~(7.44) 计算统计量 $T_{t,h,\lambda}$ 需要相当长的计算时间且需要大量的存储空间来记录过去所有的 profile 观测. 我们给出 $T_{t,h,\lambda}$ 一个新的表达形式, 这样可以大大减少计算量以及存储空间. 令

$$\tilde{m}_l^{(t,h)}(s) = \sum_{j=1}^{n_k} (x_{tj} - s)^l K_h(x_{tj} - s) / \nu^2(x_{tj}), \quad l = 0, 1, 2,$$

$$\tilde{q}_l^{(t,h)}(s) = \sum_{j=1}^{n_k} (x_{tj} - s)^l K_h(x_{tj} - s) y_{tj} / \nu^2(x_{tj}), \quad l = 0, 1.$$

那么, (7.42) 中的 $m_l^{(t,h,\lambda)}(s)$ 可以通过以下方式迭代更新:

$$m_l^{(t,h,\lambda)}(s) = (1-\lambda)m_l^{(t-1,h,\lambda)}(s) + \tilde{m}_l^{(t,h)}(s), \quad l = 0, 1, 2,$$

其中, $m_l^{(0,h,\lambda)}(s) = 0$, $l = 0, 1, 2$. 令 $q_l^{(t,h,\lambda)}(s)$, $l = 0, 1$ 是两个如下迭代方式定义的工作函数:

$$q_l^{(t,h,\lambda)}(s) = (1-\lambda)q_l^{(t-1,h,\lambda)}(s) + \tilde{q}_l^{(t,h)}(s), \quad l = 0, 1,$$

其中 $q_l^{(0,h,\lambda)}(s) = 0$,, $l = 0, 1$. 那么可以得到

$$\hat{g}_{t,h,\lambda}(s) = \left[M^{(t,h,\lambda)} \right]^{-1} \left\{ (1-\lambda)^2 M^{(t-1,h,\lambda)} \hat{g}_{t-1,h,\lambda} + \left[\tilde{q}_0^{(t,h)} m_2^{(t,h,\lambda)} - \tilde{q}_1^{(t,h)} m_1^{(t,h,\lambda)} \right] \right.$$
$$\left. + (1-\lambda) \left[q_0^{(t-1,h,\lambda)} \tilde{m}_2^{(t,h)} - q_1^{(t-1,h,\lambda)} \tilde{m}_1^{(t,h)} \right] \right\}, \tag{7.45}$$

其中, $M^{(t,h,\lambda)}(s) = m_2^{(t,h,\lambda)}(s)m_0^{(t,h,\lambda)}(s) - [m_0^{(t,h,\lambda)}(s)]^2$. 在以上等式的右边, 每个函数与 s 的关系没有给出显示表达式, 是为了防止出现某些混乱.

利用以上迭代计算方法, 计算 MENPC 控制图可如下简化. 在时刻 t, 首先计算 $\tilde{m}_l^{(t,h)}(s)$, $l = 0, 1, 2$, 以及 $\tilde{q}_l^{(t,h)}(s)$, $l = 0, 1$, 在 n_0 预先确定的 s 的位置. 那么, $m_l^{(0,h,\lambda)}(s_k)$, $l = 0, 1, 2$, 且 $q_l^{(0,h,\lambda)}(s_k)$, $l = 0, 1$. 最后, 通过计算 (13) 得到 $\hat{g}_{t,h,\lambda}(s)$, y_{ij} 用 ξ_{ij} 替代, 然后通过计算 $\hat{g}_{t,h,\lambda}(s)$, 便可以得到 $T_{t,h,\lambda}$. 这种算法只需要 $O(n_0 n_i h)$ 步计算就可以监控第 i 个 profile, 这与传统的局部线性核光滑的计算复杂度一样. 如果 n_i 和 n_0 都很大, 那么可以利用 Seifert 等. (1994) 提出的算法把计算复杂度进一步降到 $O(n_i h)$. Fan, Marron (1994) 提出类似算法. 很明显, 利用以上的迭代算法, 计算时所需的存储空间不会随时间 t 的增大而大大增加.

7.5.2 阶段 I 中的异常 profile 检测方法

在本节中介绍 Yu, Zou, Wang (2012) 提出的阶段 I 中的异常 profile 检测方法. 考虑一个函数型数据 $\{X_i(t), i = 1, \cdots, N\}$. 不失一般性, 假设 $t \in \mathcal{T} = [a, b]$, $-\infty < a < b < \infty$. 同时假设, 观测值 $X_i(t)$ 相互独立, 要检验数据集中是否有异常点. 异常点的均值与数据集中的其他观测值的均值显著不同. 为此, 原假设可以写为

$$H_0 : EX_1(t) = EX_2(t) = \cdots = EX_N(t), \quad t \in \mathcal{T}.$$

备择假设假设为

$H_1 :$ 存在一个 $\{1, \cdots, N\}$ 的子集 $\mathcal{A}_N$ 使得对任意 $k, l \notin \mathcal{A}_N$, $EX_k(t) = EX_l(t)$,
   而对任意 $k \in \mathcal{A}_N$, $l \notin \mathcal{A}_N$, $EX_k(t) \neq EX_l(t)$,

其中 $\mathcal{A}_N$ 为异常点集.

在原假设 H_0 下, 函数型观测值可以看做独立的随机过程

$$X_i(t) = \mu(t) + Y_i(t), \quad i = 1, \cdots, N, \tag{7.46}$$

其中 $\mu(t)$ 是随机过程的均值函数, $Y_i(t)$ 是随机误差且 $EY_i(t) = 0$. 在通常情况下, 不需要给出原假设 H_0 下 $\mu(t)$ 的具体值. 在 H_1 下, 观测值的模型如下:

$$X_i(t) = \begin{cases} \mu_i(t) + Y_i(t), & i \in \mathcal{A}_N, \\ \mu_0(t) + Y_i(t), & i \notin \mathcal{A}_N. \end{cases}$$

在函数型数据中鉴别异常点的直接方法是使用参数或非参数的多元异常点检测过程. 然而, 函数变化无限维的特性使得等距离点的数量远远大于个体的数量. 通常多元统计的方法会遇到 "多元诅咒" 的问题, 因此当变量数量大于样本个体数时这些方法往往是不可用的. 此时就要减少维数. 函数主成分分析 (FPCA) 可以在函数型数据中提取出少数几个主要典型的特征, 我们的检验统计量就是在此基础上提出的. 首先做一个简要回顾并介绍一些基本概念.

设 $c(t, s) = E\{Y(t)Y(s)\}$ 为 $Y(\cdot)$ 的协方差函数. λ_k 和 $\upsilon_k(\cdot)$ 分别为 $c(t, s)$ 的特征值和特征函数, 其定义如下:

$$\int_a^b c(t, s)\upsilon_k(s)\mathrm{d}s = \lambda_k \upsilon_k(t), \quad t \in \mathcal{T}, \quad k = 1, 2, \cdots.$$

在传统的 FDA 中, $c(t, s)$ 的估计为

$$\hat{c}(t, s) = \frac{1}{N} \sum_{1 \leqslant i \leqslant N} \{X_i(t) - \bar{X}_N(t)\}\{X_i(s) - \bar{X}_N(s)\},$$

其中 $\bar{X}_N(t) = \dfrac{1}{N}\sum_{i=1}^N X_i(t)$. 相应的 λ_k 和 $\upsilon_k(\cdot)$ 的估计为 $\hat{\lambda}_k$ 和 $\hat{\upsilon}_k(\cdot)$, 定义如下:

$$\int_a^b \hat{c}(t, s)\hat{\upsilon}_k(s)\mathrm{d}s = \hat{\lambda}_k \hat{\upsilon}_k(t), \quad t \in \mathcal{T}, \quad k = 1, 2, \cdots.$$

在一般的条件下, $\hat{c}(t, s)$, $\hat{\lambda}_k$ 以及 $\hat{\upsilon}_k(\cdot)$ 分别是 $c(t, s)$, λ_k 以及 $\upsilon_k(\cdot)$ 的一致估计.

定义 $\Delta_i(t) = X_i(t) - \bar{X}_N(t), i = 1, \cdots, N$. 假设函数型数据中没有异常点, 均值为常数, 此时 $|\Delta_i(t)|$ 对所有的 $1 \leqslant i \leqslant N$ 和 $t \in \mathcal{T}$ 会比较小. 相反地, 如果样本中有异常点, 则由于异常点均值的漂移 $\max_{1 \leqslant i \leqslant N} |\Delta_i(t)|$ 会变得比较大, 故可以给出下面的检验 $\{|\Delta_1(t)|, |\Delta_2(t)|, \cdots, |\Delta_N(t)|\}$.

最后，考虑使用函数主成分分析减少维数，并利用函数 $\Delta_i(t)$ 在观测值主成分上的投影构造检验. 此投影是所有 $\{\hat{v}_k(t), k = 1, 2, \cdots\}$ 的线性组合. 最大 d 特征值对应的系数为

$$\hat{\eta}_{ik} = \int_a^b \{X_i(t) - \bar{X}_N(t)\}\hat{v}_k(t)\mathrm{d}t, \quad i = 1, \cdots, N, \quad k = 1, \cdots, d.$$

这些系数反应了第 i 个样本与样本均值的差别. 于是，给出下面的检验统计量：

$$S_{N,d} = \max_{1 \leqslant i \leqslant N} \sum_{1 \leqslant k \leqslant d} \frac{\hat{\eta}_{ik}^2}{\hat{\lambda}_k}. \tag{7.47}$$

用 n 个等距点测量 N 条曲线，这类函数主成分问题可以应用标准的主成分分析方法解决. 在格子点是稀疏的或时间点不是等距的情况下，可对主成分给以光滑性的限制. 一种直接的方法是用一个光滑基函数集合表示它们 (Ramsay, Silverman, 2005). 这种方法实际上仅需要将数据矩阵的行投影到适当的基上，之后再对基系数进行主成分分析. 或者等价地，用基函数来逼近单条曲线，而后在估计的函数上取格子点，再对这些格子点进行主成分分析.

基于上述讨论，为鉴别异常点集合 $\mathcal{A}_N$，我们建议利用检验统计量 $S_{N,d}$ 按照如下步骤检验函数异常点 (SFOD)：

第 0 步：给一个显著性水平 α 以及集合 $\mathcal{O}_N = \varnothing$；

第 1 步：选择 d 使得函数 PCA 可以解释 85% 的方差；

第 2 步：计算 $S_{N,d}$ 并确定 $l_{N,d}(\alpha)$. 若 $S_{N,d} < l_{N,d}(\alpha)$，过程停止. 否则令

$$\mathcal{O}_N = \mathcal{O}_N \cup \left\{ i : \sum_{1 \leqslant k \leqslant d} \frac{\hat{\eta}_{ik}^2}{\hat{\lambda}_k} = \max_j \sum_{1 \leqslant k \leqslant d} \frac{\hat{\eta}_{jk}^2}{\hat{\lambda}_k} \right\}.$$

第 3 步：从数据集中去掉样本 $\mathcal{O}_N$ 并返回第 1 步.

接下来，给出 $S_{N,d}$ 的极限性质，定理 7.4 给出 $S_{N,d}$ 的极限零分布. 为得到 H_0 下检验统计量的极限分布，需要如下条件：

(C1) 均值 $\mu(t)$ 是 $\mathcal{L}^2(\mathcal{T})$ 的. 误差 $Y_i(t)$ 为独立同分布 (i.i.d.) 且均值为零的高斯过程. 协方差函数 $c(t, s)$ 是平方可积的，即是 $\mathcal{L}^2(\mathcal{T} \times \mathcal{T})$ 的.

(C2) 特征值 λ_k 符合条件，对某个 $d > 0$,

$$\lambda_1 > \lambda_2 > \cdots > \lambda_d > \lambda_{d+1}.$$

这两个条件是保证 $\hat{\lambda}_k$ 和 $\hat{v}_k(\cdot)$ 为 λ_k 和 $v_k(\cdot)$ 的合理估计的充分条件. Bosq (2000) 的结果说明，对任意 $k \leqslant d$,

$$\limsup_{N\to\infty} \left[N\{E(\|\hat{c}_k v_k(t) - \hat{v}_k(t)\|^2)\} \right] < \infty, \tag{7.48}$$

$$\limsup_{N\to\infty} \left[N\{E(|\lambda_k - \hat{\lambda}_k|^2)\} \right] < \infty, \tag{7.49}$$

其中 $\hat{c}_k = \text{sgn}\left\{ \int_a^b v_k(t)\hat{v}_k(t)\mathrm{d}t \right\}$. 进一步, 由条件 (C1) 可以得到如下展开式:

$$c(t,s) = \sum_{1\leqslant k<\infty} \lambda_k v_k(t)v_k(s), \quad Y_i(t) = \sum_{1\leqslant k<\infty} \lambda_k^{1/2}\xi_{ik}(t)v_k(t), \tag{7.50}$$

其中序列 $\{\xi_{ik}, i = 1, \cdots, N, k = 1, 2, \cdots\}$ 是独立同分布的正态随机变量, 均值为 0, 方差为 1. 我们可以很容易验证 (7.50) 中的级数收敛到 $\mathcal{L}^2(\mathcal{T} \times \mathcal{T})$ 和 $\mathcal{L}^2(\mathcal{T})$, 所有 λ_k 是非负的, 且其特征函数 $v_k(t), k = 1, 2, \cdots$ 为 $\mathcal{L}^2(\mathcal{T})$ 中的一个正交基.

定理 7.4　假设条件 (C1)~(C2) 成立. 则在原假设 H_0 下, 对任意 $x \in \mathbb{R}$,

$$P\left\{ \frac{S_{N,d}}{2} - \log N - (d/2 - 1)\log\log N + \log\Gamma(d/2) \leqslant x \right\} \to e^{-e^{-x}}, \quad N \to \infty. \tag{7.51}$$

$S_{N,d}$ 的渐近零分布是与 $\mu(t)$ 和 $c(t,s)$ 讨厌参数独立的, 因此 $S_{N,d}$ 是渐近枢轴的. 由上面的定理, 可以获得检验统计量 $S_{N,d}$ 的近似临界值

$$u_{N,d}(\alpha) = 2c_d(\alpha) + 2\log N + (d - 2)\log\log N - 2\log\Gamma(d/2),$$

其中 $c_d(\alpha)$ 是双指数分布的 α 上侧分位数. 因此, 检验的拒绝域 $\{S_{N,d} \geqslant u_{N,d}(\alpha)\}$ 的近似显著性水平为 α.

7.6　附录: 技术细节

近似自启动线性 profile 控制图的可控平均运行长度的马氏链方法

该近似方法同经典的 Brook, Evans (1972) 所提出的马氏链过程相似. 将转移概率矩阵 $\boldsymbol{P} = (p_{ij\to kl})$ 分块成下面的形式:

$$\begin{pmatrix} \boldsymbol{R} & (\boldsymbol{I} - \boldsymbol{R})\boldsymbol{1} \\ \boldsymbol{0} & 1 \end{pmatrix}$$

其中子矩阵 $\boldsymbol{R}$ 是受控状态下的转移概率矩阵; $\boldsymbol{I}$ 是单位矩阵, 以及 $\boldsymbol{1}$ 是元素为 1 的列向量. 令 t_1 和 t_2 是给定的整数, $w_1 = \dfrac{2\text{UCL}_{IS}}{2t_1 + 1}$ 和 $w_2 = \dfrac{2\text{UCL}_\sigma}{2t_2 - 1}$. 整数对 (i, j) 代表两个 EWMA 控制图的状态, 其中 $i = -t_1, \cdots, 0, \cdots, t_1$, $j = 0, 1, \cdots, t_2 - 1$,

和 $(0,0)$ 代表自启动控制图的初始状态. 统计量 $\mathrm{EWMA_{IS}}(q)$ 和 $\mathrm{EWMA}_\sigma(q)$ 从状态 (i,j) 到状态 (k,l) 的转移概率用 $R_{ij\to kl}$ 表示, 计算如下:

$$R_{ij\to k0}$$
$$=P\{(\mathrm{EWMA_{IS}}(q),\mathrm{EWMA}_\sigma(q))$$
$$=(k,0)\mid(\mathrm{EWMA_{IS}}(q-1),\mathrm{EWMA}_\sigma(q-1))=(i,j)\}$$
$$=P\left\{(k-i+\lambda i-0.5)\frac{w_1}{\lambda}\leqslant\sqrt{n}\bar{w}_q<(k-i+\lambda i+0.5)\frac{w_1}{\lambda},(n-1)S_{w_q}\right.$$
$$\left.<(n-1)\left[\sqrt{\frac{2}{n-1}}(-j+\lambda j+0.5)\frac{w_2}{\lambda}+1\right]\right\}$$
$$=\left\{\Phi\left[(k-i+\lambda i+0.5)\frac{w_1}{\lambda}\right]-\Phi\left[(k-i+\lambda i-0.5)\frac{w_1}{\lambda}\right]\right\}$$
$$\times\chi^2_{n-1}\left((n-1)\left[\sqrt{\frac{2}{n-1}}(-j+\lambda j+0.5)\frac{w_2}{\lambda}+1\right]\right);$$

$$R_{ij\to kl}$$
$$=P\{(\mathrm{EWMA_{IS}}(q),\mathrm{EWMA}_\sigma(q))$$
$$=(k,l)\mid(\mathrm{EWMA_{IS}}(q-1),\mathrm{EWMA}_\sigma(q-1))=(i,j)\}$$
$$=P\left\{(k-i+\lambda i-0.5)\frac{w_1}{\lambda}\leqslant\sqrt{n}\bar{w}_q<(k-i+\lambda i+0.5)\frac{w_1}{\lambda},\right.$$
$$(n-1)\left[\sqrt{\frac{2}{n-1}}(l-j+\lambda j-0.5)\frac{w_2}{\lambda}+1\right]\leqslant(n-1)S_{w_q}$$
$$\left.<(n-1)\left[\sqrt{\frac{2}{n-1}}(l-j+\lambda j+0.5)\frac{w_2}{\lambda}+1\right]\right\}$$
$$=\left\{\Phi\left[(k-i+\lambda i+0.5)\frac{w_1}{\lambda}\right]-\Phi\left[(k-i+\lambda i-0.5)\frac{w_1}{\lambda}\right]\right\}$$
$$\times\left\{\chi^2_{n-1}\left((n-1)\left[\sqrt{\frac{2}{n-1}}(l-j+\lambda j+0.5)\frac{w_2}{\lambda}+1\right]\right)\right.$$
$$\left.-\chi^2_{n-1}\left((n-1)\left[\sqrt{\frac{2}{n-1}}(l-j+\lambda j-0.5)\frac{w_2}{\lambda}+1\right]\right)\right\},$$

其中 $\Phi(\cdot)$ 和 $\chi^2_{n-1}(\cdot)$ 是标准正态分布和自由度为 $n-1$ 的卡方分布的累积分布函数. 根据 Brook, Evans (1972) 中的过程, 初始状态为 $(0,0)$ 的自启动控制图的平均运行长度由

$$\mathbf{1}_0(\boldsymbol{I}-\boldsymbol{R})^{-1}\mathbf{1}$$

给出，其中 $\mathbf{1_0} = (0, \cdots, 1, \cdots, 0)$ 是一个第 $(t_1 \times t_2 + 1)$ 个元素为 1 的行向量. 为了提高方法的准确度，利用下面的外推法:

$$\mathrm{ARL}(t) = \mathrm{ARL} + B/t + C/t^2,$$

其中 $\mathrm{ARL}(t)$ 代表由状态 $t_1 = t_2 = t$ 计算得到的平均运行长度的值, 表 7.1 利用的是 $t = 10, 15, 20$.

令 $\mathrm{ARL}_{\mathrm{IS}\sigma}(\mathrm{UCL}_{\mathrm{IS}}, \mathrm{UCL}_\sigma)$, $\mathrm{ARL}_{\mathrm{IS}}(\mathrm{UCL}_{\mathrm{IS}})$ 和 $\mathrm{ARL}_\sigma(\mathrm{UCL}_\sigma)$ 分别代表两个 EWMA 结合的控制图, $\mathrm{EWMA}_{\mathrm{IS}}$ 和 EWMA_σ 控制图由马尔可夫链的方法得到的平均运行长度的函数. 给定一个总的受控 ARL_0, $\mathrm{UCL}_{\mathrm{IS}}$ 和 UCL_σ 的值可以通过解下面的方程得到

$$\begin{cases} \mathrm{ARL}_{\mathrm{IS}\sigma}(\mathrm{UCL}_{\mathrm{IS}}, \mathrm{UCL}_\sigma) = \mathrm{ARL}_0, \\ \mathrm{ARL}_{\mathrm{IS}}(\mathrm{UCL}_{\mathrm{IS}}) = 0.5\mathrm{ARL}_\sigma(\mathrm{UCL}_\sigma), \end{cases}$$

用二分法求值即可.

命题 7.1 的证明　注意到

$$\widehat{\sigma}_{kn}^2 = \frac{k_1\widehat{\sigma}_{k_1n}^2 + k_2\widehat{\sigma}_{k_2n}^2}{k} + \frac{k_1k_2}{k^2}(\bar{y}_{k_1n} - \bar{y}_{k_2n})^2 + \frac{k_1k_2\left(\frac{1}{k_1}S_{xy(k_1n)} - \frac{1}{k_2}S_{xy(k_2n)}\right)^2}{k^2nS_{xx}},$$

$\widehat{\sigma}_{kn}^2 \xrightarrow{\mathcal{P}} \sigma^2$, $\widehat{\sigma}_{k_2n}^2 \xrightarrow{\mathcal{P}} \sigma^2$, $\bar{y}_{k_2n} \xrightarrow{\mathcal{P}} A_1\bar{x} + A_0$, $k_2/k \to 1$, 当 $k \to \infty$. 则有

$$lr(k_1n, kn)$$
$$= k_1n(\ln\widehat{\sigma}_{kn}^2 - \ln\widehat{\sigma}_{k_1n}^2) + k_2n(\ln\widehat{\sigma}_{kn}^2 - \ln\widehat{\sigma}_{k_2n}^2)$$
$$= -k_1n\ln\frac{\widehat{\sigma}_{k_1n}^2}{\widehat{\sigma}_{kn}^2} + k_2n\ln\left[1 + \frac{k_1}{k}\left(\frac{\widehat{\sigma}_{k_1n}^2}{\widehat{\sigma}_{kn}^2} - 1\right) + \frac{k_1k_2}{k^2}\left(\frac{\bar{y}_{k_1n} - \bar{y}_{k_2n}}{\widehat{\sigma}_{k_2n}}\right)^2\right.$$
$$\left. + \frac{k_1k_2\left(\frac{1}{k_1}S_{xy(k_1n)} - \frac{1}{k_2}S_{xy(k_2n)}\right)^2}{k^2nS_{xx}\widehat{\sigma}_{k_2n}^2}\right]$$
$$= -k_1n\ln\frac{\widehat{\sigma}_{k_1n}^2}{\widehat{\sigma}_{kn}^2} + k_2n\left[\frac{k_1}{k}\left(\frac{\widehat{\sigma}_{k_1n}^2}{\widehat{\sigma}_{kn}^2} - 1\right) + \frac{k_1k_2}{k^2}\left(\frac{\bar{y}_{k_1n} - \bar{y}_{k_2n}}{\widehat{\sigma}_{k_2n}}\right)^2\right.$$
$$\left. + \frac{k_1k_2\left(\frac{1}{k_1}S_{xy(k_1n)} - \frac{1}{k_2}S_{xy(k_2n)}\right)^2}{k^2nS_{xx}\widehat{\sigma}_{k_2n}^2} + o_p(k^{-1})\right]$$
$$\xrightarrow{\mathcal{P}} -k_1n\ln\frac{\widehat{\sigma}_{k_1n}^2}{\sigma^2} + k_1n\frac{\widehat{\sigma}_{k_1n}^2}{\sigma^2} - k_1n + k_1n\left(\frac{\bar{y}_{k_1n} - A_1\bar{x} - A_0}{\sigma}\right)^2$$

$$+ k_1 \left(\frac{\frac{1}{k_1} S_{xy(k_1 n)} - \sum_1^n (x_i - \bar{x})(A_1 x_i + A_0)}{\sigma \sqrt{S_{xx}}} \right)^2$$

(当 $k, k_2 \to \infty$)

$$\stackrel{\mathcal{D}}{=} z_1 - k_1 n \ln \frac{z_1}{k_1 n} + z_2 + z_3 - k_1 n.$$

命题 7.2 的证明 因为 z_1, z_2 和 z_3 独立, $lr(k_1 n, \infty)$ 的特征函数可表示为

$$\phi(t) = (1 - 2it)^{-1} e^{-ik_1 nt} \int_0^\infty e^{it(x - k_1 n \ln \frac{x}{k_1 n})} \frac{1}{2^{\frac{k_1 n - 2}{2}} \Gamma\left(\frac{k_1 n - 2}{2}\right)} x^{\frac{k_1 n - 2}{2} - 1} e^{-\frac{x}{2}} \mathrm{d}x$$

$$= (1 - 2it)^{-1} e^{-ik_1 nt} \int_0^\infty e^{(it - \frac{1}{2})x} x^{\frac{k_1 n - 2}{2} - itk_1 n - 1}$$

$$\times \frac{1}{2^{\frac{k_1 n - 2}{2}} \Gamma\left(\frac{k_1 n - 2}{2}\right)} (k_1 n)^{itk_1 n} \mathrm{d}x$$

$$= (1 - 2it)^{-1} e^{-ik_1 nt} \Gamma\left(\frac{k_1 n - 2}{2} - itk_1 n\right)$$

$$\times \left(\frac{2}{1 - 2it}\right)^{\frac{k_1 n - 2}{2} - itk_1 n} \frac{(k_1 n)^{itk_1 n}}{2^{\frac{k_1 n - 2}{2}} \Gamma\left(\frac{k_1 n - 2}{2}\right)}$$

$$= \frac{\Gamma\left(\frac{k_1 n - 2}{2} - itk_1 n\right)}{\Gamma\left(\frac{k_1 n - 2}{2}\right)} (1 - 2it)^{itk_1 n - \frac{k_1 n}{2}} \left(\frac{k_1 n}{2e}\right)^{itk_1 n}.$$

因此, $lr(k_1 n, \infty)$ 的 r 阶矩为

$$E[(lr(k_1 n, \infty))^r] = (-i)^r \left. \frac{\mathrm{d}^r \phi(t)}{\mathrm{d}t^r} \right|_{t=0}.$$

由此

$$E[lr(k_1 n, \infty)] = k_1 n \left[\ln\left(\frac{k_1 n}{2}\right) - \psi_0\left(\frac{k_1 n - 2}{2}\right) \right],$$

$$\mathrm{Var}[lr(k_1 n, \infty)] = (k_1 n)^2 \psi_1\left(\frac{k_1 n - 2}{2}\right) - 2k_1 n.$$

ψ_0 和 ψ_1 的计算

计算 ψ_0 和 ψ_1 的迭代公式为

$$\psi_0(1) = -\gamma, \quad \psi_0\left(\frac{1}{2}\right) = -\gamma - 2\ln 2,$$

$$\psi_1(1) = \frac{\pi^2}{6}, \quad \psi_1\left(\frac{1}{2}\right) = \frac{\pi^2}{2},$$

$$\psi_0(z+1) = \psi_0(z) + \frac{1}{z}, \quad \psi_1(z+1) = \psi_1(z) - \frac{1}{z^2},$$

其中 $\gamma = 0.577215664\cdots$ 是 Euler-Mascheroni 常数. 由此还可以得到如下的公式:

$$\psi_0(n) = -\gamma + \sum_{k=1}^{n-1}\frac{1}{k}, \quad \psi_1(n) = \frac{\pi^2}{6} - \sum_{k=1}^{n-1}\frac{1}{k^2},$$

$$\psi_0\left(n+\frac{1}{2}\right) = -\gamma - 2\ln 2 + 2\sum_{k=1}^{n}\frac{1}{2k-1},$$

$$\psi_1\left(n+\frac{1}{2}\right) = \frac{\pi^2}{2} - 4\sum_{k=1}^{n}\frac{1}{(2k-1)^2}.$$

多元指数加权移动平均的监控 profile 方法的平均运行长度和平均运行时间的近似

因为该控制图是 Lowry 等 (1992) 提出的多元 EWMA 控制图的特殊情况, 所以可以用 Runger, Prabhu (1996) 给出的马氏链近似计算法来计算我们的平均运行长度. 这里仅简单的介绍马氏链近似计算法, 着重强调一些必要的改动. 关于传统的多元 EWMA 控制图的马氏链近似计算法的更多细节读者可以参见第 8 章中的附录.

首先, 因为向量 $\boldsymbol{Z}$ 是一个均值为 $\boldsymbol{0}$、协方差矩阵为 $\boldsymbol{\Sigma}$ 的正态向量, 于是计算受控的平均运行长度可以用与 Runger, Prabhu (1996) 中一样的方法. 用一维的马氏链来近似计算受控的平均运行长度. 定义 $(m+1)$ 阶概率转移矩阵 $\boldsymbol{P} = (p_{ij})$, 其中元素 p_{ij} 表示从状态 i 到状态 j 的转移概率, $(m+1)$ 是转移状态的个数. 对 $i = 0, 1, 2, \cdots, m$ 有

$$p_{ij} = f_1\big((j+0.5)^2 g^2/\lambda^2; p+1; \xi\big) - f^{-1}\big((j-0.5)^2 g^2/\lambda^2; p+1; \xi\big), \quad 0 < j \leqslant m,$$

$$p_{i0} = f_1\big((0.5)^2 g^2/\lambda^2; p+1; \xi\big), \quad j = 0,$$

其中 $g = \left(L\dfrac{\lambda}{2-\lambda}\right)^{\frac{1}{2}}/(m+1)$, $\xi = [(1-\lambda)ig/\lambda]^2$ 和 $f_1(\cdot; \nu; \xi)$ 自由度为 ν 的非中心卡方分布, 非中心参数为 ξ. 于是受控的平均运行长度可以由下面的式子计算:

$$\mathrm{ARL} = \boldsymbol{1}^{\mathrm{T}}(\boldsymbol{I} - \boldsymbol{P})^{-1}\boldsymbol{1},$$

其中 I 是 $(m+1)$ 阶单位矩阵, $\mathbf{1}$ 是一个第一个元素为 1 的 $(m+1)$ 维向量.

接下来, 考虑在失控的条件下的近似计算. Lowry 等 (1992) 和 Runger, Prabhu (1996) 指出, 不失一般性, 可以假设失控均值向量为 $\delta\mathbf{1}$ 来决定多元 EWMA 控制图的失控表现. 二维的马氏链可以用来分析多元 EWMA 控制图的失控的平均运行长度. 其中一维包括 m_2+1 个状态来分析受控部分的性质, 另一维包括 $2m_1+1$ 个转移状态用来分析失控的部分. 因此要用到一个 $(2m_1+1) \times (m_2+1)$ 阶矩阵.

这里, 当线性 profile 的回归系数从 β 变到 β^* 时, 非中心参数 δ 为

$$\delta = \frac{1}{\sigma}\sqrt{(\boldsymbol{\beta}^* - \boldsymbol{\beta})^{\mathrm{T}}(\boldsymbol{X}^{\mathrm{T}}\boldsymbol{X})(\boldsymbol{\beta}^* - \boldsymbol{\beta})}. \tag{7.52}$$

但是, 当 profile 的标准差从 σ 变到 $\delta\sigma$ 时, $\boldsymbol{Z}(\beta)$ 和 $Z(\sigma)$ 的分布都会发生变化, 尽管它们仍保持独立. 另外 $Z(\sigma)$ 也不再是正态分布. 因此为得到 profile 的失控的平均运行长度必须作一些修改. 实际上, 如果用 $\boldsymbol{Z}$ 除以 δ, $\boldsymbol{Z}(\beta)$ 是一个服从多元标准正态分布的 p 维向量. 可以证明多元 EWMA 控制图的 $\boldsymbol{Z}/\delta$ 对控制线为 $L\dfrac{\lambda}{2-\lambda}/\delta$ 运行长度的分布与 $\boldsymbol{Z}$ 对控制线为 $L\dfrac{\lambda}{2-\lambda}$ 的运行长度的分布一样. 因此, 在这里依然可以使用一个二维的马氏链. 于是一维的马氏链可以使用类似于上面的可控的情形, 只是把控制线 $L\dfrac{\lambda}{2-\lambda}/\delta$ 换为 $L\dfrac{\lambda}{2-\lambda}$, 函数 f_1^{-1} 的自由度由 p 变为 $p+1$. 从状态 i 到状态 j 的转移概率 $v(i,j)$ 可以如下得到: 与 Runger 和 Prabhu (1996) 相似, 把控制线 $-L\dfrac{\lambda}{2-\lambda}/\delta$ 和 $L\dfrac{\lambda}{2-\lambda}/\delta$ 分为长度为 g 的 $2m+1$ 个状态. 令 $c_i = -L\dfrac{\lambda}{2-\lambda}/\delta + (i-0.5)g$. 因此

$$\begin{aligned}
v(i,j) =& P\left\{\frac{1}{\lambda}\left[-L\frac{\lambda}{2-\lambda}/\delta + (j-1)g - (1-\lambda)c_i\right] < Z(\sigma)/\delta \right. \\
& \left. < \frac{1}{\lambda}\left[-L\frac{\lambda}{2-\lambda}/\delta + jg - (1-\lambda)c_i\right]\right\} \\
=& F\left(F^{-1}\left(\Phi\left(\frac{\delta}{\lambda}\left[-L\frac{\lambda}{2-\lambda}/\delta + jg - (1-\lambda)c_i\right]\right); n-p\right)/\delta^2; n-p\right) \\
& - F\left(F^{-1}\left(\Phi\left(\frac{\delta}{\lambda}\left[-L\frac{\lambda}{2-\lambda}/\delta + (j-1)g - (1-\lambda)c_i\right]\right); n-p\right)/\delta^2; n-p\right),
\end{aligned}$$

其中 F 是卡方分布函数. 然后用 Runger 和 Prabhu (1996) 中的方法把两个一维概率转移矩阵联合成一个马氏链. 当标准差发生漂移时, 失控的平均运行长度就可以得到了.

现在考虑 profile 监控的平均运行时间和平稳状态的平均运行时间. 当过程可控时, 可以通过计算多元 EWMA 控制图的平均运行长度来得到一维的概率转移矩

阵 $\boldsymbol{P}$. 通过 Reynolds 等 (1990) 的方法受控的平均运行时间可以表示为

$$\text{ATS} = d_0 + \boldsymbol{l}^{\mathrm{T}}(\boldsymbol{I} - \boldsymbol{P})^{-1}\boldsymbol{d},$$

其中 d_0 是过程开始到取第一组样本的区间, $\boldsymbol{d}$ 是 $(m+1)$ 维向量. 在控制统计量落在状态 i 中之后, 取 $\boldsymbol{d}$ 的第 i 个元素. 确定 $\boldsymbol{d}$ 的方法如下; 当第 i 个状态的上控制线比警戒线小时, 即 $(i+0.5)g \leqslant \left(L_1 \dfrac{\lambda}{2-\lambda}\right)^{\frac{1}{2}}$, 则 $\boldsymbol{d}$ 的第 i 个元素为 d_2. 当第 i 个状态的下控制线比警戒线大时, 即 $(i-0.5)g > \left(L_1 \dfrac{\lambda}{2-\lambda}\right)^{\frac{1}{2}}$, 则 $\boldsymbol{d}$ 的第 i 个元素为 d_1. 当警戒线落在上、下控制线之间时, 可用插值法.

我们用上述马氏链计算平稳状态的平均运行时间. 注意到尽管用二维的马氏链来决定当过程失控时的多元 EWMA 控制图的统计量的性质, 但是当过程受控时也是可用的. 定义 $\boldsymbol{Q}_0$ 为 $(2m_1 + 1) \times (m_2 + 1)$ 的当过程受控时的转移概率矩阵. 令 $\boldsymbol{d}$ 是一个 $(2m_1 + 1) \times (m_2 + 1)$ 维的向量, 在控制统计量落在状态 i 中之后取这个向量的第 i 个元素. 记 $\boldsymbol{\pi}$ 是满足 $\boldsymbol{\pi}^{\mathrm{T}}\boldsymbol{Q}_0 = \boldsymbol{\pi}^{\mathrm{T}}$ 的特征向量. 假设 $\boldsymbol{\alpha}$ 是漂移发生在样本之间的初始概率向量. 则 $\boldsymbol{\alpha}$ 可以表示为矩阵的形式, $\boldsymbol{\alpha}^{\mathrm{T}} = \dfrac{\boldsymbol{\pi}^{\mathrm{T}}\boldsymbol{D}}{\boldsymbol{\pi}^{\mathrm{T}}\boldsymbol{d}}$, 其中 $\boldsymbol{D}$ 是对角元为 $\boldsymbol{d}$ 的对角矩阵. 于是平稳状态的平均运行时间可以表示为

$$\text{SSATS} = \boldsymbol{\alpha}^{\mathrm{T}}\left[(\boldsymbol{I} - \boldsymbol{Q})^{-1} - \frac{1}{2}\boldsymbol{I}\right]\boldsymbol{d},$$

其中 $\boldsymbol{Q}$ 是一个 $(2m_1 + 1) \times (m_2 + 1)$ 的矩阵, 当过程失控时. 可以用计算失控平均运行长度的方法来计算 $\boldsymbol{Q}$. 另外与 Runger, Prabhu (1996) 相似, 为得到平均运行长度和平均运行时间, 计算 $(\boldsymbol{I} - \boldsymbol{P})\boldsymbol{b} = \boldsymbol{1}$, 这样比直接计算 $(\boldsymbol{I} - \boldsymbol{P})^{-1}\boldsymbol{1}$ 要快. 在应用中, 我们推荐使用 $m \geqslant 100$ 来近似受控的平均运行长度和平均运行时间, 用 $m_1, m_2 \geqslant 30$ 计算失控的平均运行长度和平稳状态的平均运行时间.

7.3 节中用到的理论条件

(a) 存在一个 Lipschitz 连续的正密度 $f(u)$, 跳离原点并使得设计点 x_i 满足

$$\int_0^{x_i} f(u)\mathrm{d}u = \frac{i}{n}, \quad i = 1, \cdots, n.$$

(b) $g_0(u)$ 有连续的二阶导.

(c) 函数 $K(t)$ 对称有界. 更进一步, 函数 $t^3 K(t)$ 和 $t^3 K'(t)$ 有界且

$$\int t^4 K(t)\mathrm{d}t < \infty.$$

(d) 带宽 h 满足 $h \to 0$, $nh^{\frac{3}{2}} \to \infty$ 以及 $nh^8 \to 0$.

形如 $Z^{\mathrm{T}}AZ$ 的二次型分布的逼近

根据的假设，Z 为一个 n 元标准正态分布变量，且 A 为一个对称半正定矩阵. 由文献 (Box, 1954) 中定理 2.2 可知，$Z^{\mathrm{T}}AZ$ 的第 s 个累积量为

$$\kappa_s = 2^{s-1}(s-1)!\mathrm{tr}(A^s).$$

这是用卡方分布的前三阶矩来匹配 $Z^{\mathrm{T}}AZ$ 分布的前三阶矩. 即是说，当已知 $Z^{\mathrm{T}}AZ$ 分布的均值、方差和偏度时 (利用累积量和矩之间的关系)，寻找 c_1, c_2 和 c_3 使得 $c_1\chi^2_{c_2} + c_3$ 的分布有与之相同的均值、方差和偏度. 简单计算即得

$$c_1 = \sqrt{\mathrm{tr}(A^2)/\mathrm{tr}(A^3)}, \quad c_2 = \mathrm{tr}(A^3), \quad c_3 = \mathrm{tr}(A) - \sqrt{\mathrm{tr}(A^2)\cdot\mathrm{tr}(A^3)}.$$

因此可使用这个 $c_1\chi^2_{c_2} + c_3$ 分布作为原假设的一个逼近来计算 p 值.

(7.26) 中 $lr(tn, kn)$ 的表达式

分别定义 $g_i(\cdot)$ 和 σ_i^2 为回归函数以及第 i 个 profile 样本 $\{Y_i, X\}_{i=1}^n$ 的方差. 那么，当得到 k 个样本时，我们关心如下的没有变化发生的原假设：

$$H_0 : g_1 = g_2 = \cdots = g_k = g_0 \quad \text{和} \quad \sigma_1^2 = \sigma_2^2 = \cdots = \sigma_k^2 = \sigma_0^2$$

及包含一处变化的对立假设

$$H_0 : g_0 = g_1 = g_2 = \cdots = g_{t^*} \neq g_{t^*+1} = \cdots = g_k \quad \text{或}$$
$$\sigma_0^2 = \sigma_1^2 = \sigma_2^2 = \cdots = \sigma_{t^*}^2 \neq \sigma_{t^*+1}^2 = \cdots = \sigma_k^2,$$

其中 $1 \leqslant t^* < k$.

对数似然函数由下式给出：

$$-\frac{1}{2}\sum_{j=1}^{k}\left[n\ln(2\pi\sigma_j^2) + \frac{1}{\sigma_j^2}(Y_j - G_j)^{\otimes}\right],$$

其中 $G_i = (g_i(x_1), g_i(x_2), \cdots, g_i(x_n))^{\mathrm{T}}$. 如果数据在受控情况下得到，即在原假设下，则对数似然函数的值为

$$l_0 = -\frac{1}{2}\sum_{j=1}^{k}\left[n\ln(2\pi\sigma_0^2) + \frac{1}{\sigma_0^2}(Y_j - G_0)^{\otimes}\right].$$

假设变点出现在 t 时刻后，那么相应的对数广义似然为

$$l_1 = -\frac{1}{2}\sum_{j=1}^{t}\left[n\ln(2\pi\sigma_0^2) + \frac{1}{\sigma_0^2}(Y_j - G_0)^{\otimes}\right]$$
$$-\frac{(k-t)n}{2}\left[\ln\left(\frac{2\pi}{(k-t)n}\sum_{j=t+1}^{k}(Y_j - \widehat{G})^{\otimes}\right) + 1\right],$$

其中 $\widehat{\boldsymbol{G}}$ 为基于 profile 样本 $\{\boldsymbol{Y}_j, \boldsymbol{X}\}_{j=t+1}^{k}$ 的局部线性估计.

由于 g_0 和 σ_0 预先已知, 根据定义, 可以将 profile 样本 $\{\boldsymbol{Z}_j, \boldsymbol{X}\}_{j=1}^{k}$, $g_0 = 0$ 及 $\sigma_0^2 = 1$ 代入上式. 于是得到 $lr(tn, kn)$ 的最终表达式

$$lr(tn, kn) = -2(l_0 - l_1)$$

$$= \sum_{j=t+1}^{k} \boldsymbol{Z}_j^{\otimes} - (k-t)n \left[\ln \left(\frac{1}{(k-t)n} \sum_{j=t+1}^{k} (\boldsymbol{Z}_j - \boldsymbol{W}\bar{\boldsymbol{Z}}_{t,k})^{\otimes} \right) + 1 \right],$$

$$(7.53)$$

其中 $\bar{\boldsymbol{Z}}_{t,k} = \dfrac{1}{k-t} \sum\limits_{j=t+1}^{k} \boldsymbol{Z}_j$. 由经典二分法即可得变点估计 (7.26).

定理 7.1 的证明

(i) 首先考虑 $1 \leqslant t < \tau$ 的情况. 假设 $k \to \infty$, $l/k \to \theta_1$, 其中 $\theta_1 \in (0,1)$ 且 $\theta_1 < \theta$. 通过使用与文献 (Fan et al, 2001) 中定理 5 和定理 8 相似的证明方法, 很容易得到

$$(k^{-1}h)lr_{\tau,k} = nh(1-\theta) \int_0^1 \Delta_n^2(u)f(u)\mathrm{d}u(1 + o_p(1)) + O_p(nh^5) > 0.$$

因此可见, 对任意 $\tau < l < k$, 当 $n \to \infty$, $k \to \infty$, 有

$$k^{-1}h(lr_{\tau,k} - lr_{l,k}) > 0 \quad \text{a.e..}$$

再由表达式 (7.53) 得到

$$lr_{\tau,k} - lr_{l,k} = -\sum_{j=t+1}^{\tau} \boldsymbol{Z}_j^{\otimes} + kn(1-\theta_1) \ln \left(\frac{1}{(k-t)n} \sum_{j=t+1}^{k} (\boldsymbol{Z}_j - \boldsymbol{W}\bar{\boldsymbol{Z}}_{t,k})^{\otimes} \right)$$

$$- kn(1-\theta) \ln \left(\frac{1}{(k-\tau)n} \sum_{j=\tau+1}^{k} (\boldsymbol{Z}_j - \boldsymbol{W}\bar{\boldsymbol{Z}}_{\tau,k})^{\otimes} \right) + kn(\theta - \theta_1)$$

$$= \Lambda_1 + \Lambda_2 + \Lambda_3 + kn(\theta - \theta_1).$$

现在先解决 Λ_2. 将 $\dfrac{1}{(k-t)n} \sum\limits_{j=t+1}^{k} (\boldsymbol{Z}_j - \boldsymbol{W}\bar{\boldsymbol{Z}}_{t,k})^{\otimes}$ 分解为

$$\frac{1}{(k-t)n} \sum_{j=t+1}^{k} (\boldsymbol{Z}_j - \boldsymbol{W}\bar{\boldsymbol{Z}}_{t,k})^{\otimes}$$

$$= \frac{1}{(k-t)n} \left[\sum_{j=t+1}^{\tau} (\boldsymbol{Z}_j - \boldsymbol{W}\bar{\boldsymbol{Z}}_{t,k})^{\otimes} + \sum_{j=\tau+1}^{k} (\boldsymbol{Z}_j - \boldsymbol{W}\bar{\boldsymbol{Z}}_{t,k})^{\otimes} \right]$$

$$= \frac{1}{(k-t)n} \left[\sum_{j=t+1}^{\tau} (\boldsymbol{Z}_j - \boldsymbol{W}\bar{\boldsymbol{Z}}_{t,\tau})^{\otimes} + \sum_{j=\tau+1}^{k} (\boldsymbol{Z}_j - \boldsymbol{W}\bar{\boldsymbol{Z}}_{\tau,k})^{\otimes} \right]$$

$$+ \frac{1}{(k-t)n} \left[\sum_{j=t+1}^{\tau} \left(\frac{1-\theta}{1-\theta_1} \boldsymbol{W}(\bar{\boldsymbol{Z}}_{t,\tau} - \bar{\boldsymbol{Z}}_{\tau,k}) \right)^{\otimes} \right.$$

$$\left. + \sum_{j=\tau+1}^{k} \left(\frac{\theta-\theta_1}{1-\theta_1} \boldsymbol{W}(\bar{\boldsymbol{Z}}_{\tau,k} - \bar{\boldsymbol{Z}}_{t,\tau}) \right)^{\otimes} \right]$$

$$+ 2\frac{(1-\theta)(\theta-\theta_1)}{n(1-\theta_1)^2} \left[(\bar{\boldsymbol{Z}}_{t,\tau} - \boldsymbol{W}\bar{\boldsymbol{Z}}_{t,\tau} + \boldsymbol{W}\bar{\boldsymbol{Z}}_{\tau,k} - \bar{\boldsymbol{Z}}_{\tau,k})^{\mathrm{T}} \boldsymbol{W}(\bar{\boldsymbol{Z}}_{t,\tau} - \bar{\boldsymbol{Z}}_{\tau,k}) \right]$$

$$= \Lambda_{21} + \Lambda_{22} + \Lambda_{23}.$$

简单计算得到

$$\Lambda_{21} = 1 + O_p((nk)^{-\frac{1}{2}}) + O_p((nh)^{-1}), \tag{7.54}$$

$$\Lambda_{22} = \frac{(1-\theta)(\theta-\theta_1)}{n(1-\theta_1)^2} (\boldsymbol{W}\boldsymbol{\Delta})^{\otimes} + O_p((knh)^{-1}), \tag{7.55}$$

其中 $\boldsymbol{\Delta} = (\Delta_n(x_1), \Delta_n(x_2), \cdots, \Delta_n(x_n))^{\mathrm{T}}$. 由柯西不等式及局部线性光滑的 L_r- 收敛性质 (Zhu, Xue, 2006, 引理 3), 又得到

$$\Lambda_{23} \leqslant \frac{2(1-\theta)(\theta-\theta_1)}{(1-\theta_1)^2} \left(n^{-1}(\boldsymbol{W}\boldsymbol{\Delta})^{\otimes} \cdot [O_p((knh)^{-1}) + O_p(h^4)] \right)^{\frac{1}{2}},$$

于是 $\Lambda_{23} = o_p(\Lambda_{22})$.

由于

$$\frac{1}{(k-\tau)n} \sum_{j=\tau+1}^{k} (\boldsymbol{Z}_j - \boldsymbol{W}\bar{\boldsymbol{Z}}_{\tau,k})^{\otimes} = 1 + O_p((nk)^{-\frac{1}{2}}) + O_p((nh)^{-1}),$$

有

$$\Lambda_3 = kn(1-\theta) \left(1 - \frac{1}{(k-\tau)n} \sum_{j=\tau+1}^{k} (\boldsymbol{Z}_j - \boldsymbol{W}\bar{\boldsymbol{Z}}_{\tau,k})^{\otimes} + \left[O_p((nk)^{-\frac{1}{2}}) + O_p((nh)^{-1}) \right]^2 \right).$$

因此, 通过泰勒展开及合并方程 (7.54) 和 (7.55), 有

$$k^{-1}(lr_{\tau,k} - lr_{l,k}) = k^{-1} \left(\Lambda_1 + \sum_{j=t+1}^{\tau} (\boldsymbol{Z}_j - \boldsymbol{W}\bar{\boldsymbol{Z}}_{t,\tau})^{\otimes} \right)$$

$$+ \frac{(1-\theta)(\theta-\theta_1)}{(1-\theta_1)} (\boldsymbol{W}\boldsymbol{\Delta})^{\otimes} + O((kh)^{-1}).$$

通过使用与文献 (Fan et al, 2001) 中定理 5 相似的证法, 易知第一个括号中的项的阶数为 $O_p(k(\theta - \theta_1)h^{-1})$. 因此, 有

$$k^{-1}h(lr_{\tau,k} - lr_{l,k}) = nh\frac{(1-\theta)(\theta-\theta_1)}{(1-\theta_1)}\int_0^1 \Delta_n^2(u)f(u)\mathrm{d}u(1+O(h^4)) + O_p(k^{-1}).$$

备选假设蕴涵着 $k^{-1}h(lr_{\tau,k} - lr_{l,k}) > 0$ 几乎处处成立, 于是这部分证明结束. 对于 $\tau < t < k$ 的情形, 因与上面证明类似, 故这里略去.

(ii) 通过使用与 (i) 中类似的证法即可自然的证得相合性, 在此省略.　　　　□

7.5 节用到的正则性条件

(C1) 密度函数 Γ_1 和 Γ_2 是 Lipschitz 连续有界, 且在 $[0,1]$ 上显著大于 0.

(C2) $g_0(\cdot)$ 和 $g_1(\cdot)$ 在 $[0,1]$ 上有连续的二阶导数.

(C3) 核函数 $K(u)$ 有界, 在区间 $[-1,1]$ 上关于 0 点对称. $u^3K(u)$ 和 $u^3K'(u)$ 都是有界的, 且 $\int_{-1}^1 u^4K(u)\mathrm{d}u < \infty$.

(C4) $E(|\varepsilon_{11}|^4) < \infty$.

(C5) 协方差函数 $\gamma(s,t)$ 关于 s 和 t 有连续的二阶导数.

(C6) $n_i, i = 1, \cdots, m$ 是同阶的, 即 $n_i \sim n$.

(C7) $\dfrac{a_{\tau,t,\lambda}}{a_{0,t,\lambda}} - 1 = o(\min\{h^2, c_{0,t,\lambda}^{-\frac{1}{2}}\})$.

(C8)-(Ⅰ) n_i, m, h 满足条件 $n_i \to \infty$, $m \to \infty$, $h \to 0$, $n_ih^2 \to \infty$, $mn_ih^3 \to \infty$.

(C8)-(Ⅱ) n_0, h 和 $c_{0,t,\lambda}$ 满足条件 $n_0 \to \infty$, $h \to 0$, $n_0h^{\frac{3}{2}} \to \infty$, $c_{0,t,\lambda}h^{\frac{3}{2}} \to \infty$, $c_{0,t,\lambda}h^8 \to 0$ 及 $e_{0,t,\lambda}/(hb_{0,t,\lambda}^2) \to 0$.

(C8)-(Ⅲ) h 和 $c_{0,t,\lambda}$ 满足条件 $h \to 0$, $c_{0,t,\lambda}h^3 \to \infty$ 和 $c_{0,t,\lambda}h^8 \to 0$.

(C8)-(Ⅳ) n_0, h 和 $c_{0,t,\lambda}$ 满足条件 $n_0 \to \infty$, $h \to 0$, $n_0h^{\frac{3}{2}} \to \infty$, $c_{0,t,\lambda}h^3 \to \infty$, $c_{0,t,\lambda}nh^5 \to 0$ 和 $e_{0,t,\lambda}/(hb_{0,t,\lambda}^2) \to 0$.

(C9) 假设 $D_{(0)}$ 是正定矩阵.

(C10) 对于某些 $w > 2$, $E(|\varepsilon_{11} + f_1(x_{11})|^w) < \infty$ 和 $t\lambda \to \infty$.

命题 7.4 的证明

(i) 除了某些条件发生改变的话, 这个命题可以由文献 (Wu, Zhang, 2002) 中的定理 (1) 直接推导得到的. 文献 (Wu, Zhang, 2002) 中的条件 A 的第 (7) 和 (8) 式可以放宽成条件 (C8)-Ⅰ 和 (C9). 这个结论的证明类似结论 (ii), 所以此处省略了.

(ii) 为了研究 $\hat{\gamma}(\cdot,\cdot)$, 首先需要研究 $\hat{g}'(\cdot)$ 的渐近特性. 令

$$s_{i,r}(x) = \frac{1}{n_i h^r} \sum_{j=1}^{n_i} K_h(x_{ij} - x)(x_{ij} - x)^r, \quad r = 0, 1, 2,$$

$$\boldsymbol{A} = [\sigma_{(0)}^2]^{-1} \boldsymbol{D}_{(0)}, \quad \boldsymbol{G}_i = n_i \left(\begin{array}{cc} s_{i,0} & h s_{i,1} \\ h s_{i1} & h^2 s_{i,2} \end{array} \right).$$

类似文献 (Wu, Zhang, 2002) 中的命题 1, 故得到

$$\widehat{g}'(x) = \boldsymbol{e}_2^{\mathrm{T}} \left\{ \sum_{i=1}^m (\boldsymbol{I} + \boldsymbol{G}_i \boldsymbol{A})^{-1} \boldsymbol{G}_i \right\}^{-1} \sum_{i=1}^m (\boldsymbol{I} + \boldsymbol{G}_i \boldsymbol{A})^{-1} \boldsymbol{Z}_i^{\mathrm{T}} \boldsymbol{K}_i \boldsymbol{y}_i, \tag{7.56}$$

其中 $\boldsymbol{e}_2 = (0, 1)^{\mathrm{T}}$. 注意到 $s_{i,r}(x) - s_r \Gamma_2(x) = O_p(n_i h)^{-\frac{1}{2}} + O(h)$, 其中 $s_r = \int K(u) u^r \mathrm{d}u$, $s_0 = 1, s_1 = 0, s_2 = \eta_1$. 利用条件 (C9), 可以得到

$$\boldsymbol{G}_i^{-1} \boldsymbol{A}^{-1} = \frac{1}{n_i \Gamma_2(x)(h^2 s_{i2} s_{i0} - h^2 s_{i1})} \left(\begin{array}{cc} O_p(h^2 + n_i^{-\frac{1}{2}} h^{\frac{1}{2}}) & O_p(h^2 + n_i^{-\frac{1}{2}} h^{\frac{1}{2}}) \\ O_p(1) & O_p(1) \end{array} \right). \tag{7.57}$$

由于 $h^2 s_{i2} s_{i0} - h^2 s_{i1} = O(h^2)$ 和条件 (C8)- I 中的 $n_i h^2 \to \infty$, 可以得到 $\boldsymbol{G}_i^{-1} \boldsymbol{A}^{-1} = o_p(1)$. 因此 $\frac{1}{m} \sum_{i=1}^m \boldsymbol{G}_i^{-1} \boldsymbol{A}^{-1} = o_p(1)$. 采用与 Wu, Zhang (2002) 类似的特定矩阵处理方式, (7.56) 可以得到

$$\widehat{g}'(x) = g'(x) + \frac{1}{m} \sum_{i=1}^m u_i(x)(1 + o_p(1)),$$

其中

$$u_i(x) = \sum_{j=1}^{n_i} \boldsymbol{e}_2^{\mathrm{T}} \boldsymbol{G}_i^{-1} \left(\begin{array}{c} 1 \\ x_{ij} - x \end{array} \right) K_h(x_{ij} - x) \left[\varepsilon_{ij} + f_i(x_{ij}) + \frac{1}{2} g''(x)(x_{ij} - x)^2 \right]$$

$$= \sum_{j=1}^{n_i} \left[\frac{K_h(x_{ij} - x)(x_{ij} - x)}{\eta_1 \Gamma_2(x) n_i h^2} - \frac{s_{i,1}}{n_i h \eta_1 \Gamma_2(x)} \right] \left[\varepsilon_{ij} + f_i(x_{ij}) + \frac{1}{2} g''(x)(x_{ij} - x)^2 \right].$$

于是直接可以得到

$$E[u_i(x) | \boldsymbol{X}] = O_p(h^2), \quad \mathrm{Var}[u_i(x) | \boldsymbol{X}] = \left[\gamma(x, x) + \frac{\nu^2(x) \eta_2}{n_i h^3} \right] (1 + o(1)).$$

所以

$$\widehat{g}'(x) = g'(x)[1 + O_p(h^2) + O_p(m^{-\frac{1}{2}}) + O_p((mn^* h^3)^{-\frac{1}{2}})]. \tag{7.58}$$

现在, $\widehat{f}_i(x)$ 可以写成

$$\widehat{f}_i(x) = e_1^{\mathrm{T}} A (I + G_i A)^{-1} Z_i^{\mathrm{T}} K_i [y_i - Z_i(\widehat{\beta} + \alpha_i) + Z_i \alpha_i].$$

因为 $G_i^{-1} A^{-1} = o_p(1)$, 所以

$$\begin{aligned}
e_1^{\mathrm{T}} A (I + G_i A)^{-1} Z_i^{\mathrm{T}} K_i Z_i \alpha_i &= e_1^{\mathrm{T}} [I + (A G_i)^{-1}]^{-1} \alpha_i \\
&= e_1^{\mathrm{T}} [I - (A G_i)^{-1} + (A G_i)^{-2} + \cdots] \alpha_i \\
&= [e_1^{\mathrm{T}} \alpha_i - e_1^{\mathrm{T}} (A G_i)^{-1} \alpha_i](1 + o_p(1)) \\
&= f_i(x)[1 + O_p(n_i^{-1} + (n_i h)^{-\frac{3}{2}})], \quad\quad (7.59)
\end{aligned}$$

其中最后的等式来自 (7.57).

　　因为 $A(I + G_i A)^{-1} = G_i^{-1}(1 + o(1))$, 利用 (7.58), (7.59) 和条件 (C5), 可以得到

$$\begin{aligned}
\widehat{f}_i(x) - f_i(x) &= \sum_{j=1}^{n_i} \frac{K_h(x_{ij} - x)}{n_i \Gamma_2(x)} \{ \varepsilon_{ij} + [g(x) - \widehat{g}(x)] + [g'(x) - \widehat{g}'(x)](x_{ij} - x) \\
&\quad + \frac{1}{2}[g''(x) + f_i''(x)](x_{ij} - x)^2 \}(1 + o(1)) + O_p[n_i^{-1} + (n_i h)^{-\frac{3}{2}}] \\
&= \sum_{j=1}^{n_i} \frac{K_h(x_{ij} - x)}{n_i \Gamma_2(x)} \left[\varepsilon_{ij} + \frac{1}{2} f_i''(x)(x_{ij} - x)^2 \right] (1 + o_p(1)) =: v_i(x).
\end{aligned}$$

通过简单的计算, 可以得到

$$E[v_i(x)|X] = O(h^2) + O_p(m^{-\frac{1}{2}}),$$

$$\mathrm{Var}[v_i(x)|X] = O_p[h^2 + (n_i h)^{-1} + (m n_i h^2)^{-1}],$$

$$E[v_i(s_k) v_i(s_l)|X] = O_p[h^2 + (n_i h)^{-1}], \quad \mathrm{Var}[v_i(s_k) v_i(s_l)|X] = O_p[h^4 + (n_i h^3)^{-1}],$$

$$\mathrm{Var}[v_i(s_k) v_j(s_l)|X] = O_p[h^4 + (n_i h)^{-2} + m^{-1} h^2], \quad i \neq j.$$

所以

$$\begin{aligned}
\widehat{\gamma}(s_k, s_l) &= \frac{1}{m} \sum_{i=1}^{m} [f_i(s_k) + v_i(s_k)][f_i(s_l) + v_i(s_l)] \\
&= \gamma(s_k, s_l)\{1 + O_p[h^2 + (nh)^{-\frac{1}{2}} + m^{-\frac{1}{2}} + (mnh^3)^{-\frac{1}{2}}]\}.
\end{aligned}$$

　　(iii) 这结果的证明类似 (ii).　　　　　　　　　　　　　　　　　　　　□

　　在剩下的部分中, 用到如下的记号:

$$\alpha_{t,h,\lambda}(s) = \frac{\nu^2(s)}{a_{0,t,\lambda}\Gamma_2(s)} \sum_{k=1}^{t}(1-\lambda)^{t-k}\sum_{j=1}^{n_k}\frac{K_h(x_{kj}-s)}{\nu^2(x_{kj})}[\varepsilon_{kj}+f_k(x_{kj})],$$

$$\beta_{t,h,\lambda}(s) = \frac{g_1''(s)\nu^2(s)}{2a_{0,t,\lambda}\Gamma_2(s)} \sum_{k=1}^{t}(1-\lambda)^{t-k}\sum_{j=1}^{n_k}(x_{kj}-s)^2\frac{K_h(x_{kj}-s)}{\nu^2(x_{kj})},$$

$$\phi_i(s) = \frac{1}{a_{0,t,\lambda}} \sum_{k=1}^{t}(1-\lambda)^{t-k}\sum_{j=1}^{n_k}(x_{kj}-s)^i\frac{K_h(x_{kj}-s)}{\nu^2(x_{kj})}[\varepsilon_{kj}+f_k(x_{kj})], \quad i=0,1,$$

$$\phi_{i+2}(s) = \frac{1}{a_{\tau,t,\lambda}} \sum_{k=\tau+1}^{t}(1-\lambda)^{t-k}\sum_{j=1}^{n_k}(x_{kj}-s)^i\frac{K_h(x_{kj}-s)}{\nu^2(x_{kj})}g_1(x_{kj}), \quad i=0,1,$$

$$e_{t_0,t_1,\lambda} = \sum_{k=t_0+1}^{t_1}(1-\lambda)^{4(t-k)}n_k^2, \quad n^* = m/\left(\sum_{i=1}^{m}n_i^{-1}\right), \quad \eta_2 = \int[K(u)]^2\mathrm{d}u.$$

为了证明 7.5 节的两个定理, 首先证明如下引理.

引理 7.1   对任何 $s \in [0,1]$,

(i) 在定理 7.2 的条件下, 可以得到

$$\widehat{g}_{t,h,\lambda}(s) = \alpha_{t,h,\lambda}(s)(1+o(h^{\frac{1}{2}}));$$

(ii) 在定理 7.3 的条件下, 可以得到

$$\widehat{g}_{t,h,\lambda}(s) - g_1(s) = \alpha_{t,h,\lambda}(s)(1+o(h^{\frac{1}{2}})) + \beta_{t,h,\lambda}(s)(1+o_p(1)).$$

证明   我们只证明结论 (ii), 因为结论 (i) 可以类似得到. 为了简化起见, 将符号 "(t,h,λ)" 用在 $m_i^{(t,h,\lambda)}(s)$ 中, 显然这么做不会引起任何误解. 通过一些代数操作, 可得

$$\widehat{g}_{t,h,\lambda}(s) - g_1(s)$$
$$=a_{0,t,\lambda}m_0^{-1}(s)[\phi_0(s)+\phi_2(s)] + a_{0,t,\lambda}m_0^{-1}(s)m_1(s)\cdot[m_2(s)-m_1^2(s)m_0^{-1}(s)]^{-1}$$
$$\times\{m_0^{-1}(s)m_1(s)[\phi_0(s)+\phi_2(s)]-\phi_1(s)-\phi_3(s)\} - g_1(s)$$
$$=a_{0,t,\lambda}m_0^{-1}(s)\phi_0(s) + a_{0,t,\lambda}m_0^{-1}(s)[\phi_2(s)-a_{0,t,\lambda}^{-1}m_0(s)g_1(s)-a_{0,t,\lambda}^{-1}m_1(s)g_1'(s)]$$
$$+m_0^{-1}(s)m_1(s)\{g_1'(s)+a_{0,t,\lambda}[m_2(s)-m_1^2(s)m_0^{-1}(s)]^{-1}$$
$$\times[m_0^{-1}(s)m_1(s)(\phi_0(s)+\phi_2(s))-\phi_1(s)-\phi_3(s)]\} =: \Delta_1+\Delta_2+\Delta_3.$$

由 Taylor 展式以及条件 (C5), 可直接推出

$$\Delta_1 = \alpha_{0,t,h,\lambda}(s)\left(1+O_p((c_{0,t,\lambda}h)^{-1/2})+O(h)\right),$$

$$\Delta_2 = \beta_{t,h,\lambda}(s)\left(1+O_p((c_{0,t,\lambda}h)^{-1/2})+O(h)\right)+O\left(\frac{a_{\tau,t,\lambda}}{a_{0,t,\lambda}}-1\right).$$

由以下事实

$$a_{0,t,\lambda}^{-1}m_1(s) = \frac{\Gamma_2(s)}{\nu^2(s)}\int(u-s)K_h(u-s)\mathrm{d}u + O_p(c_{0,t,\lambda}^{-1/2}h^{1/2}) = O(h^2),$$

$$\phi_3(s) = \frac{\Gamma_2(s)}{\nu^2(s)}\left[g_1(s)\int(u-s)K_h(u-s)\mathrm{d}u + h^2g_1'(s)\eta_1\right] + O(h^3) + O_p(c_{0,t,\lambda}^{-1/2}h^{1/2}),$$

$$\phi_2(s) = \frac{\Gamma_2(s)}{\nu^2(s)}g_1(s) + O(h), \quad a_{0,t,\lambda}^{-1}m_2(s) = O(h^2),$$

有 $\Delta_3 = O_p(h^3) + O_p(c_{0,t,\lambda}^{-1/2}h^{1/2})$. 结合以上的结果, 条件 (C7), 以及等式 $\alpha_{t,h,\lambda}(s) = O_p((c_{0,t,\lambda}h)^{-1/2})$ 和 $\beta_{t,h,\lambda}(s) = O_p(h^2)$, 可以得到引理中的结论 (ii).　　□

定理 7.2 的证明

(i) 不失一般性, 假定 $g_0 = 0$. 根据引理 7.1, 有

$$\begin{aligned}
T_{t,h,\lambda} =& \frac{c_{0,t,\lambda}}{n_0}\sum_{i=1}^{n_0}\frac{[\alpha_{t,h,\lambda}(s_i)]^2}{\nu^2(s_i)}(1 + o(h^{\frac{1}{2}}))\\
=& \frac{c_{0,t,\lambda}}{n_0}\sum_{i=1}^{n_0}\frac{\nu^2(s_i)}{a_{0,t,\lambda}^2[\Gamma_2(s_i)]^2}\sum_{k=1}^{t}(1-\lambda)^{2(t-k)}\sum_{j=1}^{n_k}\frac{[K_h(x_{kj}-s_i)]^2}{\nu^4(x_{kj})}\\
&\times [\varepsilon_{kj} + f_k(x_{kj})]^2(1 + o(h^{\frac{1}{2}}))\\
&+ \frac{c_{0,t,\lambda}}{n_0}\sum_{i=1}^{n_0}\frac{\nu^2(s_i)}{a_{0,t,\lambda}^2[\Gamma_2(s_i)]^2}\left\{\sum_{k=1}^{t}(1-\lambda)^{2(t-k)}\sum_{j\neq l}\frac{[K_h(x_{kj}-s_i)][K_h(x_{kl}-s_i)]}{\nu^2(x_{kj})\nu^2(x_{kl})}\right.\\
&\times [\varepsilon_{kj} + f_k(x_{kj})][\varepsilon_{kl} + f_k(x_{kl})] + \sum_{k\neq k'}(1-\lambda)^{t-k}(1-\lambda)^{t-k'}\\
&\left.\times \sum_{j,l}\frac{[K_h(x_{kj}-s_i)][K_h(x_{k'l}-s_i)]}{\nu^2(x_{kj})\nu^2(x_{k'l})}[\varepsilon_{kj} + f_k(x_{kj})][\varepsilon_{k'l} + f_k(x_{k'l})]\right\}(1 + o(h^{\frac{1}{2}}))\\
=&:(T_1 + T_2)(1 + o(h^{\frac{1}{2}})).
\end{aligned}$$

注意到, 当 $h \to 0$ 时,

$$\begin{aligned}
T_1 =& \frac{c_{0,t,\lambda}}{a_{0,t,\lambda}^2}\sum_{k=1}^{t}(1-\lambda)^{2(t-k)}\sum_{j=1}^{n_k}\frac{[\varepsilon_{kj} + f_k(x_{kj})]^2}{\nu^4(x_{kj})}\frac{1}{n_0}\sum_{i=1}^{n_0}\frac{\nu^2(s_i)}{[\Gamma_2(s_i)]^2}[K_h(x_{kj}-s_i)]^2\\
=& \frac{c_{0,t,\lambda}\eta_2}{ha_{0,t,\lambda}^2}\sum_{k=1}^{t}(1-\lambda)^{2(t-k)}\sum_{j=1}^{n_k}\frac{[\varepsilon_{kj} + f_k(x_{kj})]^2}{\nu^2(x_{kj})}\frac{\Gamma_1(x_{kj})}{[\Gamma_2(x_{kj})]^2}(1 + O(h) + O_p((n_0h)^{-\frac{1}{2}})),
\end{aligned}$$

易知

$$E(T_1) = \tilde{\mu}_h + o(h^{-\frac{1}{2}}), \quad \mathrm{Var}(T_1) = O\left[\frac{e_{0,t,\lambda}}{b_{0,t,\lambda}^2h^2}\right] = o(h^{-1}).$$

因此, 便有

$$T_1 = E(T_1) + O_p(\sqrt{\mathrm{Var}(T_1)}) = \frac{\eta_2}{h} \int \frac{\Gamma_1(u)}{\Gamma_2(u)} \mathrm{d}u + o_p(h^{-1/2}).$$

类似地, 有

$$
\begin{aligned}
T_2 = \frac{c_{0,t,\lambda}}{a_{0,t,\lambda}^2 h} \Bigg\{ & \sum_{k=1}^{t} (1-\lambda)^{2(t-k)} \sum_{j \neq l} \frac{\Gamma_1(x_{kj})}{[\Gamma_2(x_{kj})]^2} K * K((x_{kj} - x_{kl})/h) \frac{\varepsilon_{kj} \varepsilon_{kl}}{\nu^2(x_{kj})} \\
& + \sum_{k \neq k'} (1-\lambda)^{t-k} (1-\lambda)^{t-k'} \sum_{j,l} \frac{\Gamma_1(x_{kj})}{[\Gamma_2(x_{kj})]^2} K * K((x_{kj} - x_{k'l})/h) \\
& \times \frac{[\varepsilon_{kj} + f_k(x_{kj})][\varepsilon_{k'l} + f_k(x_{k'l})]}{\nu^2(x_{kj})} \\
& + \sum_{k=1}^{t} (1-\lambda)^{2(t-k)} \sum_{j \neq l} \frac{\Gamma_1(x_{kj})}{[\Gamma_2(x_{kj})]^2} K * K((x_{kj} - x_{kl})/h) \\
& \times \frac{[\varepsilon_{kj} f_k(x_{kl}) + \varepsilon_{kl} f_k(x_{kj}) + f_k(x_{kj}) f_k(x_{kl})]}{\nu^2(x_{kj})} \Bigg\} \\
& \times (1 + O(h) + O_p((n_0 h)^{-\frac{1}{2}})) =: (T_{21} + T_{22} + T_{23})(1 + O(h) + O_p((n_0 h)^{-\frac{1}{2}})).
\end{aligned}
$$

可以得出

$$E(T_{21}) = 0, \quad \mathrm{Var}(T_{21}) = O(e_{0,t,\lambda}/b_{0,t,\lambda}^2) = o(h^{-1}),$$

$$E(T_{23}) = O(nh) = o(h^{-\frac{1}{2}}), \quad \mathrm{Var}(T_{23}) = O(e_{0,t,\lambda}/b_{0,t,\lambda}^2 n^2) = o(h^{-1}).$$

因为对于 $k \neq k'$, $\sum_{j,l} \frac{\Gamma_1(x_{kj})}{[\Gamma_2(x_{kj})]^2} K * K((x_{kj} - x_{k'l})/h) \frac{[\varepsilon_{kj} + f_k(x_{kj})][\varepsilon_{k'l} + f_k(x_{k'l})]}{\nu^2(x_{kj})} =:$

α_k 是互不相关的, $h^{1/2} T_{22}$ 可以写成关于 α_k, $k = 1, \cdots, t$ 的对称二次函数, 其对

称矩阵 $\left[\frac{c_{0,t,\lambda}}{a_{0,t,\lambda}^2 h^{\frac{1}{2}}} (1-\lambda)^{t-k} (1-\lambda)^{t-k'} \right]_{t \times t}$ 的对角元素为零. 于是, 可以运用文献

(de Jong, 1987) 的命题 3.2 来表出 $h^{1/2} T_{22}$ 的渐近正态性. 显然, T_{22} 的期望是零. 这可由下式来验证

$$\mathrm{Var}(h^{1/2} T_{22}) = h \left(1 - \frac{e_{0,t,\lambda}}{b_{0,t,\lambda}^2} \right) \tilde{\sigma}_h^2 (1 + o(1)) = h \tilde{\sigma}_h^2 (1 + o(1)).$$

最后, 由某些简单的代数运算, 可以验证二次项中元素的矩满足 de Jong (1987) 中命题的 3.2 中条件. 利用此定理和以上关于 T_1 和 T_2 所有的结论, 可以得到以下定理 7.2 (i).

(ii) 利用引理 7.1 (i)，得到

$$T_{t,h,\lambda} = \frac{c_{0,t,\lambda}}{n_0} \boldsymbol{\theta}^{\mathrm{T}} \boldsymbol{\theta}(1 + o(h^{\frac{1}{2}})),$$

其中 $\boldsymbol{\theta} = [\theta(s_1), \cdots, \theta(s_{n0})]^{\mathrm{T}} = [\alpha_{t,h,\lambda}(s_1)/\nu(s_1), \cdots, \alpha_{t,h,\lambda}(s_{n0})/\nu(s_{n0})]^{\mathrm{T}}$. 下面证明 $\boldsymbol{\theta}$ 的渐近多元正态性. 充分可以证明，只要 $c_{0,t,\lambda} \to \infty$，对于任何 n_0 维向量 $\boldsymbol{\omega} = (\omega_1, \cdots, \omega_{n_0})$，

$$\sqrt{\frac{c_{0,t,\lambda}}{d_{0,t,\lambda}}} \boldsymbol{\omega}^{\mathrm{T}} \boldsymbol{\theta} \sim AN(0, \boldsymbol{\omega}^{\mathrm{T}} \boldsymbol{\Omega} \boldsymbol{\omega}).$$

注意到

$$\boldsymbol{\omega}^{\mathrm{T}} \boldsymbol{\theta} = \frac{1}{a_{0,t,\lambda}} \sum_{k=1}^{t} (1-\lambda)^{t-k} \sum_{i=1}^{n_0} \omega_i \frac{\nu(s_i)}{\Gamma_2(s_i)} \sum_{j=1}^{n_k} \frac{K_h(x_{kj} - s_i)}{\nu^2(x_{kj})} [\varepsilon_{kj} + f_k(x_{kj})]$$

$$=: \frac{1}{a_{0,t,\lambda}} \sum_{k=1}^{t} M_k,$$

其中 $M_k = \sum_{i=1}^{n_0} \omega_i R_k(s_i)$. 很显然, $E(\boldsymbol{\omega}^{\mathrm{T}} \boldsymbol{\theta} | \boldsymbol{X}) = 0$. 直接通过计算, 可以得到

$$\mathrm{Cov}(R_k(s_i), R_k(s_j)|\boldsymbol{X})$$
$$= (1-\lambda)^{2(t-k)} n_k^2 \left[\frac{\nu(s_j)}{\nu(s_i)\Gamma_2(s_j)} \frac{K * K((s_i - s_j)/h)}{n_k h} + \frac{\tau(s_i, s_j)}{\nu(s_i)\nu(s_j)} \right] (1 + o_p(1))$$
$$= (1-\lambda)^{2(t-k)} n_k^2 \frac{\tau(s_i, s_j)}{\nu(s_i)\nu(s_j)} (1 + o_p(1)),$$

其中最后一个等式来自于条件 $nh \to \infty$. 故有以下

$$\mathrm{Var}\left(\sqrt{\frac{c_{0,t,\lambda}}{d_{0,t,\lambda}}} \boldsymbol{\omega}^{\mathrm{T}} \boldsymbol{\theta} \right) = \boldsymbol{\omega}^{\mathrm{T}} \boldsymbol{\Omega} \boldsymbol{\omega}(1 + o(1)).$$

注意到 M_k 是相互独立, 且当条件 (C10) 满足时, $\frac{t}{a_{0,t,\lambda}} M_k$ 的矩满足Lindeberg 条件. 于是定理 7.2 (ii) 可以由Lindeberg-Feller 中心极限定理得到. □

定理 7.3 的证明

(i) 不失一般性, 假设 $g_0 = 0$. 因此, $g_1 = \delta$. 利用引理 7.1 (ii), 可以得到

$$
\begin{aligned}
T_{t,h,\lambda} =& \frac{c_{0,t,\lambda}}{n_0}\sum_{i=1}^{n_0}\frac{\alpha_{t,h,\lambda}^2(s_i)}{\nu^2(s_i)}(1+o(h^{\frac{1}{2}})) + \frac{c_{0,t,\lambda}}{n_0}\sum_{i=1}^{n_0}\frac{[\delta(s_i)+\beta_{t,h,\lambda}(s_i)]^2}{\nu^2(s_i)}(1+o_p(1)) \\
&+\frac{2c_{0,t,\lambda}}{n_0}\sum_{i=1}^{n_0}\frac{\alpha_{t,h,\lambda}(s_i)\beta_{t,h,\lambda}(s_i)}{\nu^2(s_i)}(1+o_p(1)) \\
&+\frac{2c_{0,t,\lambda}}{n_0}\sum_{i=1}^{n_0}\frac{\alpha_{t,h,\lambda}(s_i)\delta(s_i)}{\nu^2(s_i)}(1+o_p(1)) \\
=&: T_1 + T_2 + (T_3+T_4)(1+o_p(1)).
\end{aligned}
$$

很显然, 在可控情况下, T_1 等价于 $T_{t,h,\lambda}$. 这样直接可以得到

$$
\beta_{t,h,\lambda}(s) = \frac{h^2}{2}\delta''(s)\eta_1(1+o_p(1)). \tag{7.60}
$$

利用这个结果, 可以得到 $T_2 = c_{0,t,\lambda}\zeta_\delta(1+o_p(1))$, 且

$$
T_3 = \frac{h^2\eta_1 a_{0,t,\lambda}}{b_{0,t,\lambda}}\sum_{k=1}^{t}(1-\lambda)^{t-k}\sum_{j=1}^{n_k}\frac{\Gamma_1(x_{kj})}{\Gamma_2(x_{kj})\nu^2(x_{kj})}[\varepsilon_{kj}+f_k(x_{kj})]\delta''(x_{kj})(1+o_p(1)).
$$

注意到 $\dfrac{1}{\sqrt{b_{0,t,\lambda}}}\sum\limits_{k=1}^{t}(1-\lambda)^{t-k}\sum\limits_{j=1}^{n_k}\dfrac{\Gamma_1(x_{kj})\delta''(x_{kj})}{\Gamma_2(x_{kj})\nu^2(x_{kj})}\varepsilon_{kj}$ 是随机有界的, 且

$$
\frac{h^2\eta_1 a_{0,t,\lambda}}{b_{0,t,\lambda}}\sum_{k=1}^{t}(1-\lambda)^{t-k}\sum_{j=1}^{n_k}\frac{\Gamma_1(x_{kj})\delta''(x_{kj})}{\Gamma_2(x_{kj})\nu^2(x_{kj})}f_k(x_{kj}) = O_p(c_{0,t,\lambda}nh^5).
$$

因此, 利用条件 (C8)- IV, 可以得到 $T_3 = o_p(h^{-1/2})$. 类似地

$$
\begin{aligned}
T_4 =& \frac{2a_{0,t,\lambda}}{b_{0,t,\lambda}}\sum_{k=1}^{t}(1-\lambda)^{t-k}\sum_{j=1}^{n_k}\frac{\Gamma_1(x_{kj})\delta(x_{kj})}{\Gamma_2(x_{kj})\nu^2(x_{kj})}[\varepsilon_{kj}+f_k(x_{kj})] \\
=& O_p\left(\left(c_{0,t,\lambda}n\int\delta^2(u)\frac{\Gamma_1(u)\gamma(u,u)}{\nu^2(u)}du\right)^{\frac{1}{2}}\right) = o_p(h^{-\frac{1}{2}}).
\end{aligned}
$$

利用以上这些结果以及定理 7.2, 可以得到结论 (i)

(ii) 该结论可以直接由结论 (i) 推导得到.

(iii) 利用引理 7.1 (ii) 以及 (7.60) 的结论, 这部分的证明可以类似得到, 故省略.　　　　　　　　　　　　　　　　　　　　　　　　　　　　$\Box$

定理 7.4 的证明

为证明上述定理, 首先给出一个引理. 定义

$$
\phi_{ik} = \int_a^b \{X_i(t)-\bar{X}_N(t)\}\upsilon_k(t)\mathrm{d}t, \quad i=1,\cdots N, \quad k=1,\cdots d,
$$

$$
\bar{Y}_N(t) = \frac{1}{N}\sum_{1\leqslant i\leqslant N}Y_i(t), \quad \bar{\xi}_k = \frac{1}{N}\sum_{1\leqslant i\leqslant N}\xi_{ik}, \quad k=1,\cdots d.
$$

引理 7.2   假设 $Z_1, \cdots, Z_N$ 是独立同分布的 χ_d^2 随机变量, 则任意 $x \in \mathbb{R}$

$$P\big(\max_{1 \leqslant i \leqslant N} Z_i \leqslant 2x + 2\log N + (d-2)\log\log N - 2\log\Gamma(d/2)\big) \to e^{-e^{-x}}, \quad N \to \infty.$$

证明   令 $U_N = 2\log N + 2x + (d-2)\log\log N - 2\log\Gamma(d/2)$, $F(x)$ 为 χ_d^2 随机变量的累积分布函数. 有

$$N(1 - F(U_N)) = N\int_{U_N}^{\infty} \frac{e^{-u/2}u^{d/2-1}}{2^{d/2}\Gamma(d/2)}\mathrm{d}u = \frac{e^{-x}}{2^{d/2}}\int_0^{\infty}\left(\frac{t+U_N}{\log N}\right)^{d/2-1}e^{-t/2}\mathrm{d}t$$

$$\xrightarrow{N\to\infty} \frac{e^{-x}}{2^{d/2}}\int_0^{\infty} 2^{d/2-1}e^{-t/2}\mathrm{d}t = e^{-x}.$$

由文献 (Leadbetter et al., 1983) 的定理 1.5.1, 引理得证.   □

$Y_i(t) = \sum\limits_{1 \leqslant k < \infty} \lambda_k^{1/2}\xi_{ik}\upsilon_k(t)$, $\{\xi_{ik}, i = 1, \cdots N, k = 1, 2, \cdots\}$ 是独立同分布的标准正态随机变量. 由引理 1 可以得到一个显然的推论, 对于所有 k

$$\max_{1 \leqslant i \leqslant N}\xi_{ik}^2 = O_p(\log N).$$

由不等式

$$\left|\max_{1 \leqslant i \leqslant N}|a_i| - \max_{1 \leqslant i \leqslant N}|b_i|\right| \leqslant \max_{1 \leqslant i \leqslant N}|a_i - b_i|,$$

有

$$\left|\max_{1 \leqslant i \leqslant N}\sum_{k=1}^{d}\frac{\hat{\eta}_{ik}^2}{\hat{\lambda}_k} - \max_{1 \leqslant i \leqslant N}\sum_{k=1}^{d}\frac{\hat{\eta}_{ik}^2}{\lambda_k}\right| \leqslant \max_{1 \leqslant i \leqslant N}\left|\sum_{k=1}^{d}\hat{\eta}_{ik}^2\left(\frac{1}{\hat{\lambda}_k} - \frac{1}{\lambda_k}\right)\right|$$

$$\leqslant \sum_{k=1}^{d}\left|\frac{1}{\hat{\lambda}_k} - \frac{1}{\lambda_k}\right|\max_{1 \leqslant i \leqslant N}\hat{\eta}_{ik}^2. \qquad (7.61)$$

同时, 可见

$$\max_{1 \leqslant i \leqslant N}\hat{\eta}_{ik}^2 = \max_{1 \leqslant i \leqslant N}\left(\int_a^b(Y_i(t) - \bar{Y}_N(t))\hat{\upsilon}_k(t)\mathrm{d}t\right)^2 \leqslant \max_{1 \leqslant i \leqslant N}\|Y_i(t) - \bar{Y}_N(t)\|^2$$

$$\leqslant 2\max_{1 \leqslant i \leqslant N}\|Y_i(t)\|^2 + 2\|\bar{Y}_N(t)\|^2 \leqslant 2\sum_{k=1}^{\infty}\lambda_k\max_{1 \leqslant i \leqslant N}\xi_{ik}^2 + 2\|\bar{Y}_N(t)\|^2, \quad (7.62)$$

$\|\bar{Y}_N(t)\|^2 = o_p(1)$, $\max_{1 \leqslant i \leqslant N}\xi_{ik}^2 = O_p(\log N)$ 和 $\sum\limits_{k=1}^{\infty}\lambda_k = E(\|Y_i(t)\|^2) < \infty$, 可以得

到表达式 $\max_{1\leqslant i\leqslant N}\hat{\eta}_{ik}^2 = O_p(\log N)$. 结合 (7.61), (7.62)，得到

$$\left|\max_{1\leqslant i\leqslant N}\sum_{k=1}^{d}\frac{\hat{\eta}_{ik}^2}{\hat{\lambda}_k} - \max_{1\leqslant i\leqslant N}\sum_{k=1}^{d}\frac{\hat{\eta}_{ik}^2}{\lambda_k}\right| = o_p(1). \tag{7.63}$$

接下来，有

$$\left|\max_{1\leqslant i\leqslant N}\sum_{k=1}^{d}\frac{\hat{\eta}_{ik}^2}{\lambda_k} - \max_{1\leqslant i\leqslant N}\sum_{k=1}^{d}\frac{\phi_{ik}^2}{\lambda_k}\right|$$

$$\leqslant \max_{1\leqslant i\leqslant N}\left|\sum_{k=1}^{d}\frac{\hat{\eta}_{ik}^2 - \phi_{ik}^2}{\lambda_k}\right|$$

$$\leqslant \sum_{k=1}^{d}\max_{1\leqslant i\leqslant N}|\hat{\eta}_{ik} - \hat{c}_k\phi_{ik}| \cdot \frac{\max_{1\leqslant i\leqslant N}|\hat{\eta}_{ik}| + \max_{1\leqslant i\leqslant N}|\phi_{ik}|}{\lambda_k}$$

$$\leqslant \sum_{k=1}^{d}\|\hat{v}_k(t) - \hat{c}_k v_k(t)\| \cdot 2\left(\max_{1\leqslant i\leqslant N}\|Y_i(t) - \bar{Y}_N(t)\|\right)^2.$$

结合 (7.48) 以及 $\max_{1\leqslant i\leqslant N}\|Y_i(t) - \bar{Y}_N(t)\|^2 = O_p(\log N)$，得到

$$\left|\max_{1\leqslant i\leqslant N}\sum_{k=1}^{d}\frac{\hat{\eta}_{ik}^2}{\lambda_k} - \max_{1\leqslant i\leqslant N}\sum_{k=1}^{d}\frac{\phi_{ik}^2}{\lambda_k}\right| = o_p(1). \tag{7.64}$$

最后

$$\left|\max_{1\leqslant i\leqslant N}\sum_{k=1}^{d}\frac{\phi_{ik}^2}{\lambda_k} - \max_{1\leqslant i\leqslant N}\sum_{k=1}^{d}\xi_{ik}^2\right| = \left|\max_{1\leqslant i\leqslant N}\sum_{k=1}^{d}(\xi_{ik} - \bar{\xi}_k)^2 - \max_{1\leqslant i\leqslant N}\sum_{k=1}^{d}\xi_{ik}^2\right|$$

$$\leqslant \sum_{k=1}^{d}\bar{\xi}_k^2 + 2\sum_{k=1}^{d}\max_{1\leqslant i\leqslant N}|\xi_{ik}| \cdot |\bar{\xi}_k|.$$

由于 $\sqrt{N}\bar{\xi}_k \overset{d}{\to} N(0,1)$ 且 $\max_{1\leqslant i\leqslant N}|\xi_{ik}| = O_p(\sqrt{\log N})$，可知

$$\left|\max_{1\leqslant i\leqslant N}\sum_{k=1}^{d}\frac{\phi_{ik}^2}{\lambda_k} - \max_{1\leqslant i\leqslant N}\sum_{k=1}^{d}\xi_{ik}^2\right| = o_p(1). \tag{7.65}$$

由 (7.63), (7.64), (7.65) 式及引理 7.2，定理得证. $\qquad\square$

第 8 章　多元数据和相关数据的控制图

许多工业质量控制问题涉及一系列过程特征而不是单一的特征. 在文献中, 关于多元过程测量值的监控和诊断通常称为多元统计过程控制 (multivariate statistical process control, MSPC). 在本章中, 主要关注这一问题. MSPC 的主要任务是两方面: 第一, 利用某种控制图来检测测量值分布的任何漂移; 第二, 为了帮助我们适当地调整过程, 还需要检测到底是哪个测量分量发生了漂移. 前者称之为监控 (monitoring), 而后者叫做诊断 (diagnosis). 在文献中, 很多学者已经很好地证明了当多元测量值可以得到的时候, 联合地监控测量分量比单独地监控测量分量更有效. 也就是说, 如果只是使用一系列单变量控制图的话, 不会有很好的效果. 在本章中将介绍一系列经典的多元控制图, 并介绍一些近些年的新进展.

此外, 统计过程控制中的产品生产和抽取都是序贯完成的, 因此数据之间往往呈现较强的自相关性, 它们对控制图会有很大的影响, 在本章中还将介绍一些处理相关数据的控制图, 这些方法在实际当中是非常有用的.

8.1　经典的多元统计过程控制图

通常, 假定 p 维过程测量值 $\boldsymbol{X}_i = (x_{1i}, \cdots, x_{pi})^{\mathrm{T}}$, 其中 $i = 1, 2, \cdots$, 服从一个多元正态分布 $N(\boldsymbol{\mu}, \boldsymbol{\Sigma})$. 这里 $\boldsymbol{\Sigma}$ 是一个正定的协方差矩阵. 当过程是受控 (IC) 的时候, 假定 $\boldsymbol{\mu}$ 和 $\boldsymbol{\Sigma}$ 是已知的且把它们作为受控时候的值. 当过程失控时, 虽然协方差矩阵没有变, 但是均值向量从 $\boldsymbol{\mu}$ 变为了 $\boldsymbol{\mu}_1 \neq \boldsymbol{\mu}$. 不失一般性, 假定 $\boldsymbol{\mu} = \boldsymbol{0}$. 为了导出针对 MSPC 的控制图, 考虑如下的假设检验问题:

$$H_0 : \boldsymbol{\mu} = \boldsymbol{0} \quad \leftrightarrow \quad H_1 : \boldsymbol{\mu} \neq \boldsymbol{0}. \tag{8.1}$$

检验基于前 n 个观测的测量值 $\boldsymbol{X}_i$, 其中 $i = 1, 2, \cdots, n$. 对于这个问题, 最流行的方法是基于如下检验统计量的似然比检验 (LRT):

$$n \bar{\boldsymbol{X}}^{\mathrm{T}} \boldsymbol{\Sigma}^{-1} \bar{\boldsymbol{X}} \overset{H_0}{\sim} \chi_p^2, \tag{8.2}$$

其中 $\bar{\boldsymbol{X}} = \sum_{i=1}^{n} \boldsymbol{X}_i / n$, χ_p^2 表示 p 个自由度的卡方分布. 在一些正则的条件下, LRT 有一些优良的性质. 比如, 容许性、minimax 性质以及针对 H_1 的最优仿射不变检验等. 当 $\boldsymbol{\Sigma}$ 未知时, 可以用样本协方差矩阵 $\boldsymbol{S}$ 替换它. 那时候我们得到的检验统计量就是著名的 Hotelling T^2 统计量. 在文献中, 各种各样的基于 (8.2) 中的二次型检验统计量 (基于 T^2) 的 MSPC 控制图都有研究. 最简单的即是 Shewhart 形式的 T^2 控制图. 假设在第 t 个时刻观测到样本 $\boldsymbol{X}_t$, 则如果

$$D_t^2 = n\boldsymbol{X}_t^{\mathrm{T}}\boldsymbol{\Sigma}^{-1}\boldsymbol{X}_t > \chi_{p,1-\alpha}^2,$$

控制图报警, 其中 $\chi_{p,1-\alpha}^2$ 是自由度为 p 的卡方分布的上 α 分位点. 此时可控平均运行长度为 $1/\alpha$.

相应地, CUSUM 和 EWMA 形式的多元 T^2 形式控制图逐渐地发展起来. 首先介绍多元 CUSUM 控制图. 最初, 部分学者提出如下类似一元类型的控制图:

$$S_t = \max\{S_{t-1} + D_t^2 - K, 0\}, \quad i = 1, 2, \cdots,$$

其中 $S_0 \geqslant 0$, $K \geqslant 0$ 是一个参考值. 当 S_i 超过某一控制线时, 控制图报警. 由于 D_t^2 服从卡方分布, 故该控制图就相当于监控一个来自一元卡方分布的过程. 注意到, 此时的平均运行长度亦可简单地由前面一元 CUSUM 控制图中介绍的马氏链方法近似得到. 另外, 也有学者建议可将上面的 D_t^2 用 D_t 来代替.

学者后来发现, 这种使用一元控制图来监控每一时刻得到的 T^2 形式统计量的方法并没有理想的的失控平均运行长度. Crosier (1988) 建议如下的多元 CUSUM 控制图, 其思想是首先建立一个多元 CUSUM 累加序列, 然后构造 T^2 形式的构图统计量. 具体来说, 定义序列

$$\boldsymbol{S}_t = \begin{cases} (\boldsymbol{S}_{t-1} + \boldsymbol{X}_t)(1 - kC_t^{-1}), & \text{如果 } C_t > k, \\ \boldsymbol{0}, & \text{其他,} \end{cases}$$

以及

$$C_t = [(\boldsymbol{S}_{t-1} + \boldsymbol{X}_t)^{\mathrm{T}}\boldsymbol{\Sigma}^{-1}(\boldsymbol{S}_{t-1} + \boldsymbol{X}_t)]^{1/2}.$$

当 $\gamma_t = \boldsymbol{S}_t^{\mathrm{T}}\boldsymbol{\Sigma}^{-1}\boldsymbol{S}_t$ 大于某一控制线时, 控制图报警. 一般来说, 推荐取 $k = \sqrt{\boldsymbol{\mu}_1^{\mathrm{T}}\boldsymbol{\Sigma}^{-1}\boldsymbol{\mu}_1}/2$, 其中 $\boldsymbol{\mu}_1$ 是失控状态下的过程均值. 但是, 注意到一般情况下, 都无法预知 $\boldsymbol{\mu}_1$, 尤其是它还是 p 维的. 因此, 实际操作中, 如同在一元 CUSUM 中的通常做法, 我们只需要给定某个适当的 k 值即可. 诸多的研究结果显示, 这样类型的多元 CUSUM 控制图有着较好的表现.

下面介绍元 EWMA T^2 控制图. Lowry 等 (1992) 引入如下的多元 EWMA 序列 (MEWMA):

$$\boldsymbol{z}_t = \boldsymbol{R}\boldsymbol{X}_t + (\boldsymbol{I} - \boldsymbol{R})\boldsymbol{z}_{t-1} = \sum_{j=1}^{t}\boldsymbol{R}(\boldsymbol{I} - \boldsymbol{R})^{t-j}\boldsymbol{X}_i, \quad t = 1, 2, \cdots, \tag{8.3}$$

其中 $\boldsymbol{R} = \mathrm{diag}(\lambda_1, \cdots, \lambda_p)$, $0 \leqslant \lambda_k \leqslant 1$ 是光滑参数, 而 $\boldsymbol{I}$ 是 p 维单位阵. 如果没有任何先验信息显示我们需要对不同的分量使用不同的光滑参数, 则取 $\lambda_1 = \cdots = \lambda_p = \lambda$, 这也是一般应用中最常用的做法. 显然, 如果取 $\boldsymbol{R} = \boldsymbol{I}$, 则得到 Shewhart 形式的控制图. 初始值 $\boldsymbol{z}_0$ 一般取的是可控状态均值, 也就是 $\boldsymbol{0}$(假设 $\boldsymbol{\mu} = \boldsymbol{0}$). 最近也有一些文章研究了 $\boldsymbol{R}$ 的非对角元素取非零值的情况, 但是缺乏一般的选取方法, 这里不作详细讨论. MEWMA 控制图在

$$\boldsymbol{z}_t^{\mathrm{T}} \boldsymbol{\Sigma}_{\boldsymbol{z}_i}^{-1} \boldsymbol{z}_t > L$$

时报警, 其中 L 时满足某一给定平均运行长度的控制线, 而 $\boldsymbol{\Sigma}_{\boldsymbol{z}_i}$ 是 $\boldsymbol{z}_i$ 的协方差矩阵, 也就是

$$\boldsymbol{\Sigma}_{\boldsymbol{z}_i} = \sum_{j=1}^{t} \boldsymbol{R}(\boldsymbol{I} - \boldsymbol{R})^{t-j} \boldsymbol{\Sigma} (\boldsymbol{I} - \boldsymbol{R})^{t-j} \boldsymbol{R},$$

或者当 $\lambda_1 = \cdots = \lambda_p = \lambda$ 时,

$$\boldsymbol{\Sigma}_{\boldsymbol{z}_i} = (1 - (1 - \lambda)^{2t}) \lambda/(2 - \lambda) \boldsymbol{\Sigma}.$$

一般采用其极限形式

$$\boldsymbol{\Sigma}_{\boldsymbol{z}_i} \approx \lambda/(2 - \lambda) \boldsymbol{\Sigma}.$$

当然, 如同一元 EWMA 时所介绍的, 使用精确协方差函数可以有更好的 zero-state 的失控平均运行长度. Runger, Prabhu (1996) 创造性地提出了该类多元控制图的平均运行长度亦可由马氏链方法近似得到, 这部分内容将在本章附录中给予一定的介绍.

上面介绍的方法都是依赖于 T^2 形式的检验统计量的, 而它们的基础是检验问题 (8.1). 由于未确定备择假设下的 $\boldsymbol{\mu}$, 故该类方法具有很好的稳健性. 也就是过程中 $\boldsymbol{X}$ 的很多分量都发生漂移或者没有任何先验信息的时候, 基于 T^2 的控制图相对有效. 当对 $\boldsymbol{\mu}_1$ 有一定认识的时候, 比方说, 如果我们知道潜在的漂移发生在某一个方向, 比如, $\boldsymbol{\mu}_1 = \delta \boldsymbol{d}$, 我们的假设检验问题就可改写为

$$H_0 : \boldsymbol{\mu} = \boldsymbol{0} \quad \leftrightarrow \quad H_1' : \boldsymbol{\mu} = \delta \boldsymbol{d},$$

$\boldsymbol{d}$ 是一个已知的方向向量, δ 是一个未知的常数. 对于这个问题, LRT 是

$$n(\boldsymbol{d}^{\mathrm{T}} \boldsymbol{\Sigma}^{-1} \bar{\boldsymbol{X}})^2 / \boldsymbol{d}^{\mathrm{T}} \boldsymbol{\Sigma}^{-1} \boldsymbol{d} \overset{H_0}{\sim} \chi_1^2, \tag{8.4}$$

在某些正则条件下, LRT 是一致最优无偏检验. Healy (1987) 是正是基于这样的检验提出了早期的多元 CUSUM 控制图:

$$S_t = \max \left\{ 0, S_{t-1} + (\boldsymbol{d}^{\mathrm{T}} \boldsymbol{\Sigma}^{-1} \boldsymbol{X}_t)/[\boldsymbol{d}^{\mathrm{T}} \boldsymbol{\Sigma}^{-1} \boldsymbol{d}]^{1/2} - \sqrt{\boldsymbol{\mu}_1^{\mathrm{T}} \boldsymbol{\Sigma}^{-1} \boldsymbol{\mu}_1}/2 \right\}.$$

然而, 这种方法在工业实际操作过程中, 局限性很明显, 因为给定一个适当的 $\boldsymbol{d}$ 是很难的. 但是, 假定只有一个测量分量发生了漂移但是不知道是哪一个分量发生了漂移是较为合理的, 则相应的假设检验问题变为

$$H_0 : \boldsymbol{\mu} = \boldsymbol{0} \quad \leftrightarrow \quad H_1'' : \boldsymbol{\mu} = \delta \boldsymbol{d}_1 \ \ \text{或} \ \ \boldsymbol{\mu} = \delta \boldsymbol{d}_2 \cdots \ \ \text{或} \ \ \boldsymbol{\mu} = \delta \boldsymbol{d}_p,$$

其中 $\boldsymbol{d}_i$ 是一个 p 维向量, 它的第 i 个分量是 1, 其他的都是 0. 在这种情形, 似然比的推导将会导出如下 p 个统计量:

$$v_j = \sqrt{n} (\boldsymbol{d}_j^{\mathrm{T}} \boldsymbol{\Sigma}^{-1} \bar{\boldsymbol{X}}) / (\boldsymbol{d}_j^{\mathrm{T}} \boldsymbol{\Sigma}^{-1} \boldsymbol{d}_j)^{\frac{1}{2}}, \quad j = 1, \cdots, p.$$

v_j 正是 Hawkins (1991) 定义的回归调整变量. 记 $\boldsymbol{V} = (v_1, \cdots, v_p)$. Hawkins (1991, 1993) 提出用

$$\max_{i=1,\cdots,p} |v_i|,$$

或者等价的 $\max_{i=1,\cdots,p} v_i^2$ 构造控制图. 比如, 考虑 EWMA 形式的控制图:

$$\max_{i=1,\cdots,p} (\boldsymbol{d}_j^{\mathrm{T}} \boldsymbol{\Sigma}^{-1} \boldsymbol{z_t}) / (\boldsymbol{d}_j^{\mathrm{T}} \boldsymbol{\Sigma}^{-1} \boldsymbol{d}_j)^{\frac{1}{2}}, \quad t = 1, 2, \cdots,$$

其中 $\boldsymbol{z}_t$ 是如同 (8.3) 中一样的多元 EWMA 序列.

另外, 当报警发生漂移的时候, 可以用 $\arg\max_i |v_i|$ 作为一个诊断工具, 它可以告诉我们哪个分量发生了漂移. 当潜在的漂移发生在一个变量或者其他的一些情形下, Hawkins (1991) 研究发现基于 $\boldsymbol{V}$ 的控制图比基于 T^2 的控制图更有效. 在另一方面, Hawkins (1991) 指出当潜在的漂移发生在几个相关性很强的分量或者漂移正比于协方差阵的前两个主成分的时候, 基于 $\boldsymbol{V}$ 的控制图就会表现得很差. 这是不难理解的, 因为此时用于得到 $\boldsymbol{V}$ 的备择假设是不正确的.

基于上面的讨论, 很自然地就可以考虑把多个方向作为先验的备选假设并且构造相应的检验统计量. 比如, 可以假设有两个或者多个测量分量可能会发生漂移. 这样构造的控制图就可以缓解我们先前提到的基于 $\boldsymbol{V}$ 的控制图所带来的问题. 但是, 当维数 p 很大时, 所有可能的漂移方向的个数就会随着 p 指数增长, 这时超大的计算量就会使我们构造的控制图在现实中不可行. 另外, 由于著名的复合检验问题, 这样设计的控制图的检测漂移的功效就会随着 p 增大而显著下降. 根据这些问题, 我们将在 8.2 节介绍最近 Zou, Qiu (2009) 提出的基于变量选择的多元统计过程控制方法, 它能够有效地检测一个或者多个方向发生了漂移且计算简单, 并同时能够提供方便有效的诊断工具.

8.2 基于变量选择的多元统计过程控制

在高维统计过程监控问题中, 漂移通常只是发生在一小部分测量分量上面.

对于这种情形，很可能找到一个比 T^2 更有效也更容易解释的统计量. Zou, Qiu (2009) 通过应用近些年来关于多重回归变量选择的方法，提出了一种基于 LASSO 的 MSPC 方法. 我们将在本节重点介绍使用 LASSO 的监控方法，而在 8.3 节介绍诊断方法. 首先来简单回顾一下 LASSO. 考虑如下的多元线性回归模型：

$$y_i = \mathbf{Z}_i\boldsymbol{\beta} + \varepsilon_i, \quad \text{其中 } i = 1, 2, \cdots, n,$$

这里 y_i, $\mathbf{Z}_i$ 和 $\boldsymbol{\beta}$ 分别表示响应变量，预测向量和回归系数向量. ε_i 是独立同分布的随机误差服从分布 $N(0, \sigma^2)$. 在现实中，给定一些预测变量之后，其他的预测向量不能提供关于响应变量的有用信息. 因此，我们应该把那些没用的预测变量从模型中删去以提高模型的预测能力. 以往统计学家一般使用逐步或者全子集选择方法并且结合诸如 AIC 或者 BIC 之类的传统的模型选择准则. 虽然这些模型选择方法在现实中很有用，它们有很多缺点，比如缺乏稳定性 (Breiman, 1996)、缺乏理论性质 (Fan, Li, 2001)，以及大量的计算 (Tibshirani, 1996). 为了克服这些缺点，一些作者推荐使用如下的惩罚最小二乘方法 (或者对于正态误差情形的惩罚似然方法)：

$$\sum_{i=1}^{n} (y_i - \mathbf{Z}_i\boldsymbol{\beta})^2 + n \sum_{j=1}^{p} g_{\gamma_j}\left(|\boldsymbol{\beta}^{(j)}|\right),$$

其中 $\boldsymbol{\beta}^{(j)}$ 记 $\boldsymbol{\beta}$ 的第 j 个分量，γ_j 是惩罚参数 (或者称为调节参数)，见文献 (Bickel, Li, 2006)，g_{γ_j} 是对不同分量可能不同的惩罚函数. 当 $g_{\gamma_j}(|\boldsymbol{\beta}^{(j)}|) = \gamma|\boldsymbol{\beta}^{(j)}|$，其中 γ 是一个常数参数，相应的惩罚最小二乘方法称为 LASSO (Tibshirani, 1996). Fan, Li (2001) 证明通过适当选择惩罚函数和调节参数，对于变量选择，惩罚最小二乘估计与 oracle 估计有渐近相同的效果. 或者说，它们的效果与我们知道真实的子模型时候一样，这种性质在文献中经常称为 oracle 性质. 当我们选择的惩罚函数是连续的时候，随着 γ 增大，无意义预测变量的系数的估计就会衰减到 0，如果 γ 充分大，这些系数的估计能够精确变为 0. 另外，通过利用文献 (Efron et al., 2004) 中提供的 LARS 算法，我们很容易计算这些惩罚似然估计，特别是那些使用 LASSO 型的惩罚函数的方法.

在变量选择问题里，一个先验假设是系数向量 $\boldsymbol{\beta}$ 有一些分量是 0. 在高维情形，假设只有一小部分系数不是 0(这经常称为稀疏性). 这和我们要考虑的 MSPC 检验问题一致. 毕竟，在大多数应用中，即使发生了漂移，漂移向量 $\boldsymbol{\delta} = \boldsymbol{\mu}_1 - \boldsymbol{\mu}_0$ 仅仅有一小部分分量不为 0. 由于惩罚似然方法在真模型具有稀疏性的变量选择问题中很有效，通过某些调整，可以期盼它们对 MSPC 检验问题也会有很好的效果. 假设我们感兴趣的是 8.1 节描述的基于观测数据 $\mathbf{X}_i$，其中 $i = 1, 2, \cdots, n$ 来检验

$H_0 \leftrightarrow H_1$. 忽略掉一个参数项之后，惩罚似然函数可以定义如下：

$$PL(\boldsymbol{\mu}) = n(\bar{\boldsymbol{X}} - \boldsymbol{\mu})^{\mathrm{T}} \boldsymbol{\Sigma}^{-1} (\bar{\boldsymbol{X}} - \boldsymbol{\mu}) + n \sum_{j=1}^{p} g_{\gamma_j} \left(|\boldsymbol{\mu}^{(j)}| \right).$$

如果我们用的是自适应 LASSO(ALASSO) 惩罚函数 (Zou, 2006)，惩罚似然函数变为

$$PL(\boldsymbol{\mu}) = n(\bar{\boldsymbol{X}} - \boldsymbol{\mu})^{\mathrm{T}} \boldsymbol{\Sigma}^{-1} (\bar{\boldsymbol{X}} - \boldsymbol{\mu}) + n\gamma \sum_{j=1}^{p} \frac{1}{|\bar{\boldsymbol{X}}^{(j)}|^a} |\boldsymbol{\mu}^{(j)}|, \tag{8.5}$$

其中 $a > 0$ 是一个事先决定的数. $\boldsymbol{\mu}^{(j)}$ 是 $\boldsymbol{\mu}$ 的第 j 个分量. 按照 Zou (2006) 和 Wang, Leng (2007) 的建议，通常取 $a = 1$ 即可. 在 (8.5) 中用的 ALASSO 惩罚与传统的 LASSO (Tibshirani, 1996) 有一些不同. 在传统的 LASSO 中，每个回归系数用的调节参数是相同的. 很多作者指出，由于传统 LASSO 对每个回归系数使用相同程度的惩罚，它所得到的估计不可能和 oracle 估计 (Fan, Li, 2001) 有相同的有效性，基于它的模型选择结果可能会不相合. 然而，由于 ALASSO 对不同的回归系数使用不同程度的惩罚，它所得到的估计量是渐近无偏的且具有某些 oracle 性质. 详细讨论可以参见文献 (Fan, Li, 2001; Zou, 2006). 关于 $\boldsymbol{\mu}$ 的 ALASSO 估计定义为

$$\widehat{\boldsymbol{\mu}}_\gamma = \arg\min PL(\boldsymbol{\mu}).$$

很容易验证 $\widehat{\boldsymbol{\mu}}_\gamma$ 与 Zou, Li (2008)(或者 Bühlmann, Meier (2008)) 提供的一步稀疏估计相同，它也与 Wang, Leng (2007) 提出的最小二乘近似估计相同. 对于这里考虑的 MSPC 问题，由于 $\widehat{\boldsymbol{\mu}}_\gamma$ 的稀疏性 (指通过适当选择 γ 某些分量可以精确为 0)，它是漂移方向的一个很好的估计. 故根据 (8.4) 可使用如下的基于 LASSO 的检验统计量

$$\tilde{T}_\gamma = \frac{n(\widehat{\boldsymbol{\mu}}_\gamma^{\mathrm{T}} \boldsymbol{\Sigma}^{-1} \bar{\boldsymbol{X}})^2}{\widehat{\boldsymbol{\mu}}_\gamma^{\mathrm{T}} \boldsymbol{\Sigma}^{-1} \widehat{\boldsymbol{\mu}}_\gamma}. \tag{8.6}$$

理论上，$\widehat{\boldsymbol{\mu}}_\gamma \neq \boldsymbol{0}$ 几乎必然. 为了完整，当 $\widehat{\boldsymbol{\mu}}_\gamma = \boldsymbol{0}$ 时，可以定义 $\tilde{T}_\gamma$ 为任何给定的负数. 很明显，通过用数据驱动的漂移方向估计 $\widehat{\boldsymbol{\mu}}_\gamma$ 替换事先明确的漂移方向 $\boldsymbol{d}$，$\tilde{T}_\gamma$ 可以看做 (8.4) 中数据驱动版本的检验统计量.

在 $\tilde{T}_\gamma$ 能够应用到 MSPC 之前，有一个要处理的很重要的问题. 那就是如何选择调节参数 γ. 毕竟，γ 在调节对各种各样的备选假设情形下 $\tilde{T}_\gamma$ 的稳健性和敏感性方面发挥了很重要的作用. 我们可获得下面的结果. 这些结果从大样本的角度指导我们如何有效选择 γ. 不失一般性，此后假设在 H_1 下，$\boldsymbol{\mu}$ 的前 p_0 个分量不为 0，其中 $0 < p_0 \leqslant p$，剩下的 $p - p_0$ 个分量全为 0.

命题 8.1　假设有两个正则参数 γ_{1n} 和 γ_{2n} 满足条件 $1/(n\gamma_{jn}) = o(1)$, 其中 $j = 1, 2$, 并且 $\gamma_{1n}/\gamma_{2n} = o(1)$. 于是, 有

(i) 在 H_0 下, $P(\tilde{T}_{\gamma_{2n}} \geqslant 0)/P(\tilde{T}_{\gamma_{1n}} \geqslant 0) = o(1)$.

(ii) 在 H_1 下, 如果 $\boldsymbol{\mu}$ 满足 $\min\{\boldsymbol{\mu}^{(j)}, j \leqslant p_0\} = O(n^s)$ 和 $\max\{\boldsymbol{\mu}^{(j)}, j \leqslant p_0\} = O(n^t)$, 其中 $-\dfrac{1}{2} < s \leqslant t < 0$, 于是 $P(\tilde{T}_{\gamma_{jn}} \geqslant 0) - 1 = o(1)$ 当且仅当 $n^{-2t}\gamma_{jn} = o(1)$, 其中 $j = 1$ 或者 2. 另外, 当 $n^{-s+\frac{1}{2}}\gamma_{2n} = o(1)$, $\tilde{T}_{\gamma_{1n}}$ 和 $\tilde{T}_{\gamma_{2n}}$ 以相同的速率发散到无穷.

从这个命题可以看出, 以近似的观点, γ 的选择依赖于漂移的大小. 对于大的漂移 (即 t 在命题的第 (ii) 部分中相对比较大), γ 应该选择大一点. 对于小的漂移, γ 应该选得小一点. 当 $\gamma = 0$ 时, $\tilde{T}_\gamma$ 就是普通的 Hotelling T^2 统计量. 在其他极端的情形, 比如 $\gamma = \infty$, $\tilde{T}_\gamma < 0$ 不能用来检测任何均值漂移. 事实上, 由于在 H_1 下有无穷多个可能的情形, 一致最优检验在此时不存在. 用来选择 γ 的一个很自然的想法是应用诸如 CV, GCV, AIC, BIC 之类的模型选择准则. 然而, 我们的模拟结果发现这些适用于估计的准则不能得到有效的检验. 在非参数回归检验问题里也有相似的结论.

为了克服这个困难, 可联合几个不同的 γ 值使得得到的检验近似最优. 记 $\Gamma_q = \{\gamma_j, j = 1, \cdots, q\}$ 为容许的惩罚参数的集合, 其中 q 是事先明确的常数. 于是, 调整的惩罚检验统计量定义为

$$\tilde{T} = \max_{j=1,\cdots,q} \frac{\tilde{T}_{\gamma_j} - E(\tilde{T}_{\gamma_j})}{\sqrt{\mathrm{Var}(\tilde{T}_{\gamma_j})}}, \tag{8.7}$$

其中 $E(\tilde{T}_{\gamma_j})$ 和 $\mathrm{Var}(\tilde{T}_{\gamma_j})$ 分别表示 $\tilde{T}_{\gamma_j}$ 在 H_0 下的均值和方差. 在现实中, 我们也需要处理如何适当地选择 Γ_q. 对于 MSPC 问题, 我们常遇到小样本情形. 此时 n 比较小, Γ_q 应该根据不同的 n 和 $\boldsymbol{\Sigma}$ 而调整. 因而, 很难提出一个选择 Γ_q 的很一般的方法. 正因如此, 不能直接应用 (8.7). 下面提供如下的一个简单有效的选择 Γ_q 的方法.

首先重写 ALASSO 型的惩罚似然 (8.5) 如下:

$$PL(\boldsymbol{\alpha}) = n(\bar{\boldsymbol{X}} - \boldsymbol{\Lambda}\boldsymbol{\alpha})^{\mathrm{T}} \boldsymbol{\Sigma}^{-1} (\bar{\boldsymbol{X}} - \boldsymbol{\Lambda}\boldsymbol{\alpha}) + n\gamma \sum_{i=1}^{p} |\boldsymbol{\alpha}^{(i)}|, \tag{8.8}$$

其中 $\boldsymbol{\alpha}^{(i)} = \boldsymbol{\mu}^{(i)}/|\bar{\boldsymbol{X}}^{(i)}|$, $\boldsymbol{\Lambda} = \mathrm{diag}(|\bar{\boldsymbol{X}}^{(1)}|, \cdots, |\bar{\boldsymbol{X}}^{(p)}|)$. 这正是一个 LASSO 型的惩罚似然函数. 根据文献 (Zou et al., 2007), 对于 (8.8) 中给定的 $\bar{\boldsymbol{X}}$, 有一个有限序列

$$\tilde{\gamma}_0 > \tilde{\gamma}_1 > \cdots > \tilde{\gamma}_K = 0, \tag{8.9}$$

使得: (1) 对所有 $\gamma > \tilde{\gamma}_0$, $\widehat{\boldsymbol{\alpha}}_\gamma = 0$, (2) 在区间 $(\tilde{\gamma}_{m+1}, \tilde{\gamma}_m)$ 中, 活动集 $\mathfrak{B}(\gamma) = \{j : \mathrm{sgn}[\alpha_\gamma^{(j)}] \neq 0\}$, 并且符号向量 $\boldsymbol{S}(\gamma) = \{\mathrm{sgn}[\alpha_\gamma^{(1)}], \cdots, \mathrm{sgn}[\alpha_\gamma^{(p)}]\}$ 不随 γ 而改变. 由于活动集在每个 $\tilde{\gamma}_m$ 处改变, 称 $\tilde{\gamma}_m$ 为转移点. 由文献 (Efron et al., 2004), 随机整数 K 可以比 p 大. 因而, 我们推荐用 $\tilde{\gamma}_{m_j^{\mathrm{last}}}$, 其中 $j = 1, \cdots, q$ 来构造 Γ_q. 这里 m_j^{last} 是 (8.9) 中定义的序列 $\{\tilde{\gamma}_0, \tilde{\gamma}_1, \cdots, \tilde{\gamma}_K\}$ 中的最后 $\tilde{\gamma}$ 个指标. 此时相应的活动集恰好包括 j 个元素. 由文献 (Zou et al., 2007) 中的引理 7, 由于"一次一个条件" (Efron et al., 2004) 几乎处处成立, $\tilde{T}_{\tilde{\gamma}_{m_j^{\mathrm{last}}}}$ 是适当定义的. 在这里, "一次一个"是指两个活动集里两个连续的 $\tilde{\gamma}$ 序列 (8.9) 最多在一个单一的指标上不同. 下面的渐近结果从使用转移点的角度上告诉我们怎样构造 Γ_q.

命题 8.2 在 H_1 下, 假设 $\min\{\boldsymbol{\mu}^{(j)}, j \leqslant p_0\} = O(n^s)$, 其中 $-\frac{1}{2} < s < 0$. 于是, 用 $\tilde{T}_{\tilde{\gamma}_{m_{p_0}^{\mathrm{last}}}}$ 作为检验统计量的检验比用 T^2 作为检验统计量的检验渐近更有效.

由于在实际中 p_0 也是未知的, 我们建议联合所有的 $\tilde{\gamma}_{m_j^{\mathrm{last}}}$, 其中 $j = 1, \cdots, q$ 来构造我们的检验. 得到的检验统计量定义为

$$\tilde{T}_L = \max_{j=1,\cdots,q} \frac{\tilde{T}_{\tilde{\gamma}_{m_j^{\mathrm{last}}}} - E(\tilde{T}_{\tilde{\gamma}_{m_j^{\mathrm{last}}}})}{\sqrt{\mathrm{Var}(\tilde{T}_{\tilde{\gamma}_{m_j^{\mathrm{last}}}})}}. \tag{8.10}$$

我们指出 $\tilde{T}_{\tilde{\gamma}_{m_p^{\mathrm{last}}}}$ 其实就是 T^2 检验统计量. 因此, 当潜在的漂移有某些明确的结构 (如 (8.4)) 时, 检验 (8.10) 应该和 T^2 检验有一些相同的性质, 同时它也应该和似然比检验有某些性质相同.

这里我们对 (8.10) 中使用的转移点作些说明. 首先, LARS 算法 (Efron et al., 2004) 能够简单地决定 $\tilde{\gamma}_m$. 整个检验程序 (8.10) 要求 $O(np + p^3)$ 次计算, 它的计算量和处理有 p 个协变量的最小二乘回归所需的计算量相同. 这个性质对在线的 MSPC 监控问题十分有用. 其次, 不同的 $\tilde{\gamma}_m$ 对应不同的活动集 $\mathfrak{B}_{\tilde{\gamma}_m}$. 因此, 通过合并不同的 $\tilde{\gamma}_m$, 检验 (8.10) 实际上合并了一些由观测数据决定的带有不同漂移分量的情形. 另外, 由附录中引理 8.1, 对任何 $\gamma \in (\tilde{\gamma}_{m_k^{\mathrm{last}}}, \tilde{\gamma}_{m_k^{\mathrm{last}}-1})$, 有 $l(\widehat{\boldsymbol{\mu}}_\gamma) > l(\widehat{\boldsymbol{\mu}}_{\tilde{\gamma}_{m_j^{\mathrm{last}}}})$, 其中 $l(\boldsymbol{\mu}) = n(\bar{\boldsymbol{X}} - \boldsymbol{\mu})\boldsymbol{T}\boldsymbol{\Sigma}^{-1}(\bar{\boldsymbol{X}} - \boldsymbol{\mu})$, $\widehat{\boldsymbol{\mu}}_\gamma = \boldsymbol{\Lambda}\widehat{\boldsymbol{\alpha}}_\gamma$. 即当 k 个分量发生了漂移时, 在区间 $[\tilde{\gamma}_{m_k^{\mathrm{last}}}, \tilde{\gamma}_{m_k^{\mathrm{last}}-1}]$ 中 $\widehat{\boldsymbol{\mu}}_{\tilde{\gamma}_{m_j^{\mathrm{last}}}}$ 是依照似然值的"最优"估计. 这给我们在检验中使用转移点提供了有力的证据.

下面介绍如何基于 LASSO 的检验统计量 (8.10) 来构造第二阶段的 MSPC 控制图. 我们仅考虑 EWMA 型的控制图, 而其他类的控制图 (如 CUSUM、基于变点检测的控制图) 做法是类似的. 记 $\boldsymbol{X}_j$ 为随着时间收集的第 j 个观测的测量值向量. 于是由多元 EWMA 序列的通常定义

$$\boldsymbol{U}_j = \lambda\boldsymbol{X}_j + (1-\lambda)\boldsymbol{U}_{j-1}, \quad j = 1, 2, \cdots, \tag{8.11}$$

这里 $U_0 = 0$, λ 是一个 $(0,1]$ 中的权重参数. 对每个 U_j, 基于如下的惩罚似然函数, 建议计算 q 个 LASSO 估计 $\widehat{\boldsymbol{\mu}}_{j,\tilde{\gamma}_{m_k^{\text{last}}}}$, 其中 $k = 1, 2, \cdots, q$,

$$(U_j - \mu)^{\text{T}} \Sigma^{-1} (U_j - \mu) + \gamma \sum_{k=1}^{p} \frac{1}{|U_j^{(k)}|} |\mu^{(k)}|. \tag{8.12}$$

如果

$$Q_j = \max_{k=1,\cdots,q} \frac{W_{j,\tilde{\gamma}_{m_k^{\text{last}}}} - E(W_{j,\tilde{\gamma}_{m_k^{\text{last}}}})}{\sqrt{\text{Var}(W_{j,\tilde{\gamma}_{m_k^{\text{last}}}})}} > L, \tag{8.13}$$

我们提供的控制图就报警发生了漂移, 其中

$$W_{j,\gamma} = \frac{2-\lambda}{\lambda[1-(1-\lambda)^{2j}]} \frac{(U_j^{\text{T}} \Sigma^{-1} \widehat{\mu}_\gamma)^2}{\widehat{\mu}_\gamma^{\text{T}} \Sigma^{-1} \widehat{\mu}_\gamma},$$

$L > 0$ 是为了达到给定的受控 ARL 水平时的控制线. 如传统的 MEWMA 一样, 可以用渐近形式 $(2-\lambda)/\lambda$ 来替换 $(2-\lambda)/\{\lambda[1-(1-\lambda)^{2j}]\}$. 此后, 上述的控制图就称为基于 LASSO 的多元 EWMA 控制图 (LEWMA).

　　在 LEWMA(8.11)~(8.13) 中, λ 的选择主要依赖于我们关注的漂移: 就像传统的 EWMA 控制图 (Lucas, Saccucci, 1990; Prabhu, Runger, 1997), 通常小的 λ 对小的漂移好, 大的 λ 对大的漂移好. 关于 q, 我们已经提到关于 LEWMA 控制图的一个潜在的先验假设是只有一小部分测量分量发生了漂移. 如果先验信息告诉我们至多有 r 个分量发生了漂移且 $1 \leqslant r \leqslant p$, 那在模拟研究中发现用 $q = r+1$ 或者 $q = r+2$ 在实际中可以达到相当满意的效果. 在更一般的情形, 通常没有这些先验信息, 这时最好选择 $q = p$. 在 (8.13) 中, $E(W_{j,\tilde{\gamma}_{m_i^{\text{last}}}})$ 和 $\text{Var}(W_{j,\tilde{\gamma}_{m_i^{\text{last}}}})$ 通常是未知的. 有下面的结果.

　　命题 8.3　当过程是受控的时候, $E(W_{j,\tilde{\gamma}_{m_k^{\text{last}}}})$ 和 $\text{Var}(W_{j,\tilde{\gamma}_{m_k^{\text{last}}}})$ 不依赖于 λ 和 j.

　　根据这一命题, 由于当 $\lambda = 1$ 时 U_j 和 X_j 是一样的, 由模拟的 IC 测量值计算出来的 $W_{j,\tilde{\gamma}_{m_k^{\text{last}}}}$ 的均值和方差可以很好地近似 $E(W_{j,\tilde{\gamma}_{m_k^{\text{last}}}})$ 和 $\text{Var}(W_{j,\tilde{\gamma}_{m_k^{\text{last}}}})$.

8.3　多元诊断问题

　　多元统计过程控制的另外一个重点问题就是数据诊断, 也就是在过程控制图报警并找到了变点之后, 使用一些统计工具找出到底是哪个或者哪几个变量发生了问题, 以帮助工程师们更快速地找到问题根源. 尽管前面介绍的回归调整的方

法本身就可用作诊断, 但是它在发生变化的变量数大于一个的时候就无法使用了. 传统上来说, 诊断方法主要是进行 T^2 分解方法, 读者可参考文献 (Mason, Young, 2002). 其在理论上是有效的和可行的, 但是当 p 很大时这种方法的操作性和有效性就大打折扣. 比如, 对一个有 p 个测量分量的过程, T^2 分解程序要求对 T^2 做 $p!$ 个不同的分解. 除了计算上非常耗时繁琐之外, 当维数很高的时候其诊断能力也值得商榷: 这种方法最终都会获得很多个统计量, 我们需要确定某个适当的阈值, 然后根据这很多个统计量来确定是哪些分量发生了漂移. 一般来说, 对阈值很难选取并且对诊断能力有很大的影响, 但却没有一般的、合适的推荐. 最近, Zou, Jiang, Tsung (2011) 提出了一整套适合于多参数统计过程控制的诊断框架, 他们的方法简便、快速, 诊断效率高且有理论性质保证, 而且无需确定任何多余的参数, 因此非常适合在高维的环境下使用, 下面结合 LEWMA 控制图, 简单介绍其在 MSPC 中的应用.

当 LEWMA 控制图 (8.11)~(8.13) 在第 k 个观测值发出报警信号之后, 首先估计发生漂移的位置 (时间点), 这时前面介绍过的极大似然估计并结合二重分割的步骤仍旧可使用. 假设过程控制图在第 k 个时刻报警, 很容易得下面的变点估计:

$$\widehat{\tau} = \operatorname*{argmax}_{l=0,\cdots,m-1} (k-l)\bar{x}_l^{\mathrm{T}}\widehat{\boldsymbol{\Sigma}}^{-1}\bar{x}_l,$$

其中 $\bar{x}_l$ 表示最后 $k-l$ 个观测值的平均, 也就是, $\bar{x}_l = \dfrac{1}{k-l}\displaystyle\sum_{j=l+1}^{k} \boldsymbol{x}_j$.

此时有 $(k-\widehat{\tau})$ 个失控的观测值. 它们有一些分量的均值发生了漂移. 关于发生漂移分量的识别可通过 LASSO 算法联合诸如 C_p, GCV, AIC 或者 BIC 之类的模型选择准则来实现. 我们可以从一序列 LASSO 估计中挑一个最优的估计 (见 (8.9)), 也就是找到某个 $\boldsymbol{\mu}^*$

$$\boldsymbol{\mu}^* = \arg\min_{\gamma}(k-\widehat{\tau})(\bar{x}_{\widehat{\tau}} - \widehat{\boldsymbol{\mu}}_\gamma)^{\mathrm{T}}\boldsymbol{\Sigma}^{-1}(\bar{x}_{\widehat{\tau}} - \widehat{\boldsymbol{\mu}}_\gamma) + \eta \cdot \widehat{\mathrm{df}}(\widehat{\boldsymbol{\mu}}_\gamma), \tag{8.14}$$

对于 AIC 取 $\eta = 2$, 对于 BIC 取 $\eta = \ln(k-\widehat{\tau})$. $\widehat{\boldsymbol{\mu}}_\gamma$ 是基于 $\bar{x}_{\widehat{\tau}}$ 的 ALASSO 估计, $\widehat{\mathrm{df}}(\widehat{\boldsymbol{\mu}}_\gamma)$ 是 $\widehat{\boldsymbol{\mu}}_\gamma$ 中非零系数的个数. 可证明, $\boldsymbol{\mu}^*$ 是 $\{\widehat{\boldsymbol{\mu}}_{\widetilde{\gamma}_1}, \cdots, \widehat{\boldsymbol{\mu}}_{\widetilde{\gamma}_K}\}$ 其中的一个.

我们知道AIC 趋向于选择有最优预测能力的模型, 当真模型包含在候选集里时, BIC 能很好地识别真实的稀疏模型. 在我们考虑的 MSPC 问题中, $\boldsymbol{\mu}^*$ 的稀疏性 (用来识别发生漂移的测量值分量) 是我们主要关注的. 因而, BIC 准则似乎更适合我们的 MSPC 问题. 关于 LASSO-BIC 方法的相合性可以见文献 (Zou, Jiang, Tsung, 2011). 然而, 不像固定样本情形, 在 SPC 中通常没有大样本 (相对于漂移大小) 来应用诊断程序. 毕竟, 当控制图发出报警信号时, 过程立即停止. 通过大量的模拟, 我们发现传统的 BIC 准则在某些情形效果不是很好 (这里不详述). 相反, 如果使用所谓的扩展 BIC 方法 (Chen, Chen, 2008), 即在 (8.14) 中取 $\eta = [\ln(n) + 2\ln(p)]$. 上述诊断方法 (8.14) 在实际中表现得很好, 由于 $\boldsymbol{\mu}^*$ 的某些分量可以精确为 0, 可以直接把 $\boldsymbol{\mu}^*$ 的那些非 0 分量作为发生漂移的分量而不再利用现用的诊断方法 (比如 T^2 方法和 step-down 方法) 来作额外的检验. 注意到当 MEWMA 控制图或者其他控制图发出漂移报警之后, 诊断方法 (8.14) 也是适用的.

　　另外, 我们指出, 当 LEWMA 控制图在第 k 个观测值发出失控报警之后, 可以把 $\boldsymbol{U}_k$ 直接用于诊断程序. 即, 可以找到 $\boldsymbol{\mu}^*$ 使得

$$\boldsymbol{\mu}^* = \arg\min_{\gamma} \frac{2-\lambda}{\lambda[1-(1-\lambda)^{2k}]}(\boldsymbol{U}_k - \widehat{\boldsymbol{\mu}}_\gamma)^{\mathrm{T}}\boldsymbol{\Sigma}^{-1}(\boldsymbol{U}_k - \widehat{\boldsymbol{\mu}}_\gamma) + \eta \cdot \widehat{\mathrm{df}}(\widehat{\boldsymbol{\mu}}_\gamma). \quad (8.15)$$

实际上, 如果我们不太关注漂移位置 (即 $\hat{\tau}$) 的估计, 方法 (8.15) 将会比 (8.14) 更方便更快. 毕竟, 基于 $\boldsymbol{U}_k$ 的 LASSO 估计已经在监控过程中计算出来了. 因此, 控制图发出报警之后可以马上获得诊断结果. 模拟研究发现 (8.14) 和 (8.15) 有相似的诊断结果.

8.4　处理相关数据的控制图方法

　　现代工业、服务业中大量使用自动化的抽样、测量设备, 因此很多统计过程监控的应用中, 抽取的在线观测都是有很强的相关性的. 而如果我们忽略这样的自相关性而使用在标准的独立情形下所设计出的控制图进行监控, 则会带来两方面的严重后果: 一方面可控的平均运行长度与理想值差距很大; 另一方面过程失控之后由于数据自相关的影响使得控制图的监测能力大大降低. 所以我们需要设计适当的控制图来处理过程数据是自相关的监控问题.

　　处理该类问题的一个基本的假设是我们对过程本身的自相关结构的认识是正确的, 并且采用了适当的方法对相关模型的系数给予了正确的估计. 在可控模型确立后, 比如常用如下的 ARMA(p, q):

$$x_t = \frac{\Theta(B)}{\Phi(B)}a_t,$$

其中 x_t 是观测数据, a_t 是独立同分布的均值为零方差 σ_a^2 的正态随机变量, B 是后移算子, 即 $Bx_t = x_{t-1}$. 这里 $\Phi(B)$ 和 $\Theta(B)$ 分别是 AR 和 MA 多项式, 也就是

$$\Phi(B) = 1 - \phi_1 B - \cdots - \phi_p B,$$
$$\Theta(B) = 1 - \theta_1 B - \cdots - \theta_p B.$$

假设在某个时刻 τ 之后, 过程发生了一个漂移, 这时候过程数据可被表示为

$$y_t = x_t + \mu f_{t-\tau},$$

其中 f_t 是某种漂移的形式, 而 μ 代表了漂移的大小. 比如, 对所有的 $t > 0$, 取 $f_t = 1$, 这就是常见的跳跃式漂移. 如果取 f_t 为一线性函数 (关于 t), 则是我们称为的drift. 一般来说, 有两种方法来监控上述模型: 一是基于残差, 二是基于原始观测数据. 下面先来考虑基于残差的控制图.

由上面的模型, 很容易得到如下的残差表达式:

$$e_t = \frac{\Phi(B)}{\Theta(B)} y_t = a_t + \mu \tilde{f}_{t-\tau},$$

其中 $\tilde{f}_{t-\tau} = (\Phi(B)/\Theta(B)) f_{t-\tau}$ 被称为错误模式. 注意到此时残差 e_t 是不相关的且具有均值 $\mu \tilde{f}_{t-\tau}$ 方差 σ_a^2 (当过程可控时均值为零). 那么最直接的方法就是使用前面章节中介绍的各种一元类型的控制图来监控这些残差, 这样的控制图的可控平均运行长度是能够达到设计要求的. 但是, 显然由于失控情形下 e_t 的期望不是恒定的, $\tilde{f}_{t-\tau}$ 而是随时间变动的. 注意到传统的控制图大多都是在假设跳跃式漂移下而设计出的, 因此它们在监控 e_t 的时候通常无法达到最优. 这时, 比较著名的是 cumulative score(Cuscore) 控制图. 这种控制图是来自所谓的 score test 的 (Box, Luceno, 1997), 对于 e_t, 其最初的构图统计量是

$$Q_t = \sum_{i=1}^{t} e_i r_i,$$

其中 $r_i = \tilde{f}_{i-\tau}$. 一般会把 Q_t 写为如下的迭代形式:

$$Q_t = Q_{t-1} + r_t e_t.$$

Box 等指出这种方法通常没法直接使用, 原因很显然, 它仅适合过程从一开始就发生漂移的情况. 但是, 实际应用中, 大部分的漂移都是在过程运行了一段时间后才发生的, 此时 Q_t 很可能早已离阈值很远了, 这样当真正的漂移发生时, Q_t 则不能够给予有效快速的报警. 他们建议如下的单边 Cuscore 统计量:

$$Q_t = \max\{Q_{t-1} + r_t e_t, 0\}.$$

进一步, 仿照 CUSUM, 可以增加一个参考值 k 来进一步增强其监控效果, 也就是

$$Q_t = \max\{Q_{t-1} + r_t(e_t - k), 0\}.$$

当 Q_t 超过某个控制线 h 时, Cuscore 控制图报警.

然而我们注意到在这样定义的 Cuscore 控制图中 $r_i = \tilde{f}_{i-\tau}$ 是无法确定的, 因为包含了未知的变点 τ. 很多早期的方法都直接取 $\tau = 0$, 这样做仅有较好的 zero-state 监控效果, 而当过程在运行一段时间之后再发生漂移, 而 τ 通常是未知

的, $\tilde{f}_{i-\tau}$ 不能正确地匹配了, 因此 Cuscore 控制图也就失去了其优势的基础. 一种修改的方法是所谓的触发式 Cuscore 控制图, 它是由 Shu, Apley, Tsung (2002) 提出的. 想法也比较自然, 就是通过某种方法估计 τ, 然后代入到 Cuscore 控制图中. 具体来说, 使用一个标准的 CUSUM 控制图来监控残差

$$S_t = \max\{0, S_{t-1} + e_t - k\}, \quad t = 1, 2, \cdots, t_{\text{trig}},$$

其中 k 是某个参考值, 而 t_{trig} 是 S_t 超过某个阈值 H 的时刻. 这里的 CUSUM 不是用于报警, 只是用于触发 Cuscore 控制图, 因此这个 CUSUM 一般也称为触发 CUSUM. 当 CUSUM 第一次在 t_{trig} 时超过 H 时, 我们找到最近 S_t 大于零的时刻. 根据 CUSUM 的知识我们知道, 这个时刻可被用作为变点的一个简单估计, 记作 $\hat{\tau}$. 在这之后, Cuscore 控制图被触发

$$Q_t = \max\{Q_{t-1} + r_t(e_t - k), 0\}, \quad t = \hat{\tau}, \hat{\tau}+1, \cdots.$$

注意到这种方法也仍有局限性, 也就是我们仍需要给定初始的 x_t 的错误模式 $f_{t-\tau}$. 当然一般可取一些特殊情况, 比如上面介绍过的取值全为 1, 但是实际问题中, 对于自相关过程来说, 漂移的形式很难完全准确地决定, 因此上面的触发式的 Cuscore 控制图很多时候也会不够有效. 此时, 等价于过程漂移的大小是 (随时间) 变化的, 而我们没有其他的信息可以利用. 这种情况下, 一般推荐采用各种自适应的控制图来监控这种所谓的变化漂移或者区间漂移, 比如双 CUSUM 或 EWMA、多 CUSUM 或 EWMA、变参考值的 CUSUM、变光滑参数的 EWMA 等方法. 我们在这里简单介绍最近 Han, Tsung (2006) 所提出的一种被称为参考无关的 Cuscore (RFCuscore) 控制图. 它的构图统计量的定义是

$$\max_{1 \leqslant k \leqslant n} \left\{ \sum_{i=n-k+1}^{n} |x_i| \left(x_i - \frac{|x_i|}{2} \right) \right\}.$$

其等价的迭代形式为

$$R_t = \max \left\{ R_{t-1} + |x_t| \left(x_t - \frac{|x_t|}{2} \right), 0 \right\}.$$

这样其与 Cuscore 之间的关系就很明显了, 也就是说 RFCuscore 控制图就是用 $|x_t|$ 这个最简单的估计来代替 Cuscore 控制图中未知的模式 r_t 和未知的参考值 k. Han, Tsung (2006) 证明了该类控制图有很好的理论性质并通过模拟发现其也有非常稳健、有效的监控效果.

上面介绍的方法都是从残差角度出发的, 而从原始观测 x_t 角度来构造控制图更为直接, 但是设计起来稍显复杂. 这是因为 x_t 本身是相关的, 因此各种传统的控

制图无法直接应用其上，至少需要调整控制线. 比如，对于 Shewhart 控制图来说，传统的取平均运行长度倒数所对应的临界值作为控制线的方法现在显然已经不适用了，我们或者可以通过马氏链或者利用模拟来求得适当的控制线. 而像 CUSUM 类型的控制图，此时不应该直接把 x_t 代入到传统 CUSUM 中去，而是应该在自相关结构的假设下由序贯概率比重新进行推导而得到此时适当的控制图. 下面以一个简单 AR(1) 模型为例予以说明. 假设数据来自模型

$$x_t = \mu_t + \phi x_{t-1} + a_t,$$

其中

$$\mu_t = \begin{cases} \mu_0, & t < \tau, \\ \mu_1, & t \geqslant \tau. \end{cases}$$

此时的 CUSUM 控制图的定义为

$$U_t = \max\{0, U_{t-1} + (W_t - m_{w_t}) - k_t \sigma_{w_t}\},$$

其推导如下进行. n 个连续观测的联合概率密度函数为

$$f(x_1, \cdots, x_n) = \left(2\pi\sigma_\epsilon^2\right)^{-n/2} \left(1 - \phi^2\right)^{\frac{1}{2}}$$
$$\times \exp\left[\frac{-1}{2\sigma_\epsilon^2} \left\{ (1-\phi^2)\left(x_1 - \frac{\mu_1}{1-\phi}\right)^2 + \sum_{t=2}^{n} (x_t - \mu_t - \phi x_{t-1})^2 \right\}\right],$$
$$(8.16)$$

首个观测前发生变点的对数似然比为

$$Z_1 = \frac{\ln g_1(x_1, \cdots, x_n)}{\ln g_0(x_1, \cdots, x_n)}$$
$$= (1+\phi)\left(x_1 - \frac{\mu_0 + \mu_1}{2(1-\phi)}\right) + \sum_{t=2}^{n}\left(x_t - \phi x_{t-1} - \frac{\mu_0 + \mu_1}{2}\right). \quad (8.17)$$

在第 j 个观测前发生变点的对数似然比为

$$Z_j = \sum_{t=j}^{n}\left(x_t - \phi x_{t-1} - \frac{\mu_1 + \mu_0}{2}\right), \quad (8.18)$$

其中 $j = 2, 3, \cdots, n$.

基于 (8.17) 和 (8.18) 的结果，可对 CUSUM 控制图给出确切的表达形式. 变量 Z_t 可以分为一个随机部分 W_t 及一个确定部分 k_t'. 于是当 $t > 1$ 时，有 $W_t = X_t - \phi X_{t-1}$ 和 $k_t' = k$，其中 $k = (\mu_0 + \mu_1)/2$. W_t 及 k_t' 的一般表达式为

$$W_t = \begin{cases} (1+\phi)X_1, & t = 1, \\ X_t - \phi X_{t-1}, & t > 1, \end{cases}$$

$$k'_t = \begin{cases} [(1+\phi)/(1-\phi)]k, & t = 1, \\ k, & t > 1, \end{cases}$$

其中 k 为来自 i.i.d. CUSUM 控制图的参考值并且等于 $(\mu_0 + \mu_1)/2$.

8.5　附录: 技术细节

用马氏链的方法来近似 MEWMA 控制图的平均运行长度

回顾 8.1 节中定义的 MEWMA 控制图. 当

$$U_j = \boldsymbol{z}_j^{\mathrm{T}} \boldsymbol{\Sigma}^{-1} \boldsymbol{z}_j > L \frac{\lambda}{2 - \lambda}$$

时控制图报警, 其中 $L > 0$ 为控制线. 该计算依赖于如下的结论:

命题 8.4　当 $\|z_1\|, \cdots, \|z_{t-1}\|, \|z_t\|$ 已知时, z_t 的条件分布在 $S(\|z_t\|)$ 下是均匀的, 其中 $S(r)$ 是半径为 r 的 p 维球.

命题 8.5　U_t 过程是一马氏链.

由上面的命题, Runger, Prabhu (1996) 给出了 MEWMA 控制图的马氏链计算方法. 简述如下: 定义一 $(m+1) \times (m+1)$ 的转移矩阵 $\boldsymbol{P} = (p_{ij})$. 对 $i = 0, 1, 2, \cdots, m$, 有

$$p_{ij} = F_1\big((j+0.5)^2 g^2/\lambda^2; p+1; \xi\big) - F_1\big((j-0.5)^2 g^2/\lambda^2; p+1; \xi\big), \quad 0 < j \leqslant m,$$
$$p_{i0} = F_1\big((0.5)^2 g^2/\lambda^2; p+1; \xi\big), \quad j = 0,$$

其中 $g = \left(L\dfrac{\lambda}{2-\lambda}\right)^{\frac{1}{2}}/(m+1)$, $\xi = [(1-\lambda)ig/\lambda]^2$, $F_1(\cdot; \nu; \xi)$ 是自由度为 ν、非中心参数为 ξ 的非中心卡方累积分布函数. 则可控平均运行长度可由下式得到

$$\mathrm{ARL} = \boldsymbol{e}^{\mathrm{T}} (\boldsymbol{I} - \boldsymbol{P})^{-1} \boldsymbol{e},$$

其中 $\boldsymbol{e} = (1, 0, \cdots, 0)^{\mathrm{T}}$.

对于失控 ARL, 需要使用二维马氏链进行近似, 其中一维包含 $m_2 + 1$ 个状态用于分析可控分量的性质, 而另一维包含 $2m_1 + 1$ 个转移状态用于分析失控分量的性质. 记 $g_1 = 2L\dfrac{\lambda}{2-\lambda}/(2m_1+1)$, $g_2 = 2L\dfrac{\lambda}{2-\lambda}/(2m_2+1)$. 令 $c_i = -L\dfrac{\lambda}{2-\lambda}/\delta + (i-0.5)g_1$. 定义

$$h(i,j) = P\Big\{ -L\frac{\lambda}{2-\lambda} + (j-1)g_1 - \frac{(1-\lambda)c_i}{\lambda} - \delta$$

$$< Z_{t1} - \delta < \Big(-L\frac{\lambda}{2-\lambda} \Big) + jg_1 - \frac{(1-\lambda)c_1}{\lambda} - \delta \Big\},$$

$$v(i,j) = P\{(j-0.5)^2 g_2^2/\lambda^2 < \chi^2(p-1,c) < (j+0.5)^2 g_2^2/\lambda^2\},$$

其中 $c = [(1-\lambda)ig_2/\lambda]^2$. 则由状态 (i_x, i_y) 转移到状态 (j_x, j_y) 的概率为

$$P[(i_x, i_y), (j_x, j_y)] = h(i_x, j_x) \cdot v(i_y, j_y).$$

由此式可类似前面的一维马氏链得到失控 ARL.

命题 8.1 的证明

为了叙述方便, 将采用以下记号. 假设 M 是一个 p 列矩阵, $\mathfrak{D}$ 是 $\{1, 2, \cdots, p\}$ 的子集. 因此, 矩阵 $M_{\mathfrak{D}}$ 是由包含于 $\mathfrak{D}$ 的 M 所有的列构成的. 类似地, $\beta_{\mathfrak{D}}$ 表示由指标包含于 $\mathfrak{D}$ 中的 p 维向量的元素所构成的向量. 因此, $M^{(i,j)}$ 表示矩阵 M 的第 (i,j) 个元素.

(i) 因为 $P(\tilde{T}_{\gamma_{in}} \geqslant 0) = 1 - P(\widehat{\mu}_{\gamma_{in}} = \mathbf{0})$, 为了证明命题 8.1 的第 (i) 部分, 只需要证明

$$[1 - P(\widehat{\mu}_{\gamma_{2n}} = \mathbf{0})]/[1 - P(\widehat{\mu}_{\gamma_{1n}} = \mathbf{0})] \to 0.$$

重写 (8.8) 为

$$PL(\boldsymbol{\alpha}) = (\boldsymbol{\Sigma}^{-\frac{1}{2}}\sqrt{n}\bar{\boldsymbol{X}} - \boldsymbol{\Sigma}^{-\frac{1}{2}}\sqrt{n}\boldsymbol{\Lambda}\boldsymbol{\alpha})^{\mathrm{T}}(\boldsymbol{\Sigma}^{-\frac{1}{2}}\sqrt{n}\bar{\boldsymbol{X}} - \boldsymbol{\Sigma}^{-\frac{1}{2}}\sqrt{n}\boldsymbol{\Lambda}\boldsymbol{\alpha}) + n\gamma\sum_{i=1}^{p} |\boldsymbol{\alpha}^{(i)}|. \tag{8.19}$$

我们可以很直接地证明 (8.19) 满足文献 (Knight, Fu, 2000) 中的 LASSO 最优化设计. 因此, 用文献 (Knight, Fu, 2000) 中的 (8.12) 或者 Karush-Kuhn-Tucker (KKT) 中的最优化条件 (Osborne et al., 2000), 有如下结论.

$\widehat{\mu}_{\gamma_{in}} = \mathbf{0}$ 当且仅当

$$|-2(\sqrt{n}\boldsymbol{\Lambda})\boldsymbol{\Sigma}^{-1}(\sqrt{n}\bar{\boldsymbol{X}})| \leqslant n\gamma_{in}, \tag{8.20}$$

其中 "$\leqslant$" 对每个分量成立. 记 $\boldsymbol{R} = 2(\sqrt{n}\boldsymbol{\Lambda}\boldsymbol{\Sigma}^{-1/2})(\sqrt{n}\boldsymbol{\Sigma}^{-1/2}\bar{\boldsymbol{X}})$. 因此, 在 H_0 下, $|\boldsymbol{R}|$ 的第 i 个分量可以表示成 $|\boldsymbol{R}^{(i)}| = |c_i a_i b_i|$, 其中 $c_i = 2[\boldsymbol{\Sigma}^{(i,i)}]^{\frac{1}{2}}[(\boldsymbol{\Sigma}^{-1})^{(i,i)}]^{\frac{1}{2}}$, 并且 a_i 和 b_i 是标准正态随机变量. 因此, 有

$$\frac{P(\widehat{\boldsymbol{\mu}}_{\gamma_{1n}} \neq \boldsymbol{0})}{P(\widehat{\boldsymbol{\mu}}_{\gamma_{2n}} \neq \boldsymbol{0})} \geqslant \frac{P(|\boldsymbol{R}^{(j)}| > n\gamma_{1n}, \text{ 对某个 } j)}{\sum\limits_{i=1}^{p} P(|\boldsymbol{R}^{(i)}| > n\gamma_{2n})}$$

$$> \frac{P(|a_j| > \sqrt{n\gamma_{1n}/\min_i |c_i|}) \cdot P(|b_j| > \sqrt{n\gamma_{1n}/\min_i |c_i|})}{p \cdot [P(|b_j| > \sqrt{n\gamma_{2n}/\max_i |c_i|}) + P(|a_j| > \sqrt{n\gamma_{2n}/\max_i |c_i|})]}$$

$$= C\frac{\gamma_{1n}}{\gamma_{2n}} \exp^{n\gamma_{2n}/(2\max_i |c_i|) - n\gamma_{1n}/\min_i |c_i|}(1 + o(1)) \to \infty,$$

这里 C 是一个正常数. 在上述表达式中, 用了如下的事实和条件: 对大的 t, $1 - \Phi(t) \approx \dfrac{\phi(t)}{t}$; 对 $i = 1, 2$, $n\gamma_{in} \to \infty$, 其中的 $\Phi(\cdot)$ 和 $\phi(\cdot)$ 分别是标准正态分布的累积分布函数和密度函数.

(ii) 显然地, 在 H_1 下, $P(\tilde{T}_{\gamma_{in}} \geqslant 0) \to 1$ 当且仅当 $P(\widehat{\boldsymbol{\mu}}_{\gamma_i} = \boldsymbol{0}) \to 0$. 由 (8.20) 和 $\boldsymbol{\Lambda} = O_p(n^t)$ 以及 $\boldsymbol{\Sigma}^{-1}\sqrt{n}(\bar{\boldsymbol{X}} - \boldsymbol{\mu}) \sim N(\boldsymbol{0}, \boldsymbol{\Sigma}^{-1})$, 得到命题 8.1 第 (ii) 部分 $n^{-2t}\gamma_{in} \to 0$ 的充分必要条件. 下一步, 证明

$$(\widehat{\boldsymbol{\mu}}_{\gamma_{in}})_a = \bar{\boldsymbol{X}}_a + O_p(n^{-1/2}),$$

$$P\left[(\widehat{\boldsymbol{\mu}}_{\gamma_{in}})_b = \boldsymbol{0}\right] \to 1, \quad \text{其中 } i = 1, 2,$$

这里 $\boldsymbol{\beta}_a$ 和 $\boldsymbol{\beta}_b$ 分别表示 p 维向量 $\boldsymbol{\beta}$ 的前 p_0 个子向量和剩下的 $p - p_0$ 个子向量. 这些结果可以用文献 (Wang, Leng, 2007) 中定理 1~3 或者文献 (Fan, Li, 2001) 中定理 1~3 类似的方法得到. 唯一的区别就是这里 $\boldsymbol{\mu}$ 是 $o(1)$ 阶的. 文献 (Wang, Leng, 2007) 中的定理 1~3 的证明的技术性评论仍然成立, 我们只需要改变条件 $n^{-s+\frac{1}{2}}\gamma_{in} \to 0$ (参见 (Wang, Leng, 2007) 中 (8.20) 的最后一项). 为了简便, 在这里省略这些细节. 基于这些结果, 很容易验证

$$\tilde{T}_{\gamma_{in}} = n(\bar{\boldsymbol{X}}_a^{\mathrm{T}}, \boldsymbol{0}_b^{\mathrm{T}})\boldsymbol{\Sigma}^{-1}\bar{\boldsymbol{X}}(1 + o_p(1)), \quad i = 1, 2,$$

这就意味着, 在 H_1 成立的条件下, $\tilde{T}_{\gamma_{1n}}$ 和 $\tilde{T}_{\gamma_{2n}}$ 以相同的速度 $O(n^{1+2t})$ 发散到无穷大. □

为了证明命题 8.2, 首先给出以下两个引理.

引理 8.1 当 $\gamma \in [\tilde{\gamma}_K, \tilde{\gamma}_0]$ 下降, $l(\widehat{\boldsymbol{\mu}}_\gamma)$ 严格下降, 并且 $\tilde{T}_\gamma$ 严格上升.

证明 记 $\boldsymbol{Y} = \boldsymbol{\Sigma}^{-\frac{1}{2}}\sqrt{n}\bar{\boldsymbol{X}}$, $\boldsymbol{Z} = \boldsymbol{\Sigma}^{-\frac{1}{2}}\sqrt{n}\boldsymbol{\Lambda}$ 和 $\zeta = n\gamma$. 对于 LASSO 目标函数 (8.19), LARS-LASSO 转移点假设满足 $\tilde{\zeta}_0 > \tilde{\zeta}_1 > \cdots > \tilde{\zeta}_K = 0$. 对于任何 $0 \leqslant m \leqslant K - 1$, $\zeta \in (\tilde{\zeta}_{m+1}, \tilde{\zeta}_m)$, 由转移点的定义式 $\mathfrak{B}(\zeta)$ 和 $\boldsymbol{S}(\zeta)$ 不随 ζ 改变, 并且有 $\mathfrak{B}(\zeta) = \mathfrak{B}_m$ 和 $\boldsymbol{S}(\zeta) = \boldsymbol{S}_m$. 因此, 由文献 (Zou et al., 2007) 中引理 1, 得到

$$\widehat{\boldsymbol{\alpha}}_{\zeta\mathfrak{B}_m} = (\boldsymbol{Z}_{\mathfrak{B}_m}^{\mathrm{T}}\boldsymbol{Z}_{\mathfrak{B}_m})^{-1}\left(\boldsymbol{Z}_{\mathfrak{B}_m}^{\mathrm{T}}\boldsymbol{Y} - \frac{\zeta}{2}\boldsymbol{S}_{m\mathfrak{B}_m}\right). \tag{8.21}$$

与文献 (Zou et al., 2007) 中定理 3 证明类似, 有

$$l(\widehat{\boldsymbol{\mu}}_\gamma) = (\boldsymbol{\Sigma}^{-\frac{1}{2}}\sqrt{n}\bar{\boldsymbol{X}} - \boldsymbol{\Sigma}^{-\frac{1}{2}}\sqrt{n}\boldsymbol{\Lambda}\widehat{\boldsymbol{\alpha}}_\gamma)^{\mathrm{T}}(\boldsymbol{\Sigma}^{-\frac{1}{2}}\sqrt{n}\bar{\boldsymbol{X}} - \boldsymbol{\Sigma}^{-\frac{1}{2}}\sqrt{n}\boldsymbol{\Lambda}\widehat{\boldsymbol{\alpha}}_\gamma)$$

$$= \boldsymbol{Y}^{\mathrm{T}}(\boldsymbol{I} - \boldsymbol{H}_{\mathfrak{B}_m})\boldsymbol{Y} + \frac{\zeta^2}{4}\boldsymbol{S}_{m\mathfrak{B}_m}^{\mathrm{T}}(\boldsymbol{Z}_{\mathfrak{B}_m}^{\mathrm{T}}\boldsymbol{Z}_{\mathfrak{B}_m})^{-1}\boldsymbol{S}_{m\mathfrak{B}_m},$$

其中 $\boldsymbol{H}_{\mathfrak{B}_m} = \boldsymbol{Z}_{\mathfrak{B}_m}(\boldsymbol{Z}_{\mathfrak{B}_m}^{\mathrm{T}}\boldsymbol{Z}_{\mathfrak{B}_m})^{-1}\boldsymbol{Z}_{\mathfrak{B}_m}^{\mathrm{T}}$. 因此, $l(\widehat{\boldsymbol{\mu}}_\gamma)$ 在区间 $(\tilde{\zeta}_{m+1}, \tilde{\zeta}_m)$ 中严格单增. 由 LASSO 的连续性 (Zou et al., 2007, 引理 4), 有当 γ 减少时 $l(\widehat{\boldsymbol{\mu}}_\gamma)$ 单减的结论.

对于 $\tilde{T}_\gamma$, 当 $\zeta \in (\tilde{\zeta}_{m+1}, \tilde{\zeta}_m)$ 时, 很容易验证

$$\tilde{T}_{n\zeta} = \frac{(\widehat{\boldsymbol{\alpha}}_{\zeta\mathfrak{B}_m}^{\mathrm{T}}\boldsymbol{Z}_{\mathfrak{B}_m}^{\mathrm{T}}\boldsymbol{Y})^2}{\widehat{\boldsymbol{\alpha}}_{\zeta\mathfrak{B}_m}^{\mathrm{T}}(\boldsymbol{Z}_{\mathfrak{B}_m}^{\mathrm{T}}\boldsymbol{Z}_{\mathfrak{B}_m})\widehat{\boldsymbol{\alpha}}_{\zeta\mathfrak{B}_m}}.$$

在把 (8.21) 代入上式和一些数学推导后, 有

$$\frac{\partial \tilde{T}_{n\zeta}}{\partial \zeta} = \frac{1}{2}\zeta\widehat{\boldsymbol{\alpha}}_{\zeta\mathfrak{B}_m}^{\mathrm{T}}\boldsymbol{Z}_{\mathfrak{B}_m}^{\mathrm{T}}\boldsymbol{Y}$$

$$\times \frac{[\boldsymbol{S}_{m\mathfrak{B}_m}^{\mathrm{T}}(\boldsymbol{Z}_{\mathfrak{B}_m}^{\mathrm{T}}\boldsymbol{Z}_{\mathfrak{B}_m})^{-1}\boldsymbol{Z}_{\mathfrak{B}_m}^{\mathrm{T}}\boldsymbol{Y}]^2 - \boldsymbol{Y}^{\mathrm{T}}\boldsymbol{H}_{\mathfrak{B}_m}\boldsymbol{Y} \times [\boldsymbol{S}_{m\mathfrak{B}_m}^{\mathrm{T}}(\boldsymbol{Z}_{\mathfrak{B}_m}^{\mathrm{T}}\boldsymbol{Z}_{\mathfrak{B}_m})^{-1}\boldsymbol{S}_{m\mathfrak{B}_m}]}{[\widehat{\boldsymbol{\alpha}}_{\zeta\mathfrak{B}_m}^{\mathrm{T}}(\boldsymbol{Z}_{\mathfrak{B}_m}^{\mathrm{T}}\boldsymbol{Z}_{\mathfrak{B}_m})\widehat{\boldsymbol{\alpha}}_{\zeta\mathfrak{B}_m}]^2}.$$

由 Cauchy-Schwarz 不等式, 很容易得到

$$[\boldsymbol{S}_{m\mathfrak{B}_m}^{\mathrm{T}}(\boldsymbol{Z}_{\mathfrak{B}_m}^{\mathrm{T}}\boldsymbol{Z}_{\mathfrak{B}_m})^{-1}\boldsymbol{Z}_{\mathfrak{B}_m}^{\mathrm{T}}\boldsymbol{Y}]^2 \leqslant \boldsymbol{Y}^{\mathrm{T}}\boldsymbol{H}_{\mathfrak{B}_m}\boldsymbol{Y} \times [\boldsymbol{S}_{m\mathfrak{B}_m}^{\mathrm{T}}(\boldsymbol{Z}_{\mathfrak{B}_m}^{\mathrm{T}}\boldsymbol{Z}_{\mathfrak{B}_m})^{-1}\boldsymbol{S}_{m\mathfrak{B}_m}],$$

并且取等号的概率是零. 注意到

$$2\widehat{\boldsymbol{\alpha}}_{\zeta\mathfrak{B}_m}^{\mathrm{T}}\boldsymbol{Z}_{\mathfrak{B}_m}^{\mathrm{T}}\boldsymbol{Y} - \widehat{\boldsymbol{\alpha}}_{\zeta\mathfrak{B}_m}^{\mathrm{T}}(\boldsymbol{Z}_{\mathfrak{B}_m}^{\mathrm{T}}\boldsymbol{Z}_{\mathfrak{B}_m})^{-1}\widehat{\boldsymbol{\alpha}}_{\zeta\mathfrak{B}_m} = l(\boldsymbol{0}) - l(\widehat{\boldsymbol{\mu}}_\gamma) > 0,$$

有 $\widehat{\boldsymbol{\alpha}}_{\zeta\mathfrak{B}_m}^{\mathrm{T}}\boldsymbol{Z}_{\mathfrak{B}_m}^{\mathrm{T}}\boldsymbol{Y} > 0$. 因此, 当 γ 减少的时候 $\tilde{T}_{n\zeta}$ 严格增加. □

引理 8.2 在命题 8.2 的条件下, 以概率 1 有, $\left(\widehat{\boldsymbol{\mu}}_{\tilde{\gamma}_{m_{p_0}^{\mathrm{last}}}}\right)_a = \bar{\boldsymbol{X}}_a + O_p(n^{-1/2})$ 和 $\left(\widehat{\boldsymbol{\mu}}_{\tilde{\gamma}_{m_{p_0}^{\mathrm{last}}}}\right)_b = \boldsymbol{0}$, 其中 $\left(\widehat{\boldsymbol{\mu}}_{\tilde{\gamma}_{m_{p_0}^{\mathrm{last}}}}\right)_a$ 和 $\left(\widehat{\boldsymbol{\mu}}_{\tilde{\gamma}_{m_{p_0}^{\mathrm{last}}}}\right)_b$ 分别表示 $\widehat{\boldsymbol{\mu}}_{\tilde{\gamma}_{m_{p_0}^{\mathrm{last}}}}$ 前 p_0 个元素和剩下 $p - p_0$ 个元素.

证明 与文献 (Wang, Leng, 2007) 中定理 2~3 类似, 我们能够证明 $\widehat{\boldsymbol{\mu}}_{\gamma_n}$ 有 oracle 性质, 即如果 $n\gamma_n \to \infty$ 和 $n^{-s+\frac{1}{2}}\gamma_n \to 0$, 那么依概率 1 有, $(\widehat{\boldsymbol{\mu}}_{\gamma_n})_a - \boldsymbol{\mu}_a = \bar{\boldsymbol{X}}_a + O_p(n^{-1/2})$ 和 $(\widehat{\boldsymbol{\mu}}_{\gamma_n})_b = \boldsymbol{0}$. 因此, 存在至少一个 $\gamma_n^* \in (\tilde{\gamma}_K, \tilde{\gamma}_0)$ 使得 $\widehat{\boldsymbol{\mu}}_{\gamma_n^*}$ 满足 oracle 性质. 如果 $\tilde{\gamma}_{m_{p_0}^{\mathrm{last}}} = \gamma_n^*$, 那么这结果是显然的. 下一步, 证明依概率 1 有 $\tilde{\gamma}_{m_{p_0}^{\mathrm{last}}} \leqslant \gamma_n^*$. 由于条件 "一次一个" 几乎处处成立, 如果 $\tilde{\gamma}_{m_{p_0}^{\mathrm{last}}} > \gamma_n^*$, 那么有 $\gamma_n^* \in (\tilde{\gamma}_{m_{p_0}^{\mathrm{last}}+1}, \tilde{\gamma}_{m_{p_0}^{\mathrm{last}}})$.

因此, 在转移点 $\tilde{\gamma}_{m_{p_0}^{\text{last}}+1}$, 有一个指标从 $\mathfrak{B}_{m_{p_0}^{\text{last}}}$ 中删除了. 在另一方面, 很容易看到当 $l(\widehat{\mu}_{\gamma_n^*}) \sim |O_p(1)|$ 时, $l(\widehat{\mu}_{\tilde{\gamma}_{m_{p_0}^{\text{last}}+1}}) \geqslant |O_p(n^{1+2s})|$. 用引理 8.1 表明的事实, 当 γ 减少时 $l(\widehat{\mu}_{\gamma})$ 是严格减少的, 我们得到结论, 依概率 1 有 $\tilde{\gamma}_{m_{p_0}^{\text{last}}} \leqslant \gamma_n^*$. 类似地, $l(\widehat{\mu}_{\gamma})$ 的单调性将导出结论: $\mathfrak{B}(\tilde{\gamma}_{m_{p_0}^{\text{last}}}) = \mathfrak{B}(\gamma_n^*)$, i.e. $\left(\widehat{\mu}_{\tilde{\gamma}_{m_{p_0}^{\text{last}}}}\right)_b = 0$. 由 (8.21) 和 $\tilde{\gamma}_{m_{p_0}^{\text{last}}} \leqslant \gamma_n^*$, $n^{-s+\frac{1}{2}}\tilde{\gamma}_{m_{p_0}^{\text{last}}} \to 0$ 的事实, 有 $\left(\widehat{\mu}_{\tilde{\gamma}_{m_{p_0}^{\text{last}}}}\right)_a = \bar{X}_a + O_p(n^{-1/2})$. □

命题 8.2 的证明

在零假设下, 假设存在两个常数 c_1 和 c_2 满足

$$P\left(n\bar{X}^{\mathrm{T}}\Sigma^{-1}\bar{X} > c_1\right) = P\left(\tilde{T}_{\tilde{\gamma}_{m_{p_0}^{\text{last}}}} > c_2\right) = \alpha_0,$$

其中 α_0 是预先给定的第一类错误概率. 因此, 由引理 8.1 和引理 8.2, 以及 $\tilde{\gamma}_{m_{p_0}^{\text{last}}} < \tilde{\gamma}_K$ 直接可得 $c_1 > c_2$, 进而可知, 存在 $\varepsilon > 0$ 使得 $c_1 - (c_2 + \varepsilon) > 0$. 在备选假设下, 由引理 8.2 和泰勒展开, 忽略一些高阶项后得到

$$\tilde{T}_{\tilde{\gamma}_{m_{p_0}^{\text{last}}}} = n\bar{X}^{\mathrm{T}}\Sigma^{-1}\bar{X}(1 + o_p(1)).$$

因此, 在 H_1 下, 依概率 1 有

$$\frac{P\left(n\bar{X}^{\mathrm{T}}\Sigma^{-1}\bar{X} < c_1\right)}{P\left(\tilde{T}_{\tilde{\gamma}_{m_{p_0}^{\text{last}}}} < c_2\right)} = \frac{P\left(n\bar{X}^{\mathrm{T}}\Sigma^{-1}\bar{X} < c_1\right)}{P\left(n\bar{X}^{\mathrm{T}}\Sigma^{-1}\bar{X} < c_2(1+o_p(1))\right)}$$

$$\geqslant \frac{P\left(V < c_2 + \varepsilon\right)}{P\left(V < c_2(1 + o_p(1))\right)} P\left(U < c_1 - (c_2 + \varepsilon)\right)$$

$$\approx \exp\left\{\left(\sqrt{c_2 + \varepsilon} - \sqrt{c_2}\right)\left(n\mu^{\mathrm{T}}\Sigma^{-1}\mu\right)^{\frac{1}{2}} - \frac{\varepsilon}{2}\right\}$$

$$\cdot P\left(U < c_1 - (c_2 + \varepsilon)\right),$$

其中 U 和 V 分别具有 χ_{p-1}^2 分布和非中心参数卡方分布 $\chi_1^2(n\mu^{\mathrm{T}}\Sigma^{-1}\mu)$. 在上述表达式中用到了 $n\bar{X}^{\mathrm{T}}\Sigma^{-1}\bar{X}$ 能够被划分成独立部分 U 和 V 的事实. 注意到对固定的 ε, 概率 $\Pr\{U < c_1 - (c_2 + \varepsilon)\}$ 是一个大于零的值, 由此可知

$$P\left(n\bar{X}^{\mathrm{T}}\Sigma^{-1}\bar{X} < c_1\right) / P\left(\tilde{T}_{\tilde{\gamma}_{m_{p_0}^{\text{last}}}} < c_2\right) \to \infty,$$

完成证明. □

命题 8.3 的证明

注意到在 IC 条件下 $\sqrt{\dfrac{2-\lambda}{\lambda[1-(1-\lambda)^{2j}]}}\,\boldsymbol{U}_j \sim N(0,\boldsymbol{\Sigma})$，因此，为了证明命题 8.3 就等价于要证明 $\tilde{T}_{\tilde{\gamma}_{m_i^{\text{last}}}}$ (参见 (8.6)) 不依赖 n，其中 $i \geqslant 1$. 根据 (8.19)，Efron 等 (2004) 的 LARS-LASSO 算法以及在 IC 条件下 $\sqrt{n}\bar{\boldsymbol{X}}$ 和 $\sqrt{n}\boldsymbol{\Lambda}$ 的分布与 n 无关的事实，我们可知 LASSO 解路径分布 (参见 (8.9)) 不依赖 n，因此，对 $i = 1,\cdots,p$, $\sqrt{n}\widehat{\boldsymbol{\mu}}_{\tilde{\gamma}_{m_i^{\text{last}}}} = \sqrt{n}\boldsymbol{\Lambda}\widehat{\boldsymbol{\alpha}}_{\tilde{\gamma}_{m_i^{\text{last}}}}$ 的分布与 n 无关. 由这事实

$$\tilde{T}_{\tilde{\gamma}_{m_i^{\text{last}}}} = (\sqrt{n}\widehat{\boldsymbol{\mu}}_{\tilde{\gamma}_{m_i^{\text{last}}}}^{\mathrm{T}}\boldsymbol{\Sigma}^{-1}\sqrt{n}\bar{\boldsymbol{X}})^2/(\sqrt{n}\widehat{\boldsymbol{\mu}}_{\tilde{\gamma}_{m_i^{\text{last}}}}^{\mathrm{T}}\boldsymbol{\Sigma}^{-1}\sqrt{n}\widehat{\boldsymbol{\mu}}_{\tilde{\gamma}_{m_i^{\text{last}}}}),$$

完成证明. $\qquad\qquad\qquad\qquad\qquad\qquad\qquad\qquad\qquad\qquad\qquad\qquad\qquad\qquad\square$

第9章　非参数控制图

传统上，无论是一元还是多元控制图，一般假设过程观测服从正态分布. 在这样的假设下，我们一般通过似然方法来构造检验统计量, 再用过程控制图来进行序贯检验. 但是，在很多生产过程中，产品指标的分布不服从正态分布且是未知的, 这时若用针对正态分布时的控制图及设计会导致两方面严重的不良结果. 一是可控时控制图的运行长度会严重偏离我们想要达到的值，从而使得我们对过程失控与否的判断失去根据；二是由正态分布所得到的检验统计量不一定对非正态过程的漂移敏感，所以在过程失控时，通常很难快速地给出警报. 因此，近些年来，非参数控制图越来越受到统计质量控制领域学者的关注. 在本章中将对该类控制图方法给出简要回顾并介绍一些最新的研究成果.

9.1　经典的一元非参数控制图

一元非参数控制图的发展至今已有近四十年，产生了大量的方法，我们将在本节对其中的一些重要的方法给予介绍和回顾. 首先，作为参数 Shewhart 型控制图的直接推广，可利用一个连续对称总体的中位数来构造非参控制图. 这样的控制图基于 Hodges-Lehmann 估计方法得到 θ 的与分布无关的置信区间 (Alloway-Raghavachari, 1991). 设有大小为 n 的 m 个子集. 对于连续对称分布的点的Hodges-Lehmann 估计定义如下：对于第 i 个随机样本，定义 $M = n(n+1)/2$；Walsh 均值 $W_{ir} = (X_{ij} + X_{ih})/2$；$r = 1, 2, \cdots, M$；$1 \leqslant j \leqslant h = 1, 2, \cdots, n$. 于是 θ_i 的 Hodges-Lehmann 估计 $\tilde{\theta}_i$ 为 Walsh 均值的中位数，即

$$\tilde{\theta}_i = \begin{cases} W_{i(\frac{M+1}{2})}, & \text{如果 } M \text{ 为奇数,} \\ \dfrac{1}{2}\left(W_{i(\frac{M}{2})} + W_{i(\frac{M+1}{2})}\right), & \text{如果 } M \text{ 为偶数.} \end{cases}$$

在分布为正态的情况下，只要样本容量适中，Hodges-Lehmann 估计量几乎与样本均值同样有效，而且它的好处在于其并不需要正态假设，对于异常点而言具有稳健性.

如果 $W_{i(1)}, W_{i(2)}, \cdots, W_{i(M)}$ 为第 i 个样本的排好序的 Walsh 均值，则与分布无关的 θ 的 $100(1-\alpha)\%$ 置信区间可由 $W_{i(a_i)}$ 和 $W_{i(M-a_i+1)}$ 得到，要求其满足

$$\Pr(W_{i(a_i)} \leqslant \theta \leqslant W_{i(M-a_i+1)}) \geqslant 1 - \alpha.$$

利用与 Wilcoxon 符号秩统计量的关系, 可以构造寻找常数 α_i 的表. 计算控制图的步骤如下: 首先, 对于 m 子集中的每一个子集, 寻找其中位数 θ 的 $100(1-\alpha)\%$ 置信区间 $(W_{1(a_1)}, W_{1(M-a_1+1)}), \cdots, (W_{m(a_m)}, W_{m(M-a_m+1)})$; LCL 为 m 个置信下限的中位数, UCL 为 m 个置信上限的中位数, CL 为 m 个 Hodges-Lehmann 估计的均值; 然后画出控制统计量 $\tilde{\theta}_i$, $i = 1, 2, \cdots$, 并与控制线进行比较. 在正态分布的情况下, 此方法与 Shewhart $\bar{X}$ 控制图表现相似, 而在厚尾对称分布函数的情况下, 此方法则更为有效.

Pappanastos 和 Adams (1996) 指出 Alloway-Raghavachari 控制图常常不能使可控的平均运行长度保持在一个合理值的范围, 他们认为导致这一问题产生的原因是 Hodges-Lehmann 估计并不是针对离散统计量的分布的. Amin, Reynolds 和 Bakir (1995) 对过程的中位数 (或者是均值) 给出了非参控制图. 他们的方法主要用到了在 Shewhart 及 CUSUM 控制图中用来替换样本均值的 "组内符号" 统计量. 符号检验是最简单的检验连续总体中位数 (或是某个分位数) 的非参检验方法. 这种检验不需要分布对称, 因此适用于很多情况. 符号统计量可表示为 $SN_i = \sum_{j=1}^{n} \mathrm{sgn}(X_{ij} - \theta_0)$, 其中 $\mathrm{sgn}(x)$ 当 $x >, =, < 0$ 时分别为 $1, 0$, 或者 -1, X_{ij} 为容量为 n 的第 i 个子集的第 j 个观测值, θ_0 为过程的可控中位数.

Willemain, Runger (1996) 利用 "经验对照分布" 给出了一种控制图. 他们假设存在一个大的对照样本, 说明只要有充足的历史样本, 即使不知道分布, 还是可以通过变量观测分布的秩序统计量给出控制图, 从而寻找到控制线. 通过对照样本寻找控制线的想法在 Janacek 和 Meikle (1997) 的文章中再次被使用, 他们对于未来样本的中位数给出了与分布无关的控制图.

Bakir, Reynolds (1979) 提出了一种基于 Wilcoxon 符号秩序统计量的 CUSUM 控制图用于检测位置参数 θ 的漂移. Wilcoxon 符号秩检验是非常著名的非参检验方法, 用以连续对称分布的中心位置参数检验或建立其置信区间. 令 $(X_{i1}, \cdots, X_{ig})$, $i = 1, 2, \cdots, m$ 为第 i 个随机样本, R_{ij} 为 $|X_{ij}|$ 的秩, $j = 1, 2, \cdots, g$, $SR_i = \sum_{j=1}^{g} \mathrm{sgn}(X_{ij}) R_{ij}$. 当可控值 $\theta_0 = 0$ 时, 检验参数是否变大的单边检验有如下形式, 当

$$\sum_{i=1}^{n}(SR_i - k) - \min_{0 \leqslant m \leqslant n} \sum_{i=1}^{m}(SR_i - k) \geqslant h$$

时报警; 相应地, 检验参数是否变小的单边检验有如下形式, 当

$$\max_{0 \leqslant m \leqslant n} \sum_{i=1}^{m}(SR_i + k) - \sum_{i=1}^{n}(SR_i + k) \geqslant h$$

时报警.

McDonald (1990) 在 "序贯秩" 的基础上对个体观测值给出了 CUSUM 过程. X_i 的序贯秩 R_i 可以定义为

$$R_i = 1 + \sum_{j=1}^{i-1} I(X_j < X_i),$$

其中 $I(\cdot)$ 为示性函数, 在 $U_i = R_i/(i+1)$, $i = 1, 2, \cdots$ 的基础上设计 CUSUM 控制图. 在可控的情况下, U_i 为服从上 $\{1/(i+1), 2/(i+1), \cdots, i/(i+1)\}$ 均匀分布的独立随机变量. 因此, 对于单边控制图, 给定常数 k (> 0; 对照值) 和 $h (> 0$; 报警水平), 计算

$$T_i = \max\{T_{i-1} + U_i - k, 0\}, \quad i = 1, 2, \cdots,$$

其中 $T_0 = 0$. 当 $T_i \geqslant h$ 时失控报警. 当过程可控时, 其平均运行长度仅依赖于 h 和 k, 而与分布函数无关.

Hackl, Ledolter (1991) 利用 "标准化秩" 的方法构造非参控制图, 其中观测值 X_i 的标准化秩 R_i 定义为 $R_i = 2[F_0(X_i) - 1/2]$, 其中 F_0 为可控分布函数. 在已知 F_0 的情况下, R_i 可以直接计算得到; 在 F_0 未知的情况下, 标准化秩可以重新定义为 $R_i^\# = 2g^{-1}[R_i^* - (g+1)/2]$, 其中随机样本 (一个历史或者对照样本) 大小为 $g - 1$, 即在过程可控时, 可以获得 $(Y_1, Y_2, \cdots, Y_{g-1})$, R_i^* 为 X_i 相对对照样本的秩, 即

$$R_i^* = 1 + \sum_{j=1}^{g-1} I(X_i > Y_j).$$

当对照样本固定时, 可以证明标准化秩 $R_i^\#$ 是独立同分布的. R_i 与 $R_i^\#$ 的主要区别在于前者服从 $[-1, 1]$ 上的连续均匀分布, 后者服从 $1/g - 1, 3/g - 1, \cdots, 1 - 3/g, 1 - 1/g$ 上的离散均匀分布. 基于秩 R_i 的 EWMA 控制图为

$$T_i = (1 - \lambda)T_{i-1} + \lambda R_i, \quad i = 1, 2, \cdots,$$

其中 T_0 通常设为 0, λ 为 $(0, 1]$ 中的光滑参数, 建议值为 0.1 到 0.3 之间. 对于双边检验, 失控情况为 $|T_i| > h$, 其中 $h > 0$ 为适当选取的控制线.

Amin 和 Searcy (1991) 在控制统计量 $Z_i = \lambda Y_i + (1 - \lambda)Z_{i-1}$ 的基础上给出一种非参 EWMA 控制图, 其中 $Y_i = SR_i$ 为分组符号秩序统计量 (GSR) (Bakir, Reynolds, 1979). 初始值 Z_0 为过程的目标值. 一旦某个 Z_i 落在 UCL 以上或是 LCL 以下, 就可以认为过程失控. 控制线由 $\mu_0 \pm L$ 给出. GSR-EWMA 的性质可以通过模拟计算比较 ARL 说明. 分布可以取正态、均匀、双指数、Gamma, 以及柯西分布等. $\bar{X}$-EWMA 和 GSR-EWMA 的控制线要满足当过程可控时, 两种方法

落在控制线外的点的频数要近似相等. GSR-EWMA 方法相对 $\bar{X}$-EWMA 的性能与 GSR-CUSUM 方法 (Bakir, Reynolds，1979) 相对 $\bar{X}$-EWMA 的性能相似. 而且 GSR-EWMA 方法的 ARL 对于 λ 的选取并不敏感, 成为非参控制图的一种很好的选择.

Bhattacharyya, Frierson (1981) 考虑了序贯检验及估计中的 "变点问题". 令 $X_1, X_2, \cdots, X_n$ 为独立随机变量, 在经过前 $[N\theta]$ 个观测后, 其分布从 F 变为 G, 其中 θ 为未知参数. 在缺乏 F 或者 G 的参数模型假设的条件下, 要求在不太多误报的同时检测未知的变点. 为此, Bhattacharyya 和 Frierson 在 (部分) 序贯秩加权和的基础上, 给出了一种非参控制图.

9.2 最 新 进 展

在 9.1 节介绍的方法中, 我们总是假设用于建立控制图的历史数据 (参考样本) 是足够多的. 可是, 在实际中历史数据集通常很难非常庞大, 尤其是在非参数控制图适用的情况中, 因为这时通常正是由于历史数据的缺乏导致对过程的分布信息了解有限. 然而, 一般来说, 当历史样本不足时, 仍然用它们来设计控制图时, 但此时较大的变异性将导致控制图的性能无法达到预期: 可控平均运行长度与设计的差距很大, 并且运行长度的标准差很大, 而 short-run 的误报率却非常的大. 为了获得类似于参数或者分布已知时控制图的性能, 通常需要相当大的历史样本. 然而, 在多数情况下, 因为工程师们通常想在初始阶段就开始监测, 所以等待这么长的累积样本就不可行了. 因此在这一节中考虑自启动类型的非参数控制图, 这样的方法在实际当中非常有用.

9.2.1 序贯变点探查方法

一种直接的方法是使用前面章节中介绍过的序贯变点探查的方案. 假设有 n 个独立观测值 $\{x_1, \cdots, x_n\}$, x_i 来自一个连续型分布 $F(x, \mu_i)$, 其中 μ_i 是位置参数. 为简单起见, 让 μ_i 记为过程均值. 称过程在第 τ 个观测之后有一个变化, 如果前 τ 个观测服从相同的分布 $F(x, \mu_1)$, 并且剩下的服从另一个相同的分布 $F(x, \mu_2)$. 如果 $\mu_1 = \mu_2$, 就称过程是受控的. 为清晰起见, 假设可以用变点模型对过程读数建模, 即

$$\begin{cases} X_i \sim F(x, \mu_1), & i = 1, 2, \ldots, \tau, \\ X_i \sim F(x, \mu_2), & i = \tau + 1, \cdots, n. \end{cases}$$

Mann-Whitney 两样本检验是检测均值变化的一个直接的非参数方法. 对任意的

$1 \leqslant t < n$, Mann-Whitney 统计量定义为

$$MW_{t,n} = \sum_{i=1}^{t} \sum_{j=t+1}^{n} I(x_j < x_i),$$

其中

$$I(x_j < x_i) = \begin{cases} 1, & x_j < x_i, \\ 0, & x_j \geqslant x_i. \end{cases}$$

我们可直接得到受控时统计量的期望和方差如下：

$$E_0(MW_{t,n}) = \frac{t(n-t)}{2}, \quad \mathrm{Var}_0(MW_{t,n}) = \frac{t(n-t)(n+1)}{12}.$$

原则上，因为假设分布的连续性，所以不应该出现结. 实际中，当数据中有结存在时，$MW_{t,n}$ 的方差的一个通常的修正是: 乘上下面这个因子

$$1 - \sum_{i=1}^{r} g_i(g_i^2 - 1)n^{-1}(n^2 - 1)^{-1},$$

其中 r 是 n 个观测里不同取值的数目，第 i 个值出现的频数是 $g_i \left(\sum_{i=1}^{r} g_i = n \right)$. 在这种情况下，$MW_{t,n}$ 的受控方差是

$$\mathrm{Var}_0(MW_{t,n}) = \frac{t(n-t)(n+1)}{12} \left(1 - \sum_{i=1}^{r} g_i(g_i^2 - 1)n^{-1}(n^2 - 1)^{-1} \right).$$

标准化的 Mann-Whitney 统计量 $MW_{t,n}$ 定义为

$$\mathrm{SMW}_{t,n} = \frac{MW_{t,n} - E_0(MW_{t,n})}{\sqrt{\mathrm{Var}_0(MW_{t,n})}}. \tag{9.1}$$

当过程受控时，$\mathrm{SMW}_{t,n}$ 的分布对于每个 t 是关于原点对称的 (Mann, Whitney, 1947)，$\mathrm{SMW}_{t,n}$ 的大的取值表明一个负的漂移, 小的取值表明正漂移. 为检验 H_0: $\mu_1 = \mu_2$, 检验统计量可以定义为

$$T_n = \max_{1 \leqslant t \leqslant n-1} |\mathrm{SMW}_{t,n}|.$$

如果 T_n 超出某些临界值 h_n, 就说有一个均值漂移. 否则, 就没有足够的证据证明发生了漂移. 为了找到合适的 h_n, 可以用 T_n 的极限分布 (Pettitt, 1979) 或者求助统计模拟.

前面假定样本容量 n 是固定的. 现在考虑在线 SPC 的应用. 假设有一共 m ($m \geqslant 1$) 个 IC 历史个体观测值, $\{x_i, i = 1, 2, \cdots, m\}$ 和 n 个将来观测值. 定义 $k = m + n$ 个观测值的最大标准 Mann-Whitney 统计量

$$T_{m,n} = \max_{m \leqslant t < k} |\mathrm{SMW}_{t,(m+n)}|. \tag{9.2}$$

我们使用 HQK 文章中的方法, 很自然地可以基于统计量 $T_{m,n}$ 构造我们的控制图. 也就是说, 如果 $T_{m,n} > h_{m,n}$, 则给出失控报警, 其中 $h_{m,n}$ 是我们给定了一个 IC ARL 而得到的. 然而, 如果 $T_{m,n} \leqslant h_{m,n}$, 则检测继续, 我们将得到第 $(n+1)$ 个将来观测值. 然后重复上面的过程. 在本书中, 称这个控制图为 SMW 控制图.

但是使用 (9.2) 式中的统计量 $T_{m,n}$ 将遇到另一个问题: 当 n 很小时, $T_{m,n}$ 可能的取值很有限, 所以不可能得到精确的控制线 $h_{m,n}$. 原因是 $T_{m,n}$ 的分布是离散的. 在本章中, 考虑一种折中方案, 这种折中方案平衡了前面提到的两种方法. 对 $k = m + n$ 个观测值, 如下重新定义最大标准化 Mann-Whitney 统计量

$$T'_{m,n} = \max_{m - m_0 \leqslant t < k} |\mathrm{SMW}_{t,(m+n)}|, \tag{9.3}$$

其中 m_0 是一个选定的整数. 然而, 对小的 m 值, 比如 $m = 10$ 或 20, 无论 m_0 取什么值也很难得到精确的控制线. 所以, 引入 EWMA 控制图.

正如我们知道的, 由于变点的出现, 比如一个负向的漂移, 在变点处和变点两边的 (至少是附近的) Mann-Whitney 统计量的期望值变大了. 出于上面的考虑, 用 EWMA 方法来计算微小的增量并且使控制图更快地报警. 所以基于 (9.1) 式给出统计量 SMW, 我们提出另一种 EWMA 型控制图. 定义

$$Y_j(m,n) = \lambda \cdot \mathrm{SMW}_{j,(m+n)} + (1 - \lambda) \cdot Y_{j-1}(m,n), \tag{9.4}$$

其中 $j = m - m_0, m - m_0 + 1, \cdots, m + n - 1$, $Y_{m-m_0-1}(m,n) = 0$ 并且 $\lambda(0 < \lambda \leqslant 1)$ 是光滑参数. 令 $Y_{\max}(m,n) = \max_{m - m_0 \leqslant j < m+n} |Y_j(m,n)|$, 给出如下的 EWMA 控制图.

- 在检测到第 n 个将来样本后, 计算 $Y_{\max}(m,n)$.
- 若 $Y_{\max}(m,n) \leqslant h_{m,n}$ ($h_{m,n}$ 是在给定的 IC ARL 而得到的), 则得出结论: 没有发生漂移的迹象, 继续检测第 $(n+1)$ 个将来样本.
- 若 $Y_{\max}(m,n) > h_{m,n}$, 则导致失控的报警.

基于 (9.3) 式的 SMW 控制图和基于 (9.4) 的 EWMA 控制图之间的差异是在检测到第 $(m+n)$ 个样本后, SMW 图计算对满足 $m - m_0 \leqslant t < (m+n)$ 的 $\mathrm{SMW}_{t,(m+n)}$ 的最大值, 但是 EWMA 图是计算指数加权移动平均 $\mathrm{SMW}_{t,(m+n)}$ 的最大值.

下面给出引入权重的理由: 因为 $Y_{\max}(m,n)$ 可能取到的值比 $T_{m,n}$ 可能取到的多很多, 所以我们能够精确计算控制线. 我们的模拟说明对于 $m \geqslant 10$, 合适的 m_0

的取值在 [4,10] 之间. 在本章中取 $m_0 = 4$. 对于给定的误报率 (FAR)α，我们提出的 EWMA 图的控制线 $h_{m,n}(\alpha)$ 能够由求解下面等式给出：

$$P\left(Y_{\max}(m,n) > h_{m,n}(\alpha)\middle| Y_{\max}(m,i) \leqslant h_{m,i}(\alpha), 1 \leqslant i < n\right) = \alpha, \quad n > 1,$$

$$P\left(Y_{\max}(m,1) > h_{m,1}(\alpha)\right) = \alpha.$$

值得指出的是, 这个控制图是与分布无关的，也就是说，不同分布的 ARL 是相同的.

在质量控制的实际应用中，需要考虑两个问题. 一个是检测过程是否处于受控状态，另一个是过程发生漂移时确定漂移的位置. 过程变点的确认可以帮助工程师快速找出导致漂移的原因. 基于 Mann-Whitney 统计量的变点估计可以用来辅助设计 EWMA 图. 假设 EWMA 图中，$m + n$ 个观测里就会出现失控报警，即有 m 个受控历史观测和 n 个将来观测，在第 $\tau(m \leqslant \tau < m + n)$ 个观测后就发生了漂移. 对漂移变点 τ 的估计由下式给出：

$$\widehat{\tau} = \mathop{\arg\max}_{m \leqslant t < m+n} |\mathrm{SMW}_{t,m+n}|. \tag{9.5}$$

为了简化计算，使用与 Mann-Whitney 检验等价的 Wilcoxon 秩和检验. 两者的关系如下：

$$MW_{t,n} = W_{t,n} - \frac{t(t+1)}{2},$$

其中 $W_{t,n} = \sum_{i=1}^{t} R_i$, R_i 是 n 个样本观测中第 i 个观测 x_i 的秩. 当第 $(n+1)$ 个观测被监控，只需要比较 x_{n+1} 和 x_i, $i = 1, 2, \cdots, n$, 然后得到新的秩序列 $R_1, \cdots, R_{n+1}$. 运用这种方法，很容易用递归法来计算 $MW_{t,n}$, 因此基于 $\mathrm{SMW}_{t,n}$ 计算 EWMA 统计量变得不那么复杂了.

9.2.2　基于拟合优度检验的自启动EWMA 方法

前面介绍的方法中主要考虑的问题是检测位置参数的漂移，其中包括均值、中位数或分布的某些分位数. 虽然在很多应用中监控过程的中心或位置很重要，然而在线监控整个分布的变化也应是我们需要研究的问题，因为一些分布特征，比如尺度和形状，同样也是十分重要的质量指标. 例如，一个指标的方差变大往往意味着生产过程质量变差，　这时就需要生产者采取相应的措施及时加以调整.

本节介绍一种基于拟合优度检验的自启动非参数 EWMA 方法来监控第二阶段分布的变化. 假设有 m_0 个独立且同分布 (i.i.d.) 的历史观测数据 $X_{-m_0+1}, \cdots, X_0$,

并且将第 t 个时刻的未来观测记为 X_t, 于是得到下面的变点模型

$$X_t \overset{\text{i.i.d.}}{\sim} \begin{cases} F_0(x), & t = -m_0 + 1, \cdots, 0, 1, \cdots, \tau, \\ F_1(x), & t = \tau + 1, \cdots, \end{cases} \tag{9.6}$$

其中 τ 是未知变点, $F_0 \neq F_1$ 是未知的可控和失控分布函数. 这一模型可以看做非参数统计推断中的拟合优度检验问题, 其中常见的检验方法包括Kolmogorov-Smirnov, Anderson-Darling, 以及Cramér-von Mises 检验 (Conover, 1999 的综述及文献). Zhang (2002; 2006) 提出了一种新的参数化方法构造非参似然比拟合优度检验. 这种方法不仅可以得到上述传统检验, 而且还可以得到一个比传统检验更有效的新型检验. 这里将利用这一非参数似然比方法监控上述模型.

首先考虑模型 (9.6) 中单一观测的情况. 为了得到控制图统计量, 首先假设 $F_0(x)$ 已知, 并且令 $X_1, \cdots, X_n$ 为来自总体 X 的一组固定的随机样本, 其中 X 是一个连续型随机变量服从分布函数 $F(x)$. 原假设 $H_0 : F(x) = F_0(x)$ 对于所有 $x \in (-\infty, \infty)$, 备择假设 $H_1 : F(x) \neq F_0(x)$ 对于某个 $x \in (-\infty, \infty)$, 检验 H_0 对 H_1 等价于检验 $H_{0u} : F(u) = F_0(u)$ 对 $H_{1u} : F(u) \neq F_0(u)$ 对于所有 $u \in (-\infty, \infty)$.

考虑如下对数似然比:

$$G_u = n \left\{ F_n(u) \ln \left(\frac{F_n(u)}{F_0(u)} \right) + [1 - F_n(u)] \ln \left(\frac{1 - F_n(u)}{1 - F_0(u)} \right) \right\},$$

其中原始样本可以看做服从两点分布, 其成功概率为 $F_n(u)$, 即样本 $\{X_1, \cdots, X_n\}$ 的经验分布函数 (e.d.f), $F_n(u) = n^{-1} \sum_{j=1}^{n} I_{\{X_j \leqslant u\}}$. 于是可以基于这种对数似然比构造检验统计量. 同时我们也注意到这种似然比仅仅涉及一个单点 u 而非之前提到的要对每一个 $u \in (-\infty, \infty)$ 检验 $F(u) = F_0(u)$. 为解决这一问题, 一种直接的做法是通过对所有的观测值 $X_i, i = 1, \cdots, n$ 给予适当的加权 (α_i) 得到一系列对数似然比, 再将所有得到的对数似然比结合起来, 即有 $Z = \sum_{i=1}^{n} \alpha_i G_{X_i}$.

一个非常有效的检验是令 $\alpha_i = [F_n(X_i)(1 - F_n(X_i))]^{-1}$, 于是有

$$Z_A = \sum_{i=1}^{n} \omega_i \left\{ \frac{1}{1 - F_n(X_i)} \ln \left(\frac{F_n(X_i)}{F_0(X_i)} \right) + \frac{1}{F_n(X_i)} \ln \left(\frac{1 - F_n(X_i)}{1 - F_0(X_i)} \right) \right\},$$

其中对于所有的 i, $\omega_i = 1$, 当 Z_A 很大时, 拒绝原假设. 这里应该注意到函数 $[F_n(x)(1 - F_n(x))]^{-1}$ 在 $F_n(x) = 1/2$ 时达到最小值, 即此时 x 为样本的中位数. 直观上我们也可以看出, 极端的观测值 (远离中位数) 对应较大的 α_i 值, 为拒绝 H_0 提供更多的信息量, 对应的权值相应地选取得较大. 这一检验方法类似于传统

的 Anderson-Darling 秩检验 (Anderson, 1962), 但是更加有效. 可以直接想到的在线监控的方法是使用当前的一个观测值构造 $Z_A(n=1)$ 检验, 即一个 Shewhart 型控制图. 然而这种方法由于完全忽略了过去观测值的信息, 使得其在监控一般的或是较小的变化时将会变得无效. 为避免此类问题的出现, 考虑利用下面所给出的在所有点 u 上的加权经验分布函数

$$F_n^{(\lambda)}(u) = a_{\lambda,n}^{-1} \sum_{j=1}^n (1-\lambda)^{n-j} I_{\{X_j \leqslant u\}}, \quad a_{\lambda,n} = \sum_{j=1}^n (1-\lambda)^{n-j},$$

其中 λ 是在 EWMA 控制图中使用的权参数. 注意到 $F_n^{(\lambda)}(u)$ 在不同的时间点使用 EWMA 中指数加权方法将 $(1-\lambda)^{n-j}$ 和传统的经验分布函数结合起来. 这种方法与非参核密度估计方法类似, 后者在目标点的附近会给予更多的权.

当收集到第 t 个未来观测值 X_t 时, 根据 $F_n^{(\lambda)}(u)$, 通过用 $F_i^{(\lambda)}(X_i)$ 代替 $F_n(X_i)$, 同时在 Z_A 中令 $\omega_i = \lambda(1-\lambda)^{t-i}$, 可得到

$$Z_t = \sum_{i=1}^t \lambda(1-\lambda)^{t-i} \left\{ \frac{1}{1-F_i^{(\lambda)}(X_i)} \ln\left(\frac{F_i^{(\lambda)}(X_i)}{F_0(X_i)}\right) + \frac{1}{F_i^{(\lambda)}(X_i)} \ln\left(\frac{1-F_i^{(\lambda)}(X_i)}{1-F_0(X_i)}\right) \right\},$$

上式另有等价写法如下:

$$Z_t = (1-\lambda)Z_{t-1} + \lambda Y_t, \quad t = 1, 2, \cdots, \tag{9.7}$$

其中

$$Y_t = \frac{1}{1-F_t^{(\lambda)}(X_t)} \ln\left(\frac{F_t^{(\lambda)}(X_t)}{F_0(X_t)}\right) + \frac{1}{F_t^{(\lambda)}(X_t)} \ln\left(\frac{1-F_t^{(\lambda)}(X_t)}{1-F_0(X_t)}\right),$$

并且 $Z_0 = 0$. 很明显, 这种检验方法在当前时刻点 t 上利用了所有观测值的信息, 并且如 EWMA 控制图一样, 在不同的观测值给予了加权 (即距离当前时刻越近的观测加权越大, 权重随时间是呈指数变化的). 对于服从正态分布的随机变量, (9.7) 式中 Z_t 的形式和传统的参数 EWMA 控制图相似. 注意到光滑参数 λ 同时在 ω_i 和加权经验分布函数 $F_n^{(\lambda)}$ 中使用, 从而去掉了某些历史信息的影响. 通过令 $\omega_i = \lambda(1-\lambda)^{t-i}$, 我们用指数加权的方法将所有的 Y_t 结合起来, 原因是越近的观测值对于变化的反应越精确. 出于同样的考虑, 利用 $F_n^{(\lambda)}$ 得到的 F_1 的更新估计在 Z_t 中也有着重要的作用.

到目前为止, 我们假设 $F_0(x)$ 是已知的, 即等价于假设 m_0 充分大. 我们直接用经验分布函数 $F_{-m_0,0}(X_t) = m_0^{-1} \sum_{j=-m_0+1}^0 I_{\{X_j \leqslant X_t\}}$ 代替 (9.7) 式中的 $F_0(X_t)$. 然而, 当 m_0 不够大时, 对于分布的估计会有相当大的不确定性, 进而使得控制

图的可控运行长度分布失真. 于是当 $t \geqslant 1$ 时, 使用 $F_{-m_0, t-1}(X_t) = (m_0 + t - 1)^{-1} \sum_{j=-m_0+1}^{t-1} I_{\{X_j \leqslant X_t\}}$ 来代替 $F_0(X_t)$, 在 Z_t 得到我们的控制图统计量, 其中 m_0 为参照观测,

$$\tilde{Z}_t = (1 - \lambda)\tilde{Z}_{t-1} + \lambda\tilde{Y}_t,$$

$$\tilde{Y}_t = \frac{1}{1 - F_t^{(\lambda)}(X_t)} \ln\left(\frac{F_t^{(\lambda)}(X_t)}{F_{-m_0, t-1}(X_t)}\right) + \frac{1}{F_t^{(\lambda)}(X_t)} \ln\left(\frac{1 - F_t^{(\lambda)}(X_t)}{1 - F_{-m_0, t-1}(X_t)}\right),$$

并且相应的控制图会报警, 如果

$$\tilde{Z}_t > L_t,$$

其中 $L_t > 0$ 是一列为达到给定可控运行长度分布而选出的控制线.

我们将这类图称为非参似然比 EWMA 图. 此类图能够检测位置、尺度或是形状参数的变化. 直观上看, $\tilde{Z}_t$ 是非参数的, 因为统计量 $\tilde{Y}_t$ 仅使用了 X_t 的秩的信息, 而并没有利用到 X_t 的具体大小. 从 $\tilde{Z}_t$ 的定义可以看出, 当 $t \geqslant 1$ 时, NLE 图的可控运行长度分布由密度 $f_{\tilde{Y}_1}, f_{\tilde{Y}_2|\tilde{Y}_1}, \cdots, f_{\tilde{Y}_t|\tilde{Y}_i, i<t}$ 决定, 其中 $f_{x|y_1, \cdots, y_k}$ 为在给定 $y_1, \cdots, y_k$ 后的 x 的条件密度. 需要注意的是 $\{\tilde{Y}_1, \cdots, \tilde{Y}_t\}$ 是有 $\{X_1, \cdots, X_t\}$ 的秩决定的, 而 $\{X_{-m_0+1}, \cdots, X_t\}$ 与可控分布无关, 因为 $X_{-m_0+1}, \cdots, X_t$ 是独立同分布于 F_0 的. 通过化简, 我们知道, $f_{\tilde{Y}_1}, f_{\tilde{Y}_2|\tilde{Y}_1}, \cdots, f_{\tilde{Y}_t|\tilde{Y}_i, i<t}$ 也与 $F_0(x)$ 无关, 这就可以得到如下结论: NLE 图是与分布无关的, 即, 对于所有的连续过程分布, 其可控运行长度分布是相同的. 这点在决定控制线时非常有用, 因为对所有的连续过程分布而言, 要达到某个可控运行长度分布的 L_t 都是相同的. 换言之, 控制线的选择与 F_0 无关. 实际中, 标准化后的统计量 $\tilde{Z}_t/L_t$ 的控制图更方便画出. 在这种情况下, 标准化后的控制线为常数 1.

9.3 多元非参控制图

第 8 章中介绍了很多针对多元变量的控制图, 总的来说, 它们都是基于一个基本的假设: 被监测的质量指标服从多元正态分布. 在现实的生产过程中, 这种假设却是很难成立的. 特别是对一个高维的过程, 很难假设数据向量是多元正态的, 而错误的假设对基于正态所设计的控制图的影响随着维数的增长更为严重. 这时, 多元非参数或者稳健控制图就是非常必要的.

然而, 开发多元非参数控制图并不是简单的事情. 这是因为在多元情形下, 数据的排序, 也就是符号、秩等定义都不是自然的. 因此, 关于多元非参控制图的

发展是最近十几年的事情. 主要包括基于数据深度方法、向量内部反秩法以及最近所发展出的基于空间符号和空间秩的方法. 下面分别给予简要介绍并探讨它们的优劣.

9.3.1　基于反秩的控制图

首先介绍 Qiu, Hawkins (2001) 的基于反秩的方法. 这种方法巧妙地避开了多元向量排序的问题, 而是通过向量中分量之间的相对大小来定义检验统计量. 假设历史数据中含有独立同分布的 m_0 个观测, $\boldsymbol{x}_{-m_0+1}, \cdots, \boldsymbol{x}_0 \in \mathbb{R}^p$, 第 i 个阶段 II 的观测, $\boldsymbol{x}_i$ 是随时间顺序收集于多元变点模型

$$\boldsymbol{x}_i \overset{\text{i.i.d.}}{\sim} \begin{cases} F_0(\boldsymbol{x} - \boldsymbol{\mu}_0), & i = -m_0 + 1, \cdots, 0, 1, \cdots, \tau, \\ F_0(\boldsymbol{x} - \boldsymbol{\mu}_1), & i = \tau + 1, \cdots, \end{cases} \tag{9.8}$$

其中 τ 是位置变点, 而 $\boldsymbol{\mu}_0 \neq \boldsymbol{\mu}_1$. 首先用其估计均值向量和协方差矩阵, 得到 $(\boldsymbol{\mu}_0, \boldsymbol{\Sigma}_0)$. 之后对于阶段 II 样本 $\boldsymbol{x}_i$ 进行中心标准化, 即 $\boldsymbol{\Sigma}_0^{-1/2}(\boldsymbol{x}_i - \boldsymbol{\mu}_0)$. 定义 A_i 为观测向量 $\boldsymbol{x}_i$ 的第一个反秩, 并且当 $A_i = j$ 时令 $\boldsymbol{\xi}_i = (\xi_{i,1}, \cdots, \xi_{i,p})^{\mathrm{T}}$ 为第 j 个元素位置为 1 其余均是零的向量. 注意到, 我们可以期待, 当过程是可控时, $\xi_{i,1}, \cdots, \xi_{i,p}$ 的分布是近似相同的, 而当过程失控时, 这一性质就不成立了. Qiu, Hawkins (2001) 正是利用了这一特点来达到监控的目的, 同时由于使用了反秩, 控制图会有非常稳健的可控运行长度. 利用 $\boldsymbol{\xi}_i$ 可以构造任一类型的控制图, 下面仅介绍 Qiu, Hawkins (2001) 提出的 CUSUM 类型的控制图, 其思想与第 8 章介绍的多元 CUSUM 控制图相似, 其构图统计量 y_i 定义如下:

$$y_i = (\boldsymbol{S}_i^{(1)} - \boldsymbol{S}_i^{(2)})^{\mathrm{T}} \mathrm{diag}\{1/S_{i,1}^{(2)}, \cdots, 1/S_{i,p}^{(2)}\}(\boldsymbol{S}_i^{(1)} - \boldsymbol{S}_i^{(2)}),$$

其中当 $C_i \leqslant k$ (一个参考常数) 时 $\boldsymbol{S}_i^{(1)} = \boldsymbol{S}_i^{(2)} = \boldsymbol{0}$; 否则

$$\boldsymbol{S}_i^{(1)} = (\boldsymbol{S}_{i-1}^{(1)} + \boldsymbol{\xi}_i)(C_i - k)/C_i,$$
$$\boldsymbol{S}_i^{(2)} = (\boldsymbol{S}_{i-1}^{(2)} + \boldsymbol{g})(C_i - k)/C_i.$$

这里 $\boldsymbol{S}_0^{(1)} = \boldsymbol{S}_0^{(2)} = \boldsymbol{0}$, $\boldsymbol{g} = (g_1, \cdots, g_p)^{\mathrm{T}} = E_{H_0}(\boldsymbol{\xi}_i)$, 而

$$C_i = [(\boldsymbol{S}_i^{(1)} - \boldsymbol{S}_i^{(2)}) + (\boldsymbol{\xi}_i - \boldsymbol{g})]^{\mathrm{T}} \mathrm{diag}\{(S_{i-1,1}^{(2)} + g_1)^{-1}, \cdots, (S_{i-1,p}^{(2)} + g_p)^{-1}\}$$
$$\times [(\boldsymbol{S}_i^{(1)} - \boldsymbol{S}_i^{(2)}) + (\boldsymbol{\xi}_i - \boldsymbol{g})].$$

该控制图的优点是无论对何种过程分布 (偏斜或者厚尾)、何种维数, 用在正态分布设计下得到的控制线其可控平均运行长度都可近似达到理论值, 也就是我们所说的与分布无关的 (distribution-free) 的特点. 且其计算有迭代公式, 仅包含简单的代数运算, 因此方便快捷; 其劣势是由于其仅在向量内部进行排序, 损失了相当多的信息, 故与其他类型的控制图相比时失控平均运行长度一般较大.

9.3.2 基于数据深度的控制图

本节介绍基于数据深度 (data-depth) 的多元非参数控制图. 数据深度是描述一个向量在多元观测中的居中程度的一个有力的工具, 如果一组抽样在一个多元分布中的平均深度非常小, 那么就意味着这组抽样的分布已经偏离了原来的多元分布 (Liu, 1990). 这一特点可用来进行统计假设检验, 因此亦可被用来构造控制图. Liu (1995) 提出了三种基于单形深度的控制图 —— R 图, Q 图, S 图, 它们可以看做基于单形深度的 X, $\bar{X}$ 和 CUSUM 图在多元数据上的扩展. 进一步, Li, Wang (2003a) 拓展了 Liu 的方法, 详尽地研究了基于单形深度的 CUSUM 控制图并提出了 EWMA 类型的控制图. 下面给予简要介绍. 首先定义单形深度.

定义 9.1 对于某一集合 $S \subset R^p$ 的凸包, 记为 $h(S)$, 是 R^p 中包含 S 的最小凸集合.

定义 9.2 一个 p 维空间上的单形是 R^p 上的 $p+1$ 个非共面 (不在同一超平面上) 点集合的凸包.

显然, 对于 $p=1$, 单形是一条封闭曲线; $p=2$ 时, 为一封闭三角形; 而 $p=3$ 时, 单形是一封闭四面体.

定义 9.3 对于给定的点 $y \in R^p$, 其定义于连续分布 F 的单形深度是

$$D_F(y) = P_F(y \in s[Y_1, Y_2, \cdots, Y_{p+1}]),$$

其中 $s[Y_1, Y_2, \cdots, Y_{p+1}]$ 是一 p 维单形, 其定点是来自分布 F 的随机观测 $Y_1, Y_2, \cdots, Y_{p+1}$.

容易看出, $D_F(y)$ 描述了点 y 在 F 中的居中程度. 当 F 未知时, 对于给定的 $m_0 (\geqslant p+1)$ 个参考样本, 也就是 $\boldsymbol{x}_{-m_0+1}, \cdots, \boldsymbol{x}_0$, 样本单形深度定义为

$$D_{F_{m_0}}(y) = \binom{m_0}{p+1}^{-1} \sum_{1 \leqslant i_1 \leqslant \cdots \leqslant i_{p+1}} I(y \in s[\boldsymbol{x}_{i_1}, \cdots, \boldsymbol{x}_{i_{p+1}}]), \tag{9.9}$$

其中 F_{m_0} 是经验分布函数. 单形深度具有一系列吸引人的性质, 其中包括仿射不变性、中心最大性等, 请读者参考 (Liu, 1990).

基于单形深度, 构造适当的控制图来监控多元过程. 一种最直接的方法就是 Shewhart 控制图, 也就是直接基于统计量 $r_{F_{m_0}}$. 对于变点模型 (9.8), 当收集到阶段 II 样本 $\boldsymbol{x}_i$ 时, 计算

$$r_{F_{m_0}}(\boldsymbol{x}_i) = \frac{1}{m_0} \#\{\boldsymbol{x}_j | D_{F_{m_0}}(\boldsymbol{x}_j) \leqslant D_{F_{m_0}}(\boldsymbol{x}_i), \quad j = -m_0+1, \cdots, 0\}.$$

当 $r_{F_{m_0}}(\cdot)$ 低于某个控制线 h, 则过程失控. 相应地, CUSUM 或 EWMA 构图统计

量也不难定义:

$$S_{i+1} = \max\left\{0, S_i + r_{F_{m_0}}(\boldsymbol{x}_i) - k\right\},$$
$$z_{i+1} = \lambda r_{F_{m_0}}(\boldsymbol{x}_i) + (1-\lambda)z_i,$$

其中 k 和 λ 分别是 CUSUM 中的参考值和 EWMA 控制图中的光滑参数. Li, Wang (2003a) 给出了使用马氏链方法近似这两个控制图的平均运行长度的算法.

尽管基于统计深度的控制图有很多良好的性质, 且对于过程失控状态非常敏感, 但至今仍不是非常流行. Stoumbos, Jones (2000) 详细地研究了该类控制图, 指出了其存在的两个劣势: 第一是计算问题, 从上面的定义不难看出, 即便计算单形深度 (统计深度的各种定义中计算相对容易的一个), 在超过二维的条件下是非常困难的, 那么对于在线序贯检验来说, 很多情形下是无法接受的; 另外一个问题是在维数较高 ($p \geqslant 3$) 时, 该类控制图一般对于较对称的多元分布表现较好, 而对于较偏斜分布不是非常稳健, 也就是可控平均运行长度较理论值相差较大, 特别是对于每个时刻点仅有少数或者是单个观测的情形.

由于上述两个问题, 很多学者推荐使用传统的多元 EWMA 控制图. 其中, Stoumbos, Sullivian (2002) 详尽地研究了多元 EWMA 控制图对于非正态的稳健性问题, 指出当光滑参数设置得较小的时候, 其可以非常稳健. 极限理论上来说, 这是由独立但不同分布的中心极限定理保证的 (Hajek-Sidak 定理). 但是, 到底选取多小的光滑参数是由过程分布偏离正态的成程度所决定的, 而如果选取的参数过小, 那么多元 EWMA 控制图对于中、大漂移就会非常不敏感. 因此, 最近 Zou, Tsung (2011) 以及 Zou, Wang, Tsung (2012) 提出使用空间符号和空间秩的多元 EWMA 类型控制图, 可看做传统基于正态多元 EWMA 的平行方法. 将在 9.3.3 节中给予介绍.

9.3.3　基于空间符号和空间秩的控制图

由于在多元情形下数据点的排序没有自然的方法, 故多元符号、秩等定义多年来一直是统计学家关注的问题. 早期很多方法均是基于逐分量排序, 近年来学者们发现更有效的方案是所谓的空间符号或空间秩方法, 下面给予简要介绍, 详细内容可参见专著 (Oja, 2010).

空间符号 (spatial sign) 的定义是

$$U(\boldsymbol{x}) = \begin{cases} ||\boldsymbol{x}||^{-1}\boldsymbol{x}, & \boldsymbol{x} \neq \boldsymbol{0}, \\ 0, & \boldsymbol{x} = \boldsymbol{0}, \end{cases}$$

其中 $||\boldsymbol{x}|| = (\boldsymbol{x}^{\mathrm{T}}\boldsymbol{x})^{1/2}$ 是向量 $\boldsymbol{x}$ 的欧氏长度. 这里空间符号 $\boldsymbol{u}_i = U(\boldsymbol{x}_i)$ 就是一个长度为 1 的方向向量, 其分布在一个 p 维单位球面上. 易见, 在一元情形下, 就

是我们熟知的符号统计量. 假设数据 $\boldsymbol{x}_1, \cdots, \boldsymbol{x}_n$ i.i.d. 的来自于 $F(\boldsymbol{x} - \boldsymbol{\theta})$. 欲检验 $H_0 : \boldsymbol{\theta} = \boldsymbol{\theta}_0 \leftrightarrow H_1 : \boldsymbol{\theta} \neq \boldsymbol{\theta}_0$. 不失一般性, 可假定 $\boldsymbol{\theta}_0 = \boldsymbol{0}$. 一个直接的检验是

$$\bar{\boldsymbol{u}}^{\mathrm{T}} \mathrm{Cov}^{-1}(\bar{\boldsymbol{u}}) \bar{\boldsymbol{u}},$$

其中 $\boldsymbol{u}_i = \dfrac{\boldsymbol{x}_i}{\|\boldsymbol{x}_i\|}$, $\bar{\boldsymbol{u}} = \dfrac{1}{n} \sum\limits_{i=1}^{n} \boldsymbol{u}_i$. 然而, 这个检验显然不是仿射不变的, 其仅仅是正交不变的.

为了构造仿射不变的符号检验, 一个简单的解决方案就是所谓的内部标准化: 使用一个散度矩阵 (scatter matrix) 标准化 $\boldsymbol{x}_i$, 即 $\boldsymbol{S}^{-1/2} \boldsymbol{x}_i$. 最常用的散度矩阵就是样本协方差矩阵, 而在非参数环境下非常有名的稳健散度矩阵是 Tyler 变换矩阵, 其是 $p \times p$ 的正定矩阵满足 $\mathrm{trace}(\boldsymbol{V}_x) = p$ 且对任意分解 $\boldsymbol{A}'_x \boldsymbol{A}_x = \boldsymbol{V}_x^{-1}$ 有

$$\frac{1}{n} \sum_{i=1}^{n} \left(\frac{\boldsymbol{A}_x \boldsymbol{x}_i}{\|\boldsymbol{A}_x \boldsymbol{x}_i\|} \right) \left(\frac{\boldsymbol{A}_x \boldsymbol{x}_i}{\|\boldsymbol{A}_x \boldsymbol{x}_i\|} \right)' = \frac{1}{p} \boldsymbol{I}_p,$$

当样本来自 p 维连续分布且 $n > p(p-1)$ 时, $\boldsymbol{V}_x$ 是存在且唯一的. 这样的矩阵是很容易求得的, Tyler 证明下面的迭代收敛到真实解:

$$\boldsymbol{V}_x \leftarrow p \boldsymbol{V}_x^{1/2} \frac{1}{n} \sum_{i=1}^{n} U(\boldsymbol{e}_i) U^{\mathrm{T}}(\boldsymbol{e}_i) \boldsymbol{V}_x^{1/2},$$

其中 $\boldsymbol{e}_i = \boldsymbol{A}_x \boldsymbol{x}_i / \|\boldsymbol{A}_x \boldsymbol{x}_i\|$.

Randle (2000) 基于上述标准化后的观测提出了新的符号检验统计量

$$Q = n \bar{\boldsymbol{v}}' [\widehat{\mathrm{Cov}}(\boldsymbol{v})]^{-1} \bar{\boldsymbol{v}} = n p \bar{\boldsymbol{v}}' \bar{\boldsymbol{v}},$$

其中

$$\boldsymbol{v}_i = \frac{\boldsymbol{A}_x \boldsymbol{x}_i}{\|\boldsymbol{A}_x \boldsymbol{x}_i\|}, \quad \bar{\boldsymbol{v}} = \frac{1}{n} \sum_{i=1}^{n} \boldsymbol{v}_i,$$

而 $[\widehat{\mathrm{Cov}}(\boldsymbol{v})] = n^{-1} \sum\limits_{i=1}^{n} \boldsymbol{v}_i \boldsymbol{v}'_i = p^{-1} \boldsymbol{I}_p$. 容易验证, 其是仿射不变的, 并且由于它仅使用了方向而非绝对距离, 其对于偏斜或者厚尾的分布较为稳健. 在 H_0 下它对所谓的椭球方向分布族是精确与分布无关的 (椭球方向分布族: $\boldsymbol{x}_i = r_i \boldsymbol{D} \boldsymbol{u}_i$, 其中 $\boldsymbol{u}_i$ 是来自 p 维单位球面上的均匀分布的简单随机样本, $\boldsymbol{D}$ 是任意 $p \times p$ 维的非奇异矩阵, r_i 是正的标量). 椭球方向分布族包含所有的椭球对称分布, 如多元正态或多元 t, 且由于 r_i 和 $\boldsymbol{u}_i$ 可以是非独立的, 故亦包含一定的偏斜的多元分布. 详细讨论可参见 (Oja, 2010). 由于这些性质, 这个检验有非常良好的小样本稳健性, 且在

非正态情形下相对于传统的 Hotelling T^2 和一些其他的多元非参检验有着很高的极限和有限的相对效率.

考虑到经典的多元 EWMA 控制图是基于传统的 Hotelling T^2 检验的, 因此可以平行地开发基于仿射不变符号检验统计量的多元 EWMA 方法. 这里与上面的检验有所不同的是, 首先要确定可控的中心, 也就是 $\boldsymbol{\theta}_0$. 因此第一步是从 m_0 个历史数据中提取信息, 也就是找到多元的中心 $\boldsymbol{\theta}_0$ 和上面的变换矩阵 $\boldsymbol{A}_0$. 各种多元的中位数都可用来描述多元中心, 而其中最著名的是多元 L_1- 范中位数, 即

$$\arg\min_{\boldsymbol{\theta}} \sum_{i=-m_0+1}^{0} ||\boldsymbol{x}_i - \boldsymbol{\theta}||.$$

其有很多良好的性质, 但不是仿射同变的, 因此若用它来构造控制图无法达到仿射不变性.

Hettmansperger, Randles (2002) 提出了一个仿射不变的多元 median: 求 $\boldsymbol{\theta}_0$, 以及相应地变换矩阵 $\boldsymbol{A}_0$ 满足

$$E\left(\frac{\boldsymbol{A}(\boldsymbol{x} - \boldsymbol{\theta})}{||\boldsymbol{A}(\boldsymbol{x} - \boldsymbol{\theta})||} \right) = 0,$$

$$E\left(\frac{\boldsymbol{A}(\boldsymbol{x} - \boldsymbol{\theta})(\boldsymbol{x} - \boldsymbol{\theta})'\boldsymbol{A}'}{||\boldsymbol{A}(\boldsymbol{x} - \boldsymbol{\theta})||^2} \right) = \frac{1}{p}\boldsymbol{I}_p,$$

这种方法的好处在于其同时也求得了我们用于标准化数据的变换矩阵. 用我们的定义写成样本形式即是 $(\widehat{\boldsymbol{\theta}}_0, \widehat{\boldsymbol{A}}_0)$, 为

$$\frac{1}{m_0} \sum_{i=-m_0+1}^{0} \left(\frac{\boldsymbol{A}(\boldsymbol{x}_i - \boldsymbol{\theta})}{||\boldsymbol{A}(\boldsymbol{x}_i - \boldsymbol{\theta})||} \right) = 0,$$

$$\frac{1}{m_0} \sum_{i=-m_0+1}^{0} \left(\frac{\boldsymbol{A}(\boldsymbol{x}_i - \boldsymbol{\theta})(\boldsymbol{x}_i - \boldsymbol{\theta})'\boldsymbol{A}'}{||\boldsymbol{A}(\boldsymbol{x}_i - \boldsymbol{\theta})||^2} \right) = \frac{1}{p}\boldsymbol{I}_p.$$

$(\boldsymbol{\theta}_0, \boldsymbol{A}_0)$ 在方向对称分布族下 (比椭球方向分布族更广) 是存在且唯一的, 其收敛速度同经典的描述统计量是一样的, 即 $m_0^{1/2}$ 相合的, 且计算求解也是非常容易的 (附录中给出了迭代算法).

在通过历史数据找到 $(\boldsymbol{\theta}_0, \boldsymbol{A}_0)$ 之后, 可开始构建基于符号检验统计量的多元 EWMA 控制图. 将阶段 II 样本 $\boldsymbol{x}_i$ 进行标准化至 $\boldsymbol{v}_i$

$$\boldsymbol{v}_i = \frac{\boldsymbol{A}_0(\boldsymbol{x}_i - \boldsymbol{\theta}_0)}{||\boldsymbol{A}_0(\boldsymbol{x}_i - \boldsymbol{\theta}_0)||};$$

然后获得多元 EWMA 向量序列

$$\boldsymbol{w}_i = (1 - \lambda)\boldsymbol{w}_{i-1} + \lambda\boldsymbol{v}_i,$$

其中 $v_0 = 0$；最后当

$$Q_i = \frac{2 - \lambda}{\lambda} p w_i' w_i > L$$

时控制图报警. 下面简记该控制图为 MSEWMA，有如下一些良好的性质.

命题 9.1 MSEWMA 控制图是仿射不变的.

命题 9.2 椭球方向分布族 MSEWMA 控制图是精确与分布无关的，也就是可控平均运行长度是一样的.

这一结论对于我们决定控制线非常有帮助，因为仅需要在最常见的多元正态情形下求取即可.

命题 9.3 当过程观测是来自椭球方向分布族时，Q_i 过程是一个马氏链.

这一结论告诉我们 MSEWMA 具有同其参数的对应方法 MEWMA 一样的吸引人的特点：其平均运行长度可通过马氏链的方法来近似，详见附录，步骤类似著名的文献 (Runger, Prabhu, 1996) 中提出的方法，但分布的计算有很大的不同.

另外，在一定条件下，Q_i 的极限边际分布是卡方分布.

命题 9.4 在可控模型下，$Q_i \xrightarrow{d} \chi_p^2$ 当 $\lambda \to 0$, $i \to \infty$, $\lambda i \to \infty$.

最后，需要提及的是，当每个抽样时刻我们可得到多个观测时，即 $\{x_{i1}, \cdots, x_{ig}\}$，MSEWMA 控制图可非常容易地使用

$$v_i = \frac{1}{g} \sum_{j=1}^{g} \frac{A_0(x_{ij} - \theta_0)}{\|A_0(x_{ij} - \theta_0)\|}$$

来构造.

从上面的讨论可以看出，这种方法的在线计算量基本同传统的多元 EWMA 相当. 其稍繁琐的地方在于从历史样本中估计 (θ_0, A_0)，比直接计算样本均值和协方差矩阵计算量要大. 但是注意到这个是在线下完成的，仅需执行一次，因此在有了有效的算法之后这个计算量基本可忽略. 该方法的设计同 MEWMA 控制图一样简便，因为可以使用一维马氏链近似平均运行长度，因此无论对于多高维数的监控问题，控制线均可在数秒之内搜索得到. Zou, Tsung (2011) 通过数值结果说明 MSEWMA 控制图无论是对于偏斜的还是厚尾分布均具有相当良好的稳健性，其在正态或者接近正态情形下，较 MEWMA 表现略差；而当过程分布偏离正态较远尤其是维数较高时，其表现明显优于 MEWMA 控制图. 因此，在实际应用中这种方法可被看做经典的多元 EWMA 控制图的一种有效的补充.

上面的讨论中用到了一个假设是可控历史数据的个数 m_0 是充分大的. 但在很多实际应用中，我们在开始监控之前无法收集到很多的参考样本. 类似在一元非参数控制图中的想法，下面介绍使用空间秩方法的自启动类型的多元非参数控制图，

它可以在过程开始的初期就进行监控, 保证运行长度的分布, 并能够对各种分布、漂移具有很好的稳健性.

这里仍然可以考虑使用空间符号的方法, 也就是在第 t 个时间点使用已有的 $m_0 + t - 1$ 个样本来估计 $(\widehat{\boldsymbol{\theta}}_0, \widehat{\boldsymbol{A}}_0)$, 然后用应用 MSEWMA 控制图, 之后在下一个时刻点再进行下一次的迭代及监控. 但是, 计算 $(\boldsymbol{\theta}_0, \boldsymbol{A}_0)$ 的估计需要使用迭代算法, 尽管当今的计算机速度已经能够很快地处理这样的迭代计算, 但是注意到对于在线监控问题, 需要在每一个时刻点都进行计算, 尤其是现代生产中很多情况下都是高速生产、自动量程、100% 抽样等, 在每一个抽样点都进行复杂的计算很多时候无法实现. 因此, Zou, Wang, Tsung (2012) 引入空间秩的定义并将基于其的检验方法和自启动 EWMA 进行结合, 可以更有效地处理当前问题.

首先定义关于分布函数 F 的 **理论空间秩**:

$$R_F(\boldsymbol{x}) = E_{\boldsymbol{y}}[U(\boldsymbol{x} - \boldsymbol{y})],$$

其中 $\boldsymbol{y} \sim F$, $E_{\boldsymbol{y}}[\cdot]$ 表示对随机向量 $\boldsymbol{y}$ 取期望. 记 $\boldsymbol{u}_i = U(\boldsymbol{x}_i)$. 由理论空间秩的定义, 观测的空间秩显然就是

$$\boldsymbol{r}_i = R_E(\boldsymbol{x}_i) = \frac{1}{n} \sum_{j=1}^{n} U(\boldsymbol{x}_i - \boldsymbol{x}_j),$$

其中 $R_E(\cdot)$ 表示 **经验空间秩**.

当 $p = 1$, $\boldsymbol{r}_i$ 就是中心化后的传统一元秩.

$$r_i = \frac{1}{n} \sum_{j=1}^{n} \operatorname{sgn}(y_i - y_j) = \frac{2}{n} \sum_{j \neq i}^{n} I(y_i > y_j) - 1$$
$$= \frac{2}{n}(R_i^* - 1) - \frac{n-1}{n},$$

其中 R_i^* 是一元观测 y_i 的秩. $\boldsymbol{r}_i$ 的方向粗略地指示出了从 $\boldsymbol{x}_i$ 到数据中心的方向, 而其长度刻画了到中心的距离.

我们现在想要检验 $H_0 : \boldsymbol{\mu} = \boldsymbol{\mu}_0 \leftrightarrow H_1 : \boldsymbol{\mu} \neq \boldsymbol{\mu}_0$. 不难验证在 H_0 下 $E_{\boldsymbol{x}}[R_F(\boldsymbol{x})] = 0$. 因此可考虑检验统计量

$$R_F^{\mathrm{T}}(\boldsymbol{x}) \left\{ \operatorname{Cov}[R_F(\boldsymbol{x})] \right\}^{-1} R_F(\boldsymbol{x}).$$

然而, 这个检验显然不是仿射不变的, 其仅仅是正交不变的.

如同在空间符号检验中的处理方法, 可通过内部标准化构造仿射不变的空间秩检验

$$Q^{R_F} = R_F^{\mathrm{T}}(\boldsymbol{M}\boldsymbol{x}) \left\{ \operatorname{Cov}[R_F(\boldsymbol{M}\boldsymbol{x})] \right\}^{-1} R_F(\boldsymbol{M}\boldsymbol{x}),$$

其中 $\boldsymbol{S} = (\boldsymbol{M}^{\mathrm{T}}\boldsymbol{M})^{-1}$ 是任意散度矩阵. 由于 Tyler 的变换矩阵的获得需要迭代计算, 这里就考虑使用经典的协方差矩阵 $\mathrm{Cov}(\boldsymbol{x}) = E[(\boldsymbol{x} - E(\boldsymbol{x}))(\boldsymbol{x} - E(\boldsymbol{x}))^{\mathrm{T}}]$.

为了引出自启动控制图, 首先定义理论空间秩 EWMA 控制图, 简记为 TREWMA. 考虑 EWMA 序列

$$\boldsymbol{w}_t = (1 - \lambda)\boldsymbol{w}_{t-1} + \lambda R_F(\boldsymbol{M}\boldsymbol{x}_t),$$

其中 $\boldsymbol{w}_0 = 0$. 构图统计量就定义为

$$Q_t^{R_F} = \frac{2 - \lambda}{\lambda} \boldsymbol{w}_t^{\mathrm{T}} \left\{ \mathrm{Cov}[R_F(\boldsymbol{M}\boldsymbol{x})] \right\}^{-1} \boldsymbol{w}_t.$$

其具有如下的性质:

命题 9.5 当过程观测是 i.i.d. 的, TREWMA 控制图是仿射和平移不变的.

这一性质保证了 TREWMA 控制图无论在何种初始位置和协方差环境下均具有同样的表现.

命题 9.6 假设过程误差来自于椭球对称分布, 则在可控模型下,

(i) $Q_t^{R_F}$ 是一个马氏过程;

(ii) TREWMA 的平均运行长度可由一个一维马氏链来近似.

当然, 注意到计算 $R_F(\boldsymbol{M}\boldsymbol{x}_t)$ 等价, 于是假设我们有充分多的可控样本, 因此自启动类型的控制图可自然地通过将 $Q_t^{R_F}$ 中的位置量在线更新来构造.

具体来说, 对第 t 个过程观测 $\boldsymbol{x}_t$ 应用经验空间秩函数 $R_E(\cdot)$,

$$R_E(\widehat{\boldsymbol{M}}_{t-1}\boldsymbol{x}_t) = \frac{1}{m_0 + t - 1} \sum_{j=-m_0+1}^{t-1} U(\widehat{\boldsymbol{M}}_{t-1}(\boldsymbol{x}_t - \boldsymbol{x}_j)),$$

其中 $\widehat{\boldsymbol{S}}_k = (\widehat{\boldsymbol{M}}_k^{\mathrm{T}}\widehat{\boldsymbol{M}}_k)^{-1}$ 是基于 $m_0 + k$ 个观测的样本协方差矩阵, 即

$$\widehat{\boldsymbol{S}}_k = \frac{1}{m_0 + k} \sum_{j=-m_0+1}^{k} (\boldsymbol{x}_j - \bar{\boldsymbol{x}}_k)(\boldsymbol{x}_j - \bar{\boldsymbol{x}}_k)^{\mathrm{T}},$$

$\bar{\boldsymbol{x}}_k$ 基于 $m_0 + k$ 个观测的样本均值. 当过程可控时,

$$\mathrm{Cov}[R_F(\boldsymbol{M}\boldsymbol{x})] = E[\|R_F(\boldsymbol{M}\boldsymbol{x}_t)\|^2]\boldsymbol{I}_p/p.$$

可以序贯地更新 $E[\|R_F(\boldsymbol{M}\boldsymbol{x}_t)\|^2]$,

$$\widehat{E}[\|R_F(\boldsymbol{M}\boldsymbol{x}_t)\|^2] \approx \frac{\left[\sum_{j=-m_0+1}^{0} \|\tilde{R}_E(\widehat{\boldsymbol{M}}_0\boldsymbol{x}_j)\|^2 + \sum_{j=1}^{t-1} \|R_E(\widehat{\boldsymbol{M}}_{j-1}\boldsymbol{x}_j)\|^2 \right]}{m_0 + t - 1},$$

其中

$$\tilde{R}_E(\widehat{\boldsymbol{M}}_0\boldsymbol{x}_k) = \frac{1}{m_0}\sum_{j=-m_0+1}^{0} U(\widehat{\boldsymbol{M}}_0(\boldsymbol{x}_k - \boldsymbol{x}_j)).$$

相应地, $\widehat{\mathrm{Cov}}[R_E(\widehat{\boldsymbol{M}}_{t-1}\boldsymbol{x}_t)] \approx \widehat{E}[||R_F(\boldsymbol{M}\boldsymbol{x}_t)||^2]\boldsymbol{I}_p/p.$

由此可定义经验空间秩 EWMA 控制图, 简记为 EREWMA,

$$Q_t^{R_E} = \frac{(2-\lambda)p}{\lambda\xi_t}||\boldsymbol{v}_t||^2,$$

其中 $\boldsymbol{v}_t = (1-\lambda)\boldsymbol{v}_{t-1}+\lambda R_E(\widehat{\boldsymbol{M}}_{t-1}\boldsymbol{x}_t)$, $\boldsymbol{v}_0 = 0$, 且 $\xi_t \equiv \widehat{E}[||R_F(\boldsymbol{M}\boldsymbol{x}_t)||^2]$. EREWMA 具有如下性质:

命题 9.7　在过程可控时,

(i) 对任意 $k \neq t$, $\mathrm{Cov}(R_E(\boldsymbol{M}\boldsymbol{x}_t), R_E(\boldsymbol{M}\boldsymbol{x}_k)) = 0$.

(ii) 当 $\lambda \to 0$, $\lambda t \to \infty$ 时, $Q_t^{R_E} \xrightarrow{d} \chi_p^2$.

由此命题, 因为 $R_E(\boldsymbol{M}\boldsymbol{x}_t)$ 近似两两不相关的, EREWMA 序列可以如同 Q 统计量那样有效地累积信息. 命题的 (ii) 告诉我们构图统计量的边际分布是极限相同的.

这里还有一个问题就是确定 $\widehat{\boldsymbol{M}}_k$. 任一满足 $\widehat{\boldsymbol{S}}_k = (\widehat{\boldsymbol{M}}_k^{\mathrm{T}}\widehat{\boldsymbol{M}}_k)^{-1}$ 的 $\widehat{\boldsymbol{M}}_k$ 都能够达到仿射不变的目的. 但一个特别吸引人的选择是 $\widehat{\boldsymbol{M}}_k$ 为三角矩阵, 因为 Cholesky 分解可以序贯迭代使得 $Q_t^{R_E}$ 的计算以一种递归的方式进行. 具体来说, 记

$$(m_0 + t)\widehat{\boldsymbol{S}}_t = (m_0 + t - 1)\widehat{\boldsymbol{S}}_{t-1} + \alpha\boldsymbol{\beta}\boldsymbol{\beta}^{\mathrm{T}},$$

其中 $\alpha = (m_0 + t - 1)/(m_0 + t)$, $\boldsymbol{\beta} = (\boldsymbol{x}_t - \bar{\boldsymbol{x}}_{t-1})$. 使用 Plackett 更新公式有

$$[(m_0 + t)\widehat{\boldsymbol{S}}_t]^{-1} = [(m_0 + t - 1)\widehat{\boldsymbol{S}}_{t-1}]^{-1} - \alpha\frac{\boldsymbol{\gamma}\boldsymbol{\gamma}^{\mathrm{T}}}{1 + \alpha\boldsymbol{\beta}^{\mathrm{T}}\boldsymbol{\gamma}},$$

其中 $\boldsymbol{\gamma} = [(m_0 + t - 1)\widehat{\boldsymbol{S}}_{t-1}]^{-1}\boldsymbol{\beta}$. 进一步, 观察到 $1 + \alpha\boldsymbol{\beta}^{\mathrm{T}}\boldsymbol{\gamma} > 0$ (因为 $\widehat{\boldsymbol{S}}_{t-1}^{-1}$ 是正定的), 则可通过秩–向下更新 Cholesky 分解获得 $\widehat{\boldsymbol{M}}_t$. 在绝大多数的统计软件包中都可实现该算法, 比如 Visual Fortran 6.5 的 IMSL 库函数中的"DLDNCH".

9.4　附录: 技术细节

用马氏链的方法来近似 MSEWMA 控制图的可控平均运行长度

基于命题 9.2 和命题 9.3, 不失一般性, 假设 $\boldsymbol{x}_i$ 是独立同分布的标准 p 维多元正态变量. 我们这里的马氏链模型可以看做 Brook 和 Evans (1972) 以及 Runger 和 Prabhu (1996) 的模型推广到 MSEWMA 中, 因此只给出关于这个近似方法的简要

叙述，重点强调模型的变化. 关于 EWMA 和 MEWMA 控制图的马氏链近似方法的更多细节，读者可以参考 (Lucas, Saccucci, 1990); Runger，Prabhu (1996) 等.

一维马氏链通常用于近似可控的平均运行长度. 定义一个 $(m+1) \times (m+1)$ 的转移概率矩阵 $\boldsymbol{P} = (p_{ij})$，其中 p_{ij} 为从状态 i 到状态 j 的转移概率，$(m+1)$ 为转移状态的数量. 定义 $g = 2[L\lambda/(p(2-\lambda))]^{\frac{1}{2}}/(2m+1)$. 对于 $i = 0, 1, 2, \cdots$，其中 m 和 j 不等于 0，有

$$p_{ij} = P\left\{(j-0.5)g < \|\lambda\boldsymbol{v}_t + (1-\lambda)\boldsymbol{w}_{t-1}\| < (j+0.5)g\,\big|\,\|\boldsymbol{w}_{t-1}\| = ig\right\}$$
$$= P\left\{(j-0.5)g < \|\lambda\boldsymbol{v}_t + (1-\lambda)ig\boldsymbol{u}\| < (j+0.5)g\right\}$$
$$= P\left\{(j-0.5)g/\lambda < \|\boldsymbol{v}_t + (1-\lambda)ig\boldsymbol{e}_p/\lambda\| < (j+0.5)g/\lambda\right\},$$

其中使用命题 9.3 证明中的符号表示，在已知 $\|\boldsymbol{w}_{t-1}\| = ig$ 的条件下 $\boldsymbol{w}_{t-1}$ 的分布函数为 $S(\|\boldsymbol{w}_{t-1}\|)$ 上的均匀分布，即 $ig\boldsymbol{u}$. 由于 $\boldsymbol{v}_i$ 与 $\boldsymbol{u}$ 相互独立，最后一个等式成立. 令 $\xi = [(1-\lambda)ig/\lambda]$. 由 $\|\boldsymbol{v}_t\| = 1$，通过计算可得

$$p_{ij} = P\left\{(j-0.5)^2g^2/\lambda^2 < 1 + \xi^2 + 2\xi\boldsymbol{e}_p'\boldsymbol{v}_t < (j+0.5)^2g^2/\lambda^2\right\}.$$

于是，对于 $i = 0$ 及 $j = 1, \cdots, m$，

$$p_{0j} = I_{\{1 \in [(j-0.5)^2g^2/\lambda^2, (j+0.5)^2g^2/\lambda^2]\}},$$

其中 $I_{\{\cdot\}}$ 为示性函数. 对于 $i, j = 1, \cdots, m$，有

$$p_{ij} = G\left(\frac{1}{2}[(j+0.5)^2g^2/\lambda^2 - 1 - \xi^2]/\xi\right) - G\left(\frac{1}{2}[(j-0.5)^2g^2/\lambda^2 - 1 - \xi^2]/\xi\right),$$

其中 $G(\cdot)$ 为随机变量的累积分布函数，$y_1/\sqrt{y_1^2 + \cdots + y_p^2}$ 和 $y_i, i = 1, \cdots, p$ 为独立同分布的标准正态分布. 易证 $G(\cdot)$ 形式如下：

$$G(x) = \begin{cases} 1 - \dfrac{1}{2}F_{p-1,1}\left(\dfrac{x^{-2}-1}{p-1}\right), & x \geqslant 0, \\[3mm] \dfrac{1}{2}F_{p-1,1}\left(\dfrac{x^{-2}-1}{p-1}\right), & x < 0, \end{cases}$$

其中 $F_{p-1,1}(\cdot)$ 是自由度为 $(p-1,1)$ 的 F 累积分布函数. 对于 $j = 0$，

$$p_{ij} = G\left(\frac{1}{2}[0.25g^2/\lambda^2 - 1 - \xi^2]/\xi\right).$$

最后，可控的平均运行长度

$$\mathrm{ARL} = \boldsymbol{e}_{m+1}'(\boldsymbol{I}_{m+1} - \boldsymbol{P})^{-1}\mathbf{1},$$

其中 1 是一个全为 1 的向量.

命题 9.1 的证明

证明 MSEWMA 的仿射不变性等价于证明对任意 $p \times p$ 非奇异矩阵 D, 基于 x_i 和 $y_i = Dx_i$ 的控制图统计量 Q_i 是相同的. 接下来, 使用符号 "(x)" 和 "(y)" 来区分样本 x_i 和 y_i 中对应的统计量或是参数, 例如, $Q_i^{(x)}$ 和 $Q_i^{(y)}$.

首先, 根据文献 (Hettmansperger, Randles, 2002) 的一个命题, 我们知道, AEM-均值 θ_0 是仿射不变性的, 即 $\theta_0^{(y)} = D\theta_0^{(x)}$. 从而由 Randles (2000) 附录中证明 (6) 式中 Q 的仿射不变性的方法, 易证

$$A_0^{(y)} = cA_0^{(x)}D^{-1},$$

其中 c 为标准化 $A_0^{(y)}$ 的正常数左上部元素全为 1. 由 v_i (A.1) 中的定义, 有

$$v_i^{(y)} = \frac{A_0^{(y)}(y_i - \theta_0^{(y)})}{||A_0^{(y)}(y_i - \theta_0^{(y)})||} = \frac{A_0^{(x)}D^{-1}(Dx_i - D\theta_0^{(x)})}{||A_0^{(x)}D^{-1}(Dx_i - D\theta_0^{(x)})||} = v_i^{(x)}.$$

由 w_i 及 Q_i 的定义命题得证. □

命题 9.2 的证明

回想椭球方向分布的定义. 由命题 9.1, Q_i 不受任何 $p \times p$ 非奇异矩阵 D 的影响. 注意到 Q_i 仅用到原点到观测的方向, 而没有用到原点到观测的距离. 也就是说, 如果 $x_i = r_i u_i$, 其中 $u_i = x_i/||x_i||$, 那么很明显的是, 在 v_i 中 r_i 不起任何作用, 因此它不影响 Q_i 的值. 由此, 利用证明命题 9.1 的类似方法, 此命题得证, 具体细节省略. □

命题 9.3 的证明

由命题 9.2, 不失一般性, 假设 x_i 为独立同分布的标准是 i.i.d. 的 p 维多元正态随机变量. 于是

$$v_i = A_0(x_i - \theta_0)/||A_0(x_i - \theta_0)|| = x_i/||x_i||,$$

其中 $\theta_0 = 0$, $A_0 = I_p$. v_i 为服从 $S(1)$ 上的球 (均匀) 分布的随机变量, 其中 $S(r)$ 为 p 维球体, 半径 $r > 0$. 定义 $a = (2 - \lambda)p/\lambda$. 注意到

$$P\{Q_i < x|Q_1, \cdots, Q_{i-1}\} = P\{a||\lambda v_i + (1 - \lambda)w_{i-1}||^2 < x|Q_1, \cdots, Q_{i-1}\}.$$

文献 (Runger, Prabhu, 1996) 中命题 9.1 的证明类似, 可以证明, 已知 $||w_1||, ||w_2||, \cdots,$ $||w_{i-1}||$ 的条件下, w_{i-1} 的分布为 $S(||w_{i-1}||)$ 上的均匀分布. 因此

$$P\{Q_i < x|Q_1, \cdots, Q_{i-1}\} = P\{a||\lambda v_i + (1 - \lambda)||w_{i-1}||u||^2 < x|Q_{i-1}\},$$

其中 $\boldsymbol{u}$ 为 $S(1)$ 上的球形变量. 证毕.　　　　　　　　　　　　　　□

命题 9.4 的证明

注意到 $E(\boldsymbol{v}_i) = 0$ 且 $\mathrm{Cov}(\boldsymbol{v}_i) = p^{-1}\boldsymbol{I}_p$. 重写 $\boldsymbol{w}_i$ 为 $\boldsymbol{w}_i = \lambda \sum_{j=1}^{i}(1-\lambda)^{i-j}\boldsymbol{v}_j$. 由于 $\boldsymbol{v}_j$ 是独立同分布的, 根据Lindeberg-Feller 中心极限定理, 命题得证.　　□

计算 $(\widehat{\boldsymbol{\theta}}_0, \widehat{\boldsymbol{A}}_0)$ 的算法

Hettmansperger, Randles (2002) 给出的利用可控参照数据集 $\{\boldsymbol{x}_{-m_0+1}, \cdots, \boldsymbol{x}_0\}$ 计算 $(\widehat{\boldsymbol{\theta}}_0, \widehat{\boldsymbol{A}}_0)$ 的迭代算法叙述如下:

1. 寻找 $\widehat{\boldsymbol{\theta}}_0$ 的初始值, 记作 $\widehat{\boldsymbol{\theta}}_0^{(0)}$. 我们建议使用多元 L_1 均值, 即

$$\widehat{\boldsymbol{\theta}}_0^{(0)} = \arg\min_{\boldsymbol{\theta}} \sum_{i=-m_0+1}^{0} \|\boldsymbol{x}_i - \boldsymbol{\theta}\|.$$

此最小化问题可以用 Bedall, Zimmermann (1979) 给出的简化算法解决.

2. 对于第 l 此迭代, $l \geqslant 0$, 在给定 $\widehat{\boldsymbol{\theta}}_0^{(l)}$ 条件下, 寻找 $\widehat{\boldsymbol{A}}_0^{(l)}$ 的值, 只要满足

$$\frac{1}{m_0}\sum_{i=-m_0+1}^{0}\left(\frac{\boldsymbol{A}_0^{(l)}(\boldsymbol{x}_i-\widehat{\boldsymbol{\theta}}_0^{(l)})(\boldsymbol{x}_i-\widehat{\boldsymbol{\theta}}_0^{(l)})'\boldsymbol{A}_0^{\prime(l)}}{\|\boldsymbol{A}_0^{(l)}(\boldsymbol{x}_i-\widehat{\boldsymbol{\theta}}_0^{(l)})\|^2}\right) = \frac{1}{p}\boldsymbol{I}_p.$$

搜寻 $\widehat{\boldsymbol{A}}_0^{(l)}$ 的算法包含了 Tyler (1987) 给出的一个迭代过程:

(a) 以初始值 $\boldsymbol{\Omega} = \boldsymbol{I}_p$ 为开始.

(b) 令 $\boldsymbol{\Omega}_x = [p/\mathrm{trace}(\boldsymbol{\Omega})]\boldsymbol{\Omega}$.

(c) 选择 $\boldsymbol{A}_\Omega$ 使得 $\boldsymbol{A}_\Omega'\boldsymbol{A}_\Omega = \boldsymbol{\Omega}_x^{-1}$. 此步可以通过对 $\boldsymbol{\Omega}_x^{-1}$ 进行 Cholesky 因式分解, 并除以上三角形矩阵的左上角元素.

(d) 利用一次迭代

$$\boldsymbol{\Omega} \leftarrow p\boldsymbol{\Omega}^{\frac{1}{2}}\frac{1}{m_0}\sum_{i=-m_0+1}^{0}\left(\frac{\boldsymbol{A}_\Omega(\boldsymbol{x}_i-\widehat{\boldsymbol{\theta}}_0^{(l)})}{\|\boldsymbol{A}_\Omega(\boldsymbol{x}_i-\widehat{\boldsymbol{\theta}}_0^{(l)})\|}\right)\left(\frac{\boldsymbol{A}_\Omega(\boldsymbol{x}_i-\widehat{\boldsymbol{\theta}}_0^{(l)})}{\|\boldsymbol{A}_\Omega(\boldsymbol{x}_i-\widehat{\boldsymbol{\theta}}_0^{(l)})\|}\right)'\boldsymbol{\Omega}^{\frac{1}{2}}.$$

(e) 重复 (b)~(d) 步直至收敛.

3. 更新 $\boldsymbol{\theta}_0$ 的估计, 令 $\boldsymbol{y}_i = \boldsymbol{A}_0^{(l)}\boldsymbol{x}_i$ 同时搜寻 $\boldsymbol{\theta}_y$, 用与第 1 步的相同算法, 要求使得 $\sum_{i=-m_0+1}^{0}\|\boldsymbol{y}_i - \boldsymbol{\theta}\|$ 最小化的 $\boldsymbol{\theta}$ 值. 令 $\boldsymbol{\theta}_0^{(l+1)} = [\boldsymbol{A}_0^{(l)}]^{-1}\boldsymbol{\theta}_y$.

4. 重复 2~3 步直至满足下列条件:

$$\|\widehat{\boldsymbol{\theta}}_0^{(l)} - \widehat{\boldsymbol{\theta}}_0^{(l-1)}\| \Big/ \|\widehat{\boldsymbol{\theta}}_0^{(l-1)}\| \leqslant \epsilon,$$

其中 ϵ 为提前给定的较小正数 (如, $\epsilon = 10^{-4}$). 算法在第 l 次迭代停止并返回值 $(\widehat{\boldsymbol{\theta}}_0^{(l)}, \widehat{\boldsymbol{A}}_0^{(l)})$ 作为 $(\boldsymbol{\theta}_0, \boldsymbol{A}_0)$ 的最后估计.

命题 9.5 的证明

要证明此命题等价于要证明对任意 $p \times p$ 的非奇异矩阵 $\boldsymbol{D}$, 常向量 $\boldsymbol{b}$, 控制图统计量 $Q_t^{R_F}$ 基于 $\boldsymbol{x}_t$ 和 $\boldsymbol{y}_t = \boldsymbol{D}\boldsymbol{x}_t + \boldsymbol{b}$ 是相同的. 接下来, 使用符号 "$\boldsymbol{y}$" 来区分是相应的统计量还是基于 $\boldsymbol{y}_t$ 的参数, 即, $Q_{t,\boldsymbol{y}}^{R_F}$.

首先, 由 $\boldsymbol{S}_y = \boldsymbol{D}\boldsymbol{S}\boldsymbol{D}^{\mathrm{T}}$, $\|\boldsymbol{M}(\boldsymbol{x}_t - \boldsymbol{x}_j)\| = \|\boldsymbol{M}_y(\boldsymbol{y}_t - \boldsymbol{y}_j)\|$. 由 $R_F(\cdot)$ 的定义,

$$R_F(\boldsymbol{M}_y\boldsymbol{y}_t) = \boldsymbol{M}_y\boldsymbol{D}\boldsymbol{M}^{-1}R_F(\boldsymbol{M}\boldsymbol{x}_t).$$

于是有

$$\mathrm{Cov}[R_F(\boldsymbol{M}_y\boldsymbol{y}_t)] = (\boldsymbol{M}_y\boldsymbol{D}\boldsymbol{M}^{-1})\mathrm{Cov}[R_F(\boldsymbol{M}\boldsymbol{x}_t)](\boldsymbol{M}_y\boldsymbol{D}\boldsymbol{M}^{-1})^{\mathrm{T}},$$

$$\boldsymbol{w}_{t,y} = \boldsymbol{M}_y\boldsymbol{D}\boldsymbol{M}^{-1}\boldsymbol{w}_t.$$

由 $Q_t^{R_F}$ 的定义, 命题得证. □

命题 9.6 的证明

(i) 如果 $\boldsymbol{\varepsilon}$ 的密度函数 $f(\boldsymbol{\varepsilon})$ 通过模 $\|\boldsymbol{\varepsilon}\|$ 依赖于 $\boldsymbol{\varepsilon}$, 则 $\boldsymbol{\varepsilon}$ 的分布为球形原点对称分布. 于是对于函数 $\rho(\cdot)$, 有

$$f_{\boldsymbol{\varepsilon}}(\boldsymbol{\varepsilon}) = \exp\{-\rho(\|\boldsymbol{\varepsilon}\|)\}.$$

由模型 (1) 的定义, 可知 $\boldsymbol{M}(\boldsymbol{x}_t - \boldsymbol{\mu})$ 同样具有球形对称分布. 很明显, $R_F(\cdot)$ 是一个位置不变变换. 因此, 有

$$R_F(\boldsymbol{M}(\boldsymbol{x}_t - \boldsymbol{\mu})) = R_F(\boldsymbol{M}(\boldsymbol{x}_t)).$$

于是, 在 $Q_t^{R_F}$ 的构造中用 $R_F(\boldsymbol{M}(\boldsymbol{x}_t - \boldsymbol{\mu}))$ 来替换 $R_F(\boldsymbol{M}(\boldsymbol{x}_t))$(虽然在实际中, $\boldsymbol{\mu}$ 是未知的, 但这并不影响我们的理论分析).

由文献 (Oja, 2010) 定理 4.3, 有

$$R_F(\boldsymbol{M}(\boldsymbol{x}_t - \boldsymbol{\mu})) = q_F(r_t)\boldsymbol{u}_t, \tag{9.10}$$

其中 $r_t = \|\boldsymbol{\varepsilon}_t\|$, $\boldsymbol{u}_t = \|\boldsymbol{\varepsilon}_t\|^{-1}\boldsymbol{\varepsilon}_t$ 及 $q_F(r)$ 为依赖于 $\rho(\cdot)$ 和 r 的尺度函数. 方向向量 $\boldsymbol{u}_t$ 为 p 维单位球 $S(1)$ 上的均匀分布, 其中 $S(r)$ 为半径为 $r > 0$ 的 p 维球. 半径 r_t 与方向 $\boldsymbol{u}_t$ 相互独立, 并且 $E(\boldsymbol{u}_t) = 0$, $\mathrm{Cov}(\boldsymbol{u}_t) = \boldsymbol{I}_p/p$. 可以看出

$$\mathrm{Cov}(R_F(\boldsymbol{M}(\boldsymbol{x}_t - \boldsymbol{\mu}))) = E_r[q_F^2(r)]\boldsymbol{I}_p/p,$$

其中 $E_r[\cdot]$ 表示对随机变量 $||\varepsilon||$ 取期望. 于是, $Q_t^{R_F}$ 可以重写为

$$Q_t^{R_F} = \frac{a}{E_r[q_F^2(r)]}||\boldsymbol{w}_t||^2,$$

其中 $a = (2-\lambda)p/\lambda$.

接下来, 证明已知 $||\boldsymbol{w}_1||, \cdots, ||\boldsymbol{w}_t||$ 的条件下, $\boldsymbol{w}_t$ 服从 $S(||\boldsymbol{w}_t||)$ 上的均匀分布. 由 (9.6) 给出的关于 $R_F(\boldsymbol{M}(\boldsymbol{x}_1 - \boldsymbol{\mu}))$ 的分布可知, 这对于 $\boldsymbol{w}_1$ 是成立的. 通过归纳假设, 已知 $||\boldsymbol{w}_1||, \cdots, ||\boldsymbol{w}_{t-1}||$ 的条件下, $\boldsymbol{w}_{t-1}$ 服从 $S(||\boldsymbol{w}_{t-1}||)$ 上的均匀分布. 已知 $||\boldsymbol{w}_1||, \cdots, ||\boldsymbol{w}_t||$, $\boldsymbol{w}_t$ 的条件分布有下面的表达形式:

$$(1-\lambda)||\boldsymbol{w}_{t-1}||\boldsymbol{u} + \lambda q_F(r_t)\boldsymbol{u}_t,$$

其中 $\boldsymbol{u}$ 为 $S(1)$ 上的均匀分布且 $\boldsymbol{u}_t$ 是独立的. 条件分布 $\boldsymbol{w}_t$ 是均匀的并且在已知 $||\boldsymbol{w}_1||, \cdots, ||\boldsymbol{w}_t||$ 的条件下, $\boldsymbol{w}_t$ 服从 $S(||\boldsymbol{w}_t||)$ 上的均匀分布.

注意到

$$P\left\{Q_t^{R_F} < l | Q_1^{R_F}, \cdots, Q_{t-1}^{R_F}\right\}$$
$$=P\left\{\frac{a}{E_r[q_F^2(r)]}||\lambda R_F(\boldsymbol{M}(\boldsymbol{x}_t - \boldsymbol{\mu})) + (1-\lambda)\boldsymbol{w}_{t-1}||^2 < l | Q_1^{R_F}, \cdots, Q_{t-1}^{R_F}\right\}$$
$$=P\left\{\frac{a}{E_r[q_F^2(r)]}||(1-\lambda)||\boldsymbol{w}_{t-1}||\boldsymbol{u} + \lambda q_F(r_t)\boldsymbol{u}_t||^2 < l | Q_{t-1}^{R_F}\right\}, \tag{9.11}$$

由此结论得证.

(ii) 由 (i) 之结论, TREWMA 的运行长度可通过模仿文献 (Zou, Tsung, 2011) 附录中所介绍的关于 MSEWMA 的运行长度的计算方法近似得到. 唯一的区别在于 (9.7) 中转移概率的计算. 由于 r_t 与 $\boldsymbol{u}_t$ 相互独立, 条件概率分布为两个独立变量的和分布, 我们已知独立变量的分布. 具体细节在此忽略. □

命题 9.7 的证明

(i) 我们只证明 $k = t+1$ 的情况, $k > t$ 的情况, 证明方法类似. 注意到当 $j \neq t$ 时, $E[U(\boldsymbol{M}(\boldsymbol{x}_t - \boldsymbol{x}_j))] = 0$. 定义 $l = m_0 + t - 1$, 直接可以得到

$$\text{Cov}(R_E(\boldsymbol{M}_{t-1}\boldsymbol{x}_t), R_E(\boldsymbol{M}_t\boldsymbol{x}_{t+1}))$$
$$=\text{Cov}\left(\frac{1}{l}\sum_{j=-m_0+1}^{t-1}U(\boldsymbol{M}(\boldsymbol{x}_t - \boldsymbol{x}_j)), \frac{1}{l+1}\sum_{j=-m_0+1}^{t}U(\boldsymbol{M}(\boldsymbol{x}_{t+1} - \boldsymbol{x}_j))\right)$$
$$=\frac{1}{l(l+1)}\sum_{j=-m_0+1}^{t-1}\left\{E\left[U(\boldsymbol{M}(\boldsymbol{x}_t - \boldsymbol{x}_j))U(\boldsymbol{M}(\boldsymbol{x}_{t+1} - \boldsymbol{x}_j))\right]\right.$$
$$\left. + E\left[U(\boldsymbol{M}(\boldsymbol{x}_t - \boldsymbol{x}_j))U(\boldsymbol{M}(\boldsymbol{x}_{t+1} - \boldsymbol{x}_t))\right]\right\}.$$

由 $\boldsymbol{x}_t$ 独立且同分布的假设, 对于 $j \leqslant t-1$, 有

$$E\left[U(\boldsymbol{M}(\boldsymbol{x}_t - \boldsymbol{x}_j))U(\boldsymbol{M}(\boldsymbol{x}_{t+1} - \boldsymbol{x}_t))\right] = -E\left[U(\boldsymbol{M}(\boldsymbol{x}_j - \boldsymbol{x}_t))U(\boldsymbol{M}(\boldsymbol{x}_{t+1} - \boldsymbol{x}_t))\right]$$
$$= -E\left[U(\boldsymbol{M}(\boldsymbol{x}_t - \boldsymbol{x}_j))U(\boldsymbol{M}(\boldsymbol{x}_{t+1} - \boldsymbol{x}_j))\right],$$

显然, $\mathrm{Cov}(R_E(\boldsymbol{M}_{t-1}\boldsymbol{x}_t), R_E(\boldsymbol{M}_t\boldsymbol{x}_{t+1})) = 0$.

(ii) 当 $t \to \infty$ 时, 由文献 (Oja, 2010) 定理 4.2 及连续映射定理

$$R_E(\boldsymbol{M}_{t-1}\boldsymbol{x}_t) \xrightarrow{p} R_F(\boldsymbol{M}\boldsymbol{x}_t) \equiv \boldsymbol{\alpha}_t.$$

注意到 $E(\boldsymbol{\alpha}_t) = 0$ 并且在球形假设下 $\mathrm{Cov}(\boldsymbol{\alpha}_t) = p^{-1}E[\|R_F(\boldsymbol{M}\boldsymbol{x}_t)\|^2]\boldsymbol{I}_p$.

将 $\boldsymbol{v}_t$ 记为 $\boldsymbol{v}_t = \sum_{j=1}^{t} \lambda(1-\lambda)^{t-j}\boldsymbol{\alpha}_t(1+o_p(1))$. 由于 $\boldsymbol{\alpha}_t$ 独立同分布及 Hajek-Sidak
中心极限定理, 命题得证.   □

第 10 章 ARL 及 ATS 的计算

10.1 简　　介

传统的质量控制图相当于如下的假设检验:

$$H_0 : X_i \sim N(\mu_0, \sigma_0^2), i \geqslant 1 \longleftrightarrow H_1 : X_i \sim \begin{cases} N(\mu_0, \sigma_0^2), & 1 \leqslant i \leqslant \tau, \\ N(\mu_1, \sigma_1^2), & i > \tau, \end{cases}$$

其中 $\mu_1 \neq \mu_0$ 或 $(\text{且})\sigma_1 \neq \sigma_0$, τ 为未知的正整数. 如果原假设成立, 即生产线工作正常, 则我们希望质量控制图发生错误报警的可能性尽可能小; 如果备选假设成立, 则我们希望质量控制图尽可能早地检测出漂移的发生及发生的时间. 如果仅对均值的检测问题感兴趣, 则称这样的控制图为均值控制图 (此时 $\sigma_1 = \sigma_0$); 如果仅对方差的检测问题感兴趣, 则称这样的控制图为方差控制图 (此时 $\mu_1 = \mu_0$); 如果对二者均有兴趣, 则称之为关于均值与方差的联合控制图.

如果在进行质量检验过程中, 抽样的时间间隔及样本容量固定不变, 则称相应的控制图为静态 (static) 或固定抽样率 (fixed sampling rate, FSR) 的控制图, 否则就称为动态 (adaptive) 或变化抽样率 (variable sampling rate, VSR) 控制图. 关于VSR 控制图, 如果其抽样间隔固定不变, 而每次抽取的样本容量在变化, 则称之为变化样本容量 (variable sample size, VSS) 控制图; 如果其样本容量不变, 而每次抽样的时间间隔发生变化, 则称之为变化抽样区间 (variable sampling interval, VSI) 控制图; 如果抽样间隔及样本容量都发生变化, 则称之为变化样本容量及抽样区间 (variable sample size and sampling interval, VSSI) 控制图.

对于一个 FSR 控制图, 称从检测开始到它发出生产出现问题的警号为止的抽取的平均样本组数为平均运行长度 (average run length, ARL); 对于一个 VSI 控制图, 称从检测开始到它发出警报为止的平均运行时间为平均报警时间 (average time to signal, ATS). 对于一个 VSS 控制图, 称从检测开始到它发出警报为止的平均抽取的样本个数为平均样本数 (average number of samples, ANOS).

当过程没有漂移出现时, 称此过程是可控的 (in-control), 否则就称为失控的 (out-of-control). 当过程可控时, 质量控制图的报警就属于误报, 我们自然希望可控的 ARL 或 ATS 越大越好; 当过程失控时, 我们自然希望质量控制图尽早地报警, 即希望失控的 ARL 或 ATS 越小越好. 于是, 在比较各种控制图的效果好坏时, ARL 或 ATS 是一个很重要的指标. 通常的做法是: 固定二者的可控 ARL 或 ATS, 之后比较失控的 ARL 或 ATS, 失控 ARL 或 ATS 越小的控制图的检测能力越好.

我们注意到失控的 ARL 或 ATS 是假设从检测开始过程就已失控而进行计算的. 然而在许多实际问题中, 检测开始时过程仍处于可控阶段, 而失控发生的时间是随机的, 故此时失控 ARL 或 ATS 就无法准确地反应各控制图的好坏. 于是, 就有了稳定态 (steady-state, SS) ARL 或 ATS 的概念, 简记为 SSARL 或 SSATS.

关于各种控制图的 ARL 或 ATS 的计算方法大致有三种: 马氏链法、积分方程法和随机模拟法, 另外, 也有几种近似计算等. 本书将对上面各种方法做一个综述性的总结, 以便实际工作者和研究者参考应用.

本章的结构如下: 10.2 节讨论有关 CUSUM 控制图 ARL 的计算方法; 10.3 节给出有关 EWMA 控制图 ARL 的计算方法; 10.4 节讨论关于 CUSUM 和 EWMA 控制图 ARL 的一些近似计算方法; 10.5 节给出关于各种联合控制图的基于马氏链的 ARL 计算方法; 10.6 节简单介绍在计算某些动态控制图 ATS 时的基本方法; 10.7 节指出在计算 SSARL 或 SSATS 时所用方法与 ARL 或 ATS 的不同, 并介绍了相关数据动态控制图的 SSATS 的计算方法; 10.8 节简要回顾多元控制图的马氏链计算方法; 10.9 节为本书的小结. 在本章的附录中, 给出了两种求解积分方程近似解的方法.

10.2　关于 CUSUM 控制图的 ARL 的计算方法

计算各种控制图的马氏链方法最早是由 Brook 和 Evans 于 1972 年针对 CUSUM 控制图提出的 (Brook, Evans, 1972), 之后这种思想被广泛应用于许多控制图 ARL 的求取上. 另外, 积分方程方法也是求取 ARL 的另一个基本方法, 虽然多数情况下积分方程无解析解, 但均可以利用 Gauss 节点法把此积分方程转化与一个线性方程组, 并由此求得所需要的 ARL 值. 本节将分别针对单边的 CUSUM、双边 CUSUM 及 adaptive CUSUM (ACUSUM) 控制图介绍其 ARL 求取的马氏链方法和积分方程法.

10.2.1　马氏链方法

由 Brook, Evans (1972) 提出的马氏链方法的主要思想就是把检测统计量近似成一个状态有限的马尔可夫链, 而把统计量的各个取值区间对应成马尔可夫链的各个状态空间, 然后写出一步转移概率矩阵. 得到一步转移概率矩阵后, ARL 的各种性质便可很容易地根据马尔可夫链的性质去研究.

对于各种不同的控制图, 马氏链方法的不同和关键都在于一步转移概率矩阵的求取. 在本节将详细给出 Brook, Evans (1972) 的方法, 然后再讨论针对其他控制图的具体应用.

1. Brook and Evans (1972) 的马氏链法

对于单边的 CUSUM 控制图, 他们采用的检测统计量为如下的 V-mask 形式: $S_n = \sum_{i=1}^{n}(X_i - k)$, 其中 X_i 为观测变量, k 为参考值 (reference value), h 为控制线. 首先考虑观测值为离散的情况, 即 X_i, k, h 都是正整数值, 因此, S_n 也只能取整数值 $0, 1, 2, \cdots, h$. 如果 $S_n = i$, 则称过程处于状态 E_i. 如果 $S_n \geqslant h$, 则称其处于吸收态 E_h. 过程初始状态假定为 E_0.

当划分好状态空间后, 各状态间的一步转移概率则完全决定于观测变量 X 的概率分布函数. 此时, 一步转移概率可如下计算:

$$p_{ij} = P\{S_{n+1} \in E_j | S_n \in E_i\} = P\{S_n + X_{n+1} - k = j | S_n = i\}$$
$$= P\{X_{n+1} - k = j - i\}, \quad i \neq h, j \neq h, j \neq 0,$$
$$p_{i0} = P\{X \leqslant k - i\},$$
$$p_{ih} = P\{X \geqslant k + h - i\},$$
$$p_{hj} = 0, \quad j = 0, 1, \cdots, h - 1,$$
$$p_{hh} = 1.$$

当给定 h, k 及观测变量 X 的概率分布后, 令 $p_r = P\{X - k = r\}$, $F_r = P\{X - k \leqslant r\}$, 则一步转移概率矩阵有下面的形式:

$$\boldsymbol{P} = \begin{bmatrix} F_0 & p_1 & \cdots & p_{h-1} & 1 - F_{h-1} \\ F_{-1} & p_0 & \cdots & p_{h-2} & 1 - F_{h-2} \\ \vdots & \vdots & & \vdots & \vdots \\ F_{1-h} & p_{2-h} & \cdots & p_0 & 1 - F_0 \\ 0 & 0 & \cdots & 0 & 1 \end{bmatrix}.$$

$\boldsymbol{P}$ 是一个 $h + 1$ 维方阵, 其最后一列代表从转移状态 E_i 到吸收状态 E_h 的概率, 最后一行表示从吸收状态 E_h 到转移状态 E_i 的概率. 由于在求 ARL 时我们仅感兴趣其前 h 行的取值, 于是, 把它写成如下的分块矩阵形式:

$$\boldsymbol{P} = \begin{pmatrix} \boldsymbol{R} & (\boldsymbol{I} - \boldsymbol{R})\boldsymbol{1} \\ \boldsymbol{0}^{\mathrm{T}} & 1 \end{pmatrix},$$

其中 $\boldsymbol{R}$ 为 $\boldsymbol{P}$ 去掉最后一行和最后一列后得到的矩阵, $\boldsymbol{I}$ 为 h 阶单位阵, $\boldsymbol{1}$ 为元素全为 1 的 h 维列向量. 根据马尔可夫链的性质, 其 m 步转移概率矩阵为

$$\boldsymbol{P}_m = \boldsymbol{P}^m = \begin{pmatrix} \boldsymbol{R}^m & (\boldsymbol{I} - \boldsymbol{R}^m)\boldsymbol{1} \\ \boldsymbol{0}^{\mathrm{T}} & 1 \end{pmatrix}.$$

以 T_i 表示从状态 E_i 出发第一次转移到吸收状态 E_h 所需要的步数，$\boldsymbol{T} = (T_0, T_1, \cdots, T_{h-1})'$，则当检测统计量的初始态为 E_i 时的 ARL 值即为 $E(\boldsymbol{T})$ 的第 i 个分量值. 为求相应的 ARL 值，对于 $r = 1, 2, \cdots$，定义

$$\boldsymbol{F}_r = (P\{T_0 \leqslant r\}, P\{T_1 \leqslant r\}, \cdots, P\{T_{h-1} \leqslant r\})^{\mathrm{T}},$$

$$\boldsymbol{L}_r = (P\{T_0 = r\}, P\{T_1 = r\}, \cdots, P\{T_{h-1} = r\})^{\mathrm{T}}.$$

而根据马尔可夫链的性质，有 $(r = 1, 2, \cdots)$

$$\boldsymbol{F}_r = (\boldsymbol{I} - \boldsymbol{R}^r)\boldsymbol{1},$$
$$\boldsymbol{L}_r = \boldsymbol{R}\boldsymbol{L}_{r-1} = \boldsymbol{R}^{r-1}(\boldsymbol{I} - \boldsymbol{R})\boldsymbol{1}.$$

由期望的定义知，$ET_i = \sum\limits_{m=1}^{\infty} mP\{T_i = m\} = \sum\limits_{m=1}^{\infty} P\{T_i \geqslant m\}$. 于是，我们所求的 ARL 为

$$\mathrm{ARL} = E(\boldsymbol{T}) = (\boldsymbol{I} - \boldsymbol{R})^{-1}\boldsymbol{1}. \tag{10.1}$$

从 (10.1) 式可以看出，此时链长的分布函数与几何分布有着非常相似的形式.

对于一般的检测向上漂移的 CUSUM 控制图，上述 V-mask 形式的检测方法等价于如下定义的 DI(decision interval) 形式：

$$S_n = \max\{0, S_{n-1} + X_n - k\},$$

当 $S_n \geqslant h$ 时报警. 为了方便，记此图为 $C^+(S_0, k, h)$. 同理，以 $C^-(s_0, k, h)$ 表示用来检测向下漂移的 CUSUM 控制图：$s_n = \min\{0, s_{n-1} + X_n + k\}$.

当观测变量 X 为连续时，Brook, Evans 将 S_n 可能取值的连续空间划分为 $t+1$ 个子区间：

$$[0, \omega/2) \cup [\omega - \omega/2, \omega + \omega/2) \cup \cdots \cup [(t-1)\omega - \omega/2, (t-1)\omega + \omega/2) \cup [h, \infty),$$

其中 $\omega = 2h/(2t - 1)$. 当检测统计量 S_n 落入第 $i(i = 1, 2, \cdots, t+1)$ 个区间 I_{i-1} 时，就称它处于第 $i-1$ 个状态 E_{i-1}. 显然，E_t 为吸收态，即前面所讲的 E_h.

对于此时的一步转移概率 $p_{ij} = P\{S_{n+1} \in I_j | S_n \in I_i\}$，可如下近似计算：

$$p_{i0} = P\{S_n \in I_0 | S_{n-1} = i\omega\} = P\{X_n \leqslant k - iw + w/2\},$$

$$p_{ij} = P\{S_n \in I_j | S_{n-1} = i\omega\}$$
$$= P\{(j-i)w - w/2 < X_n - k \leqslant (j-i)w + w/2\}, 1 \leqslant j \leqslant t-1,$$

$$p_{it} = P\{S_n \in I_t | S_{n-1} = i\omega\} = P\{X_n - k > (t-i)w - w/2\}.$$

注意到, 此时的条件概率是假设在 $n-1$ 时刻的取值为其所在区间的中点而进行的. 之后, 利用 (10.1) 式求得所需的 ARL 值. 显然, 随着状态个数 t 的增大, 上述计算方法越精确. 一般情况下, 可取 $t=50$ 或更大. 当然, 状态个数的多少取决于控制图所用的控制线的大小, 且随着状态个数的增多, 计算量时间也在增多. 为了更快地得到较精确的 ARL, Brook, Evans (1972) 建议利用如下的插值法:

$$\text{ARL} = A + B/t + C/t^2. \tag{10.2}$$

由于运行长度的分布是偏斜的, 有时仅利用平均运行长度来衡量图的好坏有失公允, 故有人研究利用运行长度的分布来衡量控制图的好坏. 在计算运行长度的分布 $\boldsymbol{L}_r$ 且当 r 较大时, 在一定的条件和假设下, Brook, Evans (1972) 还给出了如下的近似公式:

$$L_r \approx (1-\lambda)\lambda^{r-1}\left(\frac{\sum y}{\sum xy}\right)\boldsymbol{x},$$

其中 λ 是 R 的最大特征值, $\boldsymbol{x},\boldsymbol{y}$ 分别为 R 的对应于 λ 的右、左特征向量.

Hawkings (1992) 针对一步转移概率, $p_{ij} = P\{S_{n+1} \in I_j | S_n \in I_i\}$, 提出了一种更为精确的近似计算方法. 他令 $\mu(x)$ 为 S_n 在 $c < S_n < d <$ 条件下的概率分布函数, 观测变量 X 的分布函数为 $F(x)$. 则一步转移概率,

$$P(a < S_{n+1} < b | c < S_n < d) = \int_c^d \{F(b-s+k) - F(a-s+k)\}\mathrm{d}u(s).$$

Hawkings 建议用均匀分布来代替 $\mu(x)$, 在 Simpson 规则下, 令 m 为 $[c,d]$ 的中点, 上面的一步转移概率可以通过下式求解:

$$\begin{aligned}
&P(a < S_{n+1} < b | c < S_n < d) \\
&= [\{F(b-c+k) + 4F(b-m+k) + F(b-d+k)\} \\
&\quad -\{F(a-c+k) + 4F(a-m+k) + F(a-d+k)\}] \times \frac{1}{6}.
\end{aligned}$$

2. 关于 ACUSUM 控制图的 ARL 的计算

由于上述的 CUSUM 统计量是基于似然比检验得到的 (濮晓龙, 2003), 故对于给定的漂移量 δ, 当取 $k = \delta/2$ 时, 它具有很好的 ARL 表现. 于是, 我们在实际应用 CUSUM 控制图时, 其参考值 k 的选取均依赖于希望检测的漂移大小. 然而, 在许多实际问题中, 我们并不能事先知道可能发生的漂移有多大. 由此, Sparks (2000) 提出了 ACUSUM 控制图. 由于过程漂移的大小未知, 故 Sparks 先利用 EWMA 去估计漂移的大小, 之后再利用估计后的漂移自适应地选取参考值 k, 这就是其

adaptive 的含义. 此时, 对于 $C^+(S_0, k, h)$, 他采用的检测统计量为

$$S_t^+ = \max\{0, S_{t-1}^+ + (X_t - Q_t^+/2)/h(Q_t^+/2)\},$$

其中 $Q_t^+ = \max\{\delta_{\min}^+, (1-\lambda)Q_{t-1}^+ + \lambda X_t\}$, $h(k)$ 为 k 的一个已知函数, 其目的在于使控制线接近 1. Q_t^+ 为对未知均值漂移的估计, $\delta_{\min}^+ > 0$ 为检测漂移的下限, 通常取 $Q_0^+ = \delta_{\min}^+$.

　　虽然上述 ACUSUM 具有很好的检测能力, 但由于 Sparks 仅利用随机模拟方法给出了其 ARL 的计算, 这为实际应用带来了一定的不便. 于是, Shu, Jiang (2006) 给出了利用马尔可夫链计算其 ARL 的公式. 简述如下.

　　Shu, Jiang (2006) 把 $(S_t^+, Q_t^+)^T$ 看做一个二维的马尔可夫链, 且对给定的控制线 c, 把 S_t^+ 轴上的可控区间 $[0, c]$ 划分成 m_1 个不相交的子区间, 除了第一个区间的长度为 $\omega/2$ 外, 其余全部为 $\omega = 2c/(2m_1 - 1)$. 类似地, 把 Q_t^+ 轴上的区间 $(\delta_{\min}^+, L)$ 划分成 m_2 个互不相交的子区间, 除了第一个区间的长度为 $\Delta/2$ 外, 其余全部为 $\Delta = 2(L - \delta_{\min}^+)/(2m_2 - 1)$, 其中 L 为一个足够大的漂移预测值.

　　沿 S_t^+ 轴与 Q_t^+ 轴的状态分别用 $i = 0, 1, 2, \cdots, m_1 - 1$, $j = 0, 1, 2, \cdots, m_2 - 1$ 表示, 转移状态矩阵为一个 $N = m_1 \times m_2$ 维的方阵. 令 $p_{(i,j)(k,l)}$ 表示从状态 (i, j) 到状态 (k, l) 的转移概率, S_t^+ 轴上第 i 个状态的中点为 $i\omega$, Q_t^+ 轴上第 j 个状态的中点为 $\delta_{\min}^+ + j\Delta$. 当 k, l 都不为 0 时, 一步转移概率为

$$
\begin{aligned}
p_{(i,j)(k,l)} &= P\{S_{t+1}^+ \in k, Q_{t+1}^+ \in l | S_t^+ \in i, Q_{t+1}^+ \in j\} \\
&= P\{(k - 0.5)\varpi < S_{t-1}^+ + [X_t - (\delta_{\min}^+ + l\Delta)/2]h(\delta_{\min}^+ + l\Delta/2) < (k + 0.5)\varpi, \\
&\quad \delta_{\min}^+ + (l - 0.5)\Delta < (1 - \lambda)Q_{t-1}^+ + \lambda X_t < \delta_{\min}^+ + (l - 0.5)\Delta \\
&\quad |S_{t-1}^+ = i\varpi, Q_{t-1}^+ = \delta_{\min}^+ + j\Delta\}.
\end{aligned}
$$

只要知道观测值 X_t 的分布, 上面的转移概率就很容易求得. 当 $k \neq 0, l = 0$ 或 $k = 0, l \neq 0$ 或 $k = 0, l = 0$ 时, 类似地可求得相应的转移概率. 当求得转移概率矩阵后, 就可以利用 (10.1) 式来计算其 ARL 了.

　　上面的方法仅给出了单边 ACUSUM 的 ARL 的计算方法, 而在实际应用时, 我们可能对双边检验感兴趣, 而在计算双边 ACUSUM 的 ARL 时, 很自然地会应用基于 $(S_t^+, S_t^- Q_t^+, Q_t^-)^T$ 的四维马尔可夫链, 然而这个四维马氏链会大大加大转移矩阵的维数, 从而加大计算量. 于是, 他们建议用公式

$$\frac{1}{\text{ARL}} = \frac{1}{\text{ARL}^+} + \frac{1}{\text{ARL}^-} \tag{10.3}$$

近似计算, 其中 $\text{ARL}^+, \text{ARL}^-$ 分别为上、下两个单边 ACUSUM 控制图的 ARL. 至于这个公式是否成立及何时成立, 将在后面加以说明.

3. 关于双边 CUSUM 控制图 ARL 的计算

前面仅考虑了用来检测向上漂移的 CUSUM 控制图的 ARL 的马氏链计算方法，然而，在许多实际问题中，我们感兴趣的可能是用来检测向上或向下漂移的双边 CUSUM 控制图. 但由于双边 CUSUM 是两个单边 CUSUM 的联合，故其状态空间是二维的，这就给计算带来了许多麻烦. 另外，这两个单边 CUSUM 之间是否相关或相互影响对其联合的 ARL 是有影响的.

当上、下控制图互不影响时 (当一个控制图报警时，如果另一个控制图的检验统计量取值为零，则称这两个控制图互不影响)，Van Dobben de Bruyn (1968) 证明了单边累积和与双边累积和间的 ARL 具有如 (10.3) 式的关系. 事实上，如以 S_U, S_L 和 S_t 分别表示上、下和双边 CUSUM 控制图的运行长度，则 $S_t = \min\{S_U, S_L\}$. 因为

$$\text{ARL}^- = E(S_L) = E(S_t) + E(S_L - S_t) = \text{ARL} + E(S_L - S_t | S_L > S_t)P\{S_L > S_t\},$$

故当上下互不影响时，有 $E(S_L - S_t | S_L > S_t) = \text{ARL}^-$. 于是有

$$\text{ARL}^- = \text{ARL} + \text{ARL}^- P\{S_L > S_t\},$$
$$\text{ARL} = \text{ARL}^-[1 - P\{S_L > S_t\}] = \text{ARL}^- P\{S_t = S_L\}.$$

类似地，有

$$\text{ARL}^- = \text{ARL}^+ \cdot P\{S_t = S_U\}.$$

注意到 $P\{S_t = S_L\} + P\{S_t = S_U\} = 1$，故

$$\frac{\text{ARL}}{\text{ARL}^+} + \frac{\text{ARL}}{\text{ARL}^-} = 1,$$

即 (10.3) 成立.

当在控制图中应用快速初始反应 (fast initial response, FIR) 时，Lucas, Crosier (1982a) 给出了下面的 ARL 计算公式：

$$\text{ARL}(s) = \frac{L_H(s)L_L(0) + L_H(0)L_L(s) - L_H(0)L_L(0)}{L_H(0) + L_L(0)}, \tag{10.4}$$

其中 $\text{ARL}(s)$ 表示具有初始反应值 s 时双边 CUSUM 的 ARL 值，L_H, L_L 分别为表示上、下 CUSUM 控制图的 ARL. 由 (10.4) 式可以看出，式 (10.3) 仅是此式的一种特殊情况，即上、下互不影响时的情况.

Yashchin (1985b) 给出了上、下累积和控制图互不影响的充分必要条件，并利用 Laplace 变换给出了无交互作用与有交互作用时的双边累积和的 ARL 表达式.

由于其方法的复杂性, 本书在这里并不详述, 而只给出没有交互作用的充分必要条件.

对于一个由两个单边 $C^+(S_0^+, k^+, h^+)$ 和 $C^-(s_0^-, k^-, h^-)$ 组成的双边 CUSUM 控制图, $C^+(S_0^+, k^+, h^+)$ 不影响 $C^-(s_0^-, k^-, h^-)$ 的充要条件为

$$k^+ + k^- \geqslant \max\{S_0^+ - s_0^- - h^+, -(h^+ - h^-)\};$$

$C^-(s_0^-, k^-, h^-)$ 不影响 $C^+(S_0^+, k^+, h^+)$ 的充要条件为

$$k^+ + k^- \geqslant \max\{S_0^+ - s_0^- - h^-, (h^+ - h^-)\};$$

$C^-(s_0^-, k^-, h^-)$ 与 $C^+(S_0^+, k^+, h^+)$ 互不影响的充要条件为

$$\max\{S_0^+ - s_0^- - \max(h^+, h^-), 0\} \leqslant -[|h^+ - h^-| - (k^+ + k^+)].$$

当 $k^+ = k^-, h^+ = h^-$ 时, Lucas, Crosier (1982a) 直接把 Brook, Evans (1972) 的方法扩展到双边累积和控制图, 即把 (s_t^-, S_t^+) 看做一个二维马氏链, 每一个状态均由两个统计量来描述, 因此他们用双下标表示一个状态. 其状态设为 $E_{ij}, i, j = 0, 1, \cdots, m-1$, E_{00} 表示两个 CUSUM 的初始状态都为 0 的状态, $E_{i,j}$ 表示一个统计量处于状态 i, 另一个处于 j. 所有的吸收状态, 即当 $i = m$ 或 $j = m$ 时的状态均被合并为一个吸收状态. 于是, 概率转移矩阵则是一个 $m^2 + 1$ 维的方阵, 与单边累积和相比, 其状态数的量级发生了变化, 这给计算带来了很大的麻烦. 另外, 他们也建议利用类似于 (10.2) 的公式进行近似计算, 只是此时要把 (10.2) 式中的 t 改成 t^2.

从上面的讨论可以看出, 利用二维马氏链计算双边 CUSUM 的 ARL 的难点在于其状态个数太多, 以至于在求取转移概率矩阵的逆矩阵时很费时, 另外, 当转移概率阵的维数过高时, 它很可能是一个病态矩阵, 以至于计算无法进行. 于是, Woodall (1984) 对双边累积和控制图 $C^+(S_0^+, k^+, h^+) \cup C^-(s_0^-, k^-, h^-)$ 的状态空间作了进一步的研究, 在他所设定的条件下, 双边 CUSUM 的状态个数大大减少, 从而降低了转移概率矩阵的维数.

当观测变量连续取值时, Woodall (1984) 先用下述方法将其离散化:

$$X_i - k^+ = m, \quad \text{如果 } (m - 1/2)\omega < X_i - k^+ \leqslant (m + 1/2)\omega,$$

$$X_i + k^- = n, \quad \text{如果 } (n - 1/2)\omega < X_i + k^- \leqslant (n + 1/2)\omega,$$

其中 $\omega = h_1/(2t_1 - 1) + h_2/(2t_2 - 1)$, t_1, t_2 为上、下两个单边 CUSUM 的状态数. 他证明了如下结论: 如果对于 $i = 1, 2, \cdots$, 及任意满足 $|k| < \max(t_1, t_2)$ 的正整数

k, 过程均满足

$$\begin{cases} P\{X_i - k^+ \neq X_i + k^-\} > 0, \\ P\{X_i - k^+ = k\} > 0, \\ P\{X_i + k^- = k\} > 0. \end{cases}$$

则当一个控制图朝它的控制线方向移动了 Δ 距离时, 同一时刻的另一控制图就必须朝零方向移动至少 $\Delta + k^+ + k^-$, 或者等于零. 显然, 在这条规则之下, 双边 CUSUM 的可能状态空间就会大大减少, 从而使转移矩阵的维数也大大降低, 这就为双边 CUSUM 控制图 ARL 的计算提供了很好的理论保证.

10.2.2 积分方程法

利用积分方程求取控制图 ARL 的方法最早是针对 EWMA 控制图提出的, 这是由于 EWMA 控制图的检测统计量是指数加权形式的, 且 EWMA 没有单边与双边之分. 到目前为止, 我们只能利用积分方程法求取单边 CUSUM 控制图的 ARL.

1. 一般的积分方程法

对于单边 CUSUM 控制图 $C^+(S_0, k, h)$, 取初值 $S_0 = \mu$, 且以 $f(x)$ 和 $F(x)$ 分别表示观测值的概率密度与概率分布函数. 以 $L(\mu)$ 表示自初值 μ 出发的 ARL.

我们注意到, 对于第一个观测值 X_1 而言, 下面三个事件

$$\{X_1 - k + \mu \geqslant h\}, \quad \{X_1 - k + \mu \leqslant 0\}, \quad \{0 < X_1 - k + \mu < h\}$$

有且仅有一个事件发生, 于是, 有

$$L(\mu) = 1 \cdot P\{X_1 \geqslant h + k - \mu\} + (1 + L(0))P\{X_1 \leqslant k - \mu\} + \int_0^h (1 + L(y))f(y + k - \mu)\mathrm{d}y.$$

经整理后有

$$L(\mu) = 1 + L(0)F(k - \mu) + \int_0^h L(y)f(y + k - \mu)\mathrm{d}y, \tag{10.5}$$

这就是求取单边 CUSUM 控制图 $C^+(S_0, k, h)$ 的 ARL 所满足的积分方程.

如果把上述单边 CUSUM 看成为由一系列序贯概率比检验组成的, 则 Wetherill, Brown (1991) 证明:

$$L(0) = N(0)/(1 - P(0)),$$

其中

$$P(\mu) = F(k - \mu) + \int_0^h P(y)f(y + k - \mu)\mathrm{d}y,$$

$$N(\mu) = 1 + \int_0^h N(y)f(y + k - \mu)\mathrm{d}y$$

(Page, 1954). 另外, Page (1961) 和 Kemp (1958) 给出了上述两个积分方程的数值解法.

虽然 ARL 对于衡量控制图的好坏是非常重要的一个指标, 但关于运行长度分布的信息也是一个非常重要的指标. 为了求取运行长度 N 的分布, 以 $p(n, \mu)$ 表示初值为 μ 时运行长度 N 等于 n 的概率.

当 $N = 1$ 时, 有

$$p(1, \mu) = 1 - F(h + k - \mu); \tag{10.6}$$

当 $N = 2, 3, \cdots$ 时, 有

$$p(n, \mu) = p(n - 1, 0)F(k - \mu) + \int_0^h p(n - 1, x)f(x - \mu + k)\mathrm{d}x. \tag{10.7}$$

此时容易验证, 运行长度的矩母函数 $\phi(t, \mu) = \sum_{n=1}^{\infty} p(n, \mu)e^{nt}$ 满足:

$$e^{-t}\phi(t, \mu) = 1 - F(h + k - \mu) + \phi(t, 0)F(k - \mu) + \int_0^h \phi(t, y)f(y + k - \mu)\mathrm{d}y,$$

由此式很容易求得运行长度分布矩所满足的积分方程.

另外, 对于连续型观测变量, Wetherill, Brown (1991) 猜测: 公式

$$p(n, 0) \simeq \frac{1}{L(0)} \exp\left\{-\frac{n-1}{L(0)}\right\}$$

是对运行长度分布一个很好的近似.

当 X_t 服从指数分布时, Gan (1992) 给出了上述方程的解析解, 简述如下. 假设 X_t 的概率密度函数为

$$f(x) = \begin{cases} \beta^{-1}\exp(-x/\beta), & x \geqslant 0, \\ 0, & x < 0. \end{cases}$$

不失一般性, 取 $\beta = 1$. 此时, 当 $N = 1$ 时,

$$p(1, \mu) = \exp\{-k - h\}e^{\mu}$$

为 e^{μ} 的一个函数; 当 $N = 2$ 时,

$$\begin{aligned}
p(2, \mu) &= p(1, 0)\int_{-\infty}^{k-\mu} e^{-x}\mathrm{d}x + \int_0^h p(1, x)e^{-x+\mu-k}\mathrm{d}x \\
&= \exp\{-h - k\} - (h - 1)\exp\{-h - k\}e^{-k}e^{\mu},
\end{aligned}$$

仍可以把它看做 e^{μ} 的函数. 依次迭代下去, 就能求得此时 ARL 的精确解. Gan (1992) 给出了如下的通解:

$$p(n, \mu) = c_{n11} + c_{n12} e^{\mu},$$

其中 $c_{111} = 0, c_{112} = e^{-k-h}, c_{211} = c_{112}, c_{212} = c_{112}(h-1)e^{-k}, c_{n11} = c_{n-1,11} + c_{n-1,12}, c_{n12} = e^{-k}(hc_{n-1,12} - c_{n-1,12} - c_{n-1,11}e^{-h}).$

2. 关于带有估计参数的 CUSUM 控制图

由于在许多实际问题中, 总体目标值多是未知的, 于是, 人们就利用过去可控的历史数据估计这些参数, 然后再利用参数已知的控制图对生产线进行监控. 显然, 由于在每一步中的参数都是由同一组历史估计而得的, 故此时的检测统计量是相关的. 于是, Jones, Champ, Rigdon(2004) 研究了这种带有估计参数的 CUSUM 控制图的性质, 并给出了求取其 ARL 的积分方程方法.

假设过程参数 μ_0 和 σ_0^2 均未知, 而有 m 组容量为 n 的可控数据: $(X_{i1}, \cdots, X_{in})$, $j = 1, \cdots, m$. 关于 μ_0 和 σ_0 的经典估计为

$$\hat{\mu}_0 = \frac{1}{mn} \sum_{i=1}^{m} \sum_{j=1}^{n} X_{ij}, \quad \hat{\sigma}_0 = \frac{S_p}{c_{4,m}},$$

其中 $S_p = \sqrt{\dfrac{1}{m(n-1)} \sum_{i=1}^{m} \sum_{j=1}^{n} (X_{ij} - \bar{X}_{i\cdot})^2}$, $c_{4,m} = \dfrac{\sqrt{2}\Gamma(\dfrac{m(n-1)+1}{2})}{\sqrt{m(n-1)}\Gamma(\dfrac{m(n-1)}{2})}$.

此时, 以 $C^+(S_0, k, h)$ 为例, Jones 等 (2004) 考虑的检测统计量为

$$S_t = \max(0, S_{t-1} + y_t - k),$$

其中 $y_t = \dfrac{\bar{X}_t - \hat{\mu}_0}{\hat{\sigma}_0/\sqrt{n}}$, $\bar{X}_t$ 表示第 t 次抽取的 n 个样本的均值.

为了便于给出此时的积分方程, Jones 等 (2004) 改写 y_t 为

$$y_t = \frac{1}{W} \left(\gamma Z_t + \delta - \frac{Z_0}{\sqrt{m}} \right),$$

其中 $W = \dfrac{\hat{\sigma}_0}{\sigma_0}$ 为 χ^2 随机变量的平方根, 它表示受控阶段的估计方差与实际方差的比率; $Z_0 = \sqrt{m}\dfrac{\hat{\mu}_0 - \mu_0}{\sigma_0/\sqrt{n}}$ 为标准正态随机变量, 它表示受控阶段的估计均值与实际均值间的标准化距离; $Z_t = \dfrac{\sqrt{n}(\bar{X}_t - \mu)}{\sigma}$ 也为标准正态随机变量, 表示标准化的抽样均值; μ, σ 为第 t 次抽样的均值与标准差的真值; 常数 $\gamma = \dfrac{\sigma}{\sigma_0}$ 表示 t 次抽样的

标准差与受控时标准差的比；常数 $\delta = \dfrac{\mu - \mu_0}{\sigma_0/\sqrt{n}}$ 表示标准化的过程漂移. 如果过程是受控的，则 $\gamma = 1$，$\delta = 0$.

以 T 表示运行长度，根据 (10.6) 式与 (10.7) 式的积分方程，有下面的条件概率：

$$P\{T = 1|w, z_0, \gamma, \delta, \mu\} = 1 - \Phi\left(\frac{w}{\gamma}[h - \mu + k] + \frac{\delta}{\gamma} - \frac{z_0}{\gamma\sqrt{m}}\right)$$

$$P\{T = t|w, z_0, \gamma, \delta, \mu\} = P\{T = t - 1|w, z_0, \gamma, \delta, 0\}\Phi\left(\frac{w}{\gamma}[k - \mu] - \frac{\delta}{\gamma} + \frac{z_0}{\gamma\sqrt{m}}\right)$$

$$+ \frac{w}{\gamma}\int_0^h P\{T = t - 1|w, z_0, \gamma, \delta, s\}\phi\left(\frac{w}{\gamma}[s - \mu + k] - \frac{\delta}{\gamma} + \frac{z_0}{\gamma\sqrt{m}}\right)\mathrm{d}s,$$

其中 Φ 与 ϕ 分别为标准正态分布的分布函数与密度函数. 注意到 $\hat{\mu}_0$ 与 $\hat{\sigma}_0$ 间的独立性及 W 与 Z_0 间的独立性，则 T 的边际分布为

$$P\{T = t|\gamma, \delta, \mu\} = \int_{-\infty}^{\infty}\int_0^{\infty} P\{T = t|w, z_0, \gamma, \delta, \mu\}f_w(w)\phi(z_0)\mathrm{d}w\mathrm{d}z_0.$$

由此可求得 ARL 计算公式为

$$\begin{aligned} E(T|\gamma, \delta, \mu) &= \sum_{t=1}^{\infty} tP\{T = t|\gamma, \delta, \mu\} \\ &= \int_{-\infty}^{\infty}\int_0^{\infty} M(w, z_0, \gamma, \delta, \mu)f_w(w)\phi(z_0)\mathrm{d}w\mathrm{d}z_0, \end{aligned}$$

其中，$M(w, z_0, \gamma, \delta, \mu)$ 为链长 T 在 W, Z_0 取特殊值条件下的一阶矩.

同上面相似的方法，可以得到 T 的二阶距方程，

$$E(T^2|\gamma, \delta, \mu) = \int_{-\infty}^{+\infty}\int_0^{+\infty} M_2(\omega, z_0, \gamma, \delta, \mu)f_\omega(\omega)\phi(z_0)\mathrm{d}\omega\mathrm{d}z_0,$$

其中，$M_2(w, z_0, \gamma, \delta, \mu)$ 为链长 T 在 W, Z_0 取特殊值条件下的二阶矩.

当给定 W 与 Z_0 的具体值时，M_1, M_2 可以通过高斯求积方法迭代求解，也可以用本书附录中 Luceño, Puig-pey 提出的方法求解.

3. Woodall 的积分方程法

前面讨论的控制图均是针对来自独立同分布观测变量的监测方法，然而，Woodall (1983) 却研究了观测值独立但不一定同分布时的 CUSUM 控制图的运行长度的分布问题. 此时，假设观测值分别为 $X_1, X_2, X_3, \cdots$，它们是相互独立但具有不同

分布的连续随机变量, 且分别以 $f_i(x)$, $F_i(x)$ 表示 X_i 的概率密度函数和分布函数. 另外, 检测上漂移时, 他采用的 CUSUM 检测统计量为

$$S_n = \max\{0, S_{n-1} + X_n\}, \quad n = 1, 2, 3, \cdots,$$

其中 $S_0 = \omega > 0$. 当 $S_n \geqslant h_n$ 时, 控制图报警.

为计算此控制图运行长度的分布, 他把此过程看做一个连续状态空间的带有离散参数的马尔可夫过程.

以 $g_n(y)$ 表示检测统计量 S_n 在转移区间上的概率分布函数, 即 $g_n(y) = P\{S_n \leqslant y\}$, $0 \leqslant y < h_n$. 则对 $n = 2, 3, \cdots$, 有

$$\begin{cases} g_n(0) = \int_0^{h_{n-1}} g_{n-1}(z) F_n(-z) \mathrm{d}z, \\ g_n(y) = \int_0^{h_{n-1}} g_{n-1}(z) F_n(y-z) \mathrm{d}z, \quad 0 < y < h_n, \end{cases}$$

而 $g_1(0) = F_1(-\omega)$, $g_1(y) = F_1(y - \omega)$.

基于上述结论, 不难得到此时运行长度的分布满足如下结论:

$$p(1, \omega) = 1 - F_1(h - \omega),$$

$$p(n, \omega) = \int_0^{h_{n-1}} g_{n-1}(y)(1 - F_n(h - y)) \mathrm{d}y, \quad n = 2, 3, \cdots.$$

当 n 值很小时, 上面的积分方程可以通过迭代近似求解, 但当 n 很大时不易求解. 然而, 当 $h_i = h, f_i(x) = f(x), F_i(x) = F(x) (i = 1, 2, \cdots)$ 及 $0 < c \leqslant f(x) \leqslant d < \infty (x \in (-h, h))$ 时, 对于较大的 n, 有下面的近似公式

$$p(n+i, \omega) \approx \lambda^i p(n, \omega), \quad i = 1, 2, \cdots,$$

其中 $\lambda = r(n^*)$, n^* 为使得 $|r(n^*) - r(n^*-1)|$ 足够小 (小于 10^{-5}) 的最小的 n, $r(n) = p(n, \omega)/p(n-1, \omega)$.

10.3 关于 EWMA 控制图 ARL 的计算方法

对于 EWMA 控制图, 不论是马尔可夫链方法还是积分方程方法, 都与 CUSUM 控制图 ARL 的计算方法非常相似, 但需要注意的是 EWMA 控制图是双边的, 而 CUSUM 控制图则需要区分单边与双边.

10.3.1 马氏链方法

1. 关于一般的 EWMA 控制图

对于 EWMA 控制图, 假设其检测统计量为

$$S_t = (1-\lambda)S_{t-1} + \lambda X_t, \tag{10.8}$$

其中 $\lambda \in (0,1)$ 为光滑参数.

注意到 (10.8) 式定义的 EWMA 控制图是双边的, 故 Lucas, Saccucci (1990) 将其上、下控制线之间的可控区间划分为长度 ω 的等长区间, 且把其两个吸收状态–大于上控制线的区域与小于下控制线的区域合并为一个. 此时, 其一步转移概率为

$$\begin{aligned}
p_{ij} &= P\{S_{t+1} \in I_j | S_t \in I_i\} \\
&= P\{j\omega - \omega/2 < (1-\lambda)S_t + \lambda X_{t+1} \leqslant j\omega + \omega/2 | S_t = \text{区间} I_i \text{的中点}\} \\
&= P\{j\omega - \omega/2 < (1-\lambda)i\omega + \lambda X_{t+1} \leqslant j\omega + \omega/2\},
\end{aligned}$$

之后再利用 (10.1) 式去计算 ARL.

2. 关于 Adaptive EWMA 控制图

我们注意到, 当取 (10.8) 式中的光滑参数 $\lambda = 1$ 时, EWMA 控制图就是 Shewhart 控制图, 故由此可知, EWMA 控制图的光滑参数对它的表现具有很大的影响. 也就是说, 当希望用 EWMA 控制图检测大漂移时, 应选取较大的 λ; 反之, 当希望检测较小的漂移时, 应选取较小的 λ. 由于在许多实际问题中, 我们并不知道其漂移有多大, 故 Capizzi, Masarotto (2003) 提出了变化光滑参数的 adaptive EWMA (AEWMA) 控制图. 此时, 他们采用的检测统计量为

$$S_t = (1 - \varpi(e_t))S_{t-1} + \varpi(e_t)X_t, \quad S_0 = \mu,$$

其中 $e_t = X_t - S_{t-1}$, $\varpi(e) = \dfrac{\phi(e)}{e}$, 这里 $\phi(\cdot)$ 被称为得分 (score) 函数, 且给出了如下三个常用的得分函数:

$$\phi_{hu}(e) = \begin{cases} e + (1-\lambda)k, & \text{如果} e < -k, \\ e - (1-\lambda)k, & \text{如果} e > k, \\ \lambda e, & \text{其他}, \end{cases}$$

$$\phi_{bs}(e) = \begin{cases} e[1 - (1-\lambda)(1 - (1 - e/k)^2)^2], & \text{如果} |e| \leqslant k, \\ e, & \text{其他}, \end{cases}$$

$$\phi_{cb}(e) = \begin{cases} e, & \text{如果} e \leqslant -p_1, \\ -\widetilde{\phi}_{cb}(-e), & \text{如果} -p_1 < e < -p_0, \\ \widetilde{\phi}_{cb}(e), & \text{如果} p_0 < e < p_1, \\ e, & \text{如果} e \geqslant p_1, \\ \lambda e, & \text{其他}, \end{cases}$$

其中 $0 < \lambda \leqslant 1$, $k \geqslant 0$, $0 \leqslant p_0 < p_1$, $\widetilde{\phi}_{cb}(e) = \lambda e + (1-\lambda)\left(\dfrac{e-p_0}{p_1-p_0}\right)^2 \Big[2p_1 + p_0 - \dfrac{(e-p_0)(p_1+p_0)}{p_1-p_0}\Big]$.

对于 AEWMA 控制图，我们完全可以利用类似 Lucas, Saccucci(1990) 给出的马氏链方法求取它的 ARL, 只是在计算转移概率时，注意到检测统计量的变化. 其相应的转移概率为

$$\begin{aligned} p_{ij} &= P\{(1-\varpi(e_t))S_{t-1} + \varpi(e_t)X_t \in I_j | S_{t-1} \in I_i\} \\ &= P\{S_{t-1} + \phi(X_t - i\omega) \in I_j | S_{t-1} \in I_i\} \\ &= P\left\{j\omega - i\omega - \frac{\omega}{2} < \phi(X_t - i\omega) \leqslant j\omega - i\omega + \frac{\omega}{2}\right\}. \end{aligned}$$

从 AEWMA 的定义可以看出，我们可以应用它来检测区间漂移，即此时的漂移并不是一个固定常数，而是介于一个区间之内，比如 (μ_1, μ_2). 对于区间漂移，Zhao, Tsung, Wang (2005) 给出了 DCUSUM 控制图及其比较准则. 对于用来检测区间漂移的 AEWMA, 我们注意到，其待设计的参数并不仅仅是原来的光滑参数 λ 及报警限 h. 对于前两个得分函数，未知参数是三维向量 $\theta = (\lambda, h, k)$. 此时，Capizzi, Masarotto (2003) 建议如下进行：

- 指定检测的区间漂移 (μ_1, μ_2) 及可控 ARL, 记为 C;
- 求在漂移 μ_2 点最小的 ARL, 记为 B 及其参数 θ^*, 即求解

$$\begin{cases} \min_\theta & \text{ARL}(\mu_2, \theta) \\ \text{s.t.} & \text{ARL}(0, \theta) = C; \end{cases}$$

- 对于事先给定的 α(比如取 $\alpha = 0.05$), AEWMA 的最佳参数设计为

$$\begin{cases} \min_\theta & \text{ARL}(\mu_1, \theta) \\ \text{s.t.} & \text{ARL}(0, \theta) = C, \ \text{ARL}(\mu_2, \theta) \leqslant (1+\alpha)B. \end{cases} \tag{10.9}$$

对于 (10.9) 式的非线性规划，可以通过求取如下惩罚函数

$$\text{ARL}(\mu_1, \theta) + \eta\left[\left(\frac{\text{ARL}(0, \theta) - C}{C}\right)^2 + I(\text{ARL}(\mu_2, \theta) \geqslant B)\left(\frac{\text{ARL}(\mu_2, \theta) - B}{B}\right)\right]$$

的解来得到其近似解, 其中 η 是一个给定的大数, 如 10^5, $I(\cdot)$ 为示性函数. 而上述惩罚函数的解可以通过模拟退火算法求得.

3. 关于带有精确控制线的 EWMA 控制图

对于由 (10.8) 式定义的 EWMA 检测统计量, 容易求得其方差为

$$\text{Var}(S_n) = \frac{\lambda[1 - (1 - \lambda)^{2n}]}{2 - \lambda}\sigma_X^2, \qquad (10.10)$$

其中 σ_X^2 为观测变量的方差. 当 $n \to \infty$ 时, 有

$$\text{Var}(S_n) \longrightarrow \frac{\lambda}{2 - \lambda}\sigma_X^2. \qquad (10.11)$$

于是, 在多数 EWMA 控制图中, 其控制线均利用 (10.11) 式的极限方差, 其优点在于此时的控制线为一个不依赖于观测时刻的常数. 然而, 在检测开始阶段, 上述极限方差并不精确. 这样, Chandrasekaran, English, Disney (1995) 研究了带有如 (10.10) 式精确控制线的 EWMA 控制图的性质, 并且给出了求取其 ARL 的马氏链方法. 虽然这种方法类似 Lucas, Saccucci(1990) 的方法, 但由于其上下控制线 (UCL, LCL) 是变化的, 故简述如下.

将 n 时刻检测统计量 S_n 的取值空间划分为 t 个互不相交的区间: $\{I_i : i = 1, 2, \cdots, t\}$, 其中 $I_1 = \{S_n : S_n \geqslant \text{UCL}_n\}$, $I_2 = \{S_n : S_n \leqslant \text{LCL}_n\}$ 为两个吸收状态, 而可控区域 $(\text{LCL}_n, \text{UCL}_n)$ 被分成 $t - 2$ 个转移状态区间. 令 $T = \{I_3, I_4, \cdots, I_t\}$ 表示所有转移状态的集合, $S = T \cup I_1 \cup I_2$. 另外, 假设 $I_3 = (\mu - \varepsilon, \mu + \varepsilon)$, 其中 $\varepsilon > 0$ 为给定的常数. 以 g_n 表示 S_n 的密度函数, f 表示观测变量 X 的密度函数, P_m 表示检测统计量 S_n 在 m 时刻的一步转移概率阵. 显然, 对于给定的 $C \in S$, $B \in T$, P_m 中的元素, 即 m 时刻的一步转移概率为

$$P\{S_{m+1} \in C | S_m \in B\} = \frac{P\{S_{m+1} \in C, S_n \in B\}}{P\{S_m \in B\}},$$

其中

$$P\{S_{m+1} \in C, S_m \in B\} = \int_{z \in C} \int_{x \in B} f\left(\frac{z - (1 - \lambda)x}{\lambda}\right) g_m(x) \frac{\mathrm{d}x \mathrm{d}z}{\lambda},$$

$$P\{S_m \in B\} = \int_{x \in B} g_m(x) \mathrm{d}x.$$

可以看到, 这里用积分与贝叶斯公式代替了先前的中点法则, 近似结果会更加精确; 另一方面, 在不同的阶段, 过程下一步的转移概率都是不同的, 而在文献 (Lucas, Saccucci, 1990) 中则是相同的.

为简单, 以 $(p_{BC})_m$ 表示 $P\{S_{m+1} \in C | S_m \in B\}$, 则转移概率阵 $\boldsymbol{P}_m$ 具有如下形式:

$$\boldsymbol{P}_m = \left[\begin{array}{cc} \boldsymbol{I} & \boldsymbol{0} \\ \boldsymbol{B}_m & \boldsymbol{R}_m \end{array} \right],$$

其中 $\boldsymbol{I}$ 为 2 阶单位阵, $\boldsymbol{0}$ 是元素均为 0 的 $2 \times (t-2)$ 阶矩阵,

$$\boldsymbol{B}_m = \left[\begin{array}{cc} (p_{I_3 I_1})_m & (p_{I_3 I_2})_m \\ \vdots & \vdots \\ (p_{I_t I_1})_m & (p_{I_t I_2})_m \end{array} \right], \quad \boldsymbol{R}_m = \left[\begin{array}{ccc} (p_{I_3 I_3})_m & \cdots & (p_{I_3 I_t})_m \\ \vdots & & \vdots \\ (p_{I_t I_3})_m & \cdots & (p_{I_t I_t})_m \end{array} \right].$$

我们注意到, 它与 Brook, Evans(1972) 方法的区别在于: 由于此转移概率矩阵有两个吸收状态, 所以 $\boldsymbol{I}$ 是两行的; 另外, 其行的排列顺序也有所不同. 但由于 $(\boldsymbol{I} - \boldsymbol{R}_m)\boldsymbol{1}_{t-2} = \boldsymbol{B}_m \boldsymbol{1}_{2 \times 1}$, 故两个吸收状态也可以合并为一个.

当有了转移概率矩阵后, 运行长度的分布函数就为

$$P\{T = n\} = \boldsymbol{R}_1 \boldsymbol{R}_2 \cdots \boldsymbol{R}_{n-1} \boldsymbol{B}_n \boldsymbol{1} = \boldsymbol{R}_1 \boldsymbol{R}_2 \cdots \boldsymbol{R}_{n-1} (\boldsymbol{I} - \boldsymbol{R}_n) \boldsymbol{1}.$$

由上式可见, 此时运行长度的分布仍然与几何分布类似.

10.3.2   积分方程法

1. 关于一般的 EWMA 控制图

对于由 (10.8) 定义的一般 EWMA 控制图, Crowder (1987b) 给出了求取其 ARL 的积分方程法.

利用类似 CUSUM 的积分方程法, 即得到 (10.5) 的方法, 容易求得初始值为 μ 的 EWMA 控制图的 ARL——$L(\mu)$ 满足如下的积分方程:

$$\begin{aligned} L(\mu) &= 1 \cdot P(|(1-\lambda)\mu + \lambda X_1| > h) + \int_{|(1-\lambda)\mu + py| < h} [1 + L((1-\lambda)\mu + \lambda y)] f(y) \mathrm{d}y \\ &= 1 + \frac{1}{\lambda} \int_{-h}^{h} L(y) f\left(\frac{y - (1-\lambda)\mu}{\lambda}\right) \mathrm{d}y, \end{aligned}$$

这是二型 Fredholm 积分方程, 它可以用标准的数值方法求解.

另外, 也可以求得当初始值为 μ 时运行长度为 n 的概率 ——$p(n, \mu)$ 满足如下的积分方程:

$$\begin{aligned} p(n, \mu) &= \int_{\{|(1-\lambda)\mu + \lambda y| \leqslant h\}} p(n-1, (1-\lambda)\mu + \lambda y) \cdot f(y) \mathrm{d}y \\ &= \frac{1}{\lambda} \int_{-h}^{h} p(n-1, y) f\left(\frac{y - (1-\lambda)\mu}{\lambda}\right) \mathrm{d}y. \end{aligned}$$

2. 关于带有估计参数的 EWMA 控制图

带估计参数 EWMA 控制图的设计与本书 2.3.4 节中带估计参数 CUSUM 控制图的设计相比, 除了因控制统计量的形式不一样, 以及导致的条件概率表达式的不同之外, 其他细节完全相同. Jones 等 (2001, 2002) 研究了这种带有估计参数的 EWMA 控制图的性质.

过程参数 μ_0 和 σ_0^2 仍用经典估计,

$$\hat{\mu}_0 = \frac{1}{mn}\sum_{i=1}^{m}\sum_{j=1}^{n}X_{ij}, \quad \hat{\sigma}_0 = \frac{S_p}{c_{4,m}},$$

其中 $S_p = \sqrt{\dfrac{1}{m(n-1)}\sum_{i=1}^{m}\sum_{j=1}^{n}(X_{ij}-\bar{X}_{i\cdot})^2}$, $c_{4,m} = \dfrac{\sqrt{2}\Gamma\left(\dfrac{m(n-1)+1}{2}\right)}{\sqrt{m(n-1)}\Gamma\left(\dfrac{m(n-1)}{2}\right)}$.

此时, 过程的检测统计量为

$$S_t = (1-\lambda)S_{t-1} + \lambda y_t,$$

其中 $y_t = \dfrac{\bar{X}_t - \hat{\mu}_0}{\hat{\sigma}_0/\sqrt{n}}$, $\bar{X}_t$ 表示第 t 次抽取的 n 个样本的均值.

Jones (2002) 仍将 y_t 其改写为

$$y_t = \frac{1}{W}\left(\gamma Z_t + \delta - \frac{Z_0}{\sqrt{m}}\right).$$

其中 $W, \gamma, Z_t, \delta, Z_0$ 的定义完全等同于 2.2.2 节.

以 T 表示运行长度, 条件概率变为下面的形式:

$$P\{T=1|w,z_0,\gamma,\delta,\mu\} = 1 - \Phi\left(\frac{w}{r\gamma}[h-(1-r)\mu] - \frac{\delta}{\gamma} + \frac{z_0}{\gamma\sqrt{m}}\right)$$
$$+ \Phi\left(\frac{w}{r\gamma}[-h-(1-r)\mu] - \frac{\delta}{\gamma} + \frac{z_0}{\gamma\sqrt{m}}\right),$$

$$P\{T=t|w,z_0,\gamma,\delta,\mu\} = \int_{-h}^{h} P\{T=t-1|w,z_0,\gamma,\delta,\mu\}\frac{w}{r\gamma}$$
$$\times \phi\left(\frac{w}{r\gamma}(h-(1-r)\mu) - \frac{\delta}{\gamma} + \frac{z_0}{\gamma\sqrt{m}}\right)\mathrm{d}y, \quad t > 1.$$

仍旧是根据 $\hat{\mu}_0$ 与 $\hat{\sigma}_0$ 间的独立性及 W 与 Z_0 间的独立性, 得到 T 的边际分布为

$$P\{T=t|\gamma,\delta,\mu\} = \int_{-\infty}^{\infty}\int_{0}^{\infty} P\{T=t|w,z_0,\gamma,\delta,\mu\}f_w(w)\phi(z_0)\mathrm{d}w\mathrm{d}z_0.$$

进一步，ARL 计算公式为

$$E(T|\gamma,\delta,\mu) = \sum_{t=1}^{\infty} tP\{T=t|\gamma,\delta,\mu\}$$
$$= \int_{-\infty}^{\infty} \int_{0}^{\infty} M(w,z_0,\gamma,\delta,\mu)f_w(w)\phi(z_0)\mathrm{d}w\mathrm{d}z_0,$$

其中，$M(w,z_0,\gamma,\delta,\mu) = 1 + \dfrac{w}{r\gamma}\int_{-h}^{h} M(w,z_0,\gamma,\delta,v)\phi\left(\dfrac{w}{r\gamma}(v-(1-r)\mu) - \dfrac{\delta}{\gamma} + \dfrac{z_0}{\gamma\sqrt{m}}\right)\mathrm{d}v$，当给定 W 与 Z_0 的具体值时，可以通过数值方法求解.

同上面相似的方法，可以得到 T 的二阶距方程

$$E(T^2|\gamma,\delta,\mu) = \int_{-\infty}^{+\infty} \int_{0}^{+\infty} M_2(\omega,z_0,\gamma,\delta,\mu)f_\omega(\omega)\phi(z_0)\mathrm{d}\omega\mathrm{d}z_0,$$

其中

$$M_2(\omega,z_0,\gamma,\delta,\mu) = 1 + \frac{2\omega}{r\gamma}\int_{-h}^{h} M(\varpi,z_0,\gamma,\delta,v)\phi\left(\frac{\varpi}{r\gamma}(v-(1-r)\mu) - \frac{\delta}{\gamma} + \frac{z_0}{\gamma\sqrt{m}}\right)\mathrm{d}v$$
$$+ \frac{\omega}{r\gamma}\int_{-h}^{h} M_2(\varpi,z_0,\gamma,\delta,v)\phi\left(\frac{\varpi}{r\gamma}(v-(1-r)\mu) - \frac{\delta}{\gamma} + \frac{z_0}{\gamma\sqrt{m}}\right)\mathrm{d}v,$$

且当给定 W 与 Z_0 时，它可以通过数值方法求解. Jones 等 (2001) 对上面积分方程的数值求解方法给出了详细的说明.

10.3.3 关于带有边界的两个单边 EWMA 控制图

从各种模拟结果看，带有 FIR 的 CUSUM 控制图具有较好的检测能力. 于是，Gan (1993) 研究了带有边界的 EWMA 控制图，其上、下控制图的检测统计量为

$$S_t^+ = \max\{A, (1-\lambda_+)S_{t-1}^+ + \lambda_+ X_t\},$$
$$S_t^- = \min\{B, (1-\lambda_-)S_{t-1}^- + \lambda_- X_t\},$$

其中 A, B 分别是两个边界，且 $S_0^+ = u, A \leqslant u < h_+, S_0^- = v, h_- < v \leqslant B$. 当 $S_t^+ \geqslant h_+$ 时上控制图报警，当 $S_t^- \leqslant h_-$ 时下控制图报警.

另外，Gan (1998) 给出了上述两个单边 EWMA 控制图不相关的充分条件，但没有给出证明. Li, Wang, Wu (2009) 给出了如下三个结论：

- 如果 $\lambda_+ = \lambda_- = \lambda$，则上不影响下的充要条件为

$$1 - \lambda \leqslant \begin{cases} \min\left\{\dfrac{h_+ - B}{S_0^+ - S_0^-}, \dfrac{h_+ - B}{A - h_-}\right\}, & \text{如果} S_0^+ - S_0^- > 0, \\[3mm] \dfrac{h_+ - B}{A - h_-}, & \text{如果} S_0^+ - S_0^- \leqslant 0. \end{cases}$$

- 如果 $\lambda_+ = \lambda_- = \lambda$, 则下不影响上的充要条件为

$$1 - \lambda \leqslant \begin{cases} \min\left\{\dfrac{A - h_-}{S_0^+ - S_0^-}, \dfrac{A - h_-}{h_+ - B}\right\}, & \text{如果} S_0^+ - S_0^- > 0, \\[3mm] \dfrac{A - h_-}{h_+ - B}, & \text{如果} S_0^+ - S_0^- \leqslant 0. \end{cases}$$

- 如果 $\lambda_+ = \lambda_- = \lambda$, $S_0^+ = A, S_0^- = B$, 则上下互不影响的充要条件为

$$(1 - \lambda)^2 \leqslant \min\left\{\frac{A - h_-}{h_+ - B}, \frac{h_+ - B}{A - h_-}\right\}.$$

如果上述两个单边 EWMA 互不影响, 则其联合的双边 EWMA 控制图的 ARL 可利用 (10.4) 式来计算.

10.4　其他一些近似计算方法

虽然前面讲述的马氏链方法与积分方程法是求取 ARL 的两种常用方法, 但它们严重依赖于状态空间的个数. 本节再介绍几种近似计算某些控制图 ARL 的方法.

10.4.1　EWMA 的基于一阶自回归的 ARL 计算方法

Robinson, Ho (1978) 先把 EWMA 检测统计量表示成一个 AR(1) 过程, 然后利用数值方法求其 ARL. 对于由 (10.8) 式确定的 EWMA 统计量, 假定 $E(S_t) = 0$, 并定义 $\sigma_S^2 = (\lambda/(2 - \lambda))\sigma_X^2$, 且以 $\delta\sigma$ 表示均值漂移. 如果记 $z_t = \dfrac{S_t - \delta\sigma}{\sigma_s}$, 则 EWMA 统计量可以写成如下的 AR(1) 过程:

$$z_t = \alpha z_{t-1} + \eta_t,$$

其中 $\alpha = 1 - \lambda$, $\eta_t = (1 - \alpha)\dfrac{X_t - \delta\sigma}{\sigma_s} \sim N(0, 1 - \alpha^2)$, $\mathrm{Cov}(\eta_t, \eta_\tau) = 0(t \neq \tau)$, 过程的控制线调整为 $l_- = -L - \dfrac{\delta\sigma}{\sigma_s}, l_+ = L - \dfrac{\delta\sigma}{\sigma_s}$, 其中 L 为原 EWMA 的控制线.

假定过程漂移 $\delta\sigma$ 发生的时刻为零时刻, 且 $z_0 \sim f_0(\cdot)$, T 表示 $\{z_t\}$ 超出 (l_-, l_+) 时的时刻, 则 T 在 k 时刻的生存概率 $G_k = P\{T > k | (l_-, l_+), z_0 \sim f_0(\cdot)\}$ 满足

$$G_k = G_{k-1}P\{z_k \in (l_-, l_+) | z_0 \sim f_0(\cdot), z_t \in (l_-, l_+), t = 1, \cdots, k - 1\},$$

且 $G_0 = 1$. 迭代后就可以求得平均运行长度的概率分布.

另外, 由上述的生存概率易得

$$\mathrm{ARL} = \sum_{k=0}^{K-1} G_k + \frac{p}{1-p}G_{K-1},$$

其中 $p \approx P\{z_K \in (l_-, l_+)|K-1\}$，$K$ 是满足条件

$$\lim_{k \to \infty} P\{z_k \in (l_-, l_+)|k-1\} \approx P\{z_K \in (l_-, l_+)|K-1\}$$

的最大整数. 该方法的关键和困难在于，它需要多次利用 Edgeworth 展开来求得 $P\{z_k \in (l_-, l_+)|k-1\}$ 的近似值.

10.4.2 单边 CUSUM 的基于 SPRT 的 ARL 计算方法

Page (1954) 将检测上漂移的 CUSUM 等价成一个上下界限分别为 0 与 h 的 Wald 序贯检验，其检测统计量为 $\sum_{i=1}^{t}(X_i - k)$. 如果 $\sum_{i=1}^{t}(X_i - k) \geqslant h$，则拒绝原假设，过程报警，运行长度为 t；如果 $\sum_{i=1}^{t}(X_i - k) \leqslant 0$，则接受原假设，并重新开始一个新的序贯检验.

令 $N(z)$, $N_1(z)$ 和 $N_2(z)$ 分别表示初始值为 z 的 Wald 序贯检验的平均抽样数、接受原假设的平均抽样数、拒绝原假设的平均抽样数，以 $P(z)$ 代表初值为 z 时接受原假设的概率，则显然有

$$N(0) = P(0)N_1(0) + (1 - P(0))N_2(0).$$

另外，在拒绝原假设之前有 r 次序贯检验的概率为 $P(0)^r(1 - P(0))$，其期望为

$$\sum_{r=1}^{\infty} r\{P(0)\}^r\{1 - P(0)\} = \frac{P(0)}{1 - P(0)}.$$

于是，有

$$\mathrm{ARL} = \frac{P(0)}{1 - P(0)}N_1(0) + N_2(0) = \frac{N(0)}{1 - P(0)},$$

其中 $N(z)$, $P(z)$ 满足如下的 Fredholm 型积分方程：

$$P(z) = F(k - z) + \int_0^h P(y)f(y + k - z)\mathrm{d}y,$$

$$N(z) = 1 + \int_0^h N(y)f(y + k - z)\mathrm{d}y,$$

其中 f, F 分别为观测变量的概率密度函数和累积分布函数.

10.4.3 单边 CUSUM 的基于布朗运动的 ARL 计算方法

Reynolds (1975) 用连续的布朗运动去近似累计和过程，也得到了 ARL 的近似计算公式，现简述如下.

下面以用来检测向下漂移的 CUSUM 控制图为例加以说明. 此时, 其检测统计量等价为

$$\max_{1\leqslant m\leqslant t}\sum_{i=1}^{m}(X_i+k)-\sum_{i=1}^{t}(X_i+k).$$

若记 $\sum_{i=1}^{t}(X_i+k)=S(t)$, 则可以把 $S(t)$ 看成一个均值为 μt、方差为 $t\sigma^2$ 的布朗运动, 而检测统计量为 $m(t)=\max_{1\leqslant m\leqslant t}S(m)-S(t)$. 为计算其 ARL, 先如下计算 $m(t)$ 的转移概率:

$$p(y,t|x)=P\{m(s+t)\leqslant y|m(s)=x\},\quad t\geqslant 0,s>0.$$

Reynolds (1975) 给出了该分布函数的具体形式

$$p(y,t|x)=\Phi\left(\frac{\mu t+y-x}{\sigma\sqrt{t}}\right)-\exp\left\{\frac{-2\mu y}{\sigma^2}\right\}\Phi\left(\frac{\mu t-y-x}{\sigma\sqrt{t}}\right),\quad x,y,t\geqslant 0.$$

记 $T(x)$ 为 $m(t)$ 在初值 x 下首次超越控制线 h 的时间, 则 Reynolds (1975) 给出了其期望

$$ET(x)=\begin{cases}\dfrac{1}{\mu}\left[x-h+\dfrac{\sigma^2}{2\mu}\left(\exp\left\{\dfrac{2\mu h}{\sigma^2}\right\}-\exp\left\{\dfrac{2\mu x}{\sigma^2}\right\}\right)\right],&\mu\neq 0,\\(h^2-x^2)/\sigma^2,&\mu=0.\end{cases}$$

假定在 $t=0$ 时, 过程从 0 开始, 即 $m(0)=0$, 则由上式, 所求的 ARL 为

$$\mathrm{ARL}^-=ET(0)\begin{cases}\dfrac{1}{\mu}\left[-h+\dfrac{\sigma^2}{2\mu}\left(\exp\{\dfrac{2\mu h}{\sigma^2}\}-1\right)\right],&\mu\neq 0,\\h^2/\sigma^2,&\mu=0.\end{cases}$$

类似地可以得到用来检测向上漂移的 CUSUM 的 ARL 为

$$\mathrm{ARL}^+=\begin{cases}\dfrac{1}{\mu}\left[h+\dfrac{\sigma^2}{2\mu}\left(\exp\left\{\dfrac{-2\mu h}{\sigma^2}\right\}-1\right)\right],&\mu\neq 0,\\h^2/\sigma^2,&\mu=0.\end{cases}$$

10.5　关于联合控制图的 ARL 的计算

由于 Shewhart 控制图的检测统计量间是独立的, 故它的 ARL 的计算非常容易, 但也正是由于这一点, 它仅对大漂移的检测比较有效, 而对中小漂移的检测能力较弱. 于是, 为了改进 Shewhart 的这一不足, 有人提出了综合过去样本信息的带有附加运行准则的 Shewhart 控制图 (Shewhart with supplementary run rules). 本

节将介绍 Champ, Woodall (1987) 给出的计算其 ARL 的马氏链方法. 另外, 本节也将介绍一些有关计算 Shewhart 与 CUSUM 的联合控制图 ARL 的马氏链计算方法.

10.5.1 带有附加运行准则的 Shewhart 控制图

Shewhart 控制图检测中小漂移的能力较弱的原因在于它只利用了当前样本的信息, 而忽略了过去样本中的有用信息. 于是, Champ, Woodall (1987) 较详细地研究了带有附加运行长度准则的 Shewhart 控制图. 此时, 他们以 $T(k, m, a, b)$ 记如下的报警准则: 如果最近的 m 个观测值有 k 个落入区间 (a, b), 则过程报警. 常用的规则有

$$C_1 = \{T(1, 1, -\infty, -3), T(1, 1, 3, \infty)\},$$
$$C_2 = \{T(1, 1, -\infty, -3.09), T(1, 1, 3.09, \infty)\},$$
$$C_3 = \{T(2, 3, -3, -2), T(2, 3, 2, 3)\},$$
$$C_4 = \{T(4, 5, -3, -1), T(4, 5, 1, 3)\},$$
$$C_5 = \{T(8, 8, -3, 0), T(8, 8, 0, 3)\}.$$

显然, 我们通常所说的 Shewhart 控制图即相当于应用了准则 C_1. 在许多实际问题中, 经常是几个准则联合使用.

对于一个联合 t 个准则 $T(k_i, m_i, a_i, b_i)$ 的控制图, 为了应用马氏链方法求取其 ARL, 最困难的一点就是寻找其所有的可能状态. 为此, Champ, Woodall (1987) 给出了如下的方法: 对第 i 个准则 $T(k_i, m_i, a_i, b_i)$, 定义 $\boldsymbol{W}_i' = (W_{i,1}, \cdots, W_{i,m_i-1})$, 其中

$$W_{ij} = \begin{cases} 1, & \text{如果从当前样本往后数的第} j \text{个历史样本落入区间} (a_i, b_i), \\ 0, & \text{否则.} \end{cases}$$

虽然可以利用上述定义的 $\boldsymbol{W}_i$ 来定义状态空间, 但我们注意到, 如果 $\sum\limits_{j=1}^{m_i-2} W_{ij} < k_i - 1$, 则即使下一个样本落入区间 (a_i, b_i), 则此时的 $W_{i\ m_i-1}$ 无论取什么值, 此准则都不会报警. 于是, 他们又定义如下向量 $\boldsymbol{X}_i' = (X_{i1}, \cdots, X_{i\ m_i-1})$, 其中

$$X_{ij} = \begin{cases} 1, & \text{如果} \sum\limits_{l=1}^{j}(1 - W_{il}) < m_i - k_i + 1, \\ 0, & \text{否则.} \end{cases}$$

此时, 以 $\boldsymbol{S}' = (\boldsymbol{X}_1', \cdots, \boldsymbol{X}_t')$ 表示此控制图的一个状态. 随着观测样本取值的变化, 如没有新的状态出现, 则得到了整个状态空间. 对于控制图 $C_1 \cup C_4$, 它共有 30 个

状态; 对于控制图 $C_1 \cup C_3 \cup C_4 \cup C_5$, 它共有 216 个状态.

在得到状态空间后, 由于其状态间的转移概率容易求得, 故就可以利用 Brook, Evans (1972) 的马氏链方法编程计算其 ARL 了.

10.5.2　Shewhart 与 CUSUM 及 EWMA 的联合控制图

为了综合 Shewhart 对检测大漂移和 CUSUM 控制图对检测中小漂移的有效性, Lucas (1982) 提出了 Shewhart 与 CUSUM 的联合控制图, 即同时应用这两个准则, 如果一个报警则过程报警. 此时, 为了利用马氏链方法求其 ARL, Lucas (1982) 考虑先对 CUSUM 检测统计量进行区间划分, 之后再联合 Shewhart 的控制线求取一步转移概率. 当然, 吸收态为 Shewhart 的报警区域和 CUSUM 的报警区域之并.

对于 Shewhart 与 EWMA 的联合控制图, Lucas, Saccucci (1990) 给出了求其 ARL 的马氏链方法, 此时的一步转移概率调整为

$$p_{ij} = P\left\{\min\{\mathrm{SCL}_U, \max(\mathrm{SCL}_L, X_L)\} < X_n \leqslant \max\{\mathrm{SCL}_L, \min(\mathrm{SCL}_U, X_U)\}\right\},$$

其中 $X_L = \dfrac{1}{\lambda}[(j\omega - \omega/2) - (1-\lambda)i\omega]$, $X_U = \dfrac{1}{\lambda}[(j\omega + \omega/2) - (1-\lambda)i\omega]$, $i, j = -t, -t+1, \cdots, t$, t 为马氏链中的状态个数. SCL_U 与 SCL_L 分别表示 Shewhart 控制图的上、下控制线. 对于 Shewhart 与 $C^+(S_0, k, h)$ 的联合控制, 只需将 X_L, X_U 调整为 $X_L = j\omega - (\omega)/2 - i\omega + k$ 与 $X_U = j\omega + (\omega)/2 - i\omega + k$. 其一步转移概率矩阵为

$$\boldsymbol{P} = \begin{pmatrix} \boldsymbol{R}^* & \boldsymbol{p}^* \\ \boldsymbol{0}^{\mathrm{T}} & 1 \end{pmatrix},$$

其中 $\boldsymbol{p}^* = (\boldsymbol{I} - \boldsymbol{R}^*)\boldsymbol{1}$.

为了提高控制图对异常点的稳健性, Lucas, Crosier (1982b); Lucas, Saccucci (1990) 分别提出了稳健的 CUSUM 控制图和稳健的 EWMA 控制图. 所谓稳健的 CUSUM 或 EWMA 控制图, 就是在一般的 CUSUM 或 EWMA 准则下, 又增加了如下一个报警准则: 如果连续两个观测样本落在 Shewhart 控制线 (如 4σ) 之外, 则也报警; 如果只是偶尔一个, 则忽略不计. 这时, 上面调整后矩阵 $\boldsymbol{P}$ 中的 $\boldsymbol{R}^*$ 要变成原来的两倍大, 因为要增加一个示性因子, 来表示前一个观测值是否落在 4σ 之外. 转移概率矩阵变成下面的形式:

$$\boldsymbol{P} = \begin{pmatrix} \boldsymbol{R}^* & c\boldsymbol{I} & \boldsymbol{p}^* - c\boldsymbol{1} \\ \boldsymbol{R}^* & \boldsymbol{0} & \boldsymbol{p}^* \\ \boldsymbol{0}^{\mathrm{T}} & \boldsymbol{0}^{\mathrm{T}} & 1 \end{pmatrix},$$

其中 c 表示观测落在 4σ 外的概率.

于是, 所求的 ARL 为 $\mu' = (\mu_1', \mu_2')$, 其中 $\mu_1 = (1+c)[\boldsymbol{I} - (1+c)\boldsymbol{R}^*]^{-1}\boldsymbol{1}$, $\mu_2 = \{\boldsymbol{I} + (1+c)\boldsymbol{R}^*[\boldsymbol{I} - (1+c)\boldsymbol{R}^*]^{-1}\}\boldsymbol{1}$.

类似地, 可求得稳健 EWMA 控制图的 ARL.

另外, 对于联合控制图, Fu, Shmueli, Chang (2003) 给出了基于马尔可夫链求其 ARL 的一般理论框架. 其主要的思想在于: 对于一个应用了 l 个准则的控制图, 记其时刻 t 时的检测统计量为 $\boldsymbol{W}_t(k) = (W_{t-k+1}(k), \cdots, W_t(k))$, 其中 k 表示此时所需的最大历史样本数; 把每一个准则都视为此检测统计量的一个函数 $\phi_i, i = 1, 2, \cdots, l$. 如果任何一个 $\phi_i(\boldsymbol{W}_t(k))$ 报警, 则表明过程失控. 在此基础上定义一个新的检测统计量

$$Y_t(\boldsymbol{W}_t(k); \phi_1, \cdots, \phi_l) = H(\phi_i(\boldsymbol{W}_t(k)); i = 1, 2, \cdots, l),$$

并将其看做一个 l 维的马尔可夫链, 其中每个规则对应着一维空间. 因此, 联合准则越多, 其转移矩阵也越大, 但是很多状态之间不存在转移的可能, 所以这也是一个高阶稀疏矩阵.

对于 $C^+(S_0, k, h)$ 与 $T(2, 3, 2, 3)$ 准则的联合控制图, 对观测值经过标准化处理后, 有 $\boldsymbol{W}_t(3) = [S_{t-2}, S_{t-1}, S_t]$, $\phi_1(\boldsymbol{W}_t(3)) = S_t, \phi_2(\boldsymbol{W}_t(3)) = (R(S_t), R(S_{t-1}))$, $Y_t(\boldsymbol{W}_t(3); \phi_1, \phi_2) = [S_t, R(S_{t-1})]$, 其中

$$R = \begin{cases} r_1, & \text{如果 } 0 \leqslant S_t < 2, \\ r_2, & \text{如果 } 2 \leqslant S_t < 3, \\ r_3, & \text{如果 } 3 \leqslant S_t, \end{cases}$$

r_1, r_2, r_3 为三个不同的标记符号, 用于区别 S_t 的不同取值范围. 将 Y_t 看做二维的马氏链, 能够很容易地写出状态空间和转移概率矩阵.

10.6 关于动态控制图 ATS 的计算

Reynolds 等 (1988) 提出了变化抽样区间的均值控制图, 并由此形成了动态质量控制图这一新的研究领域. 后来又有人提出了具有变化样本容量及变化控制线的控制图, 并得到了一系列关于动态控制图的研究成果. 动态控制图主要包括下列几个方面, VSS, VSI, VSSI 和 VP (variable parameters). 评价一个动态控制图的关键指标不再是 ARL 而是 ATS 与 ANNS(average number of sample to single). 由于 ATS 的计算类似于 ARL, 故本节仅对 ATS 的计算做一个简单的综述.

10.6.1 关于动态的 Shewhart 控制图

动态控制图的主要特征是将受控域 (LCL, UCL) 划分为中心区域 $[-w, w]$ 与警戒区域 $(LCL, -w) \cup (w, UCL)$. 对于 VSS 控制图, 如果检测统计量 Y_t 落入中心区

域, 则下次抽样的样本容量为 n_1; 如果落入警戒区域, 则下一次抽样量为 n_2, 其中 $n_1 < n < n_2$ (n 为静态控制图的样本容量). 对于 VSI 控制图, 如果检测统计量 Y_t 落入中心区域, 则下一次抽样的时间间隔为 d_1; 如果落入警戒区域, 则抽样间隔为 d_2, 其中 $d_1 > d > d_2$ (d 为 FSI 的抽样区间). 对于 VSSI 控制图, 其抽样区间与样本容量均与上一次检测统计量的取值有关, 即它是 VSI 与 VSS 控制图的结合.

对于上述三种动态控制图, 仍可以用 Brook, Evans (1972) 提出的马氏链方法求其 ARL 或 ATS, 但应注意到它们有如下的不同:

对于 VSI 控制图, 如以 $\boldsymbol{d}$ 表示不同状态所对应的抽样区间向量, 则有

$$\text{ATS} = (\boldsymbol{I} - \boldsymbol{R})^{-1}\boldsymbol{d}, \quad \text{ANSS} = n(\boldsymbol{I} - \boldsymbol{R})^{-1}\boldsymbol{1};$$

对于 VSS 控制图, 如以 $\boldsymbol{n}$ 表示不同状态所对应的样本容量, 则有

$$\text{ATS} = \text{ARL} = d(\boldsymbol{I} - \boldsymbol{R})^{-1}\boldsymbol{1}, \quad \text{ANSS} = (\boldsymbol{I} - \boldsymbol{R})^{-1}\boldsymbol{n};$$

对于 VSSI 控制图, 有

$$\text{ATS} = (\boldsymbol{I} - \boldsymbol{R})^{-1}\boldsymbol{d}, \quad \text{ANSS} = (\boldsymbol{I} - \boldsymbol{R})^{-1}\boldsymbol{n}.$$

Costa (1999) 提出了带有变化参数 (VP) 的均值控制图, 其基本思想为: 如果检测统计量 Y_t 落入中心区域, 则下一个检测统计量所对应的控制线与警戒线分别取为 $(\text{LCL}_1, \text{UCL}_1)$ 与 w_1; 如果落入警戒区域, 则所取的控制线与警戒线分别为 $(\text{LCL}_2, \text{UCL}_1)$ 与 w_2, 其中 $\text{LCL}_1 < \text{LCL} < \text{LCL}_2, \text{UCL}_2 < \text{UCL} < \text{UCL}_1$, $w_1 > w > w_2$. 在假设观测值服从正态分布时, 如以 δ 表示均值漂移, 且假设 $\text{UCL} = -\text{LCL}$, 则其 ATS 的计算方法如下:

如以 M_1 表示当第一组样本容量为 n_1 时在报警之前观测统计量落入中心区域的个数, 则 M_1 服从参数为 $1 - p_1$ 的几何分布, 其中 $p_1 = p_{11} + p_{12}p_{21}\sum\limits_{t=1}^{\infty} p_{22}^{t-1}$, 而

$$p_{11} = P\left\{|Y| < w_1 \middle| Y \sim N\left(\delta, \frac{1}{\sqrt{n_1}},\right)\right\}$$

$$p_{12} = P\left\{w_1 < |Y| < \text{UCL}_1 \middle| Y \sim N\left(\delta, \frac{1}{\sqrt{n_1}}\right)\right\},$$

$$p_{21} = P\left\{|Y| < w_2 \middle| Y \sim N\left(\delta, \frac{1}{\sqrt{n_2}}\right)\right\},$$

$$p_{22} = P\left\{w_2 < |Y| < \text{UCL}_2 \middle| Y \sim N\left(\delta, \frac{1}{\sqrt{n_2}}\right)\right\}.$$

如以 L_i 记检测统计量落入两相邻中心区域的时间间隔，则从过程开始到报警的时间 $T_1 = \sum_{i=1}^{M_1} L_i$，其中 $L_1, \cdots, L_{M_1}$ 独立同分布，且 $P\{L_i = d_1\} = 1 - p_{12}$，$P\{L_i = d_1 + jd_2\} = p_{12}p_{22}^{j-1}(1 - p_{12}), j = 1, 2, \cdots$. 又由于

$$E(T_1) = E(M_1)E(L_i) = \frac{d_1(1 - p_{22}) + d_2 p_{12}}{Q},$$

其中 $Q = 1 - p_{11} - p_{12} + p_{11}p_{12} - p_{12}p_{21}$. 再注意结论: $\mathrm{Var}(T_1) = E(M_1)\mathrm{Var}(L_i) + \mathrm{Var}(M_1)E^2(L_i)$，则有

$$\mathrm{Var}(T_1) = \frac{d_2^2 \left[p_{12}(1 - p_{12}) + p_{12}p_{22} \right]}{Q(1 - p_{22})} + \frac{\left[(1 - p_{22} - Q)1 - p_{22}) \right] \left[d_1 + \dfrac{d_2 p_{12}}{1 - p_{22}} \right]^2}{Q^2}.$$

如以 M_2 表示当第一组样本容量为 n_2 时在报警之前观测统计量落入警戒区域的个数，以 O_i 表示检测统计量落入相邻警戒域的时间间隔，且记 $T_2 = \sum_{i=1}^{M_2} O_i$，则用类似的方法，有

$$E(T_2) = E(M_2)E(O_i) = \frac{d_2(1 - p_{11}) + d_1 p_{21}}{Q},$$

$$\mathrm{Var}(T_2) = \frac{d_1^2 \left[p_{21}(1 - p_{21}) + p_{21}p_{11} \right]}{Q(1 - p_{11})} + \frac{\left[(1 - p_{11} - Q)(1 - p_{11}) \right] \left[d_2 + \dfrac{d_1 p_{21}}{1 - p_{11}} \right]^2}{Q^2}.$$

如以 p_0 表示第一次抽样容量为 n_1 的概率，则 ATS 计算公式为

$$\mathrm{ATS} = E(T_1)p_0 + E(T_2)(1 - p_0).$$

10.6.2 关于 VSI CUSUM 控制图

Reynolds, Amin, Arnold(1990) 用马尔可夫链研究了 VSI CUSUM 控制图，其主要思想是把受控区域 C 分解为两个子区间 R_1, R_2，其中 R_1 类似 10.6.1 小节的警戒区域，R_2 为中心区域.

类似地，对于 VSI CUSUM 控制图，有

$$\mathbf{ANSS} = (\boldsymbol{I} - \boldsymbol{R})^{-1}\mathbf{1} = \boldsymbol{M}\mathbf{1}, \quad \mathbf{ATS} = \boldsymbol{M}\boldsymbol{d}. \tag{10.12}$$

对于双边的 VSI CUSUM，他们给出了没有交互作用时的如下近似表达式: $\dfrac{1}{\mathrm{ANSS}} = \dfrac{1}{\mathrm{ANSS}^+} + \dfrac{1}{\mathrm{ANSS}^-}$. ATS 的计算公式为，假设过程从初始状态 i 出发，

$$\text{ATS}_i = \text{ANSS}_i^+ \text{ANSS}_i^- [d_1(\rho_{1i}^+ + \rho_{1i}^-) + d_2(1 - \rho_{1i}^+ - \rho_{1i}^-)]/(\text{ANSS}_i^+ + \text{ANSS}_i^-),$$

其中 $\rho_{1i}^+ = \sum_{j \in D_1} m_{ij}/\text{ANSS}_i^+$, $\rho_{1i}^- = \sum_{j \in D_1} m_{ij}/\text{ANSS}_i^-$, m_{ij} 为 (10.12) 式矩阵 $\boldsymbol{M}$ 的元素. 可以看到该方法同上面的动态均值控制图非常的类似, 而也可以很容易地应用到 EWMA 控制图中.

10.6.3 关于 VSIFT 控制图

虽然动态控制图对于检测中小漂移很有效, 但由于它的抽样时间不固定, 故对于应用者而言并不方便. 于是, Reynolds (1996b) 提出了 variable sampling interval at fixed time (VSIFT) 的思想. 它的基本思想为: 只要没有迹象表明过程有异常, 则抽样间隔就为固定值 d_F; 如果有迹象表明过程有异常, 则应尽快抽样. 于是, 他们把长度为 d_F 的区间划分成 η 个长度为 d_1 的子区间, 即 $\eta d_1 = d_F$. 如有迹象表明过程有异常, 则抽样间隔为 d_1. 此时可控区域的划分类似 6.2 节, 但不同之处在于: 如果 S_t 落入 R_2, 则下一次抽样将在下一个固定时间点进行; 如果 S_t 落入 R_1, 则下一次抽样在 d_1 时间之后; S_t 落在可控区域之外, 过程报警. 以 EWMA 控制图为例, 假定第一个样本的抽取时间为 $t_1 = md_1$, $S_1 = s$ 并且用 $A(s, m)$ 表示从 t_1 到报警的平均时间, 用 $f(s'|s)$ 表示任意的 $s \in C$ 到 $s' \in C$ 的转移概率, 如果 $S_0 = s_0$, 则 ATS 满足下面的积分方程:

$$\text{ATS} = t_1 + \int_{s \in C} A(s, m) f(s|s_0) \mathrm{d}s,$$

其中 $A(s, m)$ 满足如下的积分方程:

$$A(s, m) = d_1 + \int_{s' \in C} A(s', m+1) f(s'|s) \mathrm{d}s', \quad s \in R_1, m = 0, 1, \cdots, \eta - 2,$$

对于 $s \in R_1, m = \eta - 1$,

$$A(s, \eta - 1) = d_1 + \int_{s' \in C} A(s', 0) f(s'|s) \mathrm{d}s',$$

对于 $s \in R_2, m = 0, 1, \cdots, \eta - 1$,

$$A(s, m) = (\eta - m)d_1 + \int_{s' \in C} A(s', 0) f(s'|s) \mathrm{d}s'.$$

Reynolds (1996b) 对上面的积分方程给出了详细的数值求解方法.

10.6.4 关于 VSIFT 的 SPRT 控制图

众所周知, SPRT 检验是统计中一个非常有效的检验方法, 于是, Stoumbos, Reynolds (2001) 提出了基于 SPRT 的 VSIFT 控制图, 其思想与 Reynolds (1996b)

非常类似, 抽样区间的设定与受控域的划分完全同 6.3 节, 不同之处在于检测统计量变成了 SPRT 统计量. 以 U 表示 SPRT 统计量, U_{ij} 表示第 i 次 SPRT 检验的第 j 个检验统计量. 如果 $U_{ij} > h$; 则过程报警; 如果 $U_{ij} \leqslant g$; 则表明过程稳定, 停止该次 SPRT 检验, 直到下一个固定时刻 $(i+1)d_F$ 开始抽样, 并开始第 $i+1$ 个 SPRT 检验; 如果 $g < U_{ij} \leqslant h$; 则继续做检验, 每隔 d_1 个时间单位抽样一次.

记 OC(operating characteristic) 为 SPRT 检验接受原假设的概率, 它是过程均值漂移量 δ 的一个函数, ASN 记为 $E(N)$, 表示每一次 SPRT 检验的平均抽样数. 假定 d_0 为第一次抽样的时刻, 对 ANTS (直到报警的平均检验次数), ANOS (直到报警的平均观测值数目), ATS (平均报警时间) 有

$$\mathrm{ANTS}(\delta) = \frac{1}{1 - OC(\delta)},$$

$$\mathrm{ANOS}(\delta) = \mathrm{ANTS}(\delta) \cdot \mathrm{ASN}(\delta),$$

$$\mathrm{ATS}(\delta) = d_0 + [\mathrm{ANTS}(\delta) - 1]E_\delta(D_i) + \mathrm{ANTS}(\delta)(\mathrm{ASN}(\delta) - 1)d_1,$$

其中 D_i 为第 i 次与第 $i+1$ 次 SPRT 检验之间的时间间隔.

令 $f(u'|u)$ 表示 U_{ij} 的一步转移概率, 其中 $u \in (-\infty, h), u' \in (g, h)$; $p(g|u) = P\{U_{i,j+1} \leqslant g | U_{i,j} = u\}, u \in (-\infty, h)$. 假定 $U_{i1} = u$, 则 $OC(\delta|u)$, $\mathrm{ASN}(\delta|u)$ 满足如下的积分方程:

$$OC(\delta|u) = p(g|u) + \int_g^h OC(\delta|u')f(u'|u)\mathrm{d}u',$$

$$\mathrm{ASN}(\delta|u) = 1 + \int_g^h \mathrm{ASN}(\delta|u')f(u'|u)\mathrm{d}u'.$$

Stoumbos, Reynolds (2001) 给出了上述积分方程以及的 $E_\delta(D_i)$ 的具体数值求解方法, 从而就可以得到 ATS.

10.7 SSARL 及 SSATS 的计算

在上面的讨论中, 我们都假定, 过程的漂移发生在检测开始时刻, 然而, 在许多实际问题中, 过程发生漂移的时刻我们并不能精确确定. Crosier (1986) 最先提出了稳定态 (steady state, SS) ARL 的概念, 随后在许多文献中都会有相应稳定态指标的计算. 在计算稳定态下的 ARL 或 ATS 时, 都假定过程在发生漂移时已运行足够长的时间, 使得检测统计量已经有了一个稳定分布. 在得到这个稳定分布之后, 用其作为权重去加权检测统计量取不同初始值时得到的指标值, 这就是 SSARL 或 SSATS. 对于不同的控制图, 检测统计量的稳定分布求解方法不同, 需假定的前提条件也不同, 在动态控制图中尤为复杂.

　　Lucas, Saccucci (1990) 针对一般的 EWMA 控制图, 给出了 SSARL 的具体计算方法. 由于转移概率矩阵并不是遍历的, 其精确的稳定态概率向量并不存在, 故他们用循环的稳定态概率向量代替. 为求得此时的稳定态概率向量, 调整转移概率矩阵如下: 当控制统计量一旦落入吸收态就被重设为零状态, 于是, 调整后概率转移矩阵为

$$P^* = \begin{pmatrix} \boldsymbol{R} & (\boldsymbol{I}-\boldsymbol{R})\boldsymbol{1} \\ 0 \cdots 1 \cdots 0 & 0 \end{pmatrix}.$$

　　在约束 $\boldsymbol{1}^{\mathrm{T}}\boldsymbol{p}=1$ 下, 求解满足 $\boldsymbol{p}=(\boldsymbol{P}^*)^{\mathrm{T}}\boldsymbol{p}$ 的向量 $\boldsymbol{p}$. 记 $\boldsymbol{q}$ 为从 $\boldsymbol{p}$ 删除吸收态后得到的向量, 则稳定态概率向量为 $\boldsymbol{p}_{ss}=(\boldsymbol{1}^{\mathrm{T}}\boldsymbol{q})^{-1}\boldsymbol{q}$. 这样, 求取 SSARL 的公式为

$$\mathrm{ARL}^* = \boldsymbol{p}_{ss}^{\mathrm{T}}(\boldsymbol{I}-\boldsymbol{R})^{-1}\boldsymbol{1}.$$

　　对于变抽样区间的控制图, 往往还需要假定: (1) 漂移发生在某个区间的概率与该区间的长度成正比; (2) 漂移在某区间发生时的位置服从均匀分布; (3) 该稳定分布是一个条件稳定分布, 即在过程发生漂移之前没有虚假的报警信号. 以 Reynolds (1996b) 的 VSIFT 为例, 令 M_k 表示第 k 次抽样距最近一次固定时刻抽样的时间间隔, 若第 k 次抽样在固定时刻, 则 $M_k=0$. 给定 $S_1=s, M_1=md_1, l(s,m)$ 定义为决定下一次抽样间隔的抽样区间函数, 若 $s\in R_1$, 则 $l(s,m)=d_1$, 若 $s\in R_2$, 则 $l(s,m)=(\eta-m)d_1$, $A(s,m)$ 表示从 md_1 时刻直到报警的平均时间. 以 $\alpha(s,m)$ 表示检测统计量 (S_k, M_k) 的条件稳定分布, 在上面的几个假定下, SSATS 的计算公式为

$$\mathrm{SSATS} = \sum_{m=1}^{\eta-1} \left[\int_{s\in C} \alpha(s,m) \left(A(s,m) - \frac{1}{2}l(s,m) \right) \mathrm{d}s \right],$$

Reynolds (1996b) 给出了其详细的近似求解过程.

10.7.1　关于相关数据 VSRFT 控制图的 SSARL 及 SSATS 计算

　　Zou, Wang, Tsung (2008) 提出了对于相关数据的可变抽样区间和样本容量的模型和 VSRFT 控制方法及其计算. 该计算方法结合了马氏链及积分方程法, 现简要介绍如下. 假设欲监控 $\bar{X}_k = \frac{1}{n}\sum_{i=1}^{n}X_{ki}$, 而观测数据 X_{ki} 可被表示为

$$X_{ki} = \mu_k + \zeta_{ki}, \quad k=1,2,\cdots,$$

其中 μ_k 为第 k 个抽样时刻的过程均值, ζ_{ki} 是均值为 0, 方差为 σ_ζ^2 的独立正态随机变量. 假设 μ_k 满足如下可变参数的 AR(1) 过程

$$\mu_k = (1-\phi^t)\xi + \phi^t\mu_{k-1} + \alpha_k, \quad k=1,2,\cdots,$$

其中 ξ 是过程均值, α_k 是均值为 0, 方差为 σ_α^2 的随机扰动, 并且 $|\phi| < 1$. 我们使用 6.3 节中介绍的 VSIFT 控制图对上述模型进行监控, 略微不同之处在于样本容量同时也进行变化. 其 SSARL 及 SSATS 计算方法简介如下: 定义

$$Z_k = \frac{\bar{X}_k - \xi_0}{\sigma_\zeta \sqrt{\dfrac{1}{n_0}\left(\dfrac{\psi}{1-\psi} + \dfrac{n_0}{n(k)}\right)}},$$

其中 ξ_0 是可控过程均值, n_0 是对于 FSI 控制图的样本容量, $n(k)$ 是该图在第 k 个时刻的样本容量, $\psi = \dfrac{\sigma_\mu^2}{\sigma_\mu^2 + \dfrac{1}{n_0}\sigma_\zeta^2}$, $\sigma_\mu^2 = \sigma_\alpha^2/(1-\phi^2)$. 假设在该控制图中, 只要 Z_k 落在区域 R_C 中, 我们在固定时刻 $v_0, v_1, v_2, \cdots$ 以区间长度 d 进行抽样. 当 Z_k 落入区域 R_W, 我们在固定时刻之间进行更多的抽样, 其中

$$R_C = [-g, g], \quad R_W = [-h, -g] \cup [g, h],$$

g, h 分别为警戒线和控制线. 假设两固定时刻之间被划分为 η 个子区间, 其中每个长度为 $d_s = d/\eta$. 记 Y_k 为第 k 个抽样点的状态. 令

$$p(j|i,v) = P\{Y_{k+1} = j | \mu_{k+1} = v, Y_k = i\}.$$

表 10.1 给出了给定 $\mu_{k+1} = v$ 下转移状态矩阵 $p(j|i,v)$. 在表 10.1 中, p_{mC} 和 p_{mW} 分别为

$$p_{mC} = F_N\left[c_{m1} \cdot g - c_{m2} \cdot \frac{v - \xi_0}{\sigma_X}\right] - F_N\left[-c_{m1} \cdot g - c_{m2} \cdot \frac{v - \xi_0}{\sigma_X}\right],$$

$$p_{mW} = F_N\left[c_{m1} \cdot h - c_{m2} \cdot \frac{v - \xi_0}{\sigma_X}\right] - F_N\left[c_{m1} \cdot g - c_{m2} \cdot \frac{v - \xi_0}{\sigma_X}\right]$$

$$+ F_N\left[-c_{m1} \cdot g - c_{m2} \cdot \frac{v - \xi_0}{\sigma_X}\right] - F_N\left[-c_{m1} \cdot h - c_{m2} \cdot \frac{v - \xi_0}{\sigma_X}\right],$$

其中 $F_N(\cdot)$ 标准正态的累积分布函数, 且

$$c_{m1} = \sqrt{\frac{n_m}{n_0}\frac{\psi}{1-\psi} + 1}, \quad c_{m2} = \sqrt{\frac{n_m}{n_0}\frac{1}{1-\psi}}.$$

表 10.1   转移概率 $p(j|i,v)$

状态	1	2	3	$\cdots$	$\eta-1$	η	$\eta+1$	$\eta+2$	$\eta+3$	$\cdots$	$2\eta-1$	2η
1	p_{1C}	0	0	$\cdots$	0	0	p_{1W}	0	0	$\cdots$	0	0
2	p_{1C}	0	0	$\cdots$	0	0	p_{1W}	0	0	$\cdots$	0	0
$\vdots$	$\vdots$	$\vdots$	$\vdots$		$\vdots$	$\vdots$	$\vdots$	$\vdots$	$\vdots$		$\vdots$	$\vdots$
$\eta-1$	p_{1C}	0	0	$\cdots$	0	0	p_{1W}	0	0	$\cdots$	0	0
η	p_{1C}	0	0	$\cdots$	0	0	p_{1W}	0	0	$\cdots$	0	0
$\eta+1$	0	p_{2C}	0	$\cdots$	0	0	0	p_{2W}	0	$\cdots$	0	0
$\eta+2$	0	0	p_{2C}	$\cdots$	0	0	0	0	p_{2W}	$\cdots$	0	0
$\vdots$	$\vdots$	$\vdots$	$\vdots$		$\vdots$	$\vdots$	$\vdots$	$\vdots$	$\vdots$		$\vdots$	$\vdots$
$2\eta-2$	0	0	0	$\cdots$	p_{2C}	0	0	0	0	$\cdots$	p_{2W}	0
$2\eta-1$	0	0	0	$\cdots$	0	p_{2C}	0	0	0	$\cdots$	0	p_{2W}
2η	p_{2C}	0	0	$\cdots$	0	0	p_{2W}	0	0	$\cdots$	0	0

令 $\sigma_i^2 = \psi(1-\phi^{2l_i})\sigma_X^2$ 为 α_{k+1} 的方差, 其中 $l_i, i = 1, 2, \cdots, \eta$ 是由 Y_k 决定的 t_k 和 t_{k+1} 的间隔. 定义转移状态在给定 $\mu_k = u$ 及 $Y_k = i$ 下 $\mu_{k+1} = v$ 的 $f(v|u,i)$ 如下:

$$f(v|u,i) = f_N\left[\frac{v-\xi}{\sigma_i} - \phi^{l_i}\left(\frac{u-\xi}{\sigma_i}\right)\right]\frac{1}{\sigma_i},$$

其中 $f_N(\cdot)$ 是标准正态密度函数. 则给定 $\mu_k = u$ 和 $Y_k = i$ 条件下的 $\mu_{k+1} = v$ 和 $y_{k+1} = j$ 的联合转移密度可表示为 $p(j|i,v)f(v|u,i)$.

假设 $A(u,i)$ 满足积分方程

$$A(u,i) = l_i + \sum_{j=1}^{2\eta} \int_{-\infty}^{\infty} A(v,j)p(j|i,v)f(v|u,i)\mathrm{d}v,$$

则 $\mathrm{ATS} = t_1 + \sum_{j=1}^{2\eta} \int_{-\infty}^{\infty} A(v,j)p(j|1,v)f_1(v)\mathrm{d}v.$ 而上述的 $A(u,i)$ 可通过如下离散化方法求得

$$\hat{A}(q_{i'},i) = l_i + \sum_{j=1}^{2\eta} \sum_{j'=1}^{r} w_{j'}\hat{A}(q_{j'},j)p(j|i,q_{j'})f(q_{j'}|q_{i'},i).$$

于是, 有

$$\mathrm{ATS} = t_1 + \sum_{j=1}^{2\eta} \sum_{j'=1}^{r} w_{j'}\hat{A}(q_{j'},j)p(j|1,q_{j'})f_1(q_{j'}),$$

其中 $i = 1, 2, \cdots, 2\eta$ 和 $i' = 1, 2, \cdots, r$. 其矩阵形式为

$$\hat{A} = (I - Q)^{-1} L, \quad \text{ATS} = t_1 + q(I - Q)^{-1} L,$$

其中

$$\hat{A} = (\hat{A}_1, \hat{A}_2, \cdots, \hat{A}_{2\eta})^\tau, \quad Q = (Q_{ij})_{2\eta \times 2\eta},$$
$$L = (L_1, L_2, \cdots, L_{2\eta})^\tau, \quad q = (q_1, q_2, \cdots, q_{2\eta}),$$

这里 $\hat{A}_i$ 是第 i' 个位置为 $\hat{A}(q_{i'}, i)$ 的 r 维行向量; $L_{i'}$ 是第 i' 个位置为 $l_{i'}$ 的 r 维行向量; $Q_{ij} = w_{j'} p(j|i, q_{j'}) f(q_{j'}|q_{i'}, i)$; q_j 是第 j' 个位置为 $w_{j'} p(j|1, q_{j'}) f_1(q_{j'})$ 的 r 维行向量.

最后, 令

$$f^*(v|u, i) = f_N \left[\frac{v - \xi_0}{\sigma_i} - \phi^{l_i} \left(\frac{u - \xi_0}{\sigma_i} \right) - \frac{\xi_1 - \xi_0}{\sigma_i} \right] \frac{1}{\sigma_i},$$

其中 ξ_1 为漂移后的过程均值. 令 Q^* 是用 $f^*(v|u, i)$ 代替 $f(v|u, i)$ 后的矩阵 Q. 则

$$\text{SSATS} = \alpha' \left[\frac{1}{2} I + Q^*(I - Q)^{-1} \right] L,$$
$$\text{SSANSS} = \alpha' \left[I + Q^*(I - Q)^{-1} \right] \mathbf{1},$$
$$\text{SSANOS} = \alpha' \left[I + Q^*(I - Q)^{-1} \right] n,$$

其中 Q 中的 $p(j|i, v)$ 和 $f(v|u, i)$ 都是令 $\xi = \xi_1$ 计算得到的; 而 $\alpha = \dfrac{\pi D}{\pi L}$, 其中 D 为对角线元素为 L 的对角阵.

关于相关数据的其他一些类型的控制图的积分方程和马氏链计算方法可参见文献 (Reynolds et al., 1996b; Lu, Reynolds; 1999) 以及其中的参考文献.

10.8 多元控制图的马氏链计算方法

多元控制图产生于 20 世纪 80 年代中期, 其用于对生产过程多个变量的同时观测和诊断. 文献中有大量关于这方面的文章, 有兴趣的读者可参见最近的综述性文章 (Bersimis, Psarakis, Panaretos, 2007). 在众多方法中, 最常用的是由 Lowry 等 (1992) 提出的 MEWMA 方法和 Croisier(1988) 提出的 MCUSUM 方法. 由于两种方法计算类似, 这里仅介绍由 Runger, Prabhu (1996) 提出的对于 MEWMA 控制图的马氏链计算方法. 首先简要描述 MEWMA 控制图. 设 Z_j 是在时刻 j 所得到

的 p 维服从多元正态分布的观测向量, 不失一般性, 假设其均值为 $\mathbf{0}$, 方差阵为 $\boldsymbol{\Sigma}$. 令

$$\boldsymbol{W}_j = \lambda \boldsymbol{Z}_j + (1 - \lambda)\boldsymbol{W}_{j-1}, \quad j = 1, 2, \cdots,$$

其中 $\boldsymbol{W}_0$ 是一 p 维初始向量, $\lambda(0 < \lambda \leqslant 1)$ 是平滑参数. 当

$$U_j = \boldsymbol{W}_j' \boldsymbol{\Sigma}^{-1} \boldsymbol{W}_j > L\frac{\lambda}{2 - \lambda}$$

时控制图报警, 其中 $L > 0$ 为控制线. 该控制图的计算依赖于如下的结论:

命题 10.1 当 $\|\boldsymbol{W}_1\|, \cdots, \|\boldsymbol{W}_{t-1}\|, \|\boldsymbol{W}_t\|$ 已知时, $\boldsymbol{W}_t$ 的条件分布在 $S(\|\boldsymbol{W}_t\|)$ 下是均匀的, 其中 $S(r)$ 是半径为 r 的 p 维球.

命题 10.2 U_t 过程是一马氏链.

由上面的命题, Runger, Prabhu (1996) 给出了 MEWMA 控制图的马氏链计算方法. 简述如下: 定义一 $(m + 1) \times (m + 1)$ 的转移矩阵 $\boldsymbol{P} = (p_{ij})$. 有, 对 $i = 0, 1, 2, \cdots, m,$

$$p_{ij} = F_1\big((j + 0.5)^2 g^2/\lambda^2; p + 1; \xi\big) - F_1\big((j - 0.5)^2 g^2/\lambda^2; p + 1; \xi\big), \quad 0 < j \leqslant m,$$

$$p_{i0} = F_1\big((0.5)^2 g^2/\lambda^2; p + 1; \xi\big), \quad j = 0,$$

其中 $g = \left(L\dfrac{\lambda}{2 - \lambda}\right)^{\frac{1}{2}} / (m + 1)$, $\xi = [(1 - \lambda)ig/\lambda]^2$, $F_1(\cdot; \nu; \xi)$ 是自由度为 ν, 非中心参数为 ξ 的非中心卡方累积分布函数. 则可控平均运行长度可由下式得到

$$\mathrm{ARL} = \boldsymbol{e}'(\boldsymbol{I} - \boldsymbol{P})^{-1}\boldsymbol{e},$$

其中 $\boldsymbol{e} = (1, 0, \cdots, 0)^{\mathrm{T}}$.

对于失控 ARL, 需要使用二维马氏链进行近似, 其中一维包含 $m_2 + 1$ 个状态用于分析可控分量的性质, 而另一维包含 $2m_1 + 1$ 个转移状态用于分析失控分量的性质. 记 $g_1 = 2L\dfrac{\lambda}{2 - \lambda}/(2m_1 + 1)$, $g_2 = 2L\dfrac{\lambda}{2 - \lambda}/(2m_2 + 1)$. 令 $c_i = -L\dfrac{\lambda}{2 - \lambda}/\delta + (i - 0.5)g_1$. 定义

$$h(i, j) = P\left\{ -L\frac{\lambda}{2 - \lambda} + (j - 1)g_1 - \frac{(1 - \lambda)c_i}{\lambda} - \delta < Z_{t1} - \delta \right.$$
$$\left. < \left(-L\frac{\lambda}{2 - \lambda}\right) + jg_1 - \frac{(1 - \lambda)c_1}{\lambda} - \delta \right\},$$

$$v(i, j) = P\{(j - 0.5)^2 g_2^2/\lambda^2 < \chi^2(p - 1, c) < (j + 0.5)^2 g_2^2/\lambda^2\},$$

其中 $c = [(1 - \lambda)ig_2/\lambda]^2$. 则由状态 (i_x, i_y) 转移到状态 (j_x, j_y) 的概率为

$$P[(i_x, i_y), (j_x, j_y)] = h(i_x, j_x) \cdot v(i_y, j_y).$$

由此式可类似前面的一维马氏链得到失控 ARL. Zou, Tsung, Wang (2007) 推广了该方法来计算 profile 控制图的 ARL 及相应的 VSI 控制图的 SSATS. 值得注意的是在该文中由于包含方差的漂移, 所以某些计算方法发生较大变化, 在此省略, 有兴趣的读者可参见该文的附录.

10.9 总　　结

Champ 和 Rigdon(1991) 证明了马尔可夫链方法与积分方程方法, 在应用于一般情况下的 EWMA 与 CUSUM 时, 具有类似结果. 马尔可夫链方法是先近似, 再精确求解, 而积分方程则先写出精确表达式后再近似求解. 当在两者的近似中都应用中点法则时, 它们会给出近似的结果.

在应用马氏链方法求解双边控制图的 ARL 或 ATS 时, 其状态的划分有时不一定必须利用矩形, 而可以通过利用其他形式的区域来定义状态, 以减少状态的个数, 具体的例子见文献 (Zhang, Zou, Wang, 2010).

本书仅考虑了动态控制图 ATS 的计算问题, 事实上, 由于动态控制图的抽样区间或样本容量经常发生变化, 就给实际应用者带来了一些不便, 于是, Amin, Letsinger (1991) 就提出了 ANSW (average number of switches) 这一准则. 但由于其他文献中很少应用这个准则, 故本书没有介绍这方面的结果.

当没有马氏链方法或积分方程时, ARL 或 ATS 的计算可通过随机模拟来完成. 虽然在某些情况下, 它需要的计算量非常大, 但有时它的计算时间仍可能少于二维马氏链.

10.10 附录: 积分方程的近似计算

10.10.1 一般的 Gauss 节点法

对于形如 (10.5) 式的积分方程, 一般可采用如下的 Gauss 节点法求其近似解. 设其节点为 $z_1, \cdots, z_m$, 对应这些节点的权重为 $c_1, \cdots, c_m$. 于是, 方程 (10.5) 可近似改写为

$$L(\mu) = 1 + L(0)F(k - \mu) + \sum_{i=1}^{m} c_i L(z_i) f(z_i + k - \mu). \tag{10.13}$$

如记

$$\boldsymbol{\delta}_2 = (F(k - z_1), \cdots, F(k - z_m))',$$

$$\boldsymbol{\Omega} = (\omega_{ij}), \ \omega_{ij} = c_j f(z_j + k - z_i),$$

$$\boldsymbol{A} = (\boldsymbol{\delta}_2 | \boldsymbol{\Omega} - \boldsymbol{I}),$$

$$\boldsymbol{L}' = (L(0), L(z_1), \cdots, L(z_m)),$$

$$\boldsymbol{c} = \begin{pmatrix} -1 \\ -1 \\ \vdots \\ -1 \end{pmatrix}.$$

则当在方程 (10.5) 中取 $\mu = z_1, \cdots, z_m$ 时, 得到如下的方程组:

$$\boldsymbol{AL} = \boldsymbol{c},$$

而其中的 $\boldsymbol{A}, \boldsymbol{c}$ 均已知, 故易求得 $\boldsymbol{L}$ 的值, 把它代入 (10.13), 则可求得此时的 ARL 值 $L(\mu)$. 显然, 这种近似计算方法依赖于节点的选取及节点个数.

当观测值的分布为正态时, Goel, Wu (1971) 就是利用上述方法进行 ARL 及其分布的计算的.

10.10.2   Gauss-Legendre 方法

对于由 (10.6) 和 (10.7) 决定的上侧 CUSUM 控制图的运行长度的分布, Lucẽno, Puig-pey (2000) 给出了如下的近似计算方法.

我们仍以 f 和 F 分别表示观测变量的概率密度函数和累积和分布函数, 以 $z_1, \cdots, z_m$ 和 $c_1, \cdots, c_m$ 分别表示 Gauss-Legendre 方法的节点与权重.

为了方便, 引入如下记号:

$$\boldsymbol{\delta}_1 = (1 - F(h + k - z_1), \cdots, 1 - F(h + k - z_m))',$$

$$\boldsymbol{\delta}_2 = (F(k - z_1), \cdots, F(k - z_m))',$$

$$\boldsymbol{p}_n = (p(n, z_1), \cdots, p(n, z_m))',$$

$$\boldsymbol{w} = (c_1 f(z_1 + k), \cdots, c_m f(z_m + k))',$$

$$\boldsymbol{\Omega} = (\omega_{ij}), \ \omega_{ij} = c_j f(z_j + k - z_i).$$

其中 $\boldsymbol{\delta}_2, \boldsymbol{\Omega}$ 仍是上一小节中的记号. 于是, 方程 (10.6) 与 (10.7) 可以近似地写成如下的方程组:

$$\begin{cases} \boldsymbol{p}_n = p(n - 1, 0)\boldsymbol{\delta}_2 + \boldsymbol{\Omega p}_{n-1}, \\ \boldsymbol{p}_1 = \boldsymbol{\delta}_1. \end{cases} \tag{10.14}$$

当初值为 0 时, 注意到

$$
\begin{cases}
p(1,0) = 1 - F(h+k), \\
p(n,0) = p(n-1,0)F(k) + \boldsymbol{w}'\boldsymbol{p}_{n-1}.
\end{cases}
\tag{10.15}
$$

由于 (10.15) 是一个递推形式, 故当把 (10.14) 式代入后, 有

$$
\begin{aligned}
& p(n,0) \\
&= F(k)p(n-1,0) + \boldsymbol{w}'[p(n-2,0)\boldsymbol{\delta}_2 + \boldsymbol{w}'\boldsymbol{p}_{n-2}] \\
&= F(k)p(n-1,0) + \boldsymbol{w}'\boldsymbol{\Omega}^0\boldsymbol{\delta}_2 p(n-2,0) + \cdots + \boldsymbol{w}'\boldsymbol{\Omega}^{n-3}\boldsymbol{\delta}_2 p(1,0) + \boldsymbol{w}'\boldsymbol{\Omega}^{n-2}\boldsymbol{\delta}_1 \\
&= F(k)p(n-1,0) + \sum_{j=0}^{n-3} K_{2j} p(n-2-j,0) + K_{1\ n-2},
\end{aligned}
\tag{10.16}
$$

其中 $K_{1j} = \boldsymbol{w}'\boldsymbol{\Omega}^j\boldsymbol{\delta}_1, K_{2j} = \boldsymbol{w}'\boldsymbol{\Omega}^j\boldsymbol{\delta}_2, j = 0,1,2,\cdots$.

当 $\boldsymbol{\Omega}$ 的特征值的绝对值小于 1 时, 对于充分大的 n, 可以找到一个足够大的正整数 N, 使得 (10.16) 式可以近似地表示成

$$
p(n,0) = F(k)p(n-1,0) + \sum_{j=0}^{N} K_{2j} p(n-2-j,0) + K_{1\ n-2}.
\tag{10.17}
$$

结合 (10.16) 和 (10.17) 计算初值为零时的 ARL. 而当需要计算初值非零时的分布 $\boldsymbol{p}_n$ 时, 可以结合 (10.17) 和 (10.14) 来计算. 但注意到, 此时的 ARL, Lucẽno 和 Puig-pey (2000) 给出了如下的近似计算公式:

$$
\mathrm{ARL}(z_j) = r_{1j} + r_{2j}\mathrm{ARL}(0),
$$

其中 $\boldsymbol{r}_i = (r_{i1}, \cdots, r_{im})', i = 1,2$ 满足如下两个方程:

$$
(\boldsymbol{I} - \boldsymbol{\Omega})\boldsymbol{r}_1 = \boldsymbol{1},
$$

$$
(\boldsymbol{I} - \boldsymbol{\Omega})\boldsymbol{r}_2 = \boldsymbol{\delta}_2.
$$

上述方法能够更快地提供更精确解, 其原因在于: $\boldsymbol{\Omega}, \boldsymbol{\delta}_1, \boldsymbol{\delta}_2, \boldsymbol{w}$ 的值都不依赖于 n, 且只需要计算一次.

第11章　某些常用数表

表 11.1　标准正态分布累积分布函数值 $\Phi(x) = \int_{-\infty}^{x} \frac{1}{\sqrt{2\pi}} e^{-\frac{z^2}{2}} \mathrm{d}z$

	0	0.01	0.02	0.03	0.04	0.05	0.06	0.07	0.08	0.09
0	0.50000	0.50399	0.50798	0.51197	0.51595	0.51994	0.52392	0.52790	0.53188	0.53586
0.1	0.53983	0.54380	0.54776	0.55172	0.55567	0.55962	0.56356	0.56749	0.57142	0.57535
0.2	0.57926	0.58317	0.58706	0.59095	0.59483	0.59871	0.60257	0.60642	0.61026	0.61409
0.3	0.61791	0.62172	0.62552	0.62930	0.63307	0.63683	0.64058	0.64431	0.64803	0.65173
0.4	0.65542	0.65910	0.66276	0.66640	0.67003	0.67364	0.67724	0.68082	0.68439	0.68793
0.5	0.69146	0.69497	0.69847	0.70194	0.7054	0.70884	0.71226	0.71566	0.71904	0.72240
0.6	0.72575	0.72907	0.73237	0.73565	0.73891	0.74215	0.74537	0.74857	0.75175	0.75490
0.7	0.75804	0.76115	0.76424	0.76730	0.77035	0.77337	0.77637	0.77935	0.78230	0.78524
0.8	0.78814	0.79103	0.79389	0.79673	0.79955	0.80234	0.80511	0.80785	0.81057	0.81327
0.9	0.81594	0.81859	0.82121	0.82381	0.82639	0.82894	0.83147	0.83398	0.83646	0.83891
1	0.84134	0.84375	0.84614	0.84849	0.85083	0.85314	0.85543	0.85769	0.85993	0.86214
1.1	0.86433	0.86650	0.86864	0.87076	0.87286	0.87493	0.87698	0.87900	0.88100	0.88298
1.2	0.88493	0.88686	0.88877	0.89065	0.89251	0.89435	0.89617	0.89796	0.89973	0.90147
1.3	0.90320	0.90490	0.90658	0.90824	0.90988	0.91149	0.91309	0.91466	0.91621	0.91774
1.4	0.91924	0.92073	0.92220	0.92364	0.92507	0.92647	0.92785	0.92922	0.93056	0.93189
1.5	0.93319	0.93448	0.93574	0.93699	0.93822	0.93943	0.94062	0.94179	0.94295	0.94408
1.6	0.94520	0.94630	0.94738	0.94845	0.94950	0.95053	0.95154	0.95254	0.95352	0.95449
1.7	0.95543	0.95637	0.95728	0.95818	0.95907	0.95994	0.96080	0.96164	0.96246	0.96327
1.8	0.96407	0.96485	0.96562	0.96638	0.96712	0.96784	0.96856	0.96926	0.96995	0.97062
1.9	0.97128	0.97193	0.97257	0.97320	0.97381	0.97441	0.97500	0.97558	0.97615	0.97670
2	0.97725	0.97778	0.97831	0.97882	0.97932	0.97982	0.98030	0.98077	0.98124	0.98169
2.1	0.98214	0.98257	0.98300	0.98341	0.98382	0.98422	0.98461	0.98500	0.98537	0.98574
2.2	0.98610	0.98645	0.98679	0.98713	0.98745	0.98778	0.98809	0.98840	0.98870	0.98899
2.3	0.98928	0.98956	0.98983	0.9901	0.99036	0.99061	0.99086	0.99111	0.99134	0.99158
2.4	0.99180	0.99202	0.99224	0.99245	0.99266	0.99286	0.99305	0.99324	0.99343	0.99361
2.5	0.99379	0.99396	0.99413	0.99430	0.99446	0.99461	0.99477	0.99492	0.99506	0.9952
2.6	0.99534	0.99547	0.99560	0.99573	0.99585	0.99598	0.99609	0.99621	0.99632	0.99643
2.7	0.99653	0.99664	0.99674	0.99683	0.99693	0.99702	0.99711	0.99720	0.99728	0.99736
2.8	0.99744	0.99752	0.99760	0.99767	0.99774	0.99781	0.99788	0.99795	0.99801	0.99807
2.9	0.99813	0.99819	0.99825	0.99831	0.99836	0.99841	0.99846	0.99851	0.99856	0.99861
3	0.99865	0.99869	0.99874	0.99878	0.99882	0.99886	0.99889	0.99893	0.99896	0.99900
3.1	0.99903	0.99906	0.99910	0.99913	0.99916	0.99918	0.99921	0.99924	0.99926	0.99929
3.2	0.99931	0.99934	0.99936	0.99938	0.99940	0.99942	0.99944	0.99946	0.99948	0.99950

	0	0.01	0.02	0.03	0.04	0.05	0.06	0.07	0.08	0.09
3.3	0.99952	0.99953	0.99955	0.99957	0.99958	0.99960	0.99961	0.99962	0.99964	0.99965
3.4	0.99966	0.99968	0.99969	0.99970	0.99971	0.99972	0.99973	0.99974	0.99975	0.99976
3.5	0.99977	0.99978	0.99978	0.99979	0.99980	0.99981	0.99981	0.99982	0.99983	0.99983
3.6	0.99984	0.99985	0.99985	0.99986	0.99986	0.99987	0.99987	0.99988	0.99988	0.99989
3.7	0.99989	0.99990	0.99990	0.99990	0.99991	0.99991	0.99992	0.99992	0.99992	0.99992
3.8	0.99993	0.99993	0.99993	0.99994	0.99994	0.99994	0.99994	0.99995	0.99995	0.99995
3.9	0.99995	0.99995	0.99996	0.99996	0.99996	0.99996	0.99996	0.99996	0.99997	0.99997

表 11.2 χ^2 分布的分位数表 $\displaystyle\int_c^\infty \chi^2(x;n)\mathrm{d}x = \alpha$

n	α										n
	0.995	0.99	0.975	0.95	0.9	0.1	0.05	0.025	0.01	0.005	
1	0.00	0.00	0.00	0.00	0.02	2.71	3.84	5.02	6.64	7.88	1
2	0.01	0.02	0.05	0.10	0.21	4.61	5.99	7.38	9.21	10.60	2
3	0.07	0.12	0.22	0.35	0.58	6.25	7.82	9.35	11.34	12.84	3
4	0.21	0.30	0.48	0.71	1.06	7.78	9.49	11.14	13.28	14.86	4
5	0.42	0.55	0.83	1.15	1.61	9.24	11.07	12.83	15.09	16.75	5
6	0.68	0.87	1.24	1.64	2.20	10.64	12.59	14.45	16.81	18.55	6
7	0.99	1.24	1.69	2.17	2.83	12.02	14.07	16.01	18.48	20.28	7
8	1.34	1.65	2.18	2.73	3.49	13.36	15.51	17.53	20.09	21.95	8
9	1.73	2.09	2.70	3.33	4.17	14.68	16.92	19.02	21.67	23.59	9
10	2.16	2.56	3.25	3.94	4.87	15.99	18.31	20.48	23.21	25.19	10
11	2.60	3.05	3.82	4.58	5.58	17.28	19.68	21.92	24.72	26.76	11
12	3.07	3.57	4.40	5.23	6.30	18.55	21.03	23.34	26.22	28.30	12
13	3.57	4.11	5.01	5.89	7.04	19.81	22.36	24.74	27.69	29.82	13
14	4.07	4.66	5.63	6.57	7.79	21.06	23.68	26.12	29.14	31.32	14
15	4.61	5.23	6.26	7.26	8.55	22.31	25.00	27.49	30.58	32.80	15
16	5.14	5.81	6.91	7.96	9.31	23.54	26.30	28.85	32.00	34.27	16
17	5.70	6.41	7.56	8.67	10.09	24.77	27.59	30.19	33.41	35.72	17
18	6.26	7.02	8.23	9.39	10.86	25.99	28.87	31.53	34.81	37.16	18
19	6.84	7.63	8.91	10.12	11.65	27.20	30.14	32.85	36.19	38.58	19
20	7.43	8.26	9.59	10.85	12.44	28.41	31.41	34.17	37.57	40.00	20
21	8.03	8.90	10.28	11.59	13.24	29.62	32.67	35.48	38.93	41.40	21
22	8.64	9.54	10.98	12.34	14.04	30.81	33.92	36.78	40.29	42.80	22
23	9.26	10.20	11.69	13.09	14.85	32.01	35.17	38.08	41.64	44.18	23
24	9.89	10.86	12.40	13.85	15.66	33.20	36.42	39.36	42.98	45.56	24
25	10.52	11.52	13.12	14.61	16.47	34.38	37.65	40.65	44.31	46.93	25
26	11.16	12.20	13.84	15.38	17.29	35.56	38.89	41.92	45.64	48.29	26
27	11.81	12.88	14.57	16.15	18.11	36.74	40.11	43.19	46.96	49.64	27
28	12.46	13.56	15.31	16.93	18.94	37.92	41.34	44.46	48.28	50.99	28
29	13.12	14.26	16.05	17.71	19.77	39.09	42.56	45.72	49.59	52.34	29

n	0.995	0.99	0.975	0.95	0.9	0.1	0.05	0.025	0.01	0.005	n
					α						
30	13.79	14.95	16.79	18.49	20.60	40.26	43.77	46.98	50.89	53.67	30
31	14.46	15.66	17.54	19.28	21.43	41.42	44.99	48.23	52.19	55.00	31
32	15.13	16.36	18.29	20.07	22.27	42.58	46.19	49.48	53.49	56.33	32
33	15.82	17.07	19.05	20.87	23.11	43.75	47.40	50.73	54.78	57.65	33
34	16.50	17.79	19.81	21.66	23.95	44.90	48.60	51.97	56.06	58.96	34
35	17.19	18.51	20.57	22.47	24.80	46.06	49.80	53.20	57.34	60.27	35
36	17.89	19.23	21.34	23.27	25.64	47.21	51.00	54.44	58.62	61.58	36
37	18.59	19.96	22.11	24.07	26.49	48.36	52.19	55.67	59.89	62.88	37
38	19.29	20.69	22.88	24.88	27.34	49.51	53.38	56.90	61.16	64.18	38
39	20.00	21.43	23.65	25.70	28.20	50.66	54.57	58.12	62.43	65.48	39
40	20.71	22.16	24.43	26.51	29.05	51.81	55.76	59.34	63.69	66.77	40

表 11.3　t 分布的分位数表 $\displaystyle\int_c^\infty t(x;n)\mathrm{d}x = \alpha$

n	0.3	0.2	0.1	0.05	0.025	0.01	0.005	0.001	n
				α					
1	0.727	1.376	3.078	6.314	12.706	31.821	63.657	318.309	1
2	0.617	1.061	1.886	2.920	4.303	6.965	9.925	22.327	2
3	0.584	0.979	1.638	2.353	3.182	4.541	5.841	10.215	3
4	0.569	0.941	1.533	2.132	2.776	3.747	4.604	7.173	4
5	0.559	0.920	1.476	2.015	2.571	3.365	4.032	5.893	5
6	0.553	0.906	1.440	1.943	2.447	3.143	3.707	5.208	6
7	0.549	0.896	1.415	1.895	2.365	2.998	3.500	4.786	7
8	0.546	0.889	1.397	1.860	2.306	2.897	3.355	4.501	8
9	0.543	0.883	1.383	1.833	2.262	2.821	3.250	4.297	9
10	0.542	0.879	1.372	1.812	2.228	2.764	3.169	4.144	10
11	0.540	0.876	1.363	1.796	2.201	2.718	3.106	4.025	11
12	0.539	0.873	1.356	1.782	2.179	2.681	3.055	3.930	12
13	0.538	0.870	1.350	1.771	2.160	2.650	3.012	3.852	13
14	0.537	0.868	1.345	1.761	2.145	2.625	2.977	3.787	14
15	0.536	0.866	1.341	1.753	2.131	2.603	2.947	3.733	15
16	0.535	0.865	1.337	1.746	2.120	2.583	2.921	3.686	16
17	0.534	0.863	1.333	1.740	2.110	2.567	2.898	3.646	17
18	0.534	0.862	1.330	1.734	2.101	2.552	2.878	3.610	18
19	0.533	0.861	1.328	1.729	2.093	2.540	2.861	3.579	19
20	0.533	0.860	1.325	1.725	2.086	2.528	2.845	3.552	20
21	0.532	0.859	1.323	1.721	2.080	2.518	2.831	3.527	21
22	0.532	0.858	1.321	1.717	2.074	2.508	2.819	3.505	22
23	0.532	0.858	1.319	1.714	2.069	2.500	2.807	3.485	23

续表

n	α								n
	0.3	0.2	0.1	0.05	0.025	0.01	0.005	0.001	
24	0.531	0.857	1.318	1.711	2.064	2.492	2.797	3.467	24
25	0.531	0.856	1.316	1.708	2.060	2.485	2.787	3.450	25
26	0.531	0.856	1.315	1.706	2.056	2.479	2.779	3.435	26
27	0.531	0.855	1.314	1.703	2.052	2.473	2.771	3.421	27
28	0.530	0.855	1.313	1.701	2.048	2.467	2.763	3.408	28
29	0.530	0.854	1.311	1.699	2.045	2.462	2.756	3.396	29
30	0.530	0.854	1.310	1.697	2.042	2.457	2.750	3.385	30
35	0.529	0.852	1.306	1.690	2.030	2.438	2.724	3.340	35
40	0.529	0.851	1.303	1.684	2.021	2.423	2.705	3.307	40
45	0.528	0.850	1.301	1.679	2.014	2.412	2.690	3.281	45
50	0.528	0.849	1.299	1.676	2.009	2.403	2.678	3.261	50
100	0.526	0.845	1.290	1.660	1.984	2.364	2.626	3.174	100
150	0.526	0.844	1.287	1.655	1.976	2.352	2.609	3.145	150
200	0.525	0.843	1.286	1.653	1.972	2.345	2.601	3.131	200
∞	0.524	0.842	1.282	1.645	1.960	2.326	2.576	3.090	∞

表 11.4　F 分布的分位数表 $\displaystyle\int_c^\infty f(x; m, n)\mathrm{d}x = \alpha(\alpha = 0.2)$

m	n															
	1	2	3	4	5	6	7	8	9	10	15	20	30	50	100	∞
1	9.47	3.56	2.68	2.35	2.18	2.07	2.00	1.95	1.91	1.88	1.80	1.76	1.72	1.69	1.66	1.64
2	12.00	4.00	2.89	2.47	2.26	2.13	2.04	1.98	1.93	1.90	1.80	1.75	1.70	1.66	1.64	1.61
3	13.06	4.16	2.94	2.48	2.25	2.11	2.02	1.95	1.90	1.86	1.75	1.70	1.64	1.60	1.58	1.55
4	13.64	4.24	2.96	2.48	2.24	2.09	1.99	1.92	1.87	1.83	1.71	1.65	1.60	1.56	1.53	1.50
5	14.01	4.28	2.97	2.48	2.23	2.08	1.97	1.90	1.85	1.8	1.68	1.62	1.57	1.52	1.49	1.46
6	14.26	4.32	2.97	2.47	2.22	2.06	1.96	1.88	1.83	1.78	1.66	1.60	1.54	1.49	1.46	1.43
7	14.44	4.34	2.97	2.47	2.21	2.05	1.94	1.87	1.81	1.77	1.64	1.58	1.52	1.47	1.43	1.40
8	14.58	4.36	2.98	2.47	2.20	2.04	1.93	1.86	1.80	1.75	1.62	1.56	1.50	1.45	1.41	1.38
9	14.68	4.37	2.98	2.46	2.20	2.03	1.93	1.85	1.79	1.74	1.61	1.54	1.48	1.43	1.40	1.36
10	14.77	4.38	2.98	2.46	2.19	2.03	1.92	1.84	1.78	1.73	1.60	1.53	1.47	1.42	1.38	1.34
11	14.84	4.39	2.98	2.46	2.19	2.02	1.91	1.83	1.77	1.72	1.59	1.52	1.46	1.41	1.37	1.33
12	14.90	4.40	2.98	2.46	2.18	2.02	1.91	1.83	1.76	1.72	1.58	1.51	1.45	1.39	1.36	1.32
13	14.95	4.40	2.98	2.45	2.18	2.01	1.90	1.82	1.76	1.71	1.57	1.50	1.44	1.38	1.35	1.31
14	15.00	4.41	2.98	2.45	2.18	2.01	1.90	1.82	1.75	1.70	1.56	1.50	1.43	1.38	1.34	1.30
15	15.04	4.42	2.98	2.45	2.18	2.01	1.89	1.81	1.75	1.70	1.56	1.49	1.42	1.37	1.33	1.29
16	15.07	4.42	2.98	2.45	2.17	2.00	1.89	1.81	1.74	1.70	1.55	1.48	1.42	1.36	1.32	1.28
17	15.10	4.42	2.98	2.45	2.17	2.00	1.89	1.80	1.74	1.69	1.55	1.48	1.41	1.35	1.31	1.27
18	15.13	4.43	2.98	2.45	2.17	2.00	1.88	1.80	1.74	1.69	1.54	1.47	1.40	1.35	1.31	1.26
19	15.15	4.43	2.98	2.45	2.17	2.00	1.88	1.80	1.73	1.69	1.54	1.47	1.40	1.34	1.30	1.26

m	n=1	2	3	4	5	6	7	8	9	10	15	20	30	50	100	∞
20	15.17	4.43	2.98	2.44	2.17	2.00	1.88	1.80	1.73	1.68	1.54	1.47	1.39	1.34	1.30	1.25
21	15.19	4.43	2.98	2.44	2.16	1.99	1.88	1.79	1.73	1.68	1.53	1.46	1.39	1.33	1.29	1.25
22	15.21	4.44	2.98	2.44	2.16	1.99	1.88	1.79	1.73	1.68	1.53	1.46	1.39	1.33	1.29	1.24
23	15.22	4.44	2.98	2.44	2.16	1.99	1.87	1.79	1.73	1.67	1.53	1.46	1.38	1.33	1.28	1.24
24	15.24	4.44	2.98	2.44	2.16	1.99	1.87	1.79	1.72	1.67	1.53	1.45	1.38	1.32	1.28	1.23
25	15.25	4.44	2.98	2.44	2.16	1.99	1.87	1.79	1.72	1.67	1.52	1.45	1.38	1.32	1.27	1.23
26	15.26	4.44	2.98	2.44	2.16	1.99	1.87	1.78	1.72	1.67	1.52	1.45	1.37	1.31	1.27	1.22
27	15.28	4.44	2.98	2.44	2.16	1.99	1.87	1.78	1.72	1.67	1.52	1.44	1.37	1.31	1.27	1.22
28	15.29	4.45	2.98	2.44	2.16	1.98	1.87	1.78	1.72	1.67	1.52	1.44	1.37	1.31	1.26	1.22
29	15.30	4.45	2.98	2.44	2.16	1.98	1.87	1.78	1.72	1.66	1.51	1.44	1.37	1.31	1.26	1.21
30	15.31	4.45	2.98	2.44	2.16	1.98	1.86	1.78	1.71	1.66	1.51	1.44	1.36	1.30	1.26	1.21
35	15.34	4.45	2.98	2.44	2.15	1.98	1.86	1.77	1.71	1.66	1.51	1.43	1.35	1.29	1.24	1.19
40	15.37	4.46	2.98	2.44	2.15	1.98	1.86	1.77	1.70	1.65	1.50	1.42	1.35	1.28	1.23	1.18
45	15.40	4.46	2.98	2.44	2.15	1.97	1.85	1.77	1.70	1.65	1.50	1.42	1.34	1.28	1.23	1.17
50	15.42	4.46	2.98	2.43	2.15	1.97	1.85	1.76	1.70	1.65	1.49	1.41	1.34	1.27	1.22	1.16
60	15.44	4.46	2.98	2.43	2.15	1.97	1.85	1.76	1.69	1.64	1.49	1.41	1.33	1.26	1.21	1.15
70	15.46	4.47	2.98	2.43	2.14	1.97	1.85	1.76	1.69	1.64	1.48	1.40	1.32	1.25	1.20	1.14
80	15.48	4.47	2.98	2.43	2.14	1.97	1.84	1.76	1.69	1.64	1.48	1.40	1.32	1.25	1.19	1.13
100	15.50	4.47	2.98	2.43	2.14	1.96	1.84	1.75	1.69	1.63	1.47	1.39	1.31	1.24	1.18	1.12
150	15.52	4.47	2.98	2.43	2.14	1.96	1.84	1.75	1.68	1.63	1.47	1.39	1.30	1.23	1.17	1.10
200	15.54	4.48	2.98	2.43	2.14	1.96	1.84	1.75	1.68	1.63	1.46	1.38	1.30	1.22	1.16	1.08
∞	15.58	4.48	2.98	2.43	2.13	1.95	1.83	1.74	1.67	1.62	1.46	1.37	1.28	1.21	1.14	1

表 11.5　F 分布的分位数表 $\displaystyle\int_c^\infty f(x; m, n)\mathrm{d}x = \alpha(\alpha = 0.1)$

m	n=1	2	3	4	5	6	7	8	9	10	15	20	30	50	100	∞
1	39.86	8.53	5.54	4.54	4.06	3.78	3.59	3.46	3.36	3.29	3.07	2.97	2.88	2.81	2.76	2.71
2	49.50	9.00	5.46	4.32	3.78	3.46	3.26	3.11	3.01	2.92	2.70	2.59	2.49	2.41	2.36	2.30
3	53.59	9.16	5.39	4.19	3.62	3.29	3.07	2.92	2.81	2.73	2.49	2.38	2.28	2.20	2.14	2.08
4	55.83	9.24	5.34	4.11	3.52	3.18	2.96	2.81	2.69	2.61	2.36	2.25	2.14	2.06	2.00	1.94
5	57.24	9.29	5.31	4.05	3.45	3.11	2.88	2.73	2.61	2.52	2.27	2.16	2.05	1.97	1.91	1.85
6	58.20	9.33	5.28	4.01	3.41	3.05	2.83	2.67	2.55	2.46	2.21	2.09	1.98	1.90	1.83	1.77
7	58.91	9.35	5.27	3.98	3.37	3.01	2.78	2.62	2.51	2.41	2.16	2.04	1.93	1.84	1.78	1.72
8	59.44	9.37	5.25	3.95	3.34	2.98	2.75	2.59	2.47	2.38	2.12	2.00	1.88	1.80	1.73	1.67
9	59.86	9.38	5.24	3.94	3.32	2.96	2.72	2.56	2.44	2.35	2.09	1.96	1.85	1.76	1.69	1.63
10	60.19	9.39	5.23	3.92	3.30	2.94	2.70	2.54	2.42	2.32	2.06	1.94	1.82	1.73	1.66	1.60
11	60.47	9.40	5.22	3.91	3.28	2.92	2.68	2.52	2.40	2.30	2.04	1.91	1.79	1.70	1.64	1.57
12	60.71	9.41	5.22	3.90	3.27	2.90	2.67	2.50	2.38	2.28	2.02	1.89	1.77	1.68	1.61	1.55

m	n 1	2	3	4	5	6	7	8	9	10	15	20	30	50	100	∞
13	60.90	9.41	5.21	3.89	3.26	2.89	2.65	2.49	2.36	2.27	2.00	1.87	1.75	1.66	1.59	1.52
14	61.07	9.42	5.20	3.88	3.25	2.88	2.64	2.48	2.35	2.26	1.99	1.86	1.74	1.64	1.57	1.50
15	61.22	9.42	5.20	3.87	3.24	2.87	2.63	2.46	2.34	2.24	1.97	1.84	1.72	1.63	1.56	1.49
16	61.35	9.43	5.20	3.86	3.23	2.86	2.62	2.45	2.33	2.23	1.96	1.83	1.71	1.61	1.54	1.47
17	61.46	9.43	5.19	3.86	3.22	2.85	2.61	2.45	2.32	2.22	1.95	1.82	1.70	1.60	1.53	1.46
18	61.57	9.44	5.19	3.85	3.22	2.85	2.61	2.44	2.31	2.22	1.94	1.81	1.69	1.59	1.52	1.44
19	61.66	9.44	5.19	3.85	3.21	2.84	2.60	2.43	2.30	2.21	1.93	1.80	1.68	1.58	1.50	1.43
20	61.74	9.44	5.18	3.84	3.21	2.84	2.59	2.42	2.30	2.20	1.92	1.79	1.67	1.57	1.49	1.42
21	61.81	9.44	5.18	3.84	3.20	2.83	2.59	2.42	2.29	2.19	1.92	1.79	1.66	1.56	1.48	1.41
22	61.88	9.45	5.18	3.84	3.20	2.83	2.58	2.41	2.29	2.19	1.91	1.78	1.65	1.55	1.48	1.40
23	61.95	9.45	5.18	3.83	3.19	2.82	2.58	2.41	2.28	2.18	1.90	1.77	1.64	1.54	1.47	1.39
24	62.00	9.45	5.18	3.83	3.19	2.82	2.58	2.40	2.28	2.18	1.90	1.77	1.64	1.54	1.46	1.38
25	62.05	9.45	5.17	3.83	3.19	2.81	2.57	2.40	2.27	2.17	1.89	1.76	1.63	1.53	1.45	1.38
26	62.10	9.45	5.17	3.83	3.18	2.81	2.57	2.40	2.27	2.17	1.89	1.76	1.63	1.52	1.45	1.37
27	62.15	9.45	5.17	3.82	3.18	2.81	2.56	2.39	2.26	2.17	1.88	1.75	1.62	1.52	1.44	1.36
28	62.19	9.46	5.17	3.82	3.18	2.81	2.56	2.39	2.26	2.16	1.88	1.75	1.62	1.51	1.43	1.35
29	62.23	9.46	5.17	3.82	3.18	2.80	2.56	2.39	2.26	2.16	1.88	1.74	1.61	1.51	1.43	1.35
30	62.26	9.46	5.17	3.82	3.17	2.80	2.56	2.38	2.25	2.16	1.87	1.74	1.61	1.50	1.42	1.34
35	62.42	9.46	5.16	3.81	3.17	2.79	2.54	2.37	2.24	2.14	1.86	1.72	1.59	1.48	1.40	1.32
40	62.53	9.47	5.16	3.80	3.16	2.78	2.54	2.36	2.23	2.13	1.85	1.71	1.57	1.46	1.38	1.30
45	62.62	9.47	5.16	3.80	3.15	2.77	2.53	2.35	2.22	2.12	1.84	1.70	1.56	1.45	1.37	1.28
50	62.69	9.47	5.15	3.80	3.15	2.77	2.52	2.35	2.22	2.12	1.83	1.69	1.55	1.44	1.35	1.26
60	62.79	9.47	5.15	3.79	3.14	2.76	2.51	2.34	2.21	2.11	1.82	1.68	1.54	1.42	1.34	1.24
70	62.87	9.48	5.15	3.79	3.14	2.76	2.51	2.33	2.20	2.10	1.81	1.67	1.53	1.41	1.32	1.22
80	62.93	9.48	5.15	3.78	3.13	2.75	2.50	2.33	2.20	2.09	1.80	1.66	1.52	1.40	1.31	1.21
100	63.01	9.48	5.14	3.78	3.13	2.75	2.50	2.32	2.19	2.09	1.79	1.65	1.51	1.39	1.29	1.18
150	63.11	9.48	5.14	3.77	3.12	2.74	2.49	2.31	2.18	2.08	1.78	1.64	1.49	1.37	1.27	1.15
200	63.17	9.49	5.14	3.77	3.12	2.73	2.48	2.31	2.17	2.07	1.77	1.63	1.48	1.36	1.26	1.13
∞	63.33	9.49	5.13	3.76	3.11	2.72	2.47	2.29	2.16	2.06	1.76	1.61	1.46	1.33	1.21	1

表 11.6　F 分布的分位数表 $\displaystyle\int_c^\infty f(x; m, n)\mathrm{d}x = \alpha(\alpha = 0.05)$

m	n 1	2	3	4	5	6	7	8	9	10	15	20	30	50	100	∞
1	161.45	18.51	10.13	7.71	6.61	5.99	5.59	5.32	5.12	4.96	4.54	4.35	4.17	4.03	3.94	3.84
2	199.50	19.00	9.55	6.94	5.79	5.14	4.74	4.46	4.26	4.10	3.68	3.49	3.32	3.18	3.09	3.00
3	215.71	19.16	9.28	6.59	5.41	4.76	4.35	4.07	3.86	3.71	3.29	3.10	2.92	2.79	2.70	2.60
4	224.58	19.25	9.12	6.39	5.19	4.53	4.12	3.84	3.63	3.48	3.06	2.87	2.69	2.56	2.46	2.37
5	230.16	19.30	9.01	6.26	5.05	4.39	3.97	3.69	3.48	3.33	2.90	2.71	2.53	2.40	2.31	2.21

续表

m	n															
	1	2	3	4	5	6	7	8	9	10	15	20	30	50	100	∞
6	233.99	19.33	8.94	6.16	4.95	4.28	3.87	3.58	3.37	3.22	2.79	2.60	2.42	2.29	2.19	2.10
7	236.77	19.35	8.89	6.09	4.88	4.21	3.79	3.50	3.29	3.14	2.71	2.51	2.33	2.20	2.10	2.01
8	238.88	19.37	8.85	6.04	4.82	4.15	3.73	3.44	3.23	3.07	2.64	2.45	2.27	2.13	2.03	1.94
9	240.54	19.38	8.81	6.00	4.77	4.10	3.68	3.39	3.18	3.02	2.59	2.39	2.21	2.07	1.97	1.88
10	241.88	19.40	8.79	5.96	4.74	4.06	3.64	3.35	3.14	2.98	2.54	2.35	2.16	2.03	1.93	1.83
11	242.98	19.40	8.76	5.94	4.70	4.03	3.60	3.31	3.10	2.94	2.51	2.31	2.13	1.99	1.89	1.79
12	243.91	19.41	8.75	5.91	4.68	4.00	3.57	3.28	3.07	2.91	2.48	2.28	2.09	1.95	1.85	1.75
13	244.69	19.42	8.73	5.89	4.66	3.98	3.55	3.26	3.05	2.89	2.45	2.25	2.06	1.92	1.82	1.72
14	245.36	19.42	8.72	5.87	4.64	3.96	3.53	3.24	3.03	2.86	2.42	2.22	2.04	1.90	1.79	1.69
15	245.95	19.43	8.70	5.86	4.62	3.94	3.51	3.22	3.01	2.85	2.40	2.20	2.01	1.87	1.77	1.67
16	246.46	19.43	8.69	5.84	4.60	3.92	3.49	3.20	2.99	2.83	2.38	2.18	1.99	1.85	1.75	1.64
17	246.92	19.44	8.68	5.83	4.59	3.91	3.48	3.19	2.97	2.81	2.37	2.17	1.98	1.83	1.73	1.62
18	247.32	19.44	8.68	5.82	4.58	3.90	3.47	3.17	2.96	2.80	2.35	2.15	1.96	1.81	1.71	1.60
19	247.69	19.44	8.67	5.81	4.57	3.88	3.46	3.16	2.95	2.79	2.34	2.14	1.95	1.80	1.69	1.59
20	248.01	19.45	8.66	5.80	4.56	3.87	3.44	3.15	2.94	2.77	2.33	2.12	1.93	1.78	1.68	1.57
21	248.31	19.45	8.65	5.79	4.55	3.86	3.43	3.14	2.93	2.76	2.32	2.11	1.92	1.77	1.66	1.56
22	248.58	19.45	8.65	5.79	4.54	3.86	3.43	3.13	2.92	2.75	2.31	2.10	1.91	1.76	1.65	1.54
23	248.83	19.45	8.64	5.78	4.53	3.85	3.42	3.12	2.91	2.75	2.30	2.09	1.90	1.75	1.64	1.53
24	249.05	19.45	8.64	5.77	4.53	3.84	3.41	3.12	2.90	2.74	2.29	2.08	1.89	1.74	1.63	1.52
25	249.26	19.46	8.63	5.77	4.52	3.83	3.40	3.11	2.89	2.73	2.28	2.07	1.88	1.73	1.62	1.51
26	249.45	19.46	8.63	5.76	4.52	3.83	3.40	3.10	2.89	2.72	2.27	2.07	1.87	1.72	1.61	1.50
27	249.63	19.46	8.63	5.76	4.51	3.82	3.39	3.10	2.88	2.72	2.27	2.06	1.86	1.71	1.60	1.49
28	249.80	19.46	8.62	5.75	4.50	3.82	3.39	3.09	2.87	2.71	2.26	2.05	1.85	1.70	1.59	1.48
29	249.95	19.46	8.62	5.75	4.50	3.81	3.38	3.08	2.87	2.70	2.25	2.05	1.85	1.69	1.58	1.47
30	250.10	19.46	8.62	5.75	4.50	3.81	3.38	3.08	2.86	2.70	2.25	2.04	1.84	1.69	1.57	1.46
35	250.69	19.47	8.60	5.73	4.48	3.79	3.36	3.06	2.84	2.68	2.22	2.01	1.81	1.66	1.54	1.42
40	251.14	19.47	8.59	5.72	4.46	3.77	3.34	3.04	2.83	2.66	2.20	1.99	1.79	1.63	1.52	1.39
45	251.49	19.47	8.59	5.71	4.45	3.76	3.33	3.03	2.81	2.65	2.19	1.98	1.77	1.62	1.49	1.37
50	251.77	19.48	8.58	5.70	4.44	3.75	3.32	3.02	2.80	2.64	2.18	1.97	1.76	1.60	1.48	1.35
60	252.20	19.48	8.57	5.69	4.43	3.74	3.30	3.01	2.79	2.62	2.16	1.95	1.74	1.58	1.45	1.32
70	252.50	19.48	8.57	5.68	4.42	3.73	3.29	2.99	2.78	2.61	2.15	1.93	1.72	1.56	1.43	1.29
80	252.72	19.48	8.56	5.67	4.41	3.72	3.29	2.99	2.77	2.60	2.14	1.92	1.71	1.54	1.41	1.27
100	253.04	19.49	8.55	5.66	4.41	3.71	3.27	2.97	2.76	2.59	2.12	1.91	1.70	1.53	1.39	1.24
150	253.46	19.49	8.55	5.65	4.39	3.70	3.26	2.96	2.74	2.57	2.10	1.89	1.67	1.50	1.36	1.2
200	253.68	19.49	8.54	5.65	4.39	3.69	3.25	2.95	2.73	2.56	2.10	1.88	1.66	1.48	1.34	1.17
∞	254.31	19.50	8.53	5.63	4.36	3.67	3.23	2.93	2.71	2.54	2.07	1.84	1.62	1.44	1.28	1

表 11.7　*F* 分布的分位数表 $\int_c^\infty f(x; m, n)\mathrm{d}x = \alpha\,(\alpha = 0.025)$

m	n															
	1	2	3	4	5	6	7	8	9	10	15	20	30	50	100	∞
1	647.79	38.51	17.44	12.22	10.01	8.81	8.07	7.57	7.21	6.94	6.20	5.87	5.57	5.34	5.18	5.02
2	799.50	39.00	16.04	10.65	8.43	7.26	6.54	6.06	5.71	5.46	4.77	4.46	4.18	3.97	3.83	3.69
3	864.16	39.17	15.44	9.98	7.76	6.60	5.89	5.42	5.08	4.83	4.15	3.86	3.59	3.39	3.25	3.12
4	899.58	39.25	15.10	9.61	7.39	6.23	5.52	5.05	4.72	4.47	3.80	3.51	3.25	3.05	2.92	2.79
5	921.85	39.30	14.88	9.36	7.15	5.99	5.29	4.82	4.48	4.24	3.58	3.29	3.03	2.83	2.70	2.57
6	937.11	39.33	14.73	9.20	6.98	5.82	5.12	4.65	4.32	4.07	3.41	3.13	2.87	2.67	2.54	2.41
7	948.22	39.36	14.62	9.07	6.85	5.70	4.99	4.53	4.20	3.95	3.29	3.01	2.75	2.55	2.42	2.29
8	956.66	39.37	14.54	8.98	6.76	5.60	4.90	4.43	4.10	3.85	3.20	2.91	2.65	2.46	2.32	2.19
9	963.29	39.39	14.47	8.91	6.68	5.52	4.82	4.36	4.03	3.78	3.12	2.84	2.57	2.38	2.24	2.11
10	968.63	39.40	14.42	8.84	6.62	5.46	4.76	4.30	3.96	3.72	3.06	2.77	2.51	2.32	2.18	2.05
11	973.03	39.41	14.37	8.79	6.57	5.41	4.71	4.24	3.91	3.66	3.01	2.72	2.46	2.26	2.12	1.99
12	976.71	39.41	14.34	8.75	6.53	5.37	4.67	4.20	3.87	3.62	2.96	2.68	2.41	2.22	2.08	1.94
13	979.84	39.42	14.30	8.72	6.49	5.33	4.63	4.16	3.83	3.58	2.92	2.64	2.37	2.18	2.04	1.90
14	982.53	39.43	14.28	8.68	6.46	5.30	4.60	4.13	3.80	3.55	2.89	2.60	2.34	2.14	2.00	1.87
15	984.87	39.43	14.25	8.66	6.43	5.27	4.57	4.10	3.77	3.52	2.86	2.57	2.31	2.11	1.97	1.83
16	986.92	39.44	14.23	8.63	6.40	5.24	4.54	4.08	3.74	3.50	2.84	2.55	2.28	2.08	1.94	1.80
17	988.73	39.44	14.21	8.61	6.38	5.22	4.52	4.05	3.72	3.47	2.81	2.52	2.26	2.06	1.91	1.78
18	990.35	39.44	14.20	8.59	6.36	5.20	4.50	4.03	3.70	3.45	2.79	2.50	2.23	2.03	1.89	1.75
19	991.80	39.45	14.18	8.56	6.34	5.18	4.48	4.02	3.68	3.44	2.77	2.48	2.21	2.01	1.87	1.73
20	993.10	39.45	14.17	8.56	6.33	5.17	4.47	4.00	3.67	3.42	2.76	2.46	2.20	1.99	1.85	1.71
21	994.29	39.45	14.16	8.55	6.31	5.15	4.45	3.98	3.65	3.40	2.74	2.45	2.18	1.98	1.83	1.69
22	995.36	39.45	14.14	8.53	6.30	5.14	4.44	3.97	3.64	3.39	2.73	2.43	2.16	1.96	1.81	1.67
23	996.35	39.45	14.13	8.52	6.29	5.13	4.43	3.96	3.63	3.38	2.71	2.42	2.15	1.95	1.80	1.66
24	997.25	39.46	14.12	8.51	6.28	5.12	4.41	3.95	3.61	3.37	2.70	2.41	2.14	1.93	1.78	1.64
25	998.08	39.46	14.12	8.50	6.27	5.11	4.40	3.94	3.60	3.35	2.69	2.40	2.12	1.92	1.77	1.63
26	998.85	39.46	14.11	8.49	6.26	5.10	4.39	3.93	3.59	3.34	2.68	2.39	2.11	1.91	1.76	1.61
27	999.56	39.46	14.10	8.48	6.25	5.09	4.39	3.92	3.58	3.34	2.67	2.38	2.10	1.90	1.75	1.60
28	1000.22	39.46	14.09	8.48	6.24	5.08	4.38	3.91	3.58	3.33	2.66	2.37	2.09	1.89	1.74	1.59
29	1000.84	39.46	14.09	8.47	6.23	5.07	4.37	3.9	3.57	3.32	2.65	2.36	2.08	1.88	1.72	1.58
30	1001.41	39.46	14.08	8.46	6.23	5.07	4.36	3.89	3.56	3.31	2.64	2.35	2.07	1.87	1.71	1.57
35	1003.80	39.47	14.06	8.43	6.20	5.04	4.33	3.86	3.53	3.28	2.61	2.31	2.04	1.83	1.67	1.52
40	1005.60	39.47	14.04	8.41	6.18	5.01	4.31	3.84	3.51	3.26	2.59	2.29	2.01	1.80	1.64	1.48
45	1007.00	39.48	14.02	8.39	6.16	4.99	4.29	3.82	3.49	3.24	2.56	2.27	1.99	1.77	1.61	1.45
50	1008.12	39.48	14.01	8.38	6.14	4.98	4.28	3.81	3.47	3.22	2.55	2.25	1.97	1.75	1.59	1.43
60	1009.80	39.48	13.99	8.36	6.12	4.96	4.25	3.78	3.45	3.20	2.52	2.22	1.94	1.72	1.56	1.39
70	1011.00	39.48	13.98	8.35	6.11	4.94	4.24	3.77	3.43	3.18	2.51	2.20	1.92	1.70	1.53	1.36
80	1011.91	39.49	13.97	8.34	6.10	4.93	4.23	3.76	3.42	3.17	2.49	2.19	1.90	1.68	1.51	1.33
100	1013.17	39.49	13.96	8.32	6.08	4.92	4.21	3.74	3.40	3.15	2.47	2.17	1.88	1.66	1.48	1.30
150	1014.87	39.49	13.94	8.30	6.06	4.89	4.19	3.72	3.38	3.13	2.45	2.14	1.85	1.62	1.44	1.24
200	1015.71	39.49	13.93	8.29	6.05	4.88	4.18	3.70	3.37	3.12	2.44	2.13	1.84	1.60	1.42	1.21
∞	1018.26	39.50	13.90	8.26	6.02	4.85	4.14	3.67	3.33	3.08	2.40	2.09	1.79	1.55	1.35	1

表 11.8　F 分布的分位数表 $\displaystyle\int_c^\infty f(x; m, n)\mathrm{d}x = \alpha(\alpha = 0.01)$

m	1	2	3	4	5	6	7	8	9	10	15	20	30	50	100	∞
1	4052.2	98.50	34.12	21.20	16.26	13.75	12.25	11.26	10.56	10.04	8.68	8.10	7.56	7.17	6.90	6.63
2	4999.5	99.00	30.82	18.00	13.27	10.92	9.55	8.65	8.02	7.56	6.36	5.85	5.39	5.06	4.82	4.61
3	5403.4	99.17	29.46	16.69	12.06	9.78	8.45	7.59	6.99	6.55	5.42	4.94	4.51	4.20	3.98	3.78
4	5624.6	99.25	28.71	15.98	11.39	9.15	7.85	7.01	6.42	5.99	4.89	4.43	4.02	3.72	3.51	3.32
5	5763.6	99.30	28.24	15.52	10.97	8.75	7.46	6.63	6.06	5.64	4.56	4.10	3.70	3.41	3.21	3.02
6	5859.0	99.33	27.91	15.21	10.67	8.47	7.19	6.37	5.80	5.39	4.32	3.87	3.47	3.19	2.99	2.80
7	5928.4	99.36	27.67	14.98	10.46	8.26	6.99	6.18	5.61	5.20	4.14	3.70	3.30	3.02	2.82	2.64
8	5981.1	99.37	27.49	14.80	10.29	8.10	6.84	6.03	5.47	5.06	4.00	3.56	3.17	2.89	2.69	2.51
9	6022.5	99.39	27.35	14.66	10.16	7.98	6.72	5.91	5.35	4.94	3.89	3.46	3.07	2.78	2.59	2.41
10	6055.8	99.40	27.23	14.55	10.05	7.87	6.62	5.81	5.26	4.85	3.80	3.37	2.98	2.70	2.50	2.32
11	6083.3	99.41	27.13	14.45	9.96	7.79	6.54	5.73	5.18	4.77	3.73	3.29	2.91	2.63	2.43	2.25
12	6106.3	99.42	27.05	14.37	9.89	7.72	6.47	5.67	5.11	4.71	3.67	3.23	2.84	2.56	2.37	2.18
13	6125.9	99.42	26.98	14.31	9.83	7.66	6.41	5.61	5.06	4.65	3.61	3.18	2.79	2.51	2.31	2.13
14	6142.7	99.43	26.92	14.25	9.77	7.61	6.36	5.56	5.01	4.60	3.56	3.13	2.74	2.46	2.27	2.08
15	6157.3	99.43	26.87	14.20	9.72	7.56	6.31	5.52	4.96	4.56	3.52	3.09	2.70	2.42	2.22	2.04
16	6170.1	99.44	26.83	14.15	9.68	7.52	6.28	5.48	4.92	4.52	3.49	3.05	2.66	2.38	2.19	2.00
17	6181.4	99.44	26.79	14.11	9.64	7.48	6.24	5.44	4.89	4.49	3.45	3.02	2.63	2.35	2.15	1.97
18	6191.5	99.44	26.75	14.08	9.61	7.45	6.21	5.41	4.86	4.46	3.42	2.99	2.60	2.32	2.12	1.93
19	6200.6	99.45	26.72	14.05	9.58	7.422	6.18	5.38	4.83	4.43	3.40	2.96	2.57	2.29	2.09	1.90
20	6208.7	99.45	26.69	14.02	9.55	7.40	6.16	5.36	4.81	4.41	3.37	2.94	2.55	2.27	2.07	1.88
21	6216.1	99.45	26.66	13.99	9.53	7.37	6.13	5.34	4.79	4.38	3.35	2.92	2.53	2.24	2.04	1.85
22	6222.8	99.45	26.64	13.97	9.51	7.35	6.11	5.32	4.77	4.36	3.33	2.90	2.51	2.22	2.02	1.83
23	6229.0	99.46	26.62	13.95	9.49	7.33	6.09	5.30	4.75	4.34	3.31	2.88	2.49	2.2	2.00	1.81
24	6234.6	99.46	26.60	13.93	9.47	7.31	6.07	5.28	4.73	4.33	3.29	2.86	2.47	2.18	1.98	1.79
25	6239.8	99.46	26.58	13.91	9.45	7.30	6.06	5.26	4.71	4.31	3.28	2.84	2.45	2.17	1.97	1.77
26	6244.6	99.46	26.56	13.89	9.43	7.28	6.04	5.25	4.70	4.30	3.26	2.83	2.44	2.15	1.95	1.76
27	6249.1	99.46	26.55	13.88	9.42	7.27	6.03	5.23	4.69	4.28	3.25	2.81	2.42	2.14	1.93	1.74
28	6253.2	99.46	26.53	13.86	9.40	7.25	6.02	5.22	4.67	4.27	3.24	2.80	2.41	2.12	1.92	1.72
29	6257.1	99.46	26.52	13.85	9.39	7.24	6.00	5.21	4.66	4.26	3.23	2.79	2.40	2.11	1.91	1.71
30	6260.6	99.47	26.50	13.84	9.38	7.23	5.99	5.20	4.65	4.25	3.21	2.78	2.39	2.10	1.89	1.70
35	6275.6	99.47	26.45	13.79	9.33	7.18	5.94	5.15	4.60	4.20	3.17	2.73	2.34	2.05	1.84	1.64
40	6286.8	99.47	26.41	13.75	9.29	7.14	5.91	5.12	4.57	4.17	3.13	2.69	2.30	2.01	1.80	1.59
45	6295.5	99.48	26.38	13.71	9.26	7.12	5.88	5.09	4.54	4.14	3.10	2.67	2.27	1.97	1.76	1.55
50	6302.5	99.48	26.35	13.69	9.24	7.09	5.86	5.07	4.52	4.12	3.08	2.64	2.25	1.95	1.74	1.52
60	6313.0	99.48	26.32	13.65	9.20	7.06	5.82	5.03	4.48	4.08	3.05	2.61	2.21	1.91	1.69	1.47
70	6320.6	99.48	26.29	13.63	9.18	7.03	5.80	5.01	4.46	4.06	3.02	2.58	2.18	1.88	1.66	1.43
80	6326.2	99.49	26.27	13.61	9.16	7.01	5.78	4.99	4.44	4.04	3.00	2.56	2.16	1.86	1.63	1.40
100	6334.1	99.49	26.24	13.58	9.13	6.99	5.76	4.96	4.42	4.01	2.98	2.54	2.13	1.82	1.60	1.36
150	6344.7	99.49	26.20	13.54	9.09	6.95	5.72	4.93	4.38	3.98	2.94	2.50	2.09	1.78	1.55	1.29
200	6350.0	99.49	26.18	13.52	9.08	6.93	5.70	4.91	4.36	3.96	2.92	2.48	2.07	1.76	1.52	1.25
∞	6365.9	99.50	26.13	13.46	9.02	6.88	5.65	4.86	4.31	3.91	2.87	2.42	2.01	1.68	1.43	1

表 11.9　变量控制图中的几个常数因子

常数 n	c_4	d_2	d_3	D_3	D_4
1		0			
2	0.797885	1.128379	0.852503	0	3.266533
3	0.886227	1.692569	0.888369	0	2.574593
4	0.921318	2.058751	0.879827	0	2.282079
5	0.939986	2.325929	0.864107	0	2.114531
6	0.951533	2.534413	0.848062	0	2.003857
7	0.959369	2.704357	0.833217	0.075695	1.924305
8	0.965030	2.847201	0.819820	0.136183	1.863817
9	0.969311	2.970026	0.807833	0.184015	1.815985
10	0.972659	3.077505	0.797000	0.223072	1.776928
11	0.975350	3.172873	0.787200	0.255690	1.744310
12	0.977559	3.258455	0.778336	0.283400	1.716600
13	0.979406	3.335980	0.770128	0.307435	1.692565
14	0.980971	3.406763	0.762566	0.328483	1.671517
15	0.982316	3.471827	0.755878	0.346847	1.653153
16	0.983484	3.531983	0.749400	0.363474	1.636526
17	0.984506	3.587884	0.743004	0.378739	1.621261
18	0.985410	3.640064	0.737336	0.392316	1.607684
19	0.986214	3.688963	0.732008	0.404704	1.595296
20	0.986934	3.734950	0.726985	0.416069	1.583931
21	0.987583	3.778336	0.722236	0.426544	1.573456
22	0.988170	3.819385	0.718082	0.435971	1.564029
23	0.988705	3.858323	0.713799	0.444993	1.555007
24	0.989193	3.895348	0.709629	0.453480	1.546520
25	0.989640	3.930629	0.706115	0.461067	1.538933

参 考 文 献

安鸿志. 1992. 时间序列分析. 上海: 华东师范大学出版社

陈家鼎. 1995. 序贯分析. 北京: 北京大学出版社.

陈希孺. 1997. 数理统计引论. 北京: 科学出版社.

陈希孺, 方兆本, 李国英, 陶波. 1989. 非参数统计. 上海: 上海科技出版社.

陈希孺, 倪国策. 1988. 数理统计教程. 上海: 上海科技出版社.

何书元. 2006. 概率论与数理统计. 北京: 高等教育出版社.

茆诗松, 王静龙. 1990. 数理统计. 上海: 华东师范大学出版社.

茆诗松, 王玲玲. 1984. 可靠性统计. 上海: 华东师范大学出版社.

濮晓龙. 2003. 关于累积和 (CUSUM) 检验的改进. 应用数学学报, 26: 225-241.

孙山泽. 2000. 非参数统计讲义. 北京: 北京大学出版社.

王松桂, 史建红, 尹素菊, 吴密霞. 2004. 线性模型引论. 北京: 科学出版社.

王兆军. 2010. 数理统计讲义. 南开大学数学科学学院.

韦博成. 2006. 参数统计教程. 北京: 高等教育出版社.

吴喜之, 王兆军. 1996. 非参数统计方法. 北京: 高等教育出版社.

张维铭. 1992. 统计质量控制理论与应用. 浙江: 浙江大学出版社.

张尧庭, 方开泰. 1997. 多元统计分析引论. 北京: 科学出版社.

Acosta-Mejia C A. 2007. Two sets to runs rules for the $\overline{X}$ chart. *Quality Engineering*, 19: 129-136.

Allen D. 1974. The relationship between variable selection and data augmentation and a method for prediction. *Technometrics*, 16: 125-127.

Alloway J A, and Raghavachari M. 1991. Control chart based on the Hodges-Lehmann Estimator. *Journal of Quality Technology*, 23: 336-347.

Amin R W, and Letsinger W. 1991. Improved switching reles in control procedures using variable sampling intervals. *Communication in Statistics-Simulation and Computation*, 20: 205-230.

Amin R W, and Searcy A J. 1991. A nonparametric exponentially weighted moving average control schemes. *Communications in Statistics: Simulation and Computation*, 20: 1049-1072.

Amin R W, Reynolds M R, and Bakir S T. 1995. Nonpametric quality control charts based on the sign statistics. *Communications in Statistics: Theory and Method*, 24: 1597-1623.

Anderson T W. 1962. On the distribution of the two-Sample cramér-von mises criterion.

The Annals of Mathematical Statistics, 33: 1148–1159.

Aparisi F. 1996. Hotelling's T^2 control chart with adaptive sample sizes. *International Journal of Production Research*, 34 (10): 2853–2862.

Aparisi F, and Haro L C. 2001. Hotelling's T^2 control chart with variable sampling intervals. *International Journal of Production Research*, 39 (14): 3127–3140.

Aparisi F, and Haro L C. 2003. A comparison of T^2 control charts with variable sampling schemes opposed to MEWMA chart. *International Journal of Production Research*, 41: 2169–2182.

Atkinson A C, and Mulira H M. 1993. The stalactite plot for the detection of multivariate outliers. *Statisics and Computing*, 3: 27–35.

Bagshaw M, and Johnson R A. 1975. The influence of reference values and estimated Variance on the ARL of CUSUM tests. *Journal of the Royal Statistical Society B*, 37 (3): 413–420.

Bai D S, and Lee K T. 1998. An economic design of variable sampling interval $\overline{X}$ control charts. *International Journal of Production Economics*, 54: 57–64.

Bakir S T, and Reynolds M R Jr. 1979. A nonparametric procedure for process control based on within-group ranking. *Technometrics*, 21: 175–183.

Baxley R B Jr. 1995. An application of variable sampling interval control charts. *Journal of Quality Technology*, 27: 275–282.

Bersimis S, Psarakis S, and Panaretos J. 2007. Multivariate statistical process control charts: an Overview. *Quality and Reliability Engineering International*, 23: 517–543.

Bhattacharyya P K, and Frierson D. 1981. A nonparametric control chart for detecting small disorders. *The Annals of Statistics*, 9: 544–554.

Bischak D P, and Trietsch D. 2007. The rate of false signals in $\overline{X}$ control charts with estimated limits. *Journal of Quality Technology*, 39 (1): 54–65.

Borror C M, and Champ C W. 2001. Phase I control charts for independent Bernoulli data. *Quality and Reliability Engineering International*, 17: 391–396.

Borror C M, Montgomery D C, and Runger G C. 1999. Robustness of the EWMA control chart to nonnormality. *Journal of Quality Technology*, 31 (3): 309–316.

Bosq D. 2000. *Linear Processes in Function Spaces*. New York: Springer.

Bourke P D. 1992. Performance of cumulative sum schemes for monitoring low count-level processes. *Metrika*, 39: 365–384.

Box G E P. 1954. Some theorems on quadratic forms applied in the study of analysis of variance problems, I. effect of inequality of variance in the one-way classification. *The Annals of Mathematical Statistics*, 25: 290–302.

Box G E P, Jenkins G M, and Reinsel G C. 1994. Time series analysis: forecasting and control. Holden-Day, San Francisco, CA.

Box G E P, and Luceño A. 1997. *Statistical Control by Monitoring and Feedback Adjust-*

ment. New York: Wiley.

Box G E P, and Ramirirez J. 1992. Cumulative score charts. *Quality Reliability and Engineering International*, 8: 17–27.

Boyles R A. 2000. Phase I analysis for autocorrelated processes. *Journal of Quality Technology*, 32 (4): 395–409.

Breiman L. 1996. Heuristics of instability and stabilization in model selection. *The Annals of Statistics*, 24: 2350–2383.

Brockwell P J, and Davis R A. 1991. *Time Series: Theory and Methods*. Springer-Verlag.

Brook D, and Evans D A. 1972. An approach to the probability distribution of CUSUM run length. *Biometrika*, 59: 539–549.

Brown R L, Durbin J, and Evans J M. 1975. Techniques for testing the constancy of regression relationships over time. *Journal of Royal Statistical Society B*, 37: 149–192.

Bühlmann P, and Meier L. 2008. Discussion of 'one-step sparse estimates in nonconcave penalized likelihood models'. *The Annals of Statistics*, 36: 1534–1541.

Capizzi G, and Masarotto G. 2003. An adaptive exponentially weighted moving average control chart. *Technometrics*, 45: 199–203.

Celano G, Costa A F B, and Fichera S. 2006. Statistical design of variable sample size and sampling interval $\overline{X}$ control charts with run rules. *International Journal of Advanced Manufacturing Technology*, 28: 966–977.

Champ C W, and Chou S P. 2003. Comparison of standard and individual limits Phase I Shewhart X, R, and S Charts. *Quality and Reliability Engineering International*, 19: 161–170.

Champ C W, and Jones L A. 2004. Designing Phase I $\overline{X}$ charts with small sample sizes. *Quality and Reliability Engineering International*, 20: 497–510.

Champ C W, and Rigdon S E. 1991. A comparison of the Markov chain and the integral equation approach for evaluating the run length distribution of quality control charts. *Communication in Statistics–Simulation and Computation*, 20(1): 191–204.

Champ C W, and Woodall W H. 1987. Exact result for Shewhart control charts with supplementary run rules. *Technometrics*, 29: 393–399.

Champ C W, and Woodall W H. 1997. Signal probabilities for runs rules supplementing a Shewhart control chart. *Communications in Statistics, Simulation and Computation*, 26: 1347–1360.

Chandrasekaran, S, English J R, and Disney R L. 1995. Modeling and analysis of EWMA control schemes with variance-adjusted control limits. *IIE Transactions*, 27: 282–290.

Chen G, Cheng S W, and Xie H. 2001. Monitoring process mean and variability with one EWMA chart. *Journal of Quality Technology*, 33 (2): 223–233.

Chen J, and Chen Z. 2008. Extended Bayesian information criterion for model selection with large model spaces. *Biometrika*, 95: 759–771.

Chen Y K. 2003. An evolutionary economic-statistical design for VSI $\overline{X}$ control charts under non-normality. *International Journal of Advanced Manufacturing Technology*, 22: 602–610.

Chen Y K. 2004. Economic design of $\overline{X}$ control charts for non-normal data using variable sampling policy. *International Journal of Production Economics*, 92: 61–74.

Chen Y K. 2007. Adaptive sampling enhancement for Hotelling's T^2 chart. *European Journal of Operation Research*, 178: 841–857.

Chen Y K, and Chiou K C. 2005. Optimal design of VSI $\overline{X}$ control charts for monitoring correlated samples. *Quality and Reliability Engineering International*, 21: 757–768.

Chen Y K, and Hsieh K L. 2007. Hotelling's T^2 chart with Variable sample size and control limit. *European Journal of Operation Research*, 182: 1251–1262.

Chen Y K, Hsieh K L, and Chang C C. 2007. Economic design of the VSSI $\overline{X}$ control charts for correlated data. *International Journal of Production Economics*, 107: 528–539.

Choi H, Ombao H, and Ray B. 2008. Sequential change-point detection methods for non-stationary time series. *Technometrics*, 50: 40–52.

Colosimo B M, and Pacella M. 2007. On the use of principle component analysis to identify systematic patterns in roundness profiles. *Quality and Reliability Engineering International*, 23: 707–725.

Conover W J. 1999. *Practical Nonparametric Statistics, 3rd ed.*. New York: Wiley.

Costa A F B. 1997. $\overline{X}$ chart with Variable sample size and sampling intervals. *Journal of Quality Technology*, 29: 197–204.

Costa A F B. 1998. Joint $\overline{X}$ and R charts with Variable parameters. *IIE Transactions*, 30: 505–514.

Costa A F B. 1999. X-bar chart with variable parameters. *Journal of Quality Technology*, 31: 408–416.

Costa A F B, and De Magalhães M S. (2007). An adaptive chart for monitoring the process mean and variance. *Quality and Reliability Engineering International*, 23: 821–831.

Costa A F B, and Rahim M A. 2001. Economic design of $\overline{X}$ charts with variable parameters: the Markov chain approach. *Journal of Applied Statistics*, 28: 875–885.

Crosier R B. 1986. A new two-sided cumulative sum quality control scheme. *Technometrics*, 28: 187–194.

Croisier R B. 1988. Multivariate generalizations of cumulative sum quality-control schemes. *Technometrics*, 30: 243–251.

Crowder S V. 1987a. Average run length of exponentially weighted moving average control charts. *Journal of Quality Technology*, 19: 161–164.

Crowder S V. 1987b. A simple method for studying run length distribution of exponentially weighted moving average control charts. *Technometrics*, 29: 401–407.

Dai Y, Wang Z, and Zou C. 2007 CUSUM control chart based on likelihood ratio for preliminary analysis. *Sciences in China*, 50(1): 47–62.

Das T K, Jain V, and Gosavi A. 1997. Economic design of dual-sampling interval policies for $\overline{X}$ charts with and without run rules. *IIE Transactions*, 29: 497–506.

De Jong P. 1987. A central limit theorem for generalized quadratic forms. *Probability Theory and Related Fields*, 75: 261–277.

De Magalhães M S, and Moura Neto F D. 2005. Joint economic model for totally adaptive $\overline{X}$ and R charts. *European Journal of Operation Research*, 161: 148–161.

Diggle P J, Liang K Y, and Zeger S L. 1994. *Analysis of Longitudinal Data*. Oxford: Oxford University Press.

Domangue R, and Patch S C. 1991. Some omnibus exponentially weighted moving average statistical process monitoring schemes. *Technometrics*, 33 (3): 299–313.

Efron B, Hastie T, Johnstone I, and Tibshirani R. 2004. Least angle regression. *The Annals of Statistics*, 32: 407–489.

Epprecht E K, and Costa A F B. 2001. Adaptive sample size control charts for attributes. *Quality Engineering*, 13: 465–474.

Epprecht E K, Costa A F B, and Mendes F C T. 2003. Adaptive control charts for attributes. *IIE Transactions*, 35: 567–582.

Fan J. 1993. Local linear regression smoothers and their minimax efficiencies. *The Annals of Statistics*, 21: 196–216.

Fan J, and Gijbels I. 1996. *Local Polynomial Modeling and Its Applications*. London: Chapman and Hall.

Fan J, and Li R. 2001. Variable selection via nonconcave penalized likelihood and its oracle properties. *Journal of American Statistical Association*, 96: 1348–1360.

Fan J, and Marron S. 1994. Fast implementation of nonparametric curve estimators. *Journal of Computational and Graphical Statistics*, 3: 35–56.

Fan J, Zhang C, and Zhang J. 2001. Generalized likelihood ratio statistics and wilks phenomenon. *The Annals of Statistics*, 29: 153–193.

Fu J C, Shmueli G, and Chang Y M. 2003. A unified markov chain approach for computing the run length distribution in control charts with simple or compound rules. *Statistics and Probability Letters*, 65: 457–466.

Gan F F. 1989. Combined cumulative sum and Shewhart variance charts. *Journal of Statistical Computation and Simulation*, 32: 149–163.

Gan F F. 1993a. An optimal design of CUSUM control charts for binomial counts. *Journal of Applied Statistics*, 20: 445–460.

Gan F F, 1993b. Exponentially weighted moving average control charts with reflecting boundaries. *Journal of Statistical Computation and Simulation* 46: 45–67.

Gan F F. 1994. Design of optimal exponential CUSUM control charts. *Journal of Quality Technology*, 26 (2): 109–124.

Gan F F. 1995. Joint monitoring of process mean and Variance using exponentially weighted moving average control charts. *Technometrics*, 37 (4): 446–453.

Gan F F. 1998. Design of one- and two-sided exponential EWMA charts. *Journal of Quality Technology*, 30 (1): 55–69.

Ghazanfari M, Alaeddini A, Niaki S T A, and Aryanezhad M B. 2008. A clustering approach to identify the time of a step change in Shewhart control charts. *Quality Reliability Engineering International*, 24: 765–778.

Goel A L, and Wu S M. 1971. Determination of ARL and a contour nomogram for cusum charts to control normal mean. *Technometrics*, 13: 221–236.

Grigg O A, and Spiegelhalter D J. 2008. An empirical approximation to the null unbounded steady-state distribution of the cumulative sum statistic. *Technometrics*, 50: 501–511.

Guerre E, and Lavergne P. 2005. Data-driven rate-optimal specification testing in regression models. *The Annals of Statistics*, 33: 840–870.

Hackel P, and Ledolter J. 1991. A control chart based on ranks. *Journal of Quality Technology*, 23: 117–124.

Han D, and Tsung F. 2006. A reference-free cuscore chart for dynamic mean change detection and a unified framework for charting performance comparison. *Journal of the American Statistical Association*, 101: 368–386.

Hart J D. 1997. *Nonparametric Smoothing and Lack-of-Fit Tests*. New York: Springer.

Hawkins D M. 1987. Self-starting CUSUM charts for location and scale. *The Statistician*, 36 (4): 299–316.

Hawkins D M, 1991. Multivariate quality control based on regression-adjusted variables. *Technometrics*, 33: 61–75.

Hawkins D M. 1992. Evaluation of the average run length of cumulative sum charts for an arbitrary data distribution. *Communication in Statistics–Simulation and Computation*, 21: 1001–1020.

Hawkins D M. 1993. Regression adjustment for variables in multivariate quality control. *Journal of Quality Technology*, 25: 170–182.

Hawkins D M, and Olwell D H. 1998. *Cumulative Sum Charts and Charting for Quality Improvement*. Springer: New York-Verlag.

Hawkins D M, Qiu P, and Kang C W. 2003. The changepoint model for statistical process control. *Journal of Quality Technology*, 35: 355–366.

Hawkins D M, and Zamba K D. 2005a. A change-point model for a shift in variance. *Journal of Quality Technology*, 37: 21–31.

Hawkins D M, and Zamba K D. 2005b. Statistical process control for shifts in mean or Variance using a changepoint formulation. *Technometrics*, 47: 164–173.

Healy J D. 1987. A note on multivariate CUSUM procedure. *Technometrics*, 29: 409–412.

Hettmansperger T P, and Randles R H. 2002. A practical affine equivariant multivariate median. *Biometrika*, 89: 851–860.

Horowitz J L, and Spokoiny V G. 2001. An adaptive, rate-optimal test of a parametric mean-regression model against a nonparametric alternative. *Econometrica*, 69: 599–631.

Imhof J P. 1961. Computing the distribution of quadratic forms in normal variables. *Biometrika*, 48: 419–426.

Jensen D R, Hui Y V, and Ghare P M. 1984. Monitoring an input-output model for production. I: the control charts. *Management Science*, 30: 1197–1206.

Jensen W A, Bryce G R, and Reynolds M R Jr, 2008, Design issues for adaptive control charts. *Quality Reliability Engineering International*, 24: 429–445.

Jensen W A, Jones-Farmer L A, Champ C W, and Woodall W H. 2006. Effects of parameter estimation on control chart properties: a literature review. *Journal of Quality Technology*, 38 (4): 349–364.

Jin J, and Shi J. 1999. Feature-preserving data compression of stamping tonnage information using wavelet. *Technometrics*, 41: 327–339.

Jones L A. 2002. The statistical design of EWMA control charts with estimated parameters. *Journal of Quality Technology*, 34: 277–288.

Jones L A, and Champ C W. 2002. Phase I control charts for times between events. *Quality and Reliability Engineering International*, 18: 479–488.

Jones L A, Champ C W, and Rigdon S E. 2001. The performance of exponentially weighted moving average charts with estimated parameters. *Technometrics*, 43: 156–167.

Jones L A, Champ C W, and Rigdon S E. 2004. The run length distribution of the CUSUM with estimated parameters. *Journal of Quality Technology*, 36: 95–108.

Jun C H, and Suh S H. 1999. Statistical tool breakage detection schemes based on vibration signals in NC milling. *International Journal of Machine Tools & Manufacture*, 39: 1733–1746.

Kalman R E. 1960. A new approach to linear filtering and prediction problems. *Journal of Basic Engineering*, 82: 35–45.

Kang L, and Albin S L. 2000. On-line monitoring when the process yields a linear profile. *Journal of Quality Technology*, 32: 418–426.

Kemp K W. 1958. Formulae for calculating the operating characteristics and the avearage sample number of sequential tests. *Journal of Royal Statistical Society*, 20: 379–386.

Khoo M B C, and Ariffin K N. 2006. Two improved runs rules for the Shewhart $\overline{X}$ control chart. *Quality Engineering*, 18: 173–178.

Khoo M B C, and Lim E G. 2005. An improved R (range) control chart for monitoring the process variance. *Quality and Reliability Engineering International*, 21: 43–50.

Kim K, Mahmoud M A, and Woodall W H. 2003. On the monitoring of linear profiles. *Journal of Quality Technology*, 35: 317–328.

Kim K, and Reynolds M R Jr. 2005. Multivariate monitoring using an MEWMA control chart with unequal sample sizes. *Journal of Quality Technology*, 37: 267–281.

Koning A J, Does R J M M. 2000. CUSUM charts for preliminary analysis of individual observations. *Journal of Quality Technology*, 32: 122–132.

Kotz S, Balakrishnan N, and Johnson N L. 2000. *Continuous Multivariate Distributions, 2nd ed.*. New York: Wiley-Interscience.

Laird N M, and Ware J H. 1982. Random effects models for longitudinal data. *Biometrics*, 38: 963–974.

Leadbetter M R, Lindgren G, Rootzén H. 1983. *Extremes and related properties of random sequences and processes*. Springer: New York.

Li Y, and Wang Z. 2003. Nonparametric multivariate CUSUM chart and EWMA chart based on simplicial data depth. 数理统计与管理, 22(z1): 142–145.

Li Z, Luo Y, and Wang Z. 2010. Cusum of Q chart with variable sampling intervals for monitoring the process mean. *International Journal of Production Research*, 48 (16): 4861–4876.

Li Z, and Wang Z. 2010a. Adaptive CUSUM of Q chart. *International Journal of Production Research*, 48 (5): 1287–1301.

Li Z, and Wang Z. 2010b. An exponentially weighted moving average scheme with variable sampling intervals for monitoring linear profiles. *Computers and Industrial Engineering*, 59 (4): 630–637.

Li Z, Wang Z, and Wu Z. 2009. The sufficient and necessary conditions for non-interaction of a pair of one-sided EWMA schemens with reflecting boundaries. *Statistics and Probability Letters*, 79: 368–374.

Li Z, Zhang J, and Wang Z. 2010 Self-starting control chart for simultaneously monitoring process mean and variance. *International Journal of Production Research*, 48 (15): 4537–4553.

Lim T J, and Cho M. 2009. Design of control charts with m-of-m runs rules. *Quality and Reliability Engineering International*, 25: 1085–1101.

Lin X, and Carroll R J. 2000. Nonparametric function estimation for clustered data when the predictor is measured without/wITH error. *Journal of the American Statistical Association*, 95: 520–534.

Lin Y C, and Chou C Y. 2005a. Adaptive $\overline{X}$ control charts with sampling at fixed times. *Quality and Reliability Engineering International*, 21: 163–175.

Lin Y C, and Chou C Y. 2005b. On the design of variable sample size and sampling intervals $\bar{X}$ charts under non-normality. *International Journal of Production Economics*, 96: 249–261.

Lin Y C, and Chou C Y. 2008. The variable sampling rate $\bar{X}$ control charts for monitoring autocorrelated processes. *Quality Reliability and Engineering International*, 24: 855–

870.

Liu R. 1990. On a notion of data depth based on random simplices. *The Annals of Statistics*, 18: 405–414.

Liu R. 1995. Control harts for multivariate processes. *Journal of the American Statistical Association*, 90: 1380–1388.

Lorden G. 1971. Procedures for reacting to a change in distribution. *Annals of Mathematical Statistics*, 42: 1897–1908.

Lowry C A, Woodall W H, Champ C W, and Rigdon S E. 1992. Multivariate exponentially weighted moving average control chart. *Technometrics*, 34: 46–53.

Lu C W, and Reynolds M R Jr. 1999. EWMA control charts for monitoring the mean of autocorrelated processes. *Journal of Quality Technology*, 31: 166–188.

Lucas J M. 1982. Combined Shewhart-CUSUM quality control schemes. *Journal of Quality Technology*, 12: 51–59.

Lucas J M. 1985. Counted data cusum's. *Technometrics*, 27: 129–144.

Lucas J M. 1989. Control schemes for low count levels. *Journal of Quality Technology*, 21 (3): 199–201.

Lucas J M, and Crosier R B. 1982a. Fast initial response for CUSUM quality control schemes: give you CUSUM a head start. *Technometrics*, 24: 199–205.

Lucas J M, and Crosier R B. 1982b. Robust CUSUM: a robustness study for CUSUM quality control schemes. *Communications in Statistics–Theory and Methods*, 11: 2669–2687.

Lucas J M, and Saccucci M S. 1990. Exponentially weighted moving average control schemes: properties and enhancements. *Technometrics*, 32: 1–29.

Luceño A, and Puig-pey J. 2000. Evaluation of the run-length probability distribution for CUSUM charts: assessing chart performance. *Technometrics*, 42: 411–416.

Luo H, and Wu Z. 2002. Optimal np control charts with variable sample sizes or variable sampling intervals. *Economic Quality Control*, 17: 39–62.

Luo Y, Li Z, and Wang Z. 2009. Adaptive CUSUM control chart with variable sampling intervals. *Computational Statistics and Data Analysis*, 53: 2693–2701.

MacEachern S N, Rao Y, and Wu C. 2007. A robust-likelihood cumulative sum chart. *Journal of the American Statistical Association*, 102 (480): 1440–1447.

Mallows C L. 1973. Some comments on C_p. *Technometrics*, 15: 661–675.

Mann H B, and Whitney D R. 1947. On a test whether one of two random variables is stochastically larger than the other. *The Annals of Mathematical Statistics*, 18: 50–60.

Mason R L, and Young J C. 2002. *Multivariate Statistical Process Control With Industrial Application*. Philadelphia: SIAM.

McDonald D. 1990. A CUSUM procedure based on sequential ranks. *Naval Logistic Research*, 37: 627–646.

Montgomery D C. 2004. *Introduction to Statistical Quality Control*. 4th ed. New York: John Wiley & Sons.

Montgomery D C. 2007. SPC research–current trends. *Quality and Reliability Engineering International*, 23: 515–516.

Moustakides G V. 1986. Optimal stopping times for detecting changes in distributions. *Annals of Statistics*, 14: 1379–1387.

Munphy B J. 1980. A conrol chart based on cumulative scores. *Applied Statistics*, 29: 252–258.

Nelson L S. 1982. Control charts for individual measurements. *Journal of Quality Technology*, 14 (3): 172–173.

Nishina K. 1992. A comparison of control charts from the view point of change-point estimation. *Quality Reliability and Engineering International*, 8: 537–541.

Oja H. 2010. *Multivariate Nonparametric Methods with R*. Springer: New York.

Page E S. 1954. Continuous inspection schemes. *Biometrika*, 41: 100–115.

Page E S. 1961. Cumulative sum charts. *Technometrics*, 3: 1–9.

Palm A C. 1990. Tables of run length percentiles for determining the sensitivity of Shewhart control charts for averages with supplementary runs rules. *Journal of Quality Technology*, 22: 289–298.

Pantazopoulos S N, and Pappis C P. 1996. A new adaptive method for extrapolative forecasting algorithms. *European Journal of Operational Research*, 94: 106–111.

Pappanastos E A, and Adams B M. 1996. Alternative design of the Hodges-Lehmann control chart. *Journal of Quality Technology*, 28: 213–223.

Park C, and Reynolds M R Jr. 1994. Economic design of a variable sample size $\overline{X}$ control chart. *Communication in Statistics–Simulation and Computation*, 23: 467–483.

Park C, and Reynolds M R Jr. 1999. Economic design of a variable sample rate $\overline{X}$ control chart. *Journal of Quality Technology*, 31: 427–443.

Peña D, and Prieto F J. 2001. Multivariate outlier detection and robust covariance matrix estimation. *Technometrics*, 43: 286–310.

Pettitt A N. 1979. A non-parametric approach to the change-point problem. *Applied Statistics*, 28: 126–135.

Pignatiello J J Jr, and Samuel T R. 2001. Estimation of the change point of a normal process mean in SPC applications. *Journal of Quality Technology*, 33 (1): 82–95.

Pollak M. 1985. Optimal detection of a change in distribution. *Annals of Statistics*, 13: 206–227.

Prabhu S S, Montgomery D C, and Runger G C. 1994. A combined adaptive sample size and sampling interval $\overline{X}$ control schemes. *Journal of Quality Technology*, 26: 164–176.

Prabhu S S, Montgomery D C, and Runger G C. 1997. Economic-statistical design of an adaptive $\overline{X}$ chart. *International Journal of Production Economics*, 49: 1–15.

Prabhu S S, Runger G C, and Montgomery D C. 1997. Selection of the subgroup size and sampling interval for CUSUM control chart. *IIE Transactions*, 29: 451–457.

Qiu P, and Hawkins D M. 2001. A rank-based multivariate CUSUM procedure. *Technometrics*, 43: 120–132.

Qiu P, Zou C, and Wang Z. 2010. Nonparametric profile monitoring by mixed modeling (with discussions). *Technometrics*, 52: 265–277.

Quesenberry C P, 1991. SPC Q charts for start-up processes and short or long runs. *Journal of Quality Technology*, 23: 213–224.

Quesenberry C P. 1995a. On properties of Q charts for variables. *Journal of Quality Technology*, 27: 184–203.

Quesenberry C P. 1995b. On properties of poisson Q charts for attributes. *Journal of Quality Technology*, 27 (4): 293–303.

Ramsay J O, and Silverman B W. 2005. *Functional Data Analysis*. Springer: New York.

Randles R H. 2000. Simpler, affine invariant, multivariate, distribution-free sign test. *Journal of the American Statistical Association*, 95: 1263–1268.

Rendtel U. 1990. Cusum-schemes with variable sampling intervals and variable sample sizes. *Statistical Papers*, 31: 103–118.

Reynolds M R JR. 1975. An approximations to the average run length in cumulative sum control charts. *Technometrics*, 17: 65–71.

Reynolds M R, Jr. 1996a. Shewhart and EWMA variable sampling interval control charts with sampling at fixed times. *Journal of Quality Technology*, 28: 199–212.

Reynolds M R JR. 1996b. Variable-sampling-interval control charts with sampling at fixed times. *IIE Transactions*, 28: 497–510.

Reynolds M R Jr, Amin R W, and Arnold J C. 1990. CUSUM charts with variable sampling intevals. *Technometrics*, 32: 371–384.

Reynolds M R Jr, Amin R W, Arnold J C, and Nachlas J A. 1988. $\bar{X}$ Charts with variable sampling intevals. *Technometrics*, 30: 181–192.

Reynolds M R, Jr, and Arnold J C. 2001. EWMA control charts with Variable sample sizes and variable sampling intervals. *IIE Transactions*, 33: 511–530.

Reynolds M R Jr, Arnold J C, and Baik J W. 1996. Variable sampling interval $\bar{X}$ charts in the presence of correlation. *Journal of Quality Technology*, 28: 12–30.

Reynolds M R Jr, and Kim K. 2005. Multivariate monitoring of the process mean vector with sequential sampling. *Journal of Quality Technology*, 37 (2): 149–162.

Reynolds M R Jr, and Stoumbos Z G. 2005. Should exponentially weighted moving average and cumulative sum charts be used with Shewhart limits? *Technometrics*, 47 (4): 409–424.

Reynolds M R Jr, and Stoumbos Z G. 2006. Comparisons of some exponentially weighted moving average control charts for monitoring the process mean and variance. *Techno-*

metrics, 48: 550–567.

Rice J A, and Wu C O. 2001. Nonparametric mixed effects models for unequally sampled noisy curves. *Biometrics*, 57: 253–259.

Robert S W. 1959. Control chart test based on geometric moving averages. *Technometrics*, 1: 239–250.

Robinson P B, and Ho T Y. 1978. Average run length of geometric moving average chats by numerical methods. *Technometrics*, 20: 85–93.

Runger G C, and Prabhu S S. 1996. A Markov chain model for the multivariate exponentially weighted moving average control chart. *Journal of American Statistical Association*, 91: 1701–1706.

Ruppert D, and Wand M P. 1994. Multivariate locally weighted least squares regression. *The Annals of Statistics*, 22: 1346–1370.

Saccucci M S, and Lucas J M. 1990. Average run length for exponentially weighted moving average control schemes using the Markov chain approach. *Journal of Quality Technology*, 22: 154–162.

Seifert B., Brockmann M, Engel J, and Gasser T. 1994. Fast algorithms for nonparametric estimation. *Journal of Computational and Graphical Statistics*, 3: 192–213.

Serfling R J. 1980. *Approximation Theorems of Mat hematical Statistics*. New York: John Wiley & Sons.

Shewhart W A. 1925. The application of statistics as an aid in maintaining qualtiy of a manufactured product. *Journal of The American Statistical Association*, 20: 546–548.

Shi L, Zou C, Wang Z, and Kapur K. 2009. A new variable sampling control scheme at fixed times for monitoring the process dispersion. *Quality and Reliability Engineering International*, 25: 961–972.

Shmueli G, and Cohen A. 2003. Run-length distribution for control charts with runs and scans rules. *Comunications in Statistics, Theory and Methods*, 32: 475–495.

Shu L J, Apley D W, and Tsung F. 2002. Autocorrelated process monitoring using triggered cuscore charts. *Quality and Reliability Engineering International*, 18: 411–421.

Shu L, and Jiang W. 2006. A Markov chain model for the adaptive CUSUM control chart. *Journal of Quality Technology*, 38: 135–147.

Shu L, Jiang W, and Tsui K L. 2008a. A weighted CUSUM chart for detecting patterned mean shifts. *Journal of Quality Technology*, 40: 1–20.

Shu L, Jiang W, and Wu Z. 2008b. Adaptive CUSUM procedures with Markovian mean estimation. *Computational Statistics and Data Analysis*, 52: 4395–4409.

Siddal J N. 1982. Optimal engineering design: principles and applications. New York: M. Dekker.

Sparks R S. 2000. CUSUM charts for signalling varying locations shifts. *Journal of Quality Technology*, 32: 157–171.

Steiner S H. 1999. EWMA control charts with time-varying control limits and fast initial response. *Journal of Quality Technology*, 31 (1): 75–86.

Stoumbos Z G, and Jones L A. 2000. On the properties and design of individual control charts based on simplicial depth. *Nonlinear Studies*, 7: 147–178.

Stoumbos Z G, and Reynolds Jr M R. 1997. Control charts applying a sequential test at fixed sampling intervals. *Journal of Quality Technology*, 29: 21–40.

Stoumbos Z G, and Reynolds Jr M R. 2001. The SPRT control chart for the process mean with samples starting at fixed times. *Nonlinear Analysis: Real World Applications*, 2: 1–34.

Stoumbos Z G, and Sullivan J H. 2002. Robustness to non-normality of the multivariate EWMA control chart. *Journal of Quality Technology*, 34: 260–276.

Sullivan J H. 2002. Detection of multiple change points from clustering individual observations. *Journal of Quality Technology*, 34: 371–383.

Sullivan J H, and Woodall W H. 1996a. A control chart for preliminary analysis of individual observations. *Journal of Quality Technology*, 28: 265–278.

Sullivan J H, and Woodall W H. 1996b. A comparison of multivariate control chart for individual observations. *Journal of Quality Technology*, 28: 398–408.

Tagaras G. 1998. A survey of recent development in the design of adaptive control charts. *Journal of Quality Technology*, 30: 212–231.

Tibshirani R. 1996. Regression shrinkage and selection via the lasso. *Journal of Royal Statistical Society B*, 58: 267–288.

Timmer D H, and Pignatiello J J Jr. 2003. Change point estimates for the parameters of an AR(1) process. *Quality and Reliability Engineering International*, 19: 355–369.

Tyler D E. 1987. A distribution-free M-estimator of multivariate scatter. *The Annals of Statistics*, 15: 234–251.

Van Dobben de Bruyn C S. 1968. *Cumulative Sum Test: Theory and Practice*. London, United Kingdom: Griffin.

Wald A. 1947. *Sequential Analysis*. New York: Wiley.

Walker E, Philpot J W, and Clement J. 1991. False signal rates for the Shewhart control chart with supplementary tests. *Journal of Quality Technology*, 23: 247–252.

Walker E, and Wright S P. 2002. Comparing curves using additive models. *Journal of Quality Technology*, 34: 118–129.

Wang H, and Leng C. 2007. Unified Lasso estimation by least square approximation. *Journal of the American Statistical Association*, 102: 1039–1048.

Wang K, and Tsung F. 2008. An adaptive T^2 chart for monitoring dynamic systems. *Journal of Quality Technology*, 40: 109–123.

Wang Z. 2002. The design theory of adaptive control charts. *Chinese Journal of Applied Probability and Statistics (in Chinese)*, 18: 316–333.

Wang Z. 2006. The summary and review of statistical process control charts for monitoring the mean of Variable characteristics. *Statistics and Information Forum (in Chinese)*, 21 (3): 5–9.

West M, and Harrison J. 1989. *Bayesian forecasting and dynamic models*. New York-Verlag: Springer.

Wetherill G B, and Brown D W. 1991. *Statistical Process Control*. Chapman and Hall.

Willemain T R, and Runger G C. 1996. Desinging control charts using an empirical reference distribution. *Journal of Quality Technology*, 28: 31–38.

Williams J D, Birch J B, Woodall W H, and Ferry N M. 2007. Statistical monitoring of heteroscedastic dose-response profiles from high-throughput screening. *Journal of Agricultural, Biological, and Environmental Statistics*, 12: 216–235.

Woodall W H. 1983. The distribution of the run length of one-sided CUSUM procedures for continuous random variables. *Technometrics*, 25: 295–301.

Woodall W H. 1984. On the Markov chain approach to the two-sided CUSUM procedure. *Technometrics*, 26: 41–46.

Woodall W H. 2007. Current research on profile monitoring. *Revista Producão*, 17: 420–425.

Woodall W H, and Mahmoud M A. 2005. The inertial properties of quality control charts. *Technometrics*, 47 (4): 425–436.

Woodall W H, and Montgomery D C. 1999. Research issues and idea in statistical process control. *Journal of Quality Technology*, 31: 376–386.

Woodall W H, and Ncube M M. 1985. Multivariate CUSUM quality control procedures. *Technometrics*, 27: 285–292.

Woodall W H, and Reynolds M R JR. 1983. A discrete markov chain representation of the sequential probability ratio test. *Communication in Statistics–Sequential Analysis*, 2(1): 27–44.

Woodall W H, Spitzner D J, Montgomery D C, and Gupta S. 2004. Using control charts to monitor process and product quality profiles. *Journal of Quality Technology*, 36: 309–320.

Wu C, Zhao Y, and Wang Z. 2002. The average absolute deviation to median and their applications to Shewhart X-bar control chart. *Communication in Statistics: Simulation and Computation*, 31: 425–442.

Wu H, and Zhang J. 2002. Local polynomial mixed-effects models for longitudinal data. *Journal of the American Statistical Association*, 97: 883–897.

Wu Z, Jiao J, Yang M, Liu Y, and Wang Z. 2009. An enhanced adaptive CUSUM control chart. *IIE Transactions*, 41 (7): 642–653.

Wu Z, Zhang S, and Wang P. 2007. A CUSUM scheme with Variable sample sizes and sampling intervals for monitoring the process mean and variance. *Quality and Reliability*

Engineering International, 23: 157–170.

Xiao H. 1992. A cumulative score control scheme. *Applied Statistics*, 41: 47–54.

Yashchin E. 1985a. On the analysis and design of CUSUM-Shewhart control schemes. *IBM Journal of Research and Development*, 29 (4): 377–391.

Yashchin E. 1985b. On a unified approach to the analysis of two-sided cumulative sum control schemes with headstarts. *Advances in Applied Probability*, 17: 562–593.

Yashchin E. 1987. Some aspects of the theory of statistical control schemes. *IBM Journal of Research and Development*, 31: 199–205.

Yashchin E. 1989. Weighted cumulative sum technique. *Technometrics*, 31 (3): 321–338.

Yashchin E. 1992. Analysis of CUSUM and other Markov-type control schemes by using empirical distributions. *Technometrics*, 34 (1): 54–63.

Yu G Zou C, and Wang Z. 2012. Outlier detection in functional observations with applications to profile monitoring. *Technometrics*, 54 (3): 308–318.

Zamba K D, and Hawkins D M. 2006. A multivariate change-point model for statistical process control. *Technometrics*, 48: 539–549.

Zantek P F. 2006. Design of cumulative sum schemes for start-up processes and short runs. *Journal of Quality Technology*, 38: 365–375.

Zhang J. 2002. Powerful goodness-of-fit tests based on likelihood ratio. *Journal of the Royal Statistical Society, Series B*, 64: 281–294.

Zhang J. 2006. Powerful two-sample tests based on the likelihood ratio. *Technometrics*, 48: 95–103.

Zhang J, Zou C, and Wang Z, 2010. A control chart based on likelihood ratio test for monitoring process mean and variability. *Quality Reliability and Engineering International*, 26: 63–73.

Zhang S, and Wu Z. 2005. Designs of control charts with supplementary runs rules. *Computers and Industrial Engineering*, 49: 76–97.

Zhang S, and Wu Z. 2007. A CUSUM scheme with variable sample sizes for monitoring process shifts. *International Journal of Advanced Manufacturing Technology*, 33: 977–987.

Zhang W. 2000. Quality control charts with Variable sample size. *Chinese Journal of Applied Probability and Statistics (in Chinese)*: 255–261.

Zhao Y, Tsung F, and Wang Z J. 2005. Dual CUSUM scheme for detecting the range shift in the mean. *IIE Transactions*, 37: 1047–1058.

Zhou C, Zou C, and Wang Z. 2008. Control chart based on the wavelet for the preliminary analysis. *Chinese Journal of Applied Probability and Statistics*, 24 (3): 274–288.

Zhou C, Zou C, Zhang Y, and Wang Z. 2009. Nonparametric control chart based on change-point model. *Statistical Papers*, 50: 13–28.

Zhu L, and Xue L. 2006. Empirical likelihood confidence regions in a partially linear single-index model. *Journal of Royal Statistical Society B*, 68: 549–570.

Zou C, Jiang W, and Tsung F. 2011. A LASSO-Based SPC diagnostic framework for multivariate statistical process control. *Technometrics*, 53: 297–309.

Zou C, and Qiu P. 2009. Multivariate statistical process control using LASSO. *Journal of the American Statistical Association*, 104: 1586–1596.

Zou C, Qiu P, and Hawkins D M. 2009. Nonparametric control chart for monitoring profile using the change point formulation. *Statistica Sinica*, 19: 1337–1357.

Zou C, and Tsung F. 2010 Likelihood ratio based distribution-free EWMA schemes. *Journal of Quality Technology*, 42: 174–196.

Zou C, and Tsung F. 2011. A multivariate sign EWMA control chart. *Technometrics*, 53: 84–97.

Zou C, Tsung F, and Wang Z. 2007. Monitoring general linear profiles using multivariate EWMA schemes. *Technometrics*, 49: 395–408.

Zou C, Tsung F, and Wang Z. 2008. Monitoring profiles based on nonparametric regression methods. *Technometrics*, 50: 512–526.

Zou C, Wang Z, and Tsung F. 2008. Monitoring an autocorrelated processes using variable sampling schemes at fixed-times. *Quality and Reliability Engineering International*, 28: 55–69.

Zou C, Wang Z, and Tsung F. 2012. A spatial rank-based multivariate EWMA control chart. *Naval Research Logistic*, 59: 91–110.

Zou C, Zhang Y, and Wang Z. 2006. Control chart based on change-point model for monitoring linear profiles. *IIE Transactions*, 38: 1093–1103.

Zou C, Zhou C, Wang Z, and Tsung F. 2007. A self-starting control chart for linear profiles. *Journal of Quality Technology*, 39: 364–375.

Zou H. 2006. The adaptive LASSO and its oracle properties. *Journal of American Statistical Association*, 101: 1418–1429.

Zou H, Hastie, T, and Tibshirani R. 2007. On the 'degrees of freedom' of Lasso. *The Annals of Statistics*, 35: 2173–2192.

索　引

白噪声, 49

变点, 150, 207

变点模型, 103-109

变量选择, 31-34, 187

    C_p 准则, 32

    AIC 准则, 32

    BIC 准则, 32

    LASSO, 32

    SCAD, 32

    逐步回归, 32

不平衡设计, 155

参数, 1

    参数空间, 2

    讨厌参数, 2

惩罚, 45

惩罚似然函数, 189

充分统计量, 3

抽样分布, 3

窗宽, 40, 44, 46

    C_p 法, 44

    CV 方法, 41, 44, 46

    Plug-in 法, 44

得分函数, 95

第二类错误, 18, 24

第一类错误, 18, 24

动态控制图, 119-122, 126-127

    变参数, 119

    变抽样区间, 119, 120

    变样本容量, 119, 120

    调整的平均报警时间, 122

    平均报警时间, 122

    平均样本数, 122

    平均样本观测数, 122

    同时变抽样区间和样本容量, 119

    在固定时间点变抽样区间和样本容量, 119

对称, 5, 36

对数似然比, 211

对数似然函数, 13, 142

对数正态分布, 5, 7

多元 CUSUM 控制图, 186

多元 EWMA, 185

多元 Wishart 分布, 5

多元非参控制图, 213

多元指数加权移动平均, 168

反秩, 37, 214

方向对称分布族, 218

仿射不变, 217, 224

非参数, 140

非参数回归

    B 样条, 47

    Nadaraya-Watson 估计, 42-44

    窗宽, 43

    多项式样条, 45

    核光滑, 42

    回归样条, 46

    局部多项式, 42-45

    局部线性核估计, 43, 44

    小波, 42, 47-48

        Hard-threshold, 48

        Soft-threshold, 48

        父小波, 47

        母小波, 47

    样条, 42, 45-47

最优收敛速度, 43

非参数混合效应模型, 155

非参数控制图, 204

非参似然比, 213

非线性, 141

非线性 profile, 141

非线性回归, 141

分位数, 6

符号检验, 35, 217

符号统计量, 37

概率密度估计

　　k 近邻估计, 41

　　核估计, 40

　　直方图, 39

高斯–牛顿迭代法, 141

广义似然比, 142

函数型观测, 162

函数主成分分析, 162

核函数, 40, 42, 145, 156

后移算子, 114

回归调整, 187

混合效应模型, 34-35, 155

极差, 3, 15, 16

极大似然估计, 12-13

极值统计量, 3

假设

　　备选假设, 17

　　复杂, 17

　　简单, 17

　　双边, 17

　　原假设, 17

阶段 I, 56, 70, 86, 98, 142

　　Stage 1, 98

　　Stage 2, 98

阶段 II, 98, 142

经验分布函数, 3, 211, 212

警戒线, 121

局部线性光滑, 142

柯西不等式, 173

可变抽样区间, 140

空间符号, 216

空间秩, 216, 220

控制线, 146

马氏链, 140, 164, 219, 222

帽子矩阵, 30, 44, 46

拟合优度检验, 210

偏差, 14

偏相关函数, 51

平均运行长度, 134

平移不变, 221

趋势漂移, 111

时间序列, 113

　　AR(p), 49

　　ARMA(p, q), 49

　　MA(q), 49

　　传递形式, 50

　　后移算子, 49

　　逆转形式, 50

　　最优线性预测, 52-53

数据深度, 215

似然比检验, 23-24

似然比检验统计量, 100, 102

似然方程, 13

似然函数, 12

泰勒展开, 173

条件分布, 6

停时, 27

统计量, 2

　　充分统计量, 3, 5, 17

　　次序统计量, 2

椭球对称分布, 221

椭球方向分布, 224

椭球方向分布族, 219

稳健似然比, 75

无偏估计, 12, 14-17

　　渐近无偏估计, 14

误报率, 98

显著性检验

　　单样本正态总体, 23

　　单样本正态总体方差, 20-22

　　单样本正态总体均值, 18-20

　　两样本正态总体, 22

线性 profile, 139

线性回归, 27

　　残差平方和, 28

　　多元线性回归, 29-31

　　方差分析, 29, 31

　　检验, 29

　　一元线性回归, 27-29

线性模型, 140

相关数据, 194

小波, 109

序贯变点探查, 207

序贯概率比检验, 26-27, 64

样本, 1

　　样本 p 分位数, 2

　　样本标准差, 15

　　样本方差, 2, 11

　　样本分布族, 2

　　样本均值, 2, 11

　　样本容量, 1

　　样本中位数, 2

一致最小方差无偏估计, 12, 16-17

一致最优势检验, 24-26, 60

　　N-P 引理, 25

　　无偏检验, 25

　　正态总体, 25

异常点, 116-118, 162

异方差, 157

因子分解定理, 4

正态分布, 3, 5-7

　　多元正态, 7

　　二元正态, 6

正态随机向量, 6

指数分布, 5, 7

指数族分布, 65

秩, 36, 206

　　符号秩, 36

中位数, 205, 211

自启动, 134, 221

自相关函数, 49

自相关性, 154

自协方差函数, 48, 50, 51

自由度, 2

总体, 1

最小二乘估计, 111

D_3, 16

D_4, 16

F 分布, 3, 5, 10, 12

Q 统计量, 133

T^2 分布, 3, 5, 11, 12

Γ 分布, 5, 7

χ^2 分布, 3, 8, 11

c_4, 15

d_2, 16

d_3, 16

t 分布, 3, 5, 8-10, 11

AIC, 193

Anderson-Darling, 211

ARL, 55, 209

　　ARL_0, 55

　　ARL_1, 55

BIC, 193

bootstrap, 151

Cauchy-Schwarz, 201

Cramér-von Mises, 211

Cuscore, 195

CUSUM, 65

　　Page 形式, 70

　　V-mask 形式, 67

　　参考值, 66

　　决策区间形式, 68

控制线, 66
自启动, 73
自启动自适应, 78
自适应, 76
drift, 195
E. Pearson, 24, 25
EWMA, 83, 134, 158, 210
光滑参数, 83
控制线, 83
自启动, 90
自适应, 95
F. Galton, 27
FIR, 77, 94
GLR 统计量, 142
Hajek-Sidak 中心极限定理, 228
Hodges-Lehmann, 204
Hodges-Lehmann 估计, 35, 36, 39
Hodges-Lhemann 估计, 36
Hotelling T^2, 185, 218
K. Pearson, 17, 27
Kolmogorov-Smirnov, 211
Kronecker 积, 11
LASSO, 188
Lindeberg-Feller 中心极限定理, 180, 225
Lindeberg 条件, 180
Lipschitz 连续有界, 174

Mann-Whitney 检验, 39
Mann-Whitney 两样本检验, 207
MSPC, 184
Neyman, 24, 25
Oracle, 33
oracle 性质, 201
profile, 131
Q 图, 59-63
Q 统计量, 59-63
Serfling, 3
Shewhart, 54-57
附加准则, 57
控制线, 54
Sobolev 函数空间, 45
Stirling 公式, 9
Tyler 变换矩阵, 217
VSI, 140
Weibull 分布, 5, 7
Wilcoxon 符号秩统计量, 205
Wilcoxon 符号秩和检验, 37-38
Wilcoxon 秩和检验, 38-39
Wilcoxon 秩检验, 35
Wilks, 24
Wilks 现象, 143
Wishart 分布, 3, 10-12
Yule-Walker 方程, 51

《现代数学基础丛书》已出版书目

（按出版时间排序）

1 数理逻辑基础(上册) 1981.1 胡世华 陆钟万 著

2 紧黎曼曲面引论 1981.3 伍鸿熙 吕以辇 陈志华 著

3 组合论(上册) 1981.10 柯召 魏万迪 著

4 数理统计引论 1981.11 陈希孺 著

5 多元统计分析引论 1982.6 张尧庭 方开泰 著

6 概率论基础 1982.8 严士健、王隽骧 刘秀芳 著

7 数理逻辑基础(下册) 1982.8 胡世华 陆钟万 著

8 有限群构造(上册) 1982.11 张远达 著

9 有限群构造(下册) 1982.12 张远达 著

10 环与代数 1983.3 刘绍学 著

11 测度论基础 1983.9 朱成熹 著

12 分析概率论 1984.4 胡迪鹤 著

13 巴拿赫空间引论 1984.8 定光桂 著

14 微分方程定性理论 1985.5 张芷芬 丁同仁 黄文灶 董镇喜 著

15 傅里叶积分算子理论及其应用 1985.9 仇庆久等 编

16 辛几何引论 1986.3 J.柯歇尔 邹异明 著

17 概率论基础和随机过程 1986.6 王寿仁 著

18 算子代数 1986.6 李炳仁 著

19 线性偏微分算子引论(上册) 1986.8 齐民友 著

20 实用微分几何引论 1986.11 苏步青等 著

21 微分动力系统原理 1987.2 张筑生 著

22 线性代数群表示导论(上册) 1987.2 曹锡华等 著

23 模型论基础 1987.8 王世强 著

24 递归论 1987.11 莫绍揆 著

25 有限群导引(上册) 1987.12 徐明曜 著

26 组合论(下册) 1987.12 柯召 魏万迪 著

27 拟共形映射及其在黎曼曲面论中的应用 1988.1 李忠 著

28 代数体函数与常微分方程 1988.2 何育赞 著

29 同调代数 1988.2 周伯壎 著

30　近代调和分析方法及其应用　1988.6　韩永生　著

31　带有时滞的动力系统的稳定性　1989.10　秦元勋等　编著

32　代数拓扑与示性类　1989.11　马德森著　吴英青　段海鲍译

33　非线性发展方程　1989.12　李大潜　陈韵梅　著

34　反应扩散方程引论　1990.2　叶其孝等　著

35　仿微分算子引论　1990.2　陈恕行等　编

36　公理集合论导引　1991.1　张锦文　著

37　解析数论基础　1991.2　潘承洞等　著

38　拓扑群引论　1991.3　黎景辉　冯绪宁　著

39　二阶椭圆型方程与椭圆型方程组　1991.4　陈亚浙　吴兰成　著

40　黎曼曲面　1991.4　吕以辇　张学莲　著

41　线性偏微分算子引论(下册)　1992.1　齐民友　著

42　复变函数逼近论　1992.3　沈燮昌　著

43　Banach 代数　1992.11　李炳仁　著

44　随机点过程及其应用　1992.12　邓永录等　著

45　丢番图逼近引论　1993.4　朱尧辰等　著

46　线性微分方程的非线性扰动　1994.2　徐登洲　马如云　著

47　广义哈密顿系统理论及其应用　1994.12　李继彬　赵晓华　刘正荣　著

48　线性整数规划的数学基础　1995.2　马仲蕃　著

49　单复变函数论中的几个论题　1995.8　庄圻泰　著

50　复解析动力系统　1995.10　吕以辇　著

51　组合矩阵论　1996.3　柳柏濂　著

52　Banach 空间中的非线性逼近理论　1997.5　徐士英　李　冲　杨文善　著

53　有限典型群子空间轨道生成的格　1997.6　万哲先　霍元极　著

54　实分析导论　1998.2　丁传松等　著

55　对称性分岔理论基础　1998.3　唐　云　著

56　Gel'fond-Baker 方法在丢番图方程中的应用　1998.10　乐茂华　著

57　半群的 S-系理论　1999.2　刘仲奎　著

58　有限群导引(下册)　1999.5　徐明曜等　著

59　随机模型的密度演化方法　1999.6　史定华　著

60　非线性偏微分复方程　1999.6　闻国椿　著

61　复合算子理论　1999.8　徐宪民　著

62　离散鞅及其应用　1999.9　史及民　编著

63　调和分析及其在偏微分方程中的应用　1999.10　苗长兴　著

64　惯性流形与近似惯性流形　2000.1　戴正德　郭柏灵　著

65　数学规划导论　2000.6　徐增堃　著

66　拓扑空间中的反例　2000.6　汪　林　杨富春　编著

67　拓扑空间论　2000.7　高国士　著

68　非经典数理逻辑与近似推理　2000.9　王国俊　著

69　序半群引论　2001.1　谢祥云　著

70　动力系统的定性与分支理论　2001.2　罗定军　张　祥　董梅芳　编著

71　随机分析学基础(第二版)　2001.3　黄志远　著

72　非线性动力系统分析引论　2001.9　盛昭瀚　马军海　著

73　高斯过程的样本轨道性质　2001.11　林正炎　陆传荣　张立新　著

74　数组合地图论　2001.11　刘彦佩　著

75　光滑映射的奇点理论　2002.1　李养成　著

76　动力系统的周期解与分支理论　2002.4　韩茂安　著

77　神经动力学模型方法和应用　2002.4　阮炯　顾凡及　蔡志杰　编著

78　同调论——代数拓扑之一　2002.7　沈信耀　著

79　金兹堡-朗道方程　2002.8　郭柏灵等　著

80　排队论基础　2002.10　孙荣恒　李建平　著

81　算子代数上线性映射引论　2002.12　侯晋川　崔建莲　著

82　微分方法中的变分方法　2003.2　陆文端　著

83　周期小波及其应用　2003.3　彭思龙　李登峰　谌秋辉　著

84　集值分析　2003.8　李　雷　吴从炘　著

85　数理逻辑引论与归结原理　2003.8　王国俊　著

86　强偏差定理与分析方法　2003.8　刘　文　著

87　椭圆与抛物型方程引论　2003.9　伍卓群　尹景学　王春朋　著

88　有限典型群子空间轨道生成的格(第二版)　2003.10　万哲先　霍元极　著

89　调和分析及其在偏微分方程中的应用(第二版)　2004.3　苗长兴　著

90　稳定性和单纯性理论　2004.6　史念东　著

91　发展方程数值计算方法　2004.6　黄明游　编著

92　传染病动力学的数学建模与研究　2004.8　马知恩　周义仓　王稳地　靳　祯　著

93　模李超代数　2004.9　张永正　刘文德　著

94　巴拿赫空间中算子广义逆理论及其应用　2005.1　王玉文　著

95　巴拿赫空间结构和算子理想　2005.3　钟怀杰　著

96　脉冲微分系统引论　2005.3　傅希林　闫宝强　刘衍胜　著

97　代数学中的 Frobenius 结构　2005.7　汪明义　著

 98　生存数据统计分析　2005.12　王启华　著

 99　数理逻辑引论与归结原理(第二版)　2006.3　王国俊　著

100　数据包络分析　2006.3　魏权龄　著

101　代数群引论　2006.9　黎景辉　陈志杰　赵春来　著

102　矩阵结合方案　2006.9　王仰贤　霍元极　麻常利　著

103　椭圆曲线公钥密码导引　2006.10　祝跃飞　张亚娟　著

104　椭圆与超椭圆曲线公钥密码的理论与实现　2006.12　王学理　裴定一　著

105　散乱数据拟合的模型方法和理论　2007.1　吴宗敏　著

106　非线性演化方程的稳定性与分歧　2007.4　马　天　汪宁宏　著

107　正规族理论及其应用　2007.4　顾永兴　庞学诚　方明亮　著

108　组合网络理论　2007.5　徐俊明　著

109　矩阵的半张量积:理论与应用　2007.5　程代展　齐洪胜　著

110　鞅与 Banach 空间几何学　2007.5　刘培德　著

111　非线性常微分方程边值问题　2007.6　葛渭高　著

112　戴维-斯特瓦尔松方程　2007.5　戴正德　蒋慕蓉　李栋龙　著

113　广义哈密顿系统理论及其应用　2007.7　李继彬　赵晓华　刘正荣　著

114　Adams 谱序列和球面稳定同伦群　2007.7　林金坤　著

115　矩阵理论及其应用　2007.8　陈公宁　著

116　集值随机过程引论　2007.8　张文修　李寿梅　汪振鹏　高　勇　著

117　偏微分方程的调和分析方法　2008.1　苗长兴　张　波　著

118　拓扑动力系统概论　2008.1　叶向东　黄　文　邵　松　著

119　线性微分方程的非线性扰动(第二版)　2008.3　徐登洲　马如云　著

120　数组合地图论(第二版)　2008.3　刘彦佩　著

121　半群的 S-系理论(第二版)　2008.3　刘仲奎　乔虎生　著

122　巴拿赫空间引论(第二版)　2008.4　定光桂　著

123　拓扑空间论(第二版)　2008.4　高国士　著

124　非经典数理逻辑与近似推理(第二版)　2008.5　王国俊　著

125　非参数蒙特卡罗检验及其应用　2008.8　朱力行　许王莉　著

126　Camassa-Holm 方程　2008.8　郭柏灵　田立新　杨灵娥　殷朝阳　著

127　环与代数(第二版)　2009.1　刘绍学　郭晋云　朱　彬　韩　阳　著

128　泛函微分方程的相空间理论及应用　2009.4　王　克　范　猛　著

129　概率论基础(第二版)　2009.8　严士健　王隽骧　刘秀芳　著

130　自相似集的结构　2010.1　周作领　瞿成勤　朱智伟　著

131　现代统计研究基础　2010.3　王启华　史宁中　耿　直　主编

132　图的可嵌入性理论(第二版)　2010.3　刘彦佩　著

133　非线性波动方程的现代方法(第二版)　2010.4　苗长兴　著

134　算子代数与非交换 L_p 空间引论　2010.5　许全华、吐尔德别克、陈泽乾　著

135　非线性椭圆型方程　2010.7　王明新　著

136　流形拓扑学　2010.8　马　天　著

137　局部域上的调和分析与分形分析及其应用　2011.6　苏维宜　著

138　Zakharov 方程及其孤立波解　2011.6　郭柏灵　甘在会　张景军　著

139　反应扩散方程引论(第二版)　2011.9　叶其孝　李正元　王明新　吴雅萍　著

140　代数模型论引论　2011.10　史念东　著

141　拓扑动力系统——从拓扑方法到遍历理论方法　2011.12　周作领　尹建东　许绍元　著

142　Littlewood-Paley 理论及其在流体动力学方程中的应用　2012.3　苗长兴　吴家宏　章志飞　著

143　有约束条件的统计推断及其应用　2012.3　王金德　著

144　混沌、Mel'nikov 方法及新发展　2012.6　李继彬　陈凤娟　著

145　现代统计模型　2012.6　薛留根　著

146　金融数学引论　2012.7　严加安　著

147　零过多数据的统计分析及其应用　2013.1　解锋昌　韦博成　林金官　编著

148　分形分析引论　2013.6　胡家信　著

149　索伯列夫空间导论　2013.8　陈国旺　编著

150　广义估计方程估计方程　2013.8　周　勇　著

151　统计质量控制图理论与方法　2013.8　王兆军　邹长亮　李忠华　著